现代有机立体化学
（第二版）

朱华结　著

科　学　出　版　社

北　京

内 容 简 介

本书主要介绍了有机小分子立体化学研究中的若干关键科学问题:手性分子立体构型的鉴定、相关手性分子的构象分析;在理论方法研究方面,介绍了旋光(旋光色散)、矩阵模型、电子圆二色谱、振动圆二色谱的理论计算及其注意事项等;在有机手性分子的反应类型中,介绍了催化对映选择性反应、立体选择性反应、化学选择性反应以及天然产物的全合成等。

本修订版增加了有机化学等研究领域内的最新进展,例如伪共振现象,首次在世界范围内系统介绍了伪共振有机化合物结构的特点以及可能的形成机理。对第6章相关软件的介绍做了增删,以使读者对相关软件的掌握和应用有更好的体验。此外,从数学的角度,结合化学反应原理,介绍了具有微量对映体过量的手性物质的手性富集/放大的数学公式,并和实验结果相比较,从而在一个侧面支持生命来自必然的结论等。

本书适合大学三年级以上人群,可为研究生和从事有机立体化学研究方面的研究人员提供参考。

图书在版编目(CIP)数据

现代有机立体化学 / 朱华结著. —2 版. —北京:科学出版社,2024.4
ISBN 978-7-03-077423-1

Ⅰ．①现… Ⅱ．①朱… Ⅲ．①有机化学－立体化学 Ⅳ．①O641.6

中国国家版本馆 CIP 数据核字(2024)第 005558 号

责任编辑:张淑晓 高 微 / 责任校对:杜子昂
责任印制:赵 博 / 封面设计:东方人华

科 学 出 版 社 出版

北京东黄城根北街 16 号
邮政编码:100717
http://www.sciencep.com

北京中科印刷有限公司印刷
科学出版社发行 各地新华书店经销
*
2009 年 3 月第 一 版 开本:787×1092 1/16
2024 年 4 月第 二 版 印张:20 3/4
2025 年 1 月第三次印刷 字数:490 000

定价:138.00 元
(如有印装质量问题,我社负责调换)

第 一 版 序

　　朱华结教授长期从事天然产物化学、不对称合成化学以及计算化学的科研与教学工作,富有扎实的理论基础与实践经验。他把个人的研究经验和结果以及他人的实践结合起来,将手性化合物的立体构型鉴定、有机催化合成、选择性合成以及重要天然产物的全合成研究等汇聚一体,给读者以焕然一新之感。

　　该书的特点之一是,在手性分子研究中,除静态的立体化学描述外,对其动态立体化学,如构象分布等进行了深入而细致的阐述。这些构象的分析与有机化学反应休戚相关。因此,将复杂的构象分析和有机化学反应进行关联,可以让我们对有机化学不同的反应结果,如反应的选择性等有更加深入的认识。

　　该书的另一个特点是,将计算机与天然有机化学中立体构型的研究相结合,这也是有机化学的重要组成部分。在二维核磁共振技术和 X 射线衍射等常规分析手段对一些复杂产物的结构进行解析有困难时,利用量子化学计算技术将使这些结构鉴定变得简单。

　　值得一提的是,作者在最后一章结合文献实例,介绍了计算机化学中相关的软件知识和技巧,这无疑将对普及量子化学计算在现代有机化学中的应用起到一定的推动作用。

　　总之,这种紧密结合理论方法的方法学研究值得相关科技人员关注。该书的出版对于众多从事有机化学工作的读者了解并应用量子化学计算方法是一件十分有意义的尝试,我愿意推荐该书的出版。

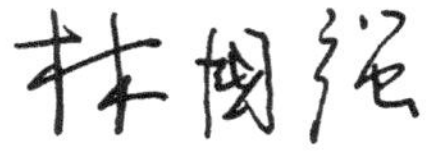

林国强

中国科学院院士

中国科学院上海有机化学研究所

2008 年 12 月 12 日

第二版前言

星移斗转，15 年弹指一挥间。许多技术和成果的发展让人炫目。回首第一版的《现代有机立体化学》(2009)，觉得无论是内容的取舍，还是编排都有许多不足。

借此再版机会，加上与不少朋友在交流中的体会，以及在 2015 年出版英文专著 *Organic stereochemistry-experimental and computational methods*（Wiley-VCH）的基础上，我尽可能地在此修订本中，把上一版中不足和错误的地方都进行了补充和修正。同时，有把部分最新的成果等介绍给大家。

此次修订对第 1 章、第 2 章、第 5 章和第 6 章的改动较大，第 3 章和第 4 章改动较少。改动大的部分也是这十多年来发展最快的几个领域。新增加了手性分子的伪共振结构内容。所谓"伪共振"结构，是指同样一个分子，存在至少两个稳定但大小不等的构象（即两个构象中相对应的键长不相等且呈长-短交替变化），因此具有两套不同的物理信号，如两套 NMR 波谱或者 IR 光谱等。其次，生命起源早期的原始海洋中的对映体过剩率极低的手性化合物，如何在自然环境中做到了手性物质必然的富集与放大？其实，其内在的逻辑是数学和化学原理的双重作用。L-氨基酸和 D-型多糖，在共生进化等的过程中是否有一定的（催化）联系等，这次都做了适当的补充。

本书的出版得到河北科技大学的经费支持；本书相关研究内容得到河北省科技厅医药联合重点项目（H2020201029 和 B2022208057）以及河北省科技厅"揭榜挂帅"项目（23277601Z）的资助。在此表示感谢！此外，还要感谢科学出版社编辑在本书出版过程中付出的辛勤劳动！

限于时间和水平，书中可能存在疏漏和不足，敬请读者批评指正。希望这本修订版能够给我国从事相关研究领域的学者提供一些有益的参考。

朱华结

2023 年 7 月于石家庄

第一版前言

　　早期的自然科学分类没有现在这么丰富。随着各学科的发展，一个学科划分为若干分支学科，并迅猛发展。如今，不少分支学科在自身发展时，或多或少地面临一些困难。因此，寻求不同学科间的融合、交流与联系，为解决这些困难提供了一些方法学上的选择。

　　天然有机化学是有机化学研究的重要组成部分，随着分离仪器和材料的发展，许多复杂的天然产物不断被发现。常规分析手段，如二维NMR、X射线衍射、分子结构的化学转化等，由于干扰信号多、相关点信号矛盾，或不能培养成单晶，或量少不能用于结构改造等多种原因，使得解析这些复杂结构变得十分困难。随着量子化学计算的发展，从方法上为这些复杂化合物的结构鉴定创造了十分有利的条件。因此，随着计算机技术的高速发展以及计算软件的完善，天然产物化学研究中将不可避免地、越来越多地利用到计算化学技术。

　　复杂天然产物的全合成研究是有机合成艺术的集中表现。运用手性催化剂控制有机反应的立体化学已经成为有机化学的重要手段。同时，利用不同基团或相同基团在不同位置中的不同反应活性，选择性地转化其中一个或若干基团也是天然产物全合成的重要手段之一。通过量子化学计算得到的过渡态能量差异来预测某一反应的难易或解释所获得的实验结果，亦已成为有机合成化学的突出内容。目前围绕天然产物结构的全合成研究在发达国家成绩斐然，尤其是有生物活性的天然产物的全合成。在这方面，我国的科学家们也在勤勤恳恳地耕耘着，同样取得了十分突出的成绩。

　　笔者对天然产物化学、不对称合成化学和计算化学等领域有着十分浓厚的兴趣，并有了一些初步体会。从 2005 年起，笔者多方面地收集相关文献，包括对本人所指导的部分博士论文的参考文献进行整理，编写出本书。在此过程中，尽量将几个方面的知识点，完善谐调地组织在一起，以便给读者提供一个该领域综合研究的全面印象。

　　考虑到绝大多数反应机理在各相关有机化学的书籍中都已有介绍，因此，本书尽量避免赘述，但保留了一些颇具特色的实验机理。本书按化学反应的不同选择性类别进行分类，不同于其他书籍。此外，为方便读者深入学习，书中知识所涉及的文献也一一列于文后。

　　由于时间和水平有限，书中难免存在缺点和错误，敬请读者批评指正。若本书能对读者在该领域相关的研究中起到抛砖引玉的作用，笔者将其感欣慰！

朱华结

2008 年 6 月于昆明

目　　录

第1章 分子的手性

从 E. Malus 于 1808 年发现偏光现象到 B. Biot 发现有机化合物的偏光,再到 L. Pasteur 首次借用放大镜手工将酒石酸钠铵拆分为左旋体与右旋体,其间经历了漫长的 40 年。直到 1874 年,J. H. van't Hoff 与 J. A. LeBel 提出四价碳的正四面体构型,得出不对称碳原子的概念,从而奠定立体化学的基础。但立体化学的真正发展,还是 20 世纪 30~40 年代以后。如今,随着有机化学的发展,反应中不对称中心(有机立体化学内容)的生成控制已成为有机化学反应中的一个极为重要的研究内容。

1.1 旋光值的测量

手性分子的晶体或溶液能够使一束通过它的偏振光发生偏转,偏转角度的大小,也就是手性分子的旋光度的大小,取决于测试时该手性分子晶体的厚度或在溶液中的浓度、温度、所使用的旋光管(池)的长度、所用光源的波长(通常为钠 D 线)以及溶剂本身的性质等。手性分子使偏振光向右旋转的,该化合物是右旋;使偏振光向左旋转的,该化合物是左旋。为了方便,通常使用手性分子的溶液来测量其旋光值,用比旋光度 $[\alpha]_D^t$ 来表示手性分子的旋光能力:

$$[\alpha]_D^t = \frac{\alpha}{l \times c} \tag{1-1}$$

式中,l 为测量用旋光管(池)的长度,通常为 10 cm(但不同厂家所设计的长度有很大差异);c 为浓度(g/100 mL,也有 g/mL);t 为温度;D 代表钠光源的 D 线,波长为 5869 Å 与 5890 Å。若测量用的光源不是钠光,则在 D 的位置处写上该光源的波长。若所测为纯的液体(无溶剂),则 c 改为密度(g/cm³)。

需要注意的是,在测定未知化合物的旋光值时,需要在不同浓度下至少测定两次,如果第一次测定的浓度为 N,观察得到一个旋光值 α,第二次的浓度为 $N/3$,得到的旋光值若为 $\alpha/3$,那么,该化合物的观察旋光值的计算中,可以用 α 和浓度 N 来计算其比旋光值。若在第二次观察得到的旋光值为 β(不等于 $\alpha/3$),那么实际上的观察旋光值应为 3α(在计算比旋光值时,需要用 3α 数值,浓度用数值 N 而不是 $N/3$ 来计算)。原因就在于观察得到的旋光值可以是 180° 的若干倍。但目前很多情况下都是测定一个浓度下的旋光值,从严格意义上来讲这是不科学的。

手性分子的摩尔旋光度 $[M]_D^t$ 可以从相应的比旋光度转化而来:

$$[M]_D^t = \frac{[\alpha]_D^t \times M}{100} \tag{1-2}$$

式中,M 为该手性分子的相对分子质量。

在合成手性化合物的过程中,常用得到化合物的光学纯度来确定该合成路线的优劣。

如 100%的手性分子的比旋光度为[α]₀，实验测定得到的比旋光度为[α]，那么，该合成得到的化合物的旋光纯度 o. p.（常简化为 op）为

$$op(\%) = \frac{100 \times [\alpha]}{[\alpha]_0} \qquad (1\text{-}3)$$

在对映化合物中，常用对映体过剩率（enantiomeric excess，常简化为 ee）来表征其手性的旋光纯度。若对映体 R 的含量为[R]，对映体 S 的含量为[S]，可以得到对映体 R 的过剩率：

$$ee(\%) = [R] - [S] \qquad (1\text{-}4)$$

或对映体 S 的过剩率：

$$ee(\%) = [S] - [R] \qquad (1\text{-}5)$$

式中，[R]+[S]=100%

理想情况下，op=ee。但实际上由于实验误差的存在，二者并不相等，只是很接近。在对映体的合成中，普遍使用 op 或 ee 来表征所设计的手性催化剂的催化活性的好坏。

通常来讲，有明确手性中心的分子都具有旋光，但这不是绝对的。例如，部分有明确手性中心的分子就没有表现出旋光。这可能是因为旋光值太小而仪器的分辨率有限，或者的确没有旋光。另外，许多没有明确手性中心的分子，却依然具有很大的旋光。这主要是因为这些分子在空间具有不对称结构环境，如一些螺旋结构的化合物，联苯或联萘类的手性化合物，轴手性结构的化合物以及含 N 或 P 的一些手性结构等[1]。

1.2　旋光现象的理论解释

自从手性分子的旋光被发现以来，有关解释它的理论也就不断地被提出来。早期的有机化学家，如 Basteur 认为由于手性分子呈螺旋结构，这样，当分子与平面偏振光相遇时，光的偏振面因折射而发生变化。目前，有代表性的解释有以下几种。前两种主要是定性地加以说明，后两个则从数学的角度将手性分子的旋光特性进行了分析，并得到相关的手性分子旋光值的计算公式。

第一种理论认为：一束平面偏振光可以被分解为两个旋转方向相反的圆偏振光，由于这左、右旋转，方向相反的圆偏振光在同一种手性溶液中的速度不一样，当该圆偏振光离开手性分子的溶液时，有先有后。这样，这两束方向相反的圆偏振光相位发生改变，经进一步合成出来后，产生旋光。相位改变多少主要取决于该手性分子的本身特性和溶剂本身的性质[1a]。

第二种理论认为：当平面偏振光作用于分子时，以一定方向周期振动的电场使得分子中的电子产生受迫振动。该受迫振动将产生分子内的电场，其频率和相位与入射的平面偏振光相同，但方向是随机的。因此，合成出来的新的偏振光的方向会发生改变。由于测量出来的旋光是所有分子与平面偏振光作用的总和，因此，对非手性分子而言，由于分子本身的热运动，对于任意一个取向的分子 A，必能找到另一个取向分子 A′，其构象与分子 A 互为镜像（以入射的平面偏振光为镜面），且存在的概率相同。因此，产生的新的净电场为零，这样，平面偏振光的运动方向不发生偏转。但在手性分子的溶液中，由于找不到另

一个取向分子 A′，其构象与分子 A 互为镜像（以入射的平面偏振光为镜面），产生的新的净电场不为零，最后，合成得到的新的偏振光的方向发生改变而导致旋光[2]。

第三种理论是量子化学理论。在量子力学的处理过程中，旋光是分子中的一个必然属性。它并不直接描述旋光是如何产生的，而是认为这种性质是在量子力学算符处理过程中产生的一些因子而表现出来。有兴趣的读者可以参考相关的量子力学理论。

第四种理论是矩阵（matrix）模型[3]。它试着从数学的角度分析偏振光以及其他因素（如溶剂等）与手性分子的相互作用，并以此推导出手性分子的旋光特性。下面以一个标准的碳四面体模型 **1** 来说明。

$$R^3 \overset{R^2}{\underset{R^4}{\longrightarrow}} R^1$$

1

在上面的分子 **1** 中，基团 R^1、R^2、R^3 和 R^4 中有若干种变量，如综合质量、半径、电负性、对称性、轨道杂化状态等多达 9 种变量。然而，分子内的独立变量却只有 4 种，那就是综合质量、半径、电负性、对称性。若 a_1、a_2、a_3 和 a_4 分别为质量（m）、半径（r）、电负性（χ）和对称性（s）的权重，显然，不同基团的同一变量的权重相同。如 a_1 为质量的权重，它对所有基团中的质量变量的影响都一样，不同的只是基团质量的差异。那么，设 f_i 为基团 R^i 对旋光的贡献，可以得到下列方程组：

$$\begin{cases} f_1 = a_1 m_1 + a_2 r_1 + a_3 \chi_1 + a_4 s_1 \\ f_2 = a_1 m_2 + a_2 r_2 + a_3 \chi_2 + a_4 s_2 \\ f_3 = a_1 m_3 + a_2 r_3 + a_3 \chi_3 + a_4 s_3 \\ f_4 = a_1 m_4 + a_2 r_4 + a_3 \chi_4 + a_4 s_4 \end{cases}$$

如果一个频率为 ν 的光子 $f(\nu)$ 与该分子相遇，设对其中某一个构象产生的旋光贡献为 F_1，那么

$$F_1 = f(\nu) \begin{bmatrix} f_1 \\ f_2 \\ f_3 \\ f_4 \end{bmatrix} \tag{1-6}$$

同样，温度贡献（F_2）、溶剂贡献（F_3）等均可参考式(1-6)写出：

$$F_2 = f(s) \begin{bmatrix} f_1 \\ f_2 \\ f_3 \\ f_4 \end{bmatrix} \tag{1-7}$$

$$F_3 = f(t) \begin{bmatrix} f_1 \\ f_2 \\ f_3 \\ f_4 \end{bmatrix} \tag{1-8}$$

最后,所有影响因子在该构象中的贡献为 $\boldsymbol{F}_{\text{coni}}$

$$\boldsymbol{F}_{\text{coni}} = F_1 + F_2 + F_3 + \cdots$$

因此

$$\boldsymbol{F}_{\text{coni}} = f(\nu)\begin{bmatrix} f_1 \\ f_2 \\ f_3 \\ f_4 \end{bmatrix} + f(s)\begin{bmatrix} f_1 \\ f_2 \\ f_3 \\ f_4 \end{bmatrix} + f(t)\begin{bmatrix} f_1 \\ f_2 \\ f_3 \\ f_4 \end{bmatrix} + \cdots$$

$$= [f(\nu) + f(s) + f(t) + \cdots]\begin{bmatrix} f_1 \\ f_2 \\ f_3 \\ f_4 \end{bmatrix}$$

$$= [f(\nu) + f(s) + f(t) + \cdots]\begin{bmatrix} m_1 & r_1 & \chi_1 & s_1 \\ m_2 & r_2 & \chi_2 & s_2 \\ m_3 & r_3 & \chi_3 & s_3 \\ m_4 & r_4 & \chi_4 & s_4 \end{bmatrix}\begin{bmatrix} a_1 \\ a_2 \\ a_3 \\ a_4 \end{bmatrix} \tag{1-9}$$

这样,所有因素对所有构象旋光影响的总和,可以用玻尔兹曼公式来表达:

$$\boldsymbol{F} = \sum (\boldsymbol{F}_{\text{coni}})(Q_i / \sum Q_i) \tag{1-10}$$

式中,$Q_i = k\exp(-\Delta G_i / RT)$,$Q_i$ 是第 i 个构象在整体中所占的分数,k 和 R 是常数,ΔG_i 是第 i 个构象自由能与最低的构象自由能的差值。

因此,在理论上,所有可能的变量函数都可以放入上述公式中加以研究。例如,把 $f(\nu)$ 函数放入其中,就可以计算 ORD 光谱。但目前尚未有可靠的相关公式用于计算。这里主要是讨论在光源、溶剂、温度等外部影响都固定的情况下的结果。此时,$\boldsymbol{F}_{\text{coni}}$ 变为

$$\boldsymbol{F}_{\text{coni}} = (k_1 + k_2 + k_3 + \cdots)\begin{bmatrix} m_1 & r_1 & \chi_1 & s_1 \\ m_2 & r_2 & \chi_2 & s_2 \\ m_3 & r_3 & \chi_3 & s_3 \\ m_4 & r_4 & \chi_4 & s_4 \end{bmatrix}\begin{bmatrix} a_1 \\ a_2 \\ a_3 \\ a_4 \end{bmatrix} \tag{1-11}$$

这里 $k_1 = f(\nu), k_2 = f(s), k_3 = f(t), \cdots$

$$\boldsymbol{F}_{\text{coni}} = k\begin{bmatrix} m_1 & r_1 & \chi_1 & s_1 \\ m_2 & r_2 & \chi_2 & s_2 \\ m_3 & r_3 & \chi_3 & s_3 \\ m_4 & r_4 & \chi_4 & s_4 \end{bmatrix}\begin{bmatrix} a_1 \\ a_2 \\ a_3 \\ a_4 \end{bmatrix} \tag{1-12}$$

式中,k 为 k_1、k_2、k_3 等常数之和。

所产生的旋光包含三个部分:①光子的频率以及所使用的溶剂等对手性分子作用而产生的贡献,这包含在式(1-11)的左侧矩阵中。当它们都固定时,则贡献为一常数 k[即式

(1-12)中的 k 常数]。②分子本身固有的特征矩阵,这部分包含在式(1-12)中间矩阵中。③权重系数矩阵,是在式(1-12)的右侧矩阵。考虑到矩阵本身不是一个具体的数字而只具有空间意义,因此定义$[\alpha]=|F|$,得到:

$$[\alpha]=k \times a_1 \times a_2 \times a_3 \times a_4 \times \det(D)=k_0 \times \det(D) \qquad (1\text{-}13)$$

式中,k_0 为常数;$\det(D)$是上述分子本身固有的特征矩阵演化而来的四阶行列式:

$$\det(D)=\begin{vmatrix} m_1 & r_1 & \chi_1 & s_1 \\ m_2 & r_2 & \chi_2 & s_2 \\ m_3 & r_3 & \chi_3 & s_3 \\ m_4 & r_4 & \chi_4 & s_4 \end{vmatrix}$$

可见,手性分子的旋光值与该手性分子的特征矩阵的四阶行列式的值成正比。显然,从这个推导出来的结论,我们不难理解手性分子的所有旋光特性,例如:

(1) 当一个手性分子中(单一手性中心分子)的任意两个基团交换它们的位置时,新分子的旋光值不变而旋光符号相反。而在 $\det(D)$ 中,这种交换意味着行列式的某两行的数值发生交换。根据行列式性质,新的行列式的数值与原行列式的值相等,但符号相反。因此,对映体的旋光值相等,但旋光符号相反。

(2) 当分子中两个基团相同时,分子的旋光值为零。根据行列式性质,若行列式的任意两行的值相等时,行列式的数值为零。

可以预测,在一个手性分子中,如果其中的某一个键受"外力"作用发生弯曲,其标准的四面体结构发生变化,因此,此时该手性分子的旋光值将发生变化。另外,当两个基团的体积、结构非常相近时,它们的四个参数的数值几乎一样,这样,尽管在理论上它是一个手性分子,但它的旋光值将非常小,甚至测不出来,如 5-乙基-5-丙基十一烷[4a]。

那么,如何认定一个分子有无旋光性?从结构化学的角度上,我们可以理解为:当一个分子不能和它的镜像重叠时,该分子具有旋光性。也就是用分子是否具有对称面、对称中心和反轴等第二类对称元素来判断。如果一个分子具有对称面、对称中心或反轴,其分子必与它的镜像重叠,就没有旋光性。反之,该分子就具有旋光性。例如,有些轴手性化合物,它们并没有我们看得见的手性碳原子,但它们没有对称面、对称中心和反轴。也就是说,这些分子表现出了空间上的不对称性,因此具有一定的旋光性。

利用矩阵模型计算手性分子的旋光值通常需要利用计算得到的 $\det(D)$ 值与 k_0 值来共同完成。在目前阶段,这是一个相对方法。

1.3　旋光的计算

由于旋光的大小与方向都与手性中心的结构存在必然联系,因此,自从发现手性分子的结构特征与旋光现象以后,不少科学家都对这种关系进行了深入而系统的研究。手性分子产生旋光是一个非常复杂的过程。由于不知道手性分子中哪些因素对旋光的贡献大,因此在研究的早期,化学家更多的是研究不同波长的光以及不同溶剂对手性分子的旋光大小的影响,并获得了丰富的成果。现在,化学家在对手性分子的旋光值计算的研究中发现,手性分子的不同构象对其旋光值的影响非常大。

1.3.1　糖旋光的计算

　　早期旋光计算中比较有影响的代表性理论是 20 世纪 50 年代美国 J. H. Brewster 教授发展的经验公式[4]。他认为在手性分子中,分子中基团的电子极化率(polarizability)的螺旋方式决定了手性分子的旋光值。摩尔旋光度$[M]_D$与决定螺旋方式的原子的折射(率)有关。通过简单的构象分析和一个经验常数可以达到计算其摩尔旋光度$[M]_D$的目的。由于现代计算方法的发展,如量子计算方法和矩阵方法,Brewster 模型的应用已经很少。有兴趣者可参考相关文献或者参考本书的第一版部分内容。

　　在早期研究手性分子的结构与旋光度的研究中,发现的旋光加和规则表明:在含有两个或以上不对称碳原子的手性化合物的旋光是各个不对称碳原子的旋光的代数和。这在糖的旋光计算中得到应用。如在一对醛糖苷的端基异构体(anomer)α 和 β 的分子旋光可以认为是两部分旋光贡献的总和(图 1-1)[5]。也就是将 C1 的旋光值与其余部分的旋光值相加得到。由此,Hudson 提出来利用旋光的性质来决定糖分子的 C1、C2、C3 等的构型问题。表 1-1 列出了部分吡喃糖的旋光差值。可以看到,随着 C2~C5 构型的不同,不同结构糖的摩尔旋光度也有较大的差异。同时,利用这种方法,可以在测定出某一糖苷的旋光值后,通过计算和比较,解决苷的苷键是 α 构型还是 β 构型的问题。由于这一部分的研究内容具有较好的应用价值,为方便读者,这里摘录部分文献结果[5]。

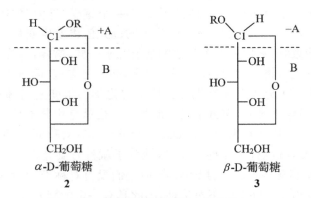

图 1-1　两个葡萄糖的立体结构

　　对 α-D-葡萄糖而言,它的摩尔旋光度可以用式(1-14)来计算:

$$[M]_D^\alpha = +A + B \tag{1-14}$$

而对 β-D-葡萄糖而言,它的摩尔旋光度则为

$$[M]_D^\beta = -A + B \tag{1-15}$$

　　这样,就可以从上面的两个公式中得到端基手性碳 C1 的旋光值在 α 和 β 构型的旋光分量以及 B 的数值分别为

$$C1^\alpha = +A = ([M]_D^\alpha - [M]_D^\beta)/2$$

$$C1^\beta = -A = -([M]_D^\alpha - [M]_D^\beta)/2$$

$$B = ([M]_D^\alpha + [M]_D^\beta)/2$$

式中,A 值主要取决于分子的旋光差,C2 的构型对它有影响(邻位效应);B 值取决于分子内其余手性碳原子的构型。表 1-1 列出了部分吡喃糖的旋光差值(A)。

表 1-1　部分吡喃糖的旋光差值(A)　　　　　　　　[单位:(°)]

糖	构型				$[M]_D^\alpha$	$[M]_D^\beta$	$2A$
	C5	C4	C3	C2			
D-葡萄糖	D	D	L	D	+202.1	+33.7	+168.4
D-半乳糖	D	L	L	D	+271.5	+95.1	+176.4
D-木糖		D	L	D	+140.5	−30.0	+170.5
乳糖					+306.5	+119.5	+186.8
D-甘露糖	D	D	L	L	+52.8	−30.6	+83.4
D-来苏糖	D	L	L	L	+8.4	−109.0	+117.4
L-鼠李糖	L	L	D	D	−15.7	+63.0	−78.7
L-阿拉伯糖		L	L	D	+116	+286.0	−170

各种不同的糖有不同的 B 值,是它们的特征常数,就像指纹一样表征了各自的旋光属性。表 1-2 和表 1-3 分别列出了 α- 和 β-葡萄吡喃醛糖苷的分子旋光和 B 值以及 α- 和 β- 吡喃醛糖及其甲苷的分子旋光和 B 值。

表 1-2　α- 和 β-葡萄吡喃醛糖苷的分子旋光和 B 值表

C1 上的取代基 R	$[M]_D^\alpha$	$[M]_D^\beta$	$2B$	平均值
—H	+202.1	+33.7	+235.8	
—Me	+308.6	−66.4	+242.2	
—Et	+313.6	−69.5	+244.1	
—^{n}Pr	+312.9	−77.6	+235.3	+240.1
—CH₂Ph	+354.1	−150.2	+203.3	
—Ph	+467.3	−181.9	+281.4	

表 1-3　α- 和 β-吡喃醛糖及其甲苷的分子旋光和 B 值表

糖	吡喃醛糖			甲苷		
	$[M]_D^\alpha$	$[M]_D^\beta$	$2B$	$[M]_D^\alpha$	$[M]_D^\beta$	$2B$
D-葡萄糖	+202.1	+33.7	+235.8	+308.6	−66.4	+242.2
D-半乳糖	+271.5	+95.1	+366.6	+380.6	0	+380.5
D-木糖	+140.5	−30.0	+110.5	+252.6	−107.5	+145.1
D-甘露糖	+52.8	−30.6	+22.2	+153.8	−135.5	+18.3
D-来苏糖	+8.4	−109.0	−100.6	+97.5	−210.3	−112.8
L-鼠李糖	−15.7	+63.0	+47.3	−111.4	+170.0	+58.6
L-阿拉伯糖	+116	+286.0	+401.7	+28.4	+403.0	+431.4

利用这种经验规则，可以解决未知苷或低聚糖的苷键构型。先测出该分子的旋光值，再减去苷元的分子旋光，所得到的差值和该糖的一对甲苷的旋光值相比，如果得到的数值与 α-型的接近，则该未知苷键的构型为 α-型。有兴趣者可参考相关文献。例如，利用甾体苷的分子旋光差的办法，成功解决了许多强心苷的苷键构型问题。一个例子就是铃兰毒苷的苷键构型。其糖是 L-鼠李糖，苷元为毒毛旋花子苷元。实验测得的铃兰毒苷的旋光值为 $-1.7°$(MeOH)。毒毛旋花子苷元的旋光值为 $+43.1°$(MeOH)。因此，可以得到如下数据：

铃兰毒苷的摩尔旋光度为　　　$[M]_D = (-1.7 \times 550.6) \div 100 = -9.4°$(MeOH)

毒毛旋花子苷元的旋光值为　　$[M]_D = (+43.1 \times 404.5) \div 100 = +174.3°$(MeOH)

二者的旋光差值为　　$\Delta[M]_D = -9.4 - (+174.3) = -183.7°$(MeOH)

由于 α-甲基 L-鼠李糖苷的摩尔旋光度为 $-111.4°$，而 α-甲基 L-鼠李糖苷的摩尔旋光度为 $+170.0°$，由于 -183.7 接近于 $-111.4°$，因此，铃兰毒苷的苷键构型应为 α-L-鼠李糖苷。

现代科技的发展，尤其是 X 射线衍射和 NMR 技术应用的快速发展，已经使得一些传统的技术和手段应用得较少了。但在一些天然产物的结构鉴定中，尤其是糖苷的构型鉴定中，在不能获得单晶或 NMR 的相关波谱较为复杂的情况下，上述方法不失为一个值得尝试的办法。

但实际上，这种旋光加和规则主要用于含糖的手性化合物中，而在另一些手性化合物中，这种旋光的加和规则可能并不存在，不能简单地套用。例如，手性化合物半胱氨酸 **4** 和胱氨酸 **5**（图 1-2），前者的旋光值为 $+6.5°$(2 mol/L HCl)，而后者的旋光值却为 $-217.8°$(1 mol/L HCl)，二者的旋光关系不仅不满足加和规则，甚至连二者的旋光符号都相反[6]。

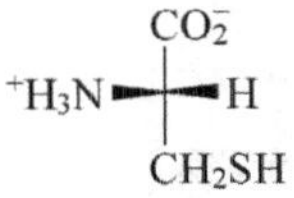

半胱氨酸　　　　　　　　　　　　　　胱氨酸
4　　　　　　　　　　　　　　　　　　**5**

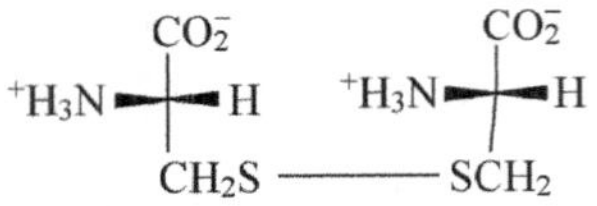

图 1-2　半胱氨酸和胱氨酸结构

1.3.2　螺旋模型

关于手性分子的旋光值的计算，国内外也有许多学者在研究。例如，L. Pasteur 认为手性分子中含有螺旋结构，所有的螺旋都遵守左手螺旋旋光左旋，右手螺旋旋光右旋的规律。分子的螺旋结构导致分子对平面偏振光的偏振平面发生偏转[7]，手性分子的旋光度是每一个螺旋产生的旋光度的总和，与该溶液的折射率的关系如下：

$$f(n) = \frac{(n^2 + 2)^2}{9n} \tag{1-16}$$

式中，n 为折射率。

设定螺旋理论中的螺旋半径 r，螺旋的螺距 h，并将其他所有因数固定，就得到计算摩尔旋光度的公式：

$$[M]_D = k\,\frac{r^2 h}{(2\pi r)^2 + h^2} \tag{1-17}$$

式中，k 为常数。

由于在 h、$2\pi r$ 与螺旋的长度 l 之间符合勾股定律，因此，式(1-17)可以简化为

$$[M]_D = k\,\frac{r^2 h}{l^2} \tag{1-18}$$

也就是说，一个手性分子可以被认为具有若干个螺旋，每一个螺旋对摩尔旋光度的贡献可以用上面的公式计算得到，再乘以螺旋的圈数，就得到该分子的总的旋光度。

但实际上，该计算公式中依然引入了一个无法解释的假设，那就是认为在所有的手性分子中，螺旋都遵守左手螺旋旋光左旋，右手螺旋旋光右旋的规律，而不是相反。其中的原因并没有解释清楚。虽然经典电磁学指出在右螺旋的通道或导体中的电子运动时，螺旋呈右旋性。但导体或通道内的电子运动的性质与价键电子的运动有本质的区别。同时，实验性的工作在那个时代并没有获得突破性的进展。Brewster 模型中涉及这一部分的工作是一个经典性的总结。

20 世纪中期，M. S. Newman 等合成并表征了第一对螺并苯研究工作，这是一项突破性的进展。在随后的研究中，这种假设的规则都得到了实验检验。我国科学家邢其毅、叶秀林、邓并和聂爱华设计并合成的手性环酯的研究工作又将这一研究推到了一个新的研究高度[7d]。该研究通过相关的分子力学计算和 X 射线衍射数据等，得出了一个重要的结论，那就是在这些环酯结构中，只要构型保持不变，无论有关的氢原子的位置如何，都对酯环的螺旋性没有大的影响。也就是说，这种变化不会带来大的旋光大小的变化。但需要注意的是，在下面介绍的量子计算的方法中，含自由—OH 上氢原子的不同取向(位置)会对手性分子的旋光产生很大影响。每种计算方法都有其应用的一些范围。

1.3.3　量子化学计算模型

自从旋光现象被发现以后，不同时期出现了不少相关的理论与模型。Fresnel[8]将旋光与绝对构型联系起来并建立了最初的旋光理论，一个多世纪以来，这些理论方法都得到巨大的发展。随着量子化学的发展，经验和半经验法[9]、量子力学从头算法(ab initio)也被应用于预测化合物的旋光值和化合物结构之间的关系，并已发展成为研究手性化合物构型和构象的重要手段。

尽管已经发展如此多的方法来确定化合物的绝对构型，但是这些方法都或多或少地存在着很多局限性。例如，使用 X 射线衍射法时，样品能否形成达到衍射要求的单晶是现在 X 射线衍射法需要解决的最大难题。采用化学转化的方法确定化合物绝对构型时需要的样品量相对较多，而且需要较长的时间完成。

量子力学方法在旋光计算中的应用可以追溯到 1982 年，Amos[10]在 CADPAC 程序中引入了 Rosenfeld[11]理论，Polavarapu[12]将基于此理论的 Hartree-Fock(HF)计算法应用于旋光计算。1999 年，Yabana 等[13]将密度泛函理论(density-function theory，DFT)应用于旋光计算。Cheeseman 等在 2000 年报道了静态限制旋光计算法(static-limit calculations)[14]并将这个方法应用于大量化合物的旋光计算[15]。2002 年，Ruud 和 Helgaker

提出了旋光的偶合簇（coupled-cluster，CC）计算法[16]，两年后，Tam 等[17]报道了偶合簇的单双层次（coupled-cluster single doubles，CCSD）的计算法。此外，Wipf[18]、Grimme[19]、Pedersen[20]、Giorgio[21]、Nafie[22]、Wiberg[23]、Vaccaro[24]、Jorgensen[25]等理论化学家都提出了各自改进的旋光计算的方法。量子力学理论在旋光领域广泛应用的同时，各种计算软件，如 Dalton、Gaussian、Turbomole、PSI 等也应运而生[26]。量子力学的方法虽然行之有效，但相对成熟的量子力学方法多局限于诸如环状的刚性分子的旋光研究。如 DFT、CC 等计算方法等。非刚性分子由于链的柔性相对增加，分子的构象相对刚性分子来说多了很多，使用这些方法会使计算量成百上千倍地增加。

量子力学处理后得到的计算旋光公式是

$$[\alpha] = \frac{28\ 800\pi^2 N_A\nu^2}{c^2 M}\gamma_{s,v}[\beta(\nu)]_0 \tag{1-19}$$

式中，N_A 为阿伏伽德罗（Avogadro）常量；M 为相对分子质量；c 为真空中的光速；γ 为溶剂校正系数，多数情况下认为是 1；$\beta(\nu)$ 为分子中与频率有关的电子偶极磁性-偶极极化（electric-dipole-magnetic dipole polarizability）参数，$[\beta(\nu)]_0$ 是气相条件下的 $\beta(\nu)$ 值。

通常，通过计算手性分子的旋光值就能基本确定手性中心的绝对构型问题。这方面的例子很多。例如，下面一些刚性的化合物（图 1-3），通过计算[B3LYP/aug-cc-pVDZ//B3LYP/6-31G(d)]得到的旋光值与实验值非常接近[27]。通过计算得到的旋光值列在表1-4 中。

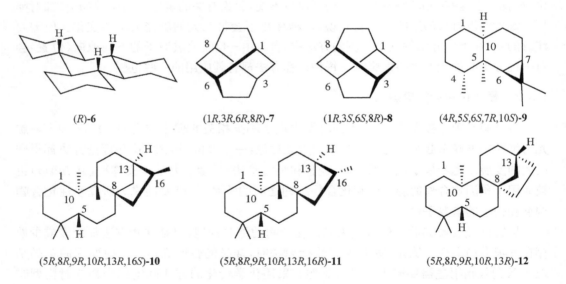

(R)-6　　(1R,3R,6R,8R)-7　　(1R,3S,6S,8R)-8　　(4R,5S,6S,7R,10S)-9

(5R,8R,9R,10R,13R,16S)-10　　(5R,8R,9R,10R,13R,16R)-11　　(5R,8R,9R,10R,13R)-12

图 1-3　部分报道的用于计算的刚性的化合物结构

在量子化学的计算方法中，对于一些含自由—OH 的手性分子需要特别加以注意。分子中的—OH 的氢原子在不同的位置上形成的氢键会影响分子的构象，从而影响整个分子的旋光大小。这一点与在环酯类手性分子的旋光实验中有一定程度的不同[7d]。

表 1-4　通过计算得到的 7 个手性分子的旋光值与实验值的比较结果

分子	$[\alpha]_{D\,exp}$	ee/%	$[\alpha]_D(100\%ee)$	$[\alpha]_{D\,cal}$
6[a]	−93	100	−93	−119.8
7[b]	414	94	440	360.4
8[b]	−235	83	−284	−246.7
9[c]	−53	82	−65	−42.8
10[d]	−34.6	—	—	−60.1
11[e]	−67	—	—	−84.5
12[f]	−3.9	—	—	−7.2

a. (1) Farina M,Audisio G. Tetrahedron Lett,1967,14:1285. (2) Tetrahedron,1970,26:1839.

b. (1) Adachi K,Naemura K,Nakazaki M. Tetrahedron Lett,1968,9:5467. (2) Nakazaki M,Naemura K, Nakahara S. J Org Chem,1978,43:4745. (3) Naemura K,Nakazaki M. Bull Chem Soc Jpn,1973,46:888.

c. Buchi G,Greuter F,Tokoroyama T. Tetrahedron Lett,1962,18:827.

d. (1) Pelletier S W,Mody N V. J Am Chem Soc,1979,101:6741. (2) Pelletier S W,Mody M V,Desai H K. J Org Chem,1981,46:1840.

e. (1)Briggs L H,Cain B F,Cambie R C,Davis B R,Rutledge P S,Wilmshurst J K. J Chem Soc,1963:1345. (2) Mossettig E,Beglinger U,Dolder F,Lichti H,Quitt P,Waters J A. J Am Chem Soc,1963,85:2305.

f. Kapadi A H,Dev S. Tetrahedron Lett,1964,38:2751.

1.3.4　矩阵模型

　　以上这些模型都很好地解释了手性分子导致平面偏振光的偏振平面发生偏转的事实,而量子力学的方法提出了明确的旋光计算的公式。但从另外的角度来看,一个从直观的角度来理解,并能解决实际的旋光计算的模型依然有其价值。尤其是量子化学的计算方法中对柔性分子的手性旋光的计算已显得力不从心。这样一开始就从数学的角度研究手性分子与平面偏振光等(如溶剂)的相互作用,就显得十分必要。矩阵(matrix)模型就是这种条件下的研究结果。如前所述,如果光源固定、溶剂、温度等外部影响(矩阵的第一部分的因素)固定,这样前述公式(1-12)中的旋光贡献 $\boldsymbol{F}$,可以写为

$$\boldsymbol{F}=k\begin{bmatrix} m_1 & r_1 & \chi_1 & s_1 \\ m_2 & r_2 & \chi_2 & s_2 \\ m_3 & r_3 & \chi_3 & s_3 \\ m_4 & r_4 & \chi_4 & s_4 \end{bmatrix}\begin{bmatrix} a_1 \\ a_2 \\ a_3 \\ a_4 \end{bmatrix} \tag{1-20}$$

式中,k 为常数。

　　对旋光的贡献包含在三个部分:①频率溶剂等的贡献,这包含在式(1-20)的左侧矩阵中,②分子本身固有的特征矩阵,这部分包含在式(1-20)中间矩阵,③权重系数矩阵,是在式(1-20)的右侧内。通过定义 $[\alpha]=|F|$,得到:

$$[\alpha]=k\times a_1 \times a_2 \times a_3 \times a_4 \times \det(D)=k_0 \times \det(D) \tag{1-21}$$

式中，k_0 为常数；$\det(D)$ 为上述分子本身固有的特征矩阵演化而来的四阶行列式：

$$\det(D) = \begin{vmatrix} m_1 & r_1 & \chi_1 & s_1 \\ m_2 & r_2 & \chi_2 & s_2 \\ m_3 & r_3 & \chi_3 & s_3 \\ m_4 & r_4 & \chi_4 & s_4 \end{vmatrix}$$

这样，手性分子的旋光值与该手性分子的特征矩阵的四阶行列式的值成正比。这里先讨论手性分子中的每一个基团都是标准质点的情况，也就是四个基团均为不同的原子时的情况。

如果把一个手性分子放在一个三维坐标系内，把最小的基团放在 Z 轴上，这样，在每一个基团都是标准质点时，如 CHClBrI，每一个质点都将获得一个坐标。设 R^1，R^2，R^3，R^4 的坐标分别是：$C_1(x_1,y_1,z_1)$，$C_2(x_2,y_2,z_2)$，$C_3(x_3,y_3,z_3)$，$C_4(x_4,y_4,z_4)$，这样，三个新的行列式 $\det(D_x)$，$\det(D_y)$ 与 $\det(D_z)$ 会生成。由于 R^4 位于 Z 轴上，它在 X 轴、Y 轴上的分量为零（$x_4 = y_4 = 0$），因此，$\det(D_x)$、$\det(D_y)$ 值为零。可以看到，行列式 $\det(D_z)$ 就代表这个有标准质点分子的手性旋光值。但显然，如果这个分子不是标准质点分子，用 $\det(D_z)$ 代替 $\det(D)$ 会带来很大的误差。

在前面的研究中，我们曾经提到在旋光的计算中，人为地认为在手性分子中，螺旋都遵守左手螺旋左旋，右手螺旋右旋的规律，也就是把左旋的分子的旋光方向（值）规定为（一）号，右旋的分子规定为（＋）号。但为什么手性分子的旋光值遵循这个规律，没有人能加以解释。那么在矩阵模型中，手性分子的旋光符号是怎么解决的呢？

有两种方法，第一种方法像传统的做法一样，我们把最大的基团的参数放在矩阵的顶上，第二大的放在第二行，依此，最小的放在最底一行。这样计算得到的 $\det(D_0)$ 值需要按左手螺旋左旋，右手螺旋右旋的规律在计算值前加上符号，即

$$[\alpha] = \pm k_0 \det(D_0) \tag{1-22}$$

同样，这种处理依然存在人为的因素。那就是"按左手螺旋左旋，右手螺旋右旋的规律在计算值前加上符号"的规定。如果这个假设是正确的，那么有什么理论或逻辑上的根据呢？

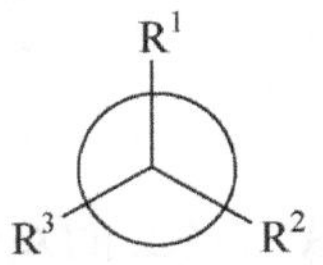

13

图 1-4　模型化合物 **13** 的 Newman 投影式

第二种方法中，如下述 Newman 投影式 **13** 中（图 1-4），R^4 是最小的基团，被放在纸里面（看不见），其相关参数被放在行列式的底部。在 R^1、R^2、R^3 中，不管它们的大小，统一按任意方向向左或向右，将它们的参数排在行列式中剩下的部分。这里我们选向右排列，也就是从 R^1 到 R^2 再到 R^3。这样得到一个矩阵，其特征行列式可以是正或负，其正或负的符号就代表了手性分子的旋光方向。显然，这两种方法得到的结果应该完

全一致。否则,就有问题。那么这两种方法得到的结果是否真的完全一致呢?

首先,最小的 R^4 基团的相关参数被放在行列式的底部。然后,按照顺时针方向,即从 R^1 到 R^2 到 R^3 的顺序,把相关参数放入行列式内,得到一个 $\det(D)$。然后,移动行列式内的行,直到最大基团的参数在顶部,第二大的在第二行,第三大的放在第三行,这样得到另一个新的行列式 $\det(D')$。表 1-5 列出了全部六种情况下的这些变换。结果表明,新得到的 $\det(D')$ 与 $\det(D_0)$ 相等。

表 1-5 基因大小六种情况下的矩阵变换结果

基团大小	Newman 投影式方向	$[\alpha] = \pm k_0 \det(D_0)$	$\det(D)$ 的变换	$[\alpha] = k_0 \det(D)$ [b]
$R^1 > R^2 > R^3$	顺时针	$k_0 \det(D_0)$	没有变换	$k_0 \det(D')$
$R^1 > R^3 > R^2$	反时针	$-k_0 \det(D_0)$	L1 与 L3 [a]	$-k_0 \det(D')$
$R^2 > R^1 > R^3$	反时针	$-k_0 \det(D_0)$	L1 与 L2	$-k_0 \det(D')$
$R^2 > R^3 > R^1$	顺时针	$k_0 \det(D_0)$	L1 与 L2,然后新的 L1 与 L3	$k_0 \det(D')$
$R^3 > R^1 > R^2$	顺时针	$k_0 \det(D_0)$	L1 与 L3,然后新的 L1 与 L2	$k_0 \det(D')$
$R^3 > R^2 > R^1$	反时针	$-k_0 \det(D_0)$	L1 与 L3	$-k_0 \det(D')$

a. 这里 L1、L2 与 L3 分别指 $\det(D)$ 中的第一行、第二行与第三行。

b. 在 $R^1 > R^2 > R^3$、$R^2 > R^3 > R^1$ 和 $R^3 > R^1 > R^2$ 三种情况下,$\det(D) = \det(D')$;在 $R^1 > R^3 > R^2$、$R^2 > R^1 > R^3$ 和 $R^3 > R^2 > R^1$ 三种情况下,$\det(D) = -\det(D')$。因此,$\det(D') = \det(D_0)$。

也就是说,这种传统上旋光符号的规定,恰好与理论上的推导完全一致。这表明前述几种处理方法中的规定有其内在逻辑性。

下面讨论四个变量的计算。

1. 综合质量

一个基团中的不同原子对旋光的贡献不一样。如一个原子直接与手性中心相连,它的贡献系数是 b_1,第二个原子与该原子相连,它对旋光的贡献系数是 b_2,依此类推到其他原子 b_3,…那么,该基团的综合质量(m)为

$$m = b_1 m_1 + \sum b_2 m_2 + \sum b_3 m_3 + \cdots \tag{1-23}$$

式中,m_1 为原子 1 的质量,它与手性中心原子直接相连;m_2 为原子 2 的质量,它与原子 1 直接相连,依此类推。

下面以图 1-5 所示的 $^n\mathrm{Pr}$ 为例说明,计算系数 b_1,b_2,…。

原子 C1 的平均单位体积为

$$1/V_1 = 1/(4\pi r_1^3/3) = 1 \times 3/(4 \times 3.14 \times 0.77^3) = 0.5232(\text{Å}^{-3})$$

这里 r_1 是该 sp^3 杂化碳原子的半径,使用经典的 0.77 Å 值。

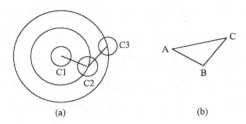

图 1-5　（a)正丙基结构；(b)简化的结构用于计算 C1 到 C3 的距离

原子 C2 与 C3 可以围绕 C1 做旋转运动，它们的平均单位体积分别为

$$1/V_2 = 1/(4\pi r_2^3/3) = 1 \times 3/(4 \times 3.14 \times 1.54^3) = 0.065\,40(Å^{-3})$$

$$1/V_3 = 1/(4\pi r_3^3/3) = 1 \times 3/(4 \times 3.14 \times 2.51^3) = 0.015\,10(Å^{-3})$$

式中，r_2 为该 sp^3 杂化碳原子 C2 的半径，为 1.54 Å；r_3 为该 sp^3 杂化碳原子 C3 围绕 C1 做旋转运动的半径，$r_3 = (1.54^2 + 1.54^2 - 2 \times 1.54 \times 1.54 \times \cos 109)^{1/2} = 2.51$。

系数 b_i 定义为与相应的平均单位体积成正比：

$$b_1 : b_2 : b_3 : \cdots$$
$$= V_1^{-1} : V_2^{-1} : V_3^{-1} : \cdots$$
$$= 0.5232 : 0.065\,40 : 0.015\,10 : \cdots$$
$$= 1 : 0.125 : 0.029 : \cdots$$

这样，相对于原子 C1 而言，原子 C2 与 C3 对旋光的贡献为 0.125 与 0.029 分别与其质量的乘积。因此，正丙基的综合质量(m)为 $12 \times 1 + 12 \times 0.125 + 12 \times 0.029 + 1 \times 0.33 \times 2 = 14.5$。例如，对四个碳的直链基团而言，第四个碳的系数为 0.008，其综合质量为 14.6。

不同的基团中的不同的原子，它们的系数都不一样。例如，对—CO_2H 而言，其综合质量为

$$m = 12 \times 1 + 0.156 \times 16 \times 2 + 0.114 \times 16 = 18.8$$

部分计算得到的不同基团的系数列在表 1-6 中，部分计算得到的基团的综合质量列在表 1-7 中。

表 1-6　不同基团中不同原子对旋光的贡献系数

取代基	b_i	取代基	b_i
—$CH_2CH_2CH_3$	C—C：$b_2 = 0.125, b_3 = 0.029$	—CH_3	C—H：$b_2 = 0.33$
—Phenyl	$b_2 = 0.125, b_3 = 0.024, b_4 = 0.0156$	—C(sp^3)—C≡C—	$b_2 = 0.024, b_3 = 0.0135$
—CO_2H	C=O：$b_2 = 0.156,$ C—O：$b_2 = 0.114$	—C(sp^3)—O—C(sp^3)	$b_2 = 0.162, b_3 = 0.033$
—C(sp^3)—N⟨	$b_2 = 0.144$ 对 N 原子	—C(sp^3)—OH	$b_2 = 0.166$
—C(sp^2)=N—	$b_2 = 0.137$ 对 N 原子	—C(sp^3)—S—	$b_2 = 0.077$

表 1-7　不同基团中不同原子的综合质量、半径、电负性和对称性

R	m	r/Å	χ	s	R	m	r/Å	χ	s
—CH$_3$	13.0	2.0	2.5	0.44	—NH$_3^+$	15.0	1.5	3.8	0.44
—C$_2$H$_5$	14.1	2.2	2.5	0	—CO$_2$H	18.7	1.7	2.7	0
—^{n}Pr	14.5	2.2	2.5	0	—CO$_2$Me	19.2	2.7	2.8	0
—^{n}Bu	14.6	2.2	2.5	0	—CONH$_2$	18.5	1.6	2.7	0
—^{n}C$_5$H$_{11}$	14.7	2.9	2.5	0	2-Furyl	18.1	1.7	2.7	0
c-C$_6$H$_{12}$	16.4	2.4	2.5	0	—Ph	18.9	1.7	2.7	0.25
—^{i}Pr	15.6	2.3	2.5	0	4-Cl-Ph	19.0	1.8	2.7	0.25
—CMe$_3$	16.9	2.8	2.5	0.44	4-Me-Ph	18.9	1.7	2.7	0
—^{i}Bu	14.9	2.0	2.5	0	2-Br-Ph	20.1	1.95	2.7	0
—OH	16.3	1.4	3.5	0	1-Naph	20.0	1.7	2.7	0
—OMe	17.3	2.3	3.5	0	2-Naph	19.2	1.7	2.7	0
—OAc	19.9	2.9	3.5	0	3-py	18.8	1.7	2.7	0
—NH$_2$	14.7	1.5	3.0	0	4-py	19.0	1.7	2.7	0.25
—C≡C	16.5	1.5	3.0	0.25	PhCH$_2$=CH—	15.7	2.0	2.8	0
—NCO	17.7	1.5	3.5	0	PhCH$_2$CH$_2$—	14.7	3.6	2.5	0
—CN	17.8	1.45	3.2	0.25	—H$_2$PO$_3$	45.9	2.4	2.1	0
—CH$_2$Cl	15.6	1.8	2.5	0	—I	127	2.5	2.5	1
—CH$_2$OH	15.2	2.1	2.6	0	—Br	80.0	1.95	2.8	1
—CH$_2$Br	17.7	1.95	2.5	0	—Cl	35.5	1.8	3.0	1
—CH$_2$CN	18.1	2.9	2.5	0	—F	19.0	1.35	4.0	1
—NHMe	15.6	2.2	3.0	0	—H	1.0	1.2	2.1	1
—NMe$_2$	16.6	2.3	3.0	0	—D	2.0	1.2	2.1	1

2. 半径

这里我们定义半径(r)为当分子处在稳态时该基团的最小接触半径。可以从该取代基的几何构象来计算或认为是它的范德华(van der Waals)半径。下面讨论一些例子。

(1) 甲基的半径可以认为是与它的范德华半径相等(2.0 Å)。乙基的半径也认为是等同于它的范德华半径。这可以计算出乙基的 C—C 质量中心,再计算出从该质量中心到一个质子的最近距离。该距离的值加上 0.8 Å[28]即为乙基的半径。

(2) 简单芳环的范德华半径都认为是 1.7 Å。

(3) 如果一个重原子连有一个或两个轻原子,该基团的半径认为与该重原子的半径相等。例如,—OH 的半径认为是 1.4 Å,而—NH$_2$ 的半径是 1.5 Å。部分基团的半径值列在前述的表 1-7 中。

溶剂对不同取代基的影响是不一样的。一个具体基团的有效最小半径在不同的溶剂中会或多或少地有一些改变。手性分子中,尤其是旋光值较小的手性分子,可能会由于这种溶剂化作用导致的半径变化,其旋光值会从正值变为负值(或相反)。但在大多数情况下,手性分子的旋光值都足够大,这种溶剂化作用导致的最小半径变化并不能导致其旋光值会从正值变为负值(或相反)。温度的变化也导致其构象变化,并最终改变其半径而导致旋光值的变化。例如,大极性化合物,当浓度升高时,分子间会有较大作用,而这也会引起取代基半径的变化,从而使旋光变化。在矩阵模型中,外部因素,如温度、溶液的浓度等被处理成常数,这样可以大大减少计算的难度。

3. 电负性

电负性(χ)对旋光的影响很大,在这个模型里,我们采纳鲍林(Pauling)的电负性数值。对基团而言,则采用基团电负性数值[29]。当手性中心不是碳原子时,碳原子的电负性与该手性中心原子电负性的比值χ_c/χ_y乘以 $\det(D)$值才是该手性分子的 $\det(D)$值。一些基团的电负性列在表 1-7 中。

4. 对称性

分子的空间群概念广泛应用于分子的结构及手性分析中。从分子的空间群概念的角度上,我们可以理解为:如果一个分子具有对称面、对称中心或反轴,其分子必与它的镜像重叠,就没有旋光性。反之,该分子就具有旋光性。例如,有些轴手性化合物,它们并没有我们看得见的手性碳原子,但它们没有对称面、对称中心和反轴,因此表现出一定的旋光性。早期的研究表明:分子的旋光与"原子的不对称性"(atomic asymmetry)或构象的不对称性(conformational asymmetry)有关。但对这一概念,并无具体计算对称性的定义公式。为此,我们做如下规定:如果一个基团有最高的对称操作数 N,且对称轴穿过与手性中心原子相连的原子,那么,该基团的对称性(s)为

$$s = [(N-1)/N]^2 \tag{1-24}$$

例如,甲基有最高的对称操作数 3,它的对称性则为 0.44。对一个原子而言,其最高的对称操作数 N 为无穷,因此,单个原子的对称性为 1。一些基团的对称性列在表 1-7 中。

到目前为止,所有的讨论都是纯理论性的。它与实际情况是否吻合还没有得到检验。由于我们没有办法计算出公式中的光源、温度等对旋光影响的函数以及四个变量的权重,也就没有办法计算出绝对的旋光值。但是我们可以研究分子本身的特征矩阵及其特征值,通过比对所测得的旋光值,计算出系列手性分子 k_0 值。对同一系列的手性分子而言,计算得到的 k_0 值将是一个常数。计算得到的 65 个不同的手性分子的 $\det(D)$值列在表 1-8 中。

从表 1-8 中可以发现:在一级醇 **14~21** 中,计算得到的 k_0 值分别为 0.65、0.96、0.40、0.37、0.48、0.78、0.66 和 0.83,其平均值为 0.64。考虑到所有得到的旋光数据来自不同的时间和不同的研究小组,这些 k_0 值可以基本上认为是一个常数。又如化合物 **40~42**,测得的 k_0 值分别为 4.54、4.51 和 4.32。这些数据几乎一致。

表 1-8　共 65 个手性分子的 det(D)、[α]$_D$ 及 k_0 值

结构编号	结构	det(D)					[α]$_D$	k_0
14	(H OH Et Me)	$\begin{vmatrix} 16.3 & 1.4 & 3.5 & 0.0 \\ 13.0 & 2.0 & 2.5 & 0.44 \\ 14.1 & 2.2 & 2.5 & 0.0 \\ 1.0 & 1.2 & 2.1 & 1.0 \end{vmatrix}$				$=+14.6$	$+9.57°$ (neat)	0.65
15	(H OH ^{n}Pr Me)	$\begin{vmatrix} 16.3 & 1.4 & 3.5 & 0.0 \\ 13.0 & 2.0 & 2.5 & 0.44 \\ 14.5 & 2.2 & 2.5 & 0.0 \\ 1.0 & 1.2 & 2.1 & 1.0 \end{vmatrix}$				$=+13.51$	$+13°$ (neat)	0.96
16	(H OH Me Me Me)	$\begin{vmatrix} 16.3 & 1.4 & 3.5 & 0.0 \\ 15.6 & 2.3 & 2.5 & 0.0 \\ 13.0 & 2.0 & 2.5 & 0.44 \\ 1.0 & 1.2 & 2.1 & 1.0 \end{vmatrix}$				$=-12.10$	$-4.9°$ (neat)	0.40
17	(H OH Me ^{n}C$_5$H$_{10}$)	$\begin{vmatrix} 16.3 & 1.4 & 3.5 & 0.0 \\ 14.7 & 2.9 & 2.5 & 0.0 \\ 13.0 & 2.0 & 2.5 & 0.44 \\ 1.0 & 1.2 & 2.1 & 1.0 \end{vmatrix}$				$=-25.71$	$-9.5°$ (neat)	0.37
18	(H OH Me cyclohexyl)	$\begin{vmatrix} 16.3 & 1.4 & 3.5 & 0.0 \\ 13.0 & 2.0 & 2.5 & 0.44 \\ 16.4 & 2.4 & 2.5 & 0.0 \\ 1.0 & 1.2 & 2.1 & 1.0 \end{vmatrix}$				$=-11.57$	$-5.6°$ (neat)	0.48
19	(H OH Ph Me Me)	$\begin{vmatrix} 16.3 & 1.4 & 3.5 & 0.0 \\ 15.6 & 2.3 & 2.5 & 0.0 \\ 18.9 & 1.7 & 2.7 & 0.25 \\ 1.0 & 1.2 & 2.1 & 1.0 \end{vmatrix}$				$=-31.43$	$-24.6°$ (neat)	0.78
20	(H OH ^{n}Bu Ph)	$\begin{vmatrix} 16.3 & 1.4 & 3.5 & 0.0 \\ 18.9 & 1.7 & 2.7 & 0.25 \\ 14.6 & 2.2 & 2.5 & 0.0 \\ 1.0 & 1.2 & 2.1 & 1.0 \end{vmatrix}$				$=+30.30$	$+20°$ (neat)	0.66
21	(H OH Me ^{n}Bu)	$\begin{vmatrix} 16.3 & 1.4 & 3.5 & 0.0 \\ 14.6 & 2.2 & 2.5 & 0.0 \\ 13.0 & 2.0 & 2.5 & 0.44 \\ 1.0 & 1.2 & 2.1 & 1.0 \end{vmatrix}$				$=-13.21$	$-11°$ (neat)	0.83
22	(H NH$_2$ Me Et)	$\begin{vmatrix} 14.7 & 1.5 & 3.0 & 0.0 \\ 14.1 & 2.2 & 2.5 & 0.0 \\ 13.0 & 2.0 & 2.5 & 0.44 \\ 1.0 & 1.2 & 2.1 & 1.0 \end{vmatrix}$				$=-9.99$	$-7.5°$ (neat)	0.75
23	(H NH$_2$ Me cyclohexyl)	$\begin{vmatrix} 14.7 & 1.5 & 3.0 & 0.0 \\ 16.4 & 2.4 & 2.5 & 0.0 \\ 13.0 & 2.0 & 2.5 & 0.44 \\ 1.0 & 1.2 & 2.1 & 1.0 \end{vmatrix}$				$=-8.17$	$-4.0°$ (neat)	0.49

结构编号	结构	det(D)					[α]$_D$	k_0

24	H⋯ NH₂ / Me / Ph (1-苯乙胺)	14.7 1.5 3.0 0.0 18.9 1.7 2.7 0.25 13.0 2.0 2.5 0.44 1.0 1.2 2.1 1.0	$=+11.87$	+38° (neat)	3.12
25	Me / H⋯ / Ph CH₂NH₂	14.9 2.2 2.5 0.0 18.9 1.7 2.7 0.25 13.0 2.0 2.5 0.44 1.0 1.2 2.1 1.0	$=+6.28$	+35° (EtOH)	6.63
26	Me₂N⋯ Me / H	16.6 2.3 3.0 0.0 13.0 2.0 2.5 0.44 20.0 1.7 2.7 0.0 1.0 1.2 2.1 1.0	$=-8.27$	−43° (MeOH)	5.20
27	NMe₂ / H⋯ / Me Ph	16.6 2.3 3.0 0.0 18.9 1.7 2.7 0.25 13.0 2.0 2.5 0.44 1.0 1.2 2.1 1.0	$=+8.31$	+50.2° (MeOH)	6.04
28	H⋯ OH / Ph CN	16.3 1.4 3.5 0.0 17.8 1.45 3.2 0.25 18.9 1.7 2.7 0.25 1.0 1.2 2.1 1.0	$=+7.06$	+42° (CHCl₃)	5.95
29	Cl—C₆H₄ H⋯ OH / CN	16.3 1.4 3.5 0.0 17.8 1.45 3.2 0.25 19.0 1.8 2.7 0.25 1.0 1.2 2.1 1.0	$=+8.81$	+39° (CHCl₃)	4.43
30	H⋯ OH / p-Tol CN	16.3 1.4 3.5 0.0 17.8 1.45 3.2 0.25 18.9 1.7 2.7 0.0 1.0 1.2 2.1 1.0	$=+9.28$	+39° (CHCl₃)	4.20
31	H⋯ Ph / Si / Me (2-萘基)	$\dfrac{2.5}{1.7}\times$ | 19.2 1.7 2.7 0.0 18.9 1.7 2.7 0.25 13.0 2.0 2.5 0.44 1.0 1.2 2.1 1.0 | $=+5.90$	+35° (c-C₆H₁₂)	5.93
32	H⋯ OH / ≡ ⁿC₅H₁₁	16.3 1.4 3.5 0.0 14.7 2.9 2.5 0.0 16.5 1.5 3.0 0.25 1.0 1.2 2.1 1.0	$=-29.16$	−22.38° (乙醚)	0.77
33	H⋯ OH / ≡ / Me / Me	16.3 1.4 3.5 0.0 15.6 2.3 2.5 0.0 16.5 1.5 3.0 0.25 1.0 1.2 2.1 1.0	$=-18.58$	−15.4°(乙醚) −9.1° 57% ee (二噁烷)	1.45 0.86

结构编号	结构	det(D)					[α]_D	k_0
34	H⋯OMe, HO₂C, Ph (苯基)	17.3　2.3　3.5　0.0 18.9　1.7　2.7　0.25 18.7　2.1　2.8　0.0 1.0　1.2　2.1　1.0				$=+7.69$	$+149°$ (EtOH)	19.4
35	H⋯Cl, Et, Me	35.5　1.8　3.0　1.0 13.0　2.0　2.5　0.44 14.1　2.2　2.5　0.0 1.0　1.2　2.1　1.0				$=+8.02$	$+38.9°$	4.85
36	H⋯Cl, ^{n}Pr, Me	35.5　1.8　3.0　1.0 13.0　2.0　2.5　0.44 14.5　2.2　2.5　0.0 1.0　1.2　2.1　1.0				$=+7.87$	$+43.2°$	5.48
37	H⋯CN, Et, Me	17.8　1.45　3.2　0.25 13.0　2.0　2.5　0.44 14.1　2.2　2.5　0.0 1.0　1.2　2.1　1.0				$=+11.57$	$+30.7°$	2.89
38	H⋯CN, ^{n}Pr, Me	17.8　1.45　3.2　0.25 13.0　2.0　2.5　0.44 14.5　2.2　2.5　0.0 1.0　1.2　2.1　1.0				$=+10.72$	$+50.5°$	4.71
39	H⋯CN, ^{n}Bu, Me	17.8　1.45　3.2　0.25 13.0　2.0　2.5　0.44 14.6　2.2　2.5　0.0 1.0　1.2　2.1　1.0				$=+10.51$	$+45.9°$	4.37
40	H⋯Ph, Et, Me	18.9　1.7　2.7　0.25 13.0　2.0　2.5　0.44 14.1　2.2　2.5　0.0 1.0　1.2　2.1　1.0				$=+6.08$	$+27.6°$	4.54
41	H⋯Ph, ^{n}Pr, Me	18.9　1.7　2.7　0.25 13.0　2.0　2.5　0.44 14.5　2.2　2.5　0.0 1.0　1.2　2.1　1.0				$=+5.68$	$+25.6°$	4.51
42	H⋯Ph, ^{n}Bu, Me	18.9　1.7　2.7　0.25 13.0　2.0　2.5　0.44 14.6　2.2　2.5　0.0 1.0　1.2　2.1　1.0				$=+5.58$	$+24.1°$	4.32
43	H⋯Ph, Me, D	18.9　1.7　2.5　0.25 2.0　1.2　2.1　1.0 13.0　2.0　2.5　0.25 1.0　1.2　2.1　1.0				$=+0.93$	$+0.0068°$	0.07

结构编号	结构	det(D)					$[\alpha]_D$	k_0
44	H, Me / Et, D	13.0　2.0　2.5　0.25 2.0　1.2　2.1　1.0 14.1　2.2　2.5　0.0 1.0　1.2　2.1　1.0				=+0.10	+0.0095°	0.095
45	H, OH / Ph, D	16.3　1.4　3.5　0.1 2.0　1.2　2.1　1.0 18.9　1.7　2.7　0.25 1.0　1.2　2.1　1.0				=+1.86	+1.58°(c-C_5H_{10})	0.85
46	H, Cl / HOH₂C, Me	35.5　1.8　3.0　1.0 13.0　2.0　2.5　0.44 15.2　2.1　2.6　0.0 1.0　1.2　2.1　1.0				=+16.24	+17.5°(neat)	1.08
47	H, Et / Me, CH₂Br	17.7　1.95　2.5　0.0 13.0　2.0　2.5　0.44 14.1　2.2　2.5　0.0 1.0　1.2　2.1　1.0				=+3.06	+4.5°($CHCl_3$)	1.47
48	H, Me / OH, Br	16.3　1.4　3.5　0.0 20.1　1.95　2.7　0.0 13.0　2.0　2.5　0.44 1.0　1.2　2.1　1.0				=+6.27	+54°($CHCl_3$)	8.61
49	H, OH / Me	16.3　1.4　3.5　0.0 13.0　2.0　2.5　0.44 18.1　2.9　3.0　0.25 1.0　1.2　2.1　1.0				=−14.79	−45°(neat)	3.04
50	H, OAc / Ph, CN	19.9　2.9　3.5　0.0 17.8　1.45　3.2　0.25 14.7　3.6　2.5　0.0 1.0　1.2　2.1　1.0				=+14.34	+44.0° ($CHCl_3$)	3.07
51	H, OH / NCH₂C, CH₂Cl	16.3　1.4　3.5　0.0 15.6　1.8　2.5　0.0 18.1　2.9　2.5　0.0 1.0　1.2　2.1　1.0				=+8.24	+11°(neat)	1.33
52	H, OH / Ph, Cl	16.3　1.4　3.5　0.0 18.9　1.7　2.7　0.25 19.0　1.8　2.7　0.25 1.0　1.2　2.1　1.0				=+2.80	+16.0°($CHCl_3$)	5.71
53	H, Me / HO, CONH₂	16.3　1.4　3.5　0.0 13.0　2.0　2.5　0.44 18.5　1.6　2.7　0.0 1.0　1.2　2.1　1.0				=−7.95	−20.5°(H_2O)	2.58

续表

结构编号	结构	det(D)					$[\alpha]_\mathrm{D}$	k_0
54		14.7	1.5	3.0	0.0		+18°(neat)	2.74
		13.0	2.0	2.5	0.44	$=+6.56$		
		15.2	2.1	2.6	0.0			
		1.0	1.2	2.1	1.0			
55		14.7	1.5	3.0	0.0		+4.0°(EtOH)	4.88
		14.9	2.0	2.5	0.0	$=+0.82$		
		15.2	2.1	2.6	0.0			
		1.0	1.2	2.1	1.0			
56		16.3	1.4	3.5	0.0		−15°(neat)	1.46
		15.2	2.1	2.6	0.0	$=-10.26$		
		13.0	2.0	2.5	0.44			
		1.0	1.2	2.1	1.0			
57		19.9	2.9	3.5	0.0		−51°(CHCl₃)	5.99
		13.0	2.0	2.5	0.44	$=-8.52$		
		18.7	2.1	2.8	0.0			
		1.0	1.2	2.1	1.0			
58		19.9	2.9	3.5	0.0		−31°(CHCl₃)	3.97
		13.0	2.0	2.5	0.44	$=-7.80$		
		19.3	1.8	2.7	0.0			
		1.0	1.2	2.1	1.0			
59		16.3	1.4	3.5	0.0		−144°(CHCl₃)	4.03
		19.2	2.7	2.8	0.0	$=-35.69$		
		18.9	1.7	2.7	0.25			
		1.0	1.2	2.1	1.0			
60		19.5	2.15	2.5	0.0		+5.7° (neat)	3.54
		13.0	2.0	2.5	0.44	$=+1.61$		
		14.1	2.2	2.5	0.0			
		1.0	1.2	2.1	1.0			
61		35.5	1.8	3.0	1.0		−26° (neat)	10.5
		13.0	2.0	2.5	0.44	$=-2.47$		
		19.2	2.7	2.8	0.0			
		1.0	1.2	2.1	1.0			
62		16.3	1.4	3.5	0.0		−69° (CHCl₃)	2.67
		15.2	2.1	2.6	0.0	$=-25.88$		
		18.9	1.7	2.7	0.25			
		1.0	1.2	2.1	1.0			
63		14.7	1.5	3.0	0.0		+37° (CHCl₃)	3.78
		16.8	2.8	2.5	0.44	$=+9.78$		
		15.2	2.1	2.6	0.0			
		1.0	1.2	2.1	1.0			

续表

结构编号	结构	det(D)					[α]$_D$	k_0
64	H NH$_2$ / Ph CH$_2$OH	$\begin{vmatrix} 15.0 & 1.85 & 3.8 & 0.44 \\ 15.2 & 2.1 & 2.6 & 0.0 \\ 18.9 & 1.7 & 2.7 & 0.25 \\ 1.0 & 1.2 & 2.1 & 1.0 \end{vmatrix}$				$=-17.53$	$-31.7°$ (HCl)	1.81
65	HCl / H NH$_2$ / Ph CO$_2$Me	$\begin{vmatrix} 15.0 & 1.5 & 3.8 & 0.44 \\ 19.2 & 2.7 & 2.8 & 0.0 \\ 18.9 & 1.7 & 2.7 & 0.25 \\ 1.0 & 1.2 & 2.1 & 1.0 \end{vmatrix}$				$=-28.29$	$-118°$ (H$_2$O)	4.08
66	H $^+$NH$_3$Cl$^-$ / Me CO$_2$Me	$\begin{vmatrix} 15.0 & 1.85 & 3.8 & 0.44 \\ 19.2 & 2.7 & 2.8 & 0.0 \\ 13.0 & 2.0 & 2.5 & 0.44 \\ 1.0 & 1.2 & 2.1 & 1.0 \end{vmatrix}$				$=-7.81$	$-8.0°$ (MeOH)	1.02
67	H Me / BrH$_2$C CO$_2$Me	$\begin{vmatrix} 17.7 & 1.95 & 2.5 & 0.0 \\ 13.0 & 2.0 & 2.5 & 0.44 \\ 19.2 & 2.7 & 2.8 & 0.0 \\ 1.0 & 1.2 & 2.1 & 1.0 \end{vmatrix}$				$=+2.19$	$+16°$ (neat)	7.03
68	H NH$_3^+$ / CH$_2$OH	$\begin{vmatrix} 15.0 & 1.85 & 3.7 & 0.44 \\ 15.2 & 2.1 & 2.6 & 0.0 \\ 17.1 & 3.6 & 2.5 & 0.0 \\ 1.0 & 1.2 & 2.1 & 1.0 \end{vmatrix}$				$=+0.92$		25.0
		$\begin{vmatrix} 15.0 & 1.85 & 3.8 & 0.44 \\ 15.2 & 2.1 & 2.6 & 0.0 \\ 17.1 & 3.6 & 2.5 & 0.0 \\ 1.0 & 1.2 & 2.1 & 1.0 \end{vmatrix}$				$=+2.80$	$+23°$ (1 mol/L HCl)	8.21
		$\begin{vmatrix} 14.7 & 1.5 & 3.0 & 0.0 \\ 15.2 & 2.1 & 2.6 & 0.0 \\ 17.1 & 3.6 & 2.5 & 0.0 \\ 1.0 & 1.2 & 2.1 & 1.0 \end{vmatrix}$				$=+5.70$		4.03
69	H Me / Ph N（马来酰亚胺环）O O	$\begin{vmatrix} 19.8 & 1.7 & 3.0 & 0.25 \\ 18.9 & 1.7 & 2.7 & 0.25 \\ 13.0 & 2.0 & 2.5 & 0.44 \\ 1.0 & 1.2 & 2.1 & 1.0 \end{vmatrix}$				$=+2.06$		29.6
		$\begin{vmatrix} 19.8 & 1.7 & 3.0 & 0.0 \\ 18.9 & 1.7 & 2.7 & 0.25 \\ 13.0 & 2.0 & 2.5 & 0.44 \\ 1.0 & 1.2 & 2.1 & 1.0 \end{vmatrix}$				$=+6.37$	$+61°$(EtOH)	9.57

结构编号	结构	det(D)		$[\alpha]_D$	k_0
70		$\begin{vmatrix} 16.3 & 1.4 & 3.5 & 0.0 \\ 19.9 & 2.0 & 2.6 & 0.0 \\ 18.9 & 2.0 & 2.7 & 0.25 \\ 1.0 & 1.2 & 2.1 & 1.0 \end{vmatrix}=-6.00$		$-115°$(丙酮)	19.2
		$\begin{vmatrix} 16.3 & 1.4 & 3.5 & 0.0 \\ 19.9 & 2.6 & 2.6 & 0.0 \\ 18.9 & 2.0 & 2.7 & 0.25 \\ 1.0 & 1.2 & 2.1 & 1.0 \end{vmatrix}=-23.89$			4.8
71		$\begin{vmatrix} 45.9 & 2.4 & 2.1 & 0.0 \\ 14.7 & 1.5 & 3.0 & 0.0 \\ 13.0 & 2.0 & 2.5 & 0.44 \\ 1.0 & 1.2 & 2.1 & 1.0 \end{vmatrix}=-53.48$		$-4.8°$ (H_2O)	0.09
		$\begin{vmatrix} 45.9 & 2.4 & 2.6 & 0.0 \\ 15.0 & 1.85 & 3.8 & 0.44 \\ 13.0 & 2.0 & 2.5 & 0.44 \\ 1.0 & 1.2 & 2.1 & 1.0 \end{vmatrix}=-54.51$			0.07
72		$\begin{vmatrix} 45.9 & 2.4 & 2.1 & 0.0 \\ 14.7 & 1.5 & 3.0 & 0.0 \\ 14.1 & 2.2 & 2.5 & 0.0 \\ 1.0 & 1.2 & 2.1 & 1.0 \end{vmatrix}=-94.00$		$-16.5°$ (1mol/L NaOH)	0.17
		$\begin{vmatrix} 45.9 & 2.4 & 2.6 & 0.0 \\ 15.0 & 1.85 & 3.8 & 0.44 \\ 14.1 & 2.2 & 2.5 & 0.0 \\ 1.0 & 1.2 & 2.1 & 1.0 \end{vmatrix}=-93.94$			0.17
73		$\begin{vmatrix} 45.9 & 2.4 & 2.6 & 0.0 \\ 15.0 & 1.85 & 3.8 & 0.44 \\ 14.7 & 2.9 & 2.5 & 0.0 \\ 1.0 & 1.2 & 2.1 & 1.0 \end{vmatrix}=-157.76$		$-25.0°$ (NaOH)	0.16
74		$\begin{vmatrix} 16.3 & 1.4 & 3.5 & 0.0 \\ 16.1 & 2.1 & 2.6 & 0.0 \\ 13.0 & 2.0 & 2.5 & 0.44 \\ 1.0 & 1.2 & 2.1 & 1.0 \end{vmatrix}=-7.61$ $\sum det(D)=-15.22$		$-13°$(neat)	0.85
75		$\begin{vmatrix} 16.3 & 1.4 & 3.5 & 0.0 \\ 18.7 & 2.1 & 2.8 & 0.0 \\ 19.0 & 2.6 & 2.6 & 0.0 \\ 1.0 & 1.2 & 2.1 & 1.0 \end{vmatrix}=+7.27$ $\sum det(D)=+14.54$		$+12.4°(H_2O)$	0.57

结构编号	结构	det(D)		$[\alpha]_D$	k_0

76　HO H H OH

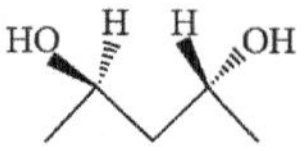

$$\begin{vmatrix} 16.3 & 1.4 & 3.5 & 0.0 \\ 15.0 & 2.3 & 2.5 & 0.0 \\ 13.0 & 2.0 & 2.5 & 0.44 \\ 1.0 & 1.2 & 2.1 & 1.0 \end{vmatrix} = -13.86$$

$\sum \det(D) = -27.72$

$-40.4°(\text{CHCl}_3)$　　1.45

77　H Me / HO NHMe / Ph H / (1R, 2S)

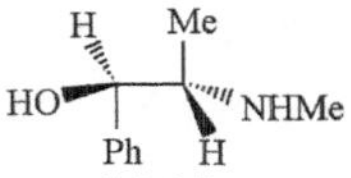

$$\det(D_1) = \begin{vmatrix} 16.3 & 1.4 & 3.5 & 0.0 \\ 16.2 & 2.0 & 2.5 & 0.0 \\ 18.9 & 1.7 & 2.7 & 0.25 \\ 1.0 & 1.2 & 2.1 & 1.0 \end{vmatrix} = -21.37$$

$$\det(D_2) = \begin{vmatrix} 15.6 & 2.2 & 3.0 & 0.0 \\ 13.0 & 2.0 & 2.5 & 0.44 \\ 18.6 & 3.0 & 2.6 & 0.0 \\ 1.0 & 1.2 & 2.1 & 1.0 \end{vmatrix} = +9.5$$

$\sum \det(D) = -21.37 + 9.5 = -11.87$

$-34.0°$ (H_2O)　　2.86

78　H Me / HO NHMe / Ph H / (1S, 2S)

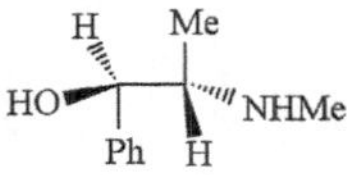

$$\det(D_1) = \begin{vmatrix} 16.3 & 1.4 & 3.5 & 0.0 \\ 18.9 & 1.7 & 2.7 & 0.25 \\ 16.2 & 2.0 & 2.5 & 0.0 \\ 1.0 & 1.2 & 2.1 & 1.0 \end{vmatrix} = +21.37$$

$$\det(D_2) = \begin{vmatrix} 15.6 & 2.2 & 3.0 & 0.0 \\ 13.0 & 2.0 & 2.5 & 0.44 \\ 18.6 & 3.0 & 2.6 & 0.0 \\ 1.0 & 1.2 & 2.1 & 1.0 \end{vmatrix} = +9.50$$

$\sum \det(D) = 21.37 + 9.50 = 30.87$

$+61.0°(\text{H}_2\text{O})$　　1.98

注:neat 表示样品本身为液体,不需要溶剂,直接用样品测试的结果。

另一个例子是手性分子 CHBrClF(**79**)和 ClBrClF(**80**)(图 1-6)。关于它们的研究已有很多年。使用常规的计算方法得到的 det(D)值分别为

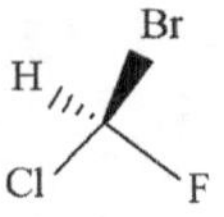

H Br / Cl F / **79**　　$\det(D) = \begin{vmatrix} 80.0 & 1.95 & 2.8 & 1.0 \\ 19.0 & 1.35 & 4.0 & 1.0 \\ 35.5 & 1.8 & 3.0 & 1.0 \\ 1.0 & 1.2 & 2.1 & 1.0 \end{vmatrix} = -38.44$

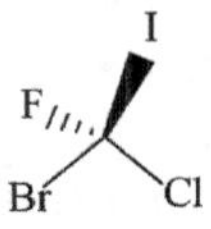

I / F Cl / Br **80**　　$\det(D) = \begin{vmatrix} 127.0 & 2.15 & 2.5 & 1.0 \\ 35.5 & 1.80 & 3.0 & 1.0 \\ 80.0 & 1.95 & 2.8 & 1.0 \\ 19.0 & 1.35 & 4.0 & 1.0 \end{vmatrix} = -0.15$

图 1-6　手性分子 CHBrClF 和 ClBrClF 的结构及其 det(D)值

实际情况是,左侧(S)-型化合物 **79** 的旋光值为 $+1.78°$(环己烷)[30],右侧的化合物 **80** 的旋光尚未测出。为什么计算得到 **79** 的 det(D)值与实际情况相差那么大呢? 原因在于在该化合物中,F 原子与 H 原子有强的相互作用,且 H 原子的体积很小,这导致分子的正四面体发生严重变形。在这种情况下,因为这两个分子的基团都是标准质点,因此用前述的 det(D_z)来表征就显得合理。为此,通过优化(AM1 方法)得到的构象用于获得相关参数,得到的(S)-**79** 的 det(D_z)值为 $+3.93$。这表明用 det(D)对这种标准质点手性分子的旋光计算会带来严重偏差。与此同时,用同样方法得到的上述(S)-**80** 的 det(D_z)值为

－0.66。这样,我们看到用 det(D_z)比较好地表征了该分子的旋光值。其 k_0 值为 0.45。因此可以预测上述(S)-**80** 的旋光值将会是－0.3°左右(环己烷,－0.45×0.66)。注意,在计算中,质量、半径和电负性因可以分解而有变化,但对称性的数值不变(不可分解因子),因为任何基团的对称性并不由于将它投影到某个数轴上而发生变化,这是一个特别的物理量。

实际上,每一个影响因子在不同的手性分子中,对其旋光的影响程度都不一样,这就是旋光计算中所面临的最大问题。如果要精确考虑构象对旋光的贡献,我们必须计算每一个可能出现的构象对旋光的贡献,再依据其能量得到其贡献的百分率,最后得到其总的 det(D) 值。这种计算在面临较为复杂的分子时,计算量非常大,因为必须考虑的构象非常多,必须用编制的软件来通盘考虑。在矩阵模型中,由于使用范德华半径和综合质量,可能在个别分子的计算中,某个特殊构象对 det(D) 值的影响极大,然而在计算中未能考虑,因此最终导致计算的预测失败。

相当多的文献中将基团的折射率而不是电负性应用在旋光的计算中。但在矩阵模型中,使用折射率则会导致无规律可循。

1.3.5　矩阵模型的理论基础

在手性光谱计算中使用简化模型的基本要求是在不大幅降低计算精度的情况下减少计算时间。其中一个关键因素就是减少计算所用的构象。这涉及一个新的概念:构象对[31]。例如,正丁烷(**81**)有四种构象,a、b、c 和 d(图 1-7)。构象 a 和 b 有对称元素,因此其旋光值为零。构象 c 和 d 没有对称元素,它们的旋光不为零。由于 c 和 d 是镜像对称的,它们的相对能量将相同,它们的旋光大小将相同,但旋光符号将相反。因此,c 和 d 的旋光净值为零。因此,非手性化合物 **81** 的总旋光将为零。

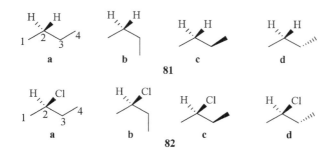

图 1-7　非手性正丁烷和手性 2-氯丁烷的构象分析

在下一个例子中,(R)-2-氯丁烷(图 1-7)有一对具有对称性的 Et 取代基结构的构象(**82c** 和 **82d**)(图 1-8)。此外,**82c** 和 **82d** 具有相反的 OR 符号。这看起来与完全的镜像 **81c** 和 **81d** 中的情况非常相似。在 B3LYP/6-31G(d)//B3LYP//6-31G(d)水平上计算得到旋光值,并且从它们的相对能量值可计算得到二者(**82c** 和 **82d**)的对旋光贡献仅有 7.4°,约为构象 **82a** 的旋光值(－48.3°)的 15%。

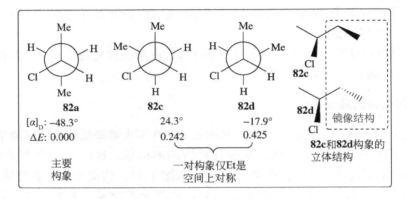

图 1-8　正丁烷和(R)-2-氯丁烷的构象

相对能量(ΔE)单位为 kcal/mol。(R)-2-氯丁烷的构象 **82c** 和 **82d** 中的取代基 Et 结构(虚线)是镜像对称

　　像 **81c** 和 **81d**,或 **82c** 和 **82d** 这样的构象对可存在于任何手性线型分子的溶液中。而进一步的理论分析表明,所有对映异构体构象对总的旋光最终贡献将仅占一小部分。主要对旋光[α]$_D$的贡献来自(R)-2-氯丁烷中的最稳定的构象(**82a**)。

　　随着链的碳数增加,稳定构象的数量增加 $3^{(n-2)}$(这里 n 是单键旋转的数量,n 必须大于 3)。这个公式适用于许多手性线型化合物,如上述分子。无论链有多长,能量最低的构象只存在一个。它具有最大的旋光值。同时可以看到构象对必须以双数存在,并且它们的玻尔兹曼统计分数不会大于最稳定的一个构象的旋光值。从理论上讲,旋光的主要贡献来自最稳定构象的旋光。也就是说,最稳定的构象异构体的旋光符号几乎代表了手性分子绝对构型。

　　事实上,当碳链数超过 6 时,很难找到所有的构象。在构象搜索中,如果找不到与某个构象配对的另一个构象,在 OR 的计算中可能导致计算误差。同时,每种理论方法在能量和旋光计算中都有一定的精确度。这一点也再次带来了计算误差。因此,这两方面都带来了计算误差。因此,当使用短碳链来代表长链时,虽然也带来了一定的误差,但是与使用长链计算旋光值相比,可以找到所有的构象对来减少误差,同时还节约时间。例如,使用乙基代表具有偶数碳数的长链或使用丙基代表奇数碳链数可能是一个好的选择。例如,手性化合物 **83** 基于以下旋光值使用了三个模型分子(模型 **84**～**86**)(图 1-9)。表 1-9

总结了一些建议的简化取代基,以取代相应的大取代基和复杂取代基[31]。

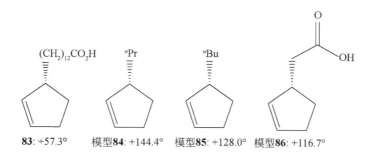

83: +57.3°　　　模型84: +144.4°　　　模型85: +128.0°　　　模型86: +116.7°

图 1-9　化合物 83 以及其计算用的模型结构 84～86

表 1-9　常见的取代基结构类型及其建议使用的简化的取代基用于旋光计算

序号	实际的取代基结构	建议使用的简化取代基
1	—$(CH_2)_n CH_3$,n 是奇数	—CH_2CH_3
2	—$(CH_2)_n CH_3$,n 是偶数	—$CH_2CH_2CH_3$
3	$n > 2$	—CH_2CH_3
4	$n > 2$	
5	苯环	2-丙基
6	多取代苯环	单取代苯环
7	多芳香环体系	苯环
8	—$(CH=CH)_n CH_3$,$n \geqslant 2$	—$CH=CH_2$
9	—$(CH=CH)_n CH_2(CH=CH)_m CH_3$,$n \geqslant 2$,$m \geqslant 2$	—$CH=CH_2$ 或—$CH=CHCH_3$
10	—$CH_2CH=CH(CH_2)_n CH_3$	—$CH_2CH=CH_2$

实际上,不同的取代基类型和结构差异性很大,根据需要和实际情况来进行合理的简化相关的取代基。

1.4　ORD、ECD 与 VCD

在现代有机立体化学的研究中,一个重要的研究内容就是要确定测量得到不同的物理参数与手性分子的真实立体结构的关系。正如前面提到的,分子的不同手性对偏振光作用力的大小不同,从而形成旋光现象。上面讲到在测定旋光时需要将光源的波长固定。如果不将光源的波长固定而固定其他的条件,那么在测定手性化合物时,就能够得到一个旋光值随不同波长而发生变化的曲线。这条曲线就是旋光色散(optical rotatory dispersion,ORD)曲线。所得到的 ORD 曲线有两种情况,即平坦曲线和有峰谷曲线。平坦曲线若即在从长波到短波变化时，其旋光值增加，为上升曲线，此即为（＋）曲线，反之为（－）曲线。

　　ORD 光谱及其中的 Cotton 效应在手性化合物的结构鉴定中，有着独特的作用。由于相同构型的手性分子将会具有相似的 ORD 曲线，因此，通过测定未知化合物的 ORD 曲线与已知构型的手性化合物的 ORD 曲线相比较，就可以确定该未知手性化合物的构型。在天然产物结构立体构型的鉴定中尤其要重视 Cotton 效应。

　　平面偏振光能被分解为朝左右两个方向旋转的偏振光，它们不仅在手性化合物中前进的速度不一样，而且被同一种手性分子吸收的程度也不一样。这种手性化合物对两个不同方向旋转的偏振光的不等吸收的特性称为圆二色性（circular dichroism）。利用这种吸收系数的差异对波长作一曲线，就称之为圆二色性曲线，简称 CD。通常情况下，定义两种系数之差：

$$\Delta\varepsilon = \varepsilon_L - \varepsilon_R \tag{1-25}$$

式中，ε_L 为对左旋圆偏振光的吸收系数；ε_R 是对右旋圆偏振光的吸收系数。

　　如果 $\Delta\varepsilon$ 是正值，则 CD 为（＋），反之，则 CD 为（－）（图 1-10）。

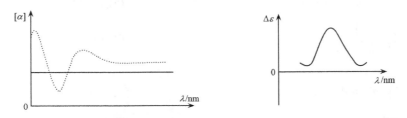

图 1-10　旋光色散曲线和圆二色性曲线示意图

　　CD 曲线与 ORD 曲线一样，在手性化合物的结构鉴定中有着重要的作用。相比较而言，CD 曲线比 ORD 曲线简单，易于分析，但 ORD 曲线更能显示手性化合物结构中一些细微的差异。利用旋光色散和圆二色性来判定一个化合物的构型和构象，是一种经验法和半理论法[32]。在进行这些分析时，得到正确的构象最重要。

1.4.1　ORD 光谱及其应用

　　正如前面提到的，测量不同手性分子的物理性质是为了得到手性分子的准确的立体结构。许多天然产物的构型可以利用 ORD 曲线来确定。例如，在 1- 四氢掌叶防己碱（**87**）的 C14 的构型研究中，发现其 ORD 曲线与（S）-1-甲基苄胺的 ORD 曲线相同[33]。实验证明二者均为负的 Cotton 效应，因此，该生物碱在 C14 位置上的手性中心应为（S）构型。见图 1-11。

　　但是，多数情况下很难找到合适的已知类似物的 ORD 光谱用于对比。因此，利用量子化学计算就显得尤为重要。例如，通过全合成确定的 C8 的绝对构型（－）-（3S，4aR，8S，8aR）-**88**[34]，其 ORD 实验结果与理论值完全一致（图 1-12）[35]。

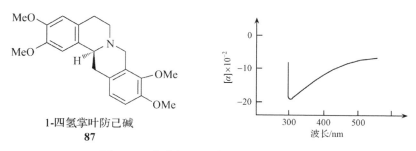

图 1-11 化合物 **87** 的结构及其 ORD 光谱

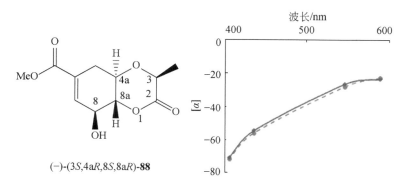

图 1-12 化合物(一)-**88** 的结构及其计算(3*S*,4a*R*,8*S*,8a*R*)-**88** 的 ORD(虚线)
和实验得到的(一)-**88** 的 ORD(实线)

　　在一些反应产物中,也不可避免得到一些立体结构的产物。例如,在以 **89** 为原料的系列反应中,得到的 **92** 的 C8 的立体结构可以使用 ORD 来解决(图 1-13)[36]。对映体(十)-**92** 和(一)-**92** 呈现出非常好的镜像结构。因此,(一)-**92** 确定为(*S*)构型。

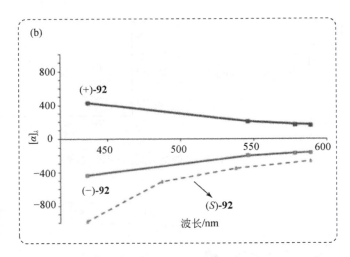

图 1-13　(a)外消旋体 **92** 的合成路线；(b)实验与理论计算(虚线)得到的在氯仿中的 ORD 曲线

1.4.2　ECD 光谱及其应用

自 20 世纪 60 年代以来,电子圆二色(ECD)光谱一直被用于绝对构型(AC)的测定。ECD 最初被简单地称为 CD[37]。目前已经有很多不同类型的化合物的立体结构都使用 ECD 方法得到了很好的鉴定[38],包括合成得到的手性化合物绝对构型的鉴定[39]。使用 ECD 方法开展手性化合物构型鉴定,需要该分子具有紫外-可见发色团,否则不能使用此方法。

电子圆二色光谱简称圆二色谱,其定义是左旋圆偏振紫外光(UV)与右旋圆偏振 UV 在通过手性物质时吸收强度上的差异($\Delta\varepsilon$),即

$$\Delta\varepsilon = \varepsilon_L - \varepsilon_R \tag{1-26}$$

理论上不能直接计算得到这种差异,表征这种差异的是该构象的速度旋转强度 R:

$$R = 2.296 \times 10^{-39} \int \frac{\Delta\varepsilon(\nu)}{\nu} d\nu \tag{1-27}$$

R 的单位是 10^{-40} erg·esu·cm/Gauss。该构象分子中存在的生色团(chromophore)具有多个激发态能量,这样,在某个激发态的圆二色具有(＋)或者(－)的信号。使用数学表达式(Harada-Nakanishi 方程)将该信号展开[29]:

$$\Delta\varepsilon(\nu) = \Delta\varepsilon_{\max} \exp\left[-\left(\frac{\nu - \nu_i}{\sigma}\right)^2\right] \tag{1-28}$$

这样得到如下新的方程:

$$\Delta\varepsilon(\nu_i) = \frac{R_i \nu_i}{2.296 \times 10^{-39} \sqrt{\pi}\sigma} \exp\left[-\left(\frac{\nu - \nu_i}{\sigma}\right)^2\right] \tag{1-29}$$

这里 $\Delta\varepsilon$ 是第 j 个构象的吸收差异(CD);σ 是标准偏差,其定义是该峰高度的 $1/e$ 时的宽度,不完全等于半峰宽。但是很多报道也称为半峰宽,其实并不准确。ν_i 是第 i 个激发态的波长(单位 eV),ν 是在 ν_i 附近变化的波长,用于 ECD 的模拟计算。

需要使用 ECD 鉴定的手性分子,必须具有以下几个基本要求。

（1）分子中必须有生色团，如 C＝C、C＝O 及苯环等。如果全部都是饱和单键，那么很难使用 ECD 来鉴定其分子的绝对构型。目前，如果 ECD 设备足够好，能够在 UV 短波长范围内，如 170～210 nm 范围内，准确测定其 ECD 信号，那么对于部分没有生色团的手性分子也能进行鉴定。但是，目前绝大部分 ECD 设备的有效 ECD 信号范围都为 200～800 nm。对于有机小分子，常用的 ECD 信号范围仅局限于 200～400 nm，因此，手性分子中必须具备合适的生色团才能采用 ECD 方法。

（2）手性分子的手性中心要尽量靠近生色团，如不在生色团附近，则最好不超过 3 个原子的距离。因为离生色团越远，该生色团受到手性中心的影响越小，在多个手性中心存在下，该信号很可能被其他强的信号湮没，从而出现这么一种情况：无论该手性中心是 *R*-构型还是 *S*-构型，其计算的 ECD 信号变化很小，从而在与实验得到的 ECD 信号相比较时，无法确定其绝对构型。一个特殊的情况是：如果有一个具有生色团的手性分子，其所有的手性中心的相对位置都已经确定，只是通过 ECD 确定其绝对构型，那么可以通过测定与计算 ECD 就可以鉴定其绝对构型。

例如一个不常见的化合物 **93**（图 1-14）[40]，其理论计算的 ECD 和实验值吻合得非常好。这里计算得到的 ECD 与实验值相比，既无蓝移也无红移。

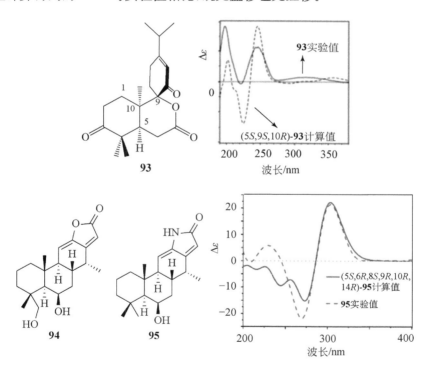

图 1-14　化合物 **93**～**95** 结构及其相关的实验和计算的 ECD 光谱

一种具有抗炎作用的紫苏二萜类化合物，经 X 射线衍射证实了这种刚性框架分子（＋）-**94** 后，理论上其类似物（＋）-**95** 具有相同的绝对构型。通过对（5*S*，6*R*，8*S*，9*R*，10*R*，14*R*）-**95** 计算其 ECD 光谱，并与（＋）-**95** 的实验 ECD 进行比较而得到证实，二者的构型都是（5*S*，6*R*，8*S*，9*R*，10*R*，14*R*）。X 射线衍射结论和 ECD 光谱结果是一致的[41]。

从冷泉来源的放线菌橄榄链霉菌 OUCLQ19-3 的培养液中获得了手性化合物 **96**[42]。其 N—C 单键旋转受到限制,因而是轴手性分子。其 ECD 光谱在 Cam- B3LYP/6- 31G(d)//B97D/TZVP 基组上进行了计算,并与实验值进行了比较(图 1-15)。二者吻合度较好,从而确定了其立体化学。

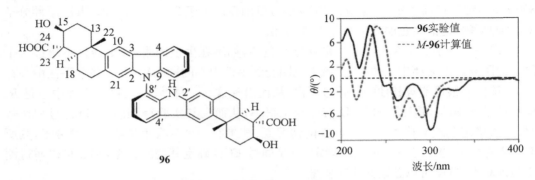

图 1-15　二聚体结构 **96** 及其实验 ECD 光谱和理论计算的 ECD 光谱比较

通常情况下,溶剂对 ECD 光谱有一定的影响。但是不同的溶剂下测定的 ECD 光谱可能会比较接近。也有少数例子,出现了不同溶剂条件下得到的 ECD 光谱信号发生了翻转。萘普生(naproxen,**97**)在不同溶剂中具有完全不同的 ECD(图 1-16)[43]。在乙腈中在 235 nm 附近有一个(+)-Cotton 信号,在 210 nm 处有一个(−)-Cotton 信号。相反,在乙醇和水中,它在 230 nm 和 231 nm 处分别具有(−)-Cotton 信号,而在 200～220 nm 范围内没有显著的(+)-Cotton 效应。然而,三种溶剂中的模拟 ECD 光谱给出了非常相似的曲线。所有预测的 ECD 在 240～245 nm 范围内都具有(+)-Cotton 效应,在 202～205 nm 范围内具有(−)-Cotton 效果。这是一种极不寻常的情况,即预测的 ECD 与不同溶剂中的实验结果不匹配。

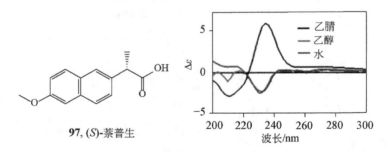

97, (S)-萘普生

图 1-16　(S)-萘普生(**97**)及其 ECD 光谱(分别在乙腈、乙醇和水中测试)*

最后介绍测定 1,2-二醇的绝对构型的方法。它使用四羧酸二钼为助剂,在与 1,2-二醇络合后,形成原位手性配合物(Mo₂ 核)[44]。将该含 Mo₂ 核手性配合物的 ECD 光谱减去原来手性化合物的 ECD 光谱,就得到了二者的差异光谱。该测定与 Cotton 效应迹象的依赖性密切相关[45]。差谱的 Cotton 信号通常出现在 400 nm 和 310 nm 附近,而这与

---

* 全书彩图见封底二维码。

O-C-C-O 扭转角（torsion angle）的符号密切相关。这里以 **98** 和 **99** 为例来介绍（图 1-17）[46]。如图所示，化合物 **99** 在 310 nm 和 380 nm 有两个负的 Cotton 信号，这与 O-C-C-O 扭转角的负号一致。在结构的画法上，需羟基与 1,2-O-异亚丙基环和乙酰基的反平面取向，得到满足（图 1-17）。在此基础上，化合物 **99** 的(3S,4S)绝对构型可以直接利用 ECD 光谱得到鉴定。但是，**98** 的绝对构型构型很难得到鉴定，因为当两个羟基和两个相连的 Mo 原子位于底部时，它有两个可能的 Newman 投影，具有两个状态（+）和（-），大基团在空间中有两个不同的位置。因此，画出正确 Newman 投影是使用这种方法的前提。

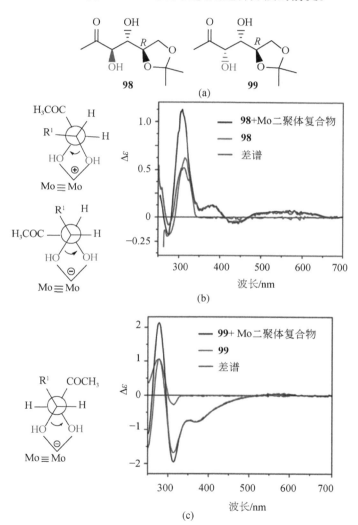

图 1-17　（a）化合物 **98** 和 **99** 的分子结构；（b）化合物 **98**、手性 Mo_2-复合物的 ECD 及其 ECD 差谱，手性复合物中 1,2-二醇单元与 Mo 核的两种可能排列；（c）化合物 **99**、手性 Mo_2-复合物的 ECD 及其 ECD 差谱

另外一个方法是激子手性方法[47]。这种方法通常需要分子中有两个发色团（可以通过合成方法获得）。它不同于通过量子方程使用高斯或其他 ECD 计算，激子手性方法不

能给出任何手性化合物的特定 ECD 曲线或一系列激发态能量。相反,它使用两个发色团的相对位置,如无环 1,2-二醇的两个苯甲酸酯在空间中的相对位置来确定绝对构型。但是在一些化合物中,生色团的位置不容易正确定位,这可能会对一些手性化合物绝对构型鉴定带来不确定性。

1.4.3　VCD 光谱及其应用

振动圆二色光(VCD)谱理论在 20 世纪 60 年代基本发展成熟,几乎与 ECD 的发展同步。欧美学者,如 Stephens[48a]、Barron[30] 和 Nafie[49a] 等在 VCD 的发展构成中做出了很大贡献。前面说到,无论 ECD 还是 VCD,都是记录左、右圆偏振光在通过手性物质后不同的吸收差异所形成的光谱。测定手性化合物在红外(IR)偏振光下的振动模式,可以得到不同手性物质的 VCD 光谱。

实际上,量子化学计算也不能直接计算得到左、右圆偏振光在通过手性物质后不同的吸收差异。所计算的(如在高斯软件中)是每一个振动频率下的旋转强度(rotational strength)和偶极矩(dipole moment)。例如,对第 i 个构象,其 IR 和 VCD 光谱的计算公式如下。

对于 IR 光谱:

$$\varepsilon(\nu) = 3.4651907 \times 10^{-3} \nu\ D_i\ \frac{\gamma}{(\nu - \nu_i)^2 + \gamma^2} \tag{1-30}$$

对于 VCD 光谱:

$$\Delta\varepsilon(\nu) = 4 \times 3.4651907 \times 10^{-3} \nu\ R_i\ \frac{\gamma}{(\nu - \nu_i)^2 + \gamma^2} \tag{1-31}$$

式中:D_i 是第 i 个频率下的偶极强度,单位是 10^{-40} esu^2 · cm^2;R_i 是旋转强度,单位是 10^{-44} esu^2 · cm^2;γ 是洛伦兹(Lorentzian)半峰宽,单位是 cm^{-1},在计算中的默认值为 4 cm^{-1}。

因为几乎所有的有机分子都有 IR 光谱,因此理论上,VCD 光谱可用于任何手性化合物的绝对构型测定。与 ECD 不同的是,ECD 光谱仪在 20 世纪 70 年代左右迅速商业化,并广泛应用于绝对构型的研究,而 VCD 在 20 世纪 90 年代才首次应用于绝对构型测定。当量子理论被普及后,使用量子化学计算方法,如使用高斯软件,计算分子的 VCD,从而鉴定出分子的绝对构型[48]。

VCD 光谱使用 IR 光为光源,因此其能量较弱,测量的时间较长。但是无需样品含有生色团结构,因此其广泛应用于对手性化合物的立体结构鉴定,并解决了很多的实际问题[49]。一个有趣的例子是 N-手性分子,Troëger 碱的类似物(**100**)[50]。可以使用高效液相色谱(HPLC)以二氯甲烷和正庚烷的混合溶剂作为洗脱剂来制备并用于 VCD 光谱测试(图 1-18)[51]。计算的 VCD/IR 光谱是在 B3LYP/6-311＋＋G(d,p)理论水平上计算的,计算结果与实验结果吻合良好。

事实上,有时候使用 ECD 对一些手性化合物进行绝对构型鉴定还是不够。例如,五味子素(schizandrin)**101** 被鉴定为(7*S*,8*S*)。如果根据计算得到的(7*S*,8*S*)-**101** 的 ECD 光谱,很容易认为其实际构型为(7*R*,8*R*)(图 1-19)。显然,计算得到的 ECD 光谱与实验不吻合。进一步的 VCD 研究表明,它的真实构型是(7*S*,8*R*)。此时,计算得到的(7*S*,8*R*)-**101** 的 ECD 与实验值吻合。DFT 计算是在气相 B3LYP/6-311＋G(d)//B3LYP/6-

311＋G(d)水平下进行的[52]。

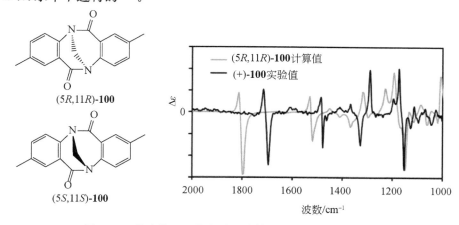

(5R,11R)-**100**

(5S,11S)-**100**

(5R,11R)-**100**计算值

(+)-**100**实验值

图 1-18　化合物 **100** 的实验和计算的 VCD 光谱(CD₂Cl₂)

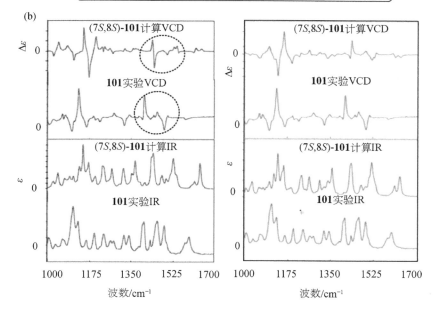

(a)

8S 7S

8R 7S

(+)-五味子素, **101**
[α]ᴅ: +86° ~ +92°

101

(b)

(7S,8S)-**101**计算VCD

101实验VCD

(7S,8S)-**101**计算IR

101实验IR

(7S,8S)-**101**计算VCD

101实验VCD

(7S,8S)-**101**计算IR

101实验IR

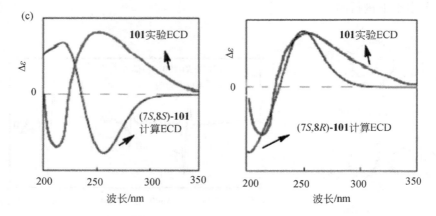

图 1-19 (a)五味子素 **101** 结构;(b)计算的 VCD/IR 和实验 VCD/IR
光谱比较;(c)计算的 ECD 光谱和实验结果比较

1.4.4 简化模型的使用

在使用不同的理论方法进行绝对构型鉴定的研究中,常常需要考虑使用简化模型。我们在前面提到在旋光的计算中使用的简化模型的原则、方法等,同样适用于 ECD 等简化模型的构建。例如,化合物 psammaplysin A(**102**)具有一个大的侧链(图 1-20)[53]。分子中发色团距离立体发生中心很远,对 ECD 曲线的影响不大。因此,在 ECD 计算中,它被简化为模型分子 **103**(图 1-20)。

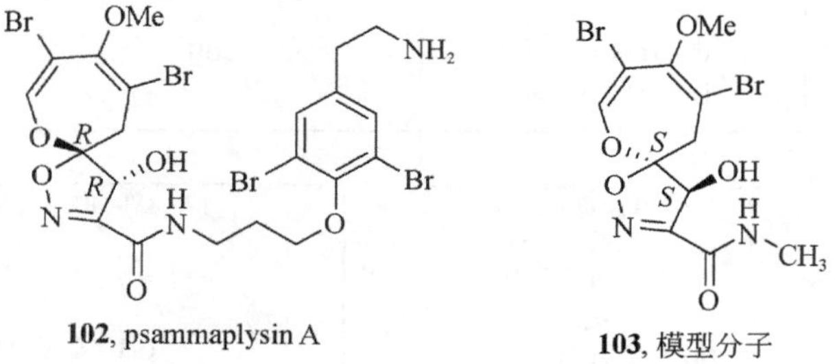

102, psammaplysin A   **103**, 模型分子

图 1-20 化合物 psammaplysin A(**102**)结构及其简化模型(**103**)

另外,我们在前面提到在旋光的计算中使用的简化模型的原则、方法等,同样适用于 VCD 等简化模型的建立。例如,手性化合物 **104** 可以在 VCD 的计算中简化为模型分子 **105**(图 1-21)[54]。

氟雷拉纳(fluralaner,**106**)是一种用于预防跳蚤和蜱虫的外消旋动物保健产品,在 VCD 研究中使用了整个分子及其简化模型(**107**)[55]。使用整个分子发现了六种构象,而对于简化的模型分子只发现了两种构象。在对其 VCD 光谱的模拟中使用简化模型是一致的(图 1-22)。

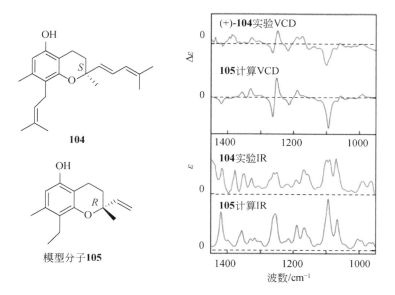

图 1-21 化合物 **104** 结构和简化模型分子 **105** 的结构以及其实验和计算的 VCD/IR 光谱比较

(a)

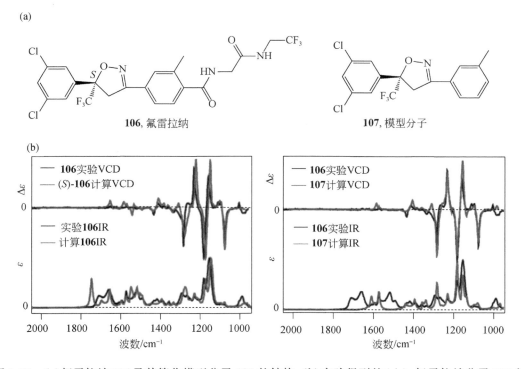

图 1-22 （a）氟雷拉纳 **106** 及其简化模型分子 **107** 的结构；（b）实验得到的（＋）-氟雷拉纳分子 **106** 的 VCD/IR（黑线）和计算的 VCD/IR（红线）（左边），实验得到的（＋）氟雷拉纳分子 **106** 的 VCD/IR（黑线）和使用模型分子（**107**）计算的 VCD/IR（红线）光谱比较（右边）

对于单手性的手性化合物 **108** 可以使用简化模型 **109** 用于 ECD 的计算[56]。这里注意一点的是,手性中心的—OMe 不能简化为—OH;苯环上的—OH 不能简化为 H(图 1-23)。实际上,ECD 计算的结果与使用矩阵模型的计算结果也是一致的。

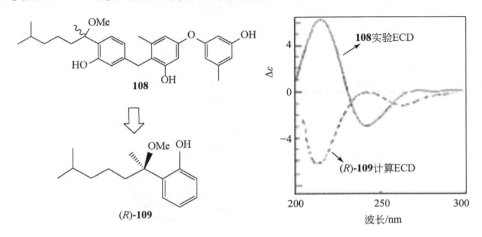

图 1-23　化合物 **108** 的结构和模型分子结构 **109** 以及实验和计算 ECD 光谱的比较

化合物 **108** 的旋光值是 4.4°。这是一个非常小的数字。使用量子化学计算旋光的方法可能比较困难。另外,使用全分子的矩阵模型算法也能得到相关的结论(图 1-24)。例如,我们计算(*R*)构型的 **108**,其 det(*D*)值是+9.75。计算得到其 k_0 值为 0.45。由于该化合物为季碳醇类化合物,正值意味着其绝对构型是(*S*)。这是与三级手性碳的不同。

$$\det(D) = \begin{vmatrix} 17.6 & 2.0 & 3.5 & 0 \\ 19.2 & 2.5 & 2.7 & 0 \\ 14.6 & 2.9 & 2.5 & 0 \\ 13 & 1.7 & 2.5 & 0.44 \end{vmatrix} = +9.75$$

图 1-24　化合物 **108** 的矩阵及其特征值

因此,掌握现代计算的方法与技巧对于我们研究有机立体化学的课题非常有帮助。

1.5　^{13}C NMR 的计算与相对立体构型的确定

手性分子的立体构型是整个化学界研究的重点之一。在有机化学的研究中,这个问题更为突出。手性分子中有不同的立体构型,而这些构型的差异必然会引起附近原子的化学环境有较大的差异。这是利用 Mosher 酯来测定构型的基本原理。同样,我们可以通过化学计算的方法来得到不同构型的化合物的各种波谱数据来与实验值进行比较,从而鉴定出手性化合物的相对构型。

目前国际上比较流行的计算方法很多。计算的元素也多种多样,如^{1}H[57]、^{15}N[57]、^{19}F[58]、^{29}Si[59]等的化学位移。但对于有机化学研究人员而言,最有吸引力的是^{13}C NMR

方法。计算理论可以参考相关的资料[60]。由于在有机合成过程中，相对的立体结构均已知道。因此，有机合成中的[13]C NMR 计算显示不出其作用。但在天然有机化学的研究中，由于天然产物结构的复杂性，许多结构的立体构型，无论是相对构型还是绝对构型，鉴定均比较困难。因此，计算化学的方法就显得尤为重要。

计算[13]C NMR 是一个发展得较快的方法。在常用的一些计算方法，如 CSGT、GIAO 等，计算较多的方法是 GIAO。由于本书所介绍的关键是其应用，因此，读者可以参考相关文献去了解相关的理论知识部分。通常的计算方法是在得到的能量低的分子结构以后，利用 DFT 在基组为 6-311＋G(2d,p) 的层次上进行计算。所使用的 GIAO 计算方法能够为常见的分子结构提供较好的计算精度。

进行计算前，需进行低能量构象分析。其过程是：先利用分子力场，如 MM2、MCMM 等进行构象搜索，得到的构象能量在 $0 \sim 5$ kcal/mol 范围内的所有构象在 B3LYP/6-31G (d,p) 条件下再次优化。其后，再次利用 B3LYP/6-311＋G(2d,p) 方法计算[13]C NMR 波谱。通过理论计算，首先得到 NMR 的屏蔽常数，利用玻尔兹曼平均来求出相关的屏蔽常数，见式(1-32)。

$$\bar{\sigma}_j = \frac{\sum\limits_{confS_i} \sigma_i g_i \exp(-\Delta E_i/RT)}{\sum\limits_{confS_i} g_i \exp(-\Delta E_i/RT)} \tag{1-32}$$

式中，σ 为第 i 个构象的第 j 个碳原子的屏蔽常数(shielding constant)，上面的一横表示为所有构象在 Cj 原子的平均值；g_i 为第 i 个构象的简并度(degeneracy)；ΔE_i 为第 i 个构象的相对能量；R 为摩尔气体常量[8.314 J/(K·mol)]；T 为热力学温度(298 K)。

由于得到的屏蔽常数与我们常用的化学位移概念不一样，而且大多数人习惯于使用化学位移概念。因此，我们使用式(1-33)来计算相关的化学位移值计算。

$$\delta_j = \frac{\sigma_{ref} - \bar{\sigma}_j}{1 - 10^{-6}\sigma_{ref}} \tag{1-33}$$

式中，δ_j 为计算得到的第 j 个碳原子的化学位移值；σ_{ref} 为参考物质的屏蔽常数，通常为四甲基硅(TMS)，其值在同样计算的条件下得到。

在得到实验值后，可以对计算值进行一个校正，计算公式为

$$\delta_{jcor.} = \frac{\delta_j - 截距}{斜率} \tag{1-34}$$

这里截距和斜率分别是计算得到的 δ_j 对 δ_{exp} 作图得到的直线的截距和斜率。

在测定 5α-adyerine 类似物 **110~112** 的 C20 构型时，所遇到的困难是得到的是一对一对的立体异构体的混合体，这些成对的异构体极难被分离开来(图 1-25)。所得到的[13]C NMR 波谱也是成对出现的。因此我们可以利用量子计算的手段来帮助解决到底哪一个异构体应该具有哪一套数据[61]。

为此，我们选择了四种不同的计算方法来研究相关的化学位移。方法 A：利用在 B3LYP/6-31G(d) 条件下得到的分子结构，再在 B3LYP/6-31＋G(d,p) 条件下得到[13]C NMR 数据。方法 B：利用在 B3LYP/6-31＋G(d,p) 条件下得到的分子结构，再在 B3LYP/6-311＋G(2d,p) 计算得到[13]C NMR 数据。方法 C：利用在 HF/6-31G(d) 条件下得

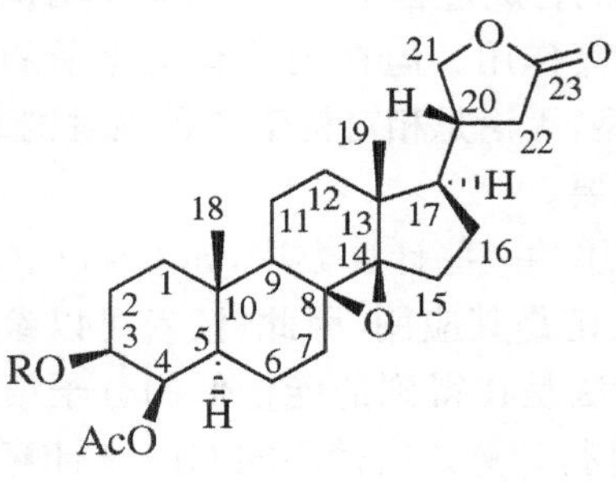

110a, 110b: R=H,
111a, 111b: R=α-L-cymaropyranosyl
112a, 112b: R=β-D-glucopyranosyl (1→4)- α-L-cymaropyranosyl

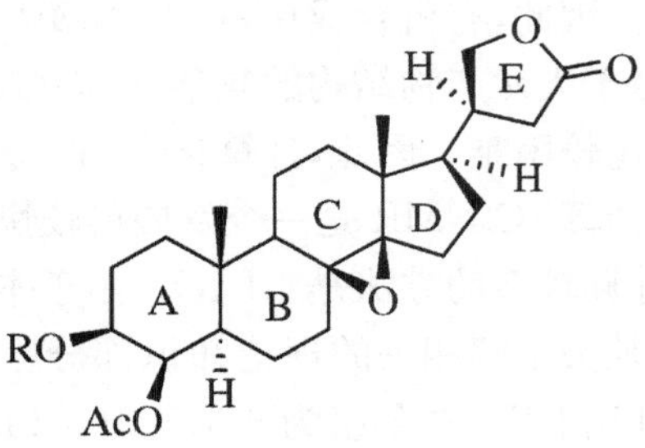

图 1-25　化合物 **110～112** 的两个构型结构

到的分子结构,再在 B3LYP/6-311＋G(2d,p)计算得到 ^{13}C NMR 数据。方法 D:利用在 HF/6-31G(d)条件下得到的分子结构,再在 HF/6-31G(d)计算得到 ^{13}C NMR 数据。

　　我们选取化合物 **110a** 与 **110b** 为研究对象,原因在于 C20 的化学位移与糖的结构没有大的关系。这可以在下面的计算结果中得到体现。这些数据经过处理后列在表 1-10 中。

表 1-10　四种方法计算得到的化学位移数值与实验值的比较

碳原子	校正后的 110a 和 110b($\delta_{cal\,110a}/\delta_{cal\,110b}$,ppm)				实验值/ppm
	方法 A	方法 B	方法 C	方法 D	($\delta_{exp\,110a}/\delta_{exp\,110b}$)
C1	**37.3/36.7**	**37.4/36.8**	**38.0/38.0**	36.8/36.8	37.3/37.3
C2	**27.2/27.2**	**27.3/27.2**	**27.3/27.0**	29.2/29.2	27.0/27.0
C3	**71.1/71.1**	**70.7/70.7**	**70.9/70.8**	**70.0/70.0**	70.8/70.8
C4	**76.0/76.1**	**75.8/75.9**	**75.0/75.2**	74.1/74.1	76.3/76.3
C5	51.0/51.9	51.2/51.1	51.8/51.9	**46.0/46.0**	47.8/47.8
C6	**23.3/23.7**	**23.3/23.8**	**22.9/23.1**	25.1/25.1	24.1/24.1
C7	**32.4/32.6**	**32.6/32.8**	**33.0/33.0**	34.1/34.1	32.3/32.3
C8	**64.6/64.7**	**64.4/64.7**	**62.4/62.5**	57.6/57.6	64.2/64.2
C9	**52.2/52.2**	**51.9/52.2**	**53.0/53.1**	48.7/48.7	51.2/51.2
C10	39.8/40.4	39.5/40.5	40.5/40.9	35.4/35.4	37.5/37.5
C11	**16.2/15.1**	**16.1/16.0**	**15.7/15.7**	19.0/19.0	16.2/16.2
C12	**37.0/37.1**	**37.3/37.3**	**37.1/37.4**	**37.3/37.5**	37.3/37.7
C13	44.1/44.2	43.9/44.1	44.4/44.8	**39.8/40.1**	40.9/41.1
C14	**71.4/71.3**	**71.4/71.4**	**69.4/69.2**	64.1/64.0	70.8/70.7
C15	**28.4/28.3**	**28.2/28.6**	**28.4/28.4**	29.8/29.8	27.6/27.6
C16	**27.8/26.1**	**27.5/26.2**	**27.7/26.2**	29.6/28.3	26.9/25.9
C17	**56.4/57.1**	57.1/57.2	57.7/57.5	**52.8/52.4**	54.7/54.7

续表

碳原子	校正后的 110a 和 110b($\delta_{cal\,110a}/\delta_{cal\,110b}$，ppm)				实验值/ppm
	方法 A	方法 B	方法 C	方法 D	($\delta_{exp\,110a}/\delta_{exp\,110b}$)
C18	11.7/11.9	12.0/12.0	11.2/11.1	18.2/18.2	15.8/15.9
C19	12.2/12.3	12.4/12.5	11.3/11.5	19.1/19.2	15.3/15.3
C20	40.9/39.7	40.5/39.9	41.9/40.8	**37.9/37.2**	38.0/37.6
C21	70.3/71.1	70.3/**70.9**	69.6/70.6	68.9/69.7	72.4/72.8
C22	**33.5/33.0**	**33.5/33.2**	**33.7/33.0**	35.2/35.2	34.2/34.1
C23	174.0/174.6	174.0/174.9	174.1/174.8	**178.4/179.0**	176.7/177.3
$CH_3C{=}O$	**171.2/171.2**	**171.5/171.7**	**171.2/171.2**	176.2/176.2	171.0/171.0
$CH_3C{=}O$	17.7/17.7	17.7/17.9	17.5/17.6	25.5/25.5	21.1/21.1

注:黑色字数据表示误差与实验值相比在 2.0 ppm 以内,即 $\delta_{exp}\pm2.0$ ppm。

由于手性分子中心的差异只会影响它附近原子的化学位移值,因此,为了进一步看出误差的变化模式,我们围绕化学位移有变化的[13]C,即化学位移的变量来研究上述的计算结果(表 1-11)。

表 1-11　计算得到的 C20 附近碳原子的化学位移差值与实验值的比较

碳原子	校正前 $\Delta\delta_{cal}$/校正后 $\Delta\delta_{cal}$(ppm)(110a~110b)				实验值 $\Delta\delta_{exp}$/ppm		
	方法 A	方法 B	方法 C	方法 D	110a−110b	111a−111b	112a−112b
C12	−0.1/−0.1	+0.1/0	−0.3/−0.3	−0.2/−0.2	−0.4	−0.4	−0.4
C13	−0.1/−0.1	−0.2/−0.2	−0.4/−0.4	−0.3/−0.3	−0.2	−0.2	−0.3
C14	+0.1/+0.1	0/0	+0.2/+0.2	+0.1/+0.1	+0.1	+0.1	0.0
C16	+1.7/+1.7	+1.3/+1.3	+1.5/+1.5	+1.2/+1.3	+1.0	+1.1	+1.1
C17	−0.7/−0.7	−0.1/+0.6	+0.2/0.2	+0.4/+0.4	0.0	0.0	−0.1
C20	+0.2/+1.2	+0.6/+1.1	+1.1/+1.1	+0.6/+0.7	+0.4	+0.4	+0.5
C21	−0.9/−0.8	−0.6/−0.6	−1.0/−1.0	−0.7/−0.8	−0.4	−0.4	−0.3
C22	+0.4/+0.5	+0.3/+0.3	+0.7/+0.7	+0.6/0	0.0	0.0	+0.1
C23	−0.6/−0.6	−0.9/−0.9	−0.7/−0.7	−0.7/−0.6	−0.6	−0.5	−0.3

从表 1-11 中可以看出远离 C20 的糖对 C20 附近碳原子的化学位移没有多大影响。很显然,这里,**110a** 为(R)构型,而 **110b** 为(S)构型。

在使用线性校正获得所有[13]C NMR 数据之后[30a],有两种方法来判断结构是否正确。第一个是最多使用差值的极大值。如果极大值超过 8.0 ppm,则计算的结构可靠性很小。如果它小于 8.0 ppm,则该结构位于可靠的结构范围内。然而,可能需要更多的证据来进一步确认其配置。另一种是比较两种结构的线性相关系数。系数越大,结构的可靠性就越大。

如果一种化合物的某个构型是已知的,那么它可以用于确定化合物的其他部分结构的绝对构型。例如,由天然产物 **114** 通过与 2-氯乙酰氯反应得到的化合物 **113**[62]。这种三元环氧乙烷结构消失,形成新的四元氧杂环丁烷部分,而 **114** 中的六元环在反应中分解。因此,它与 **113** 的¹³C NMR 有很大的差异(图 1-26)。这个例子给了我们一个提示:在天然产物的改性过程中,即使反应条件温和,试剂也是常用试剂,但是产物结构可能有很大的变化。在理论计算过程中,所有的脂族碳化学位移差值都小于 8.0ppm,在合理的误差范围内。

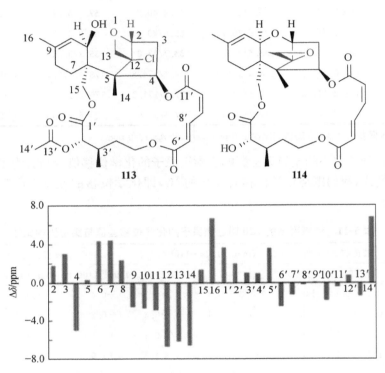

图 1-26　化合物 **113**、**114** 结构及计算得到的化合物 **113** 的实验与理论¹³C NMR 化学位移差值

但是,这种方法的应用有其局限性。当手性中心没有在环上时,其应用就受到了限制。例如,在如下的两个结构中,利用上面介绍的方法就很难将该手性中心鉴定出来,无论该取代基是大(R=Et)还是小(R=Me)(图 1-27)。因为该手性中心的 O 上没有 H 原子,不能形成很强的分子内氢键,从而使得该取代基可以较为自由地进行旋转,从而造成困难。

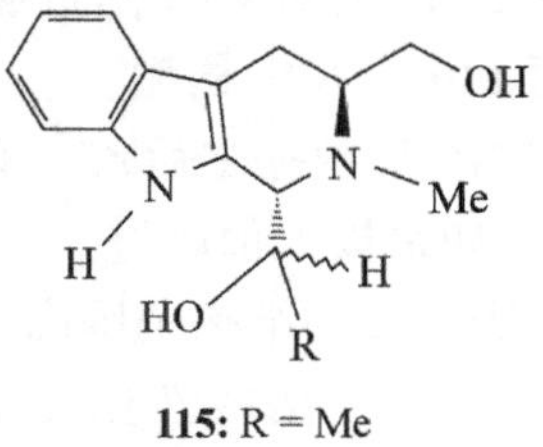

115: R = Me
116: R = Et

图 1-27　环外手性中心的两个结构 **115** 和 **116**

　　DP4 方法发展起来后[63]，通过计算其绝对构型的结构归属的可能性，可用于许多手性化合物的绝对构型的测定，如 fusicoca-2,10(14)二烯(**117**)[64]。除 **117a**(6S,7S,11R)外，还有其他三个非对映异构体 **117b**(6R,7R,11R)、**117c**(6S,7R,11R)和**117d**(6R,7S,11R)如图 1-28 所示。计算的化学位移值列于表 1-12。

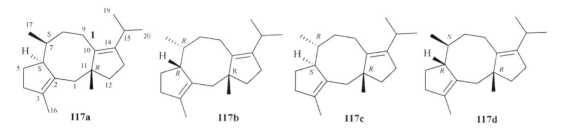

图 1-28　化合物 **117** 的四个异构体结构(**117a**~**117d**)

表 1-12　实验 ^{13}C NMR 化学位移与四个异构体的计算值比较　　　(单位:ppm)

碳原子	δ_{exp}	$\delta_{cal\ 117a}$	$\delta_{cal\ 117b}$	$\delta_{cal\ 117c}$	$\delta_{cal\ 117d}$
C16	15.83	13.88	14.64	14.31	13.84
C20	21.32	18.97	19.36	21.05	19.30
C17	21.54	16.52	10.97	19.16	20.95
C19	21.59	19.44	20.36	20.16	18.97
C9	21.86	26.07	22.86	23.43	24.26
C5	23.11	25.13	30.85	31.69	30.10
C18	27.03	23.69	27.00	24.66	24.54
C13	27.27	27.57	29.40	28.04	27.92
C15	27.67	30.26	31.17	31.00	29.84
C7	30.31	37.33	41.00	44.00	38.63
C8	32.89	31.00	33.01	33.18	33.33
C4	37.26	38.39	38.98	37.99	36.76
C12	39.17	39.27	43.51	34.97	33.92
C1	39.81	39.64	42.84	40.78	39.21
C11	52.23	55.94	54.41	56.12	55.80
C6	55.33	53.58	60.28	53.81	59.90
C3	132.75	137.41	137.59	136.00	137.66
C14	137.75	141.09	142.42	140.36	144.37
C2	140.31	137.61	137.85	139.32	138.82
C10	141.14	142.56	142.13	142.59	139.09

续表

碳原子	δ_{exp}	$\delta_{cal\ 117a}$	$\delta_{cal\ 117b}$	$\delta_{cal\ 117c}$	$\delta_{cal\ 117d}$
平均偏差		2.59	2.79	3.47	3.01
R^2		99.55	99.22	99.10	99.35
赋值可靠性 [a]		99.6	0.4	0.0	0.0
未赋值可靠性 [b]		5.1	94.9	0.0	0.0

本表将相同碳的实验和计算的化学位移与其连接性相关联。

a. 根据连接信息给出的 ^{13}C 化学位移赋值。

b. ^{13}C 化学位移按照光谱中出现的顺序进行比较。

1.6　手性分子的拆分原则

　　手性分子的拆分又称为手性分子的"析解"[1]。这里所讲到的主要是指外消旋分子的手性拆分。手性分子的首次拆分是 Pastear 通过人工的方法拆分酒石酸钠铵晶体,像这样具有完全为对映外形晶体的例子不多。但是通过人工的方法,在外消旋体的混合物中,通过人工加入其中的一个异构体,在合适的温度下,该加入的异构体由于溶解度的原因率先析出,就可能先期得到一定数量的该异构体的纯化合物。这样,在母液中留下的将是另一个异构体为主的混合体。同样可以控制一定的温度条件(通常是降低温度),将另外一个异构体从溶液中分离出来。这样反复多次,可以将消旋体分开。在实际应用过程中,通过加入其他与要分离的消旋体结构不一致的晶体作为晶种,也能获得不错的分离效果。但对于具体不同的分离体系,并没有一个可用的通用规则来指导这方面的研究工作,尽管这方面成功的例子在叶秀林主编的《立体化学》中已列举了很多。但这类引入晶种的方法也受到一定限制。如果该类化合物具有比较好的结晶性能,那么这些方法比较适用。而问题是很多情况下这些消旋体的结晶性能并不好。因此,这种方法的应用也受到一定的限制。

　　多数情况下,研究人员必须利用对映体与另一手性分子的反应来拆分对映体。具体来讲,如对映体为有机胺类化合物,那么,利用手性的有机酸来与胺反应得到非对映的有机盐。由于此时得到的非对映的有机盐可能在所选择的溶剂中有不同的溶解度,从而利用这种溶解度上的差异,先从溶液中得到某一对映体的盐。这样在母液中,另一异构体的含量会上升,再结晶出该异构体的盐。这样反复多次,就可以得到两个纯的异构体的盐,再用强碱把有机碱置换出来。如果为对映体的有机酸,则用有机碱来与它们生成非对映体的盐,选择合适的溶剂,通过结晶的办法分离得到纯的对映体。在手性分子为对映体的有机醇时,可以将醇转化为相应的有机酸(接入的分子中含有酸),利用上面提到的方法实现拆分;也可以将醇转化为非对映的酯,从而实现对映体醇的拆分。无论是手性的有机酸、碱或醇,或其他类型的物质,总的原则是将它们的外消旋体用手性试剂转化为可以分离的非对映体的混合物,再利用相关的物理性质上的差异来分离它们。

　　常用的手性有机生物碱有(—)-番木鳖碱(又称士的宁碱,**118**)、(—)-奎宁(**119**)以及

（一）-马钱子碱（**120**）等（图 1-29）。

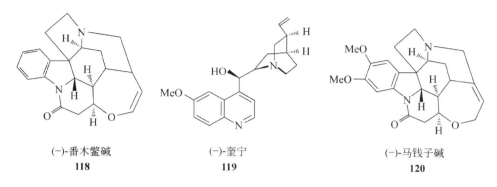

（-）-番木鳖碱　　　　　　　　　　（-）-奎宁　　　　　　　　　　（-）-马钱子碱
118　　　　　　　　　　　　　　　**119**　　　　　　　　　　　　　　**120**

图 1-29　三个生物碱结构

常用的手性有机酸有 D-（＋）-酒石酸（**121**）以及（*S*）-（一）-苹果酸（**122**）等（图 1-30）。

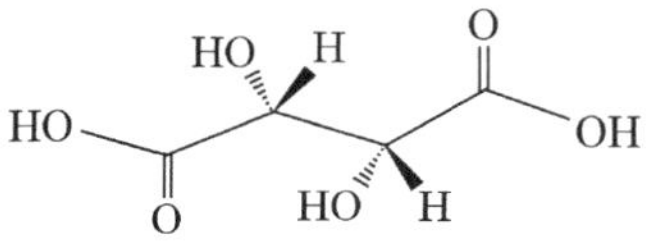

121 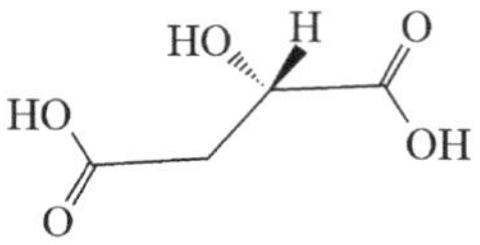　　　　　　　　　　　　　　　　　　　　　**122**

图 1-30　常用的两个有机酸

利用异氰酸薄荷酯（**123**）、酒石酰苯胺（**124**）等与一些手性的有机醇类物质生成酯类化合物（图 1-31），达到分离的目的。

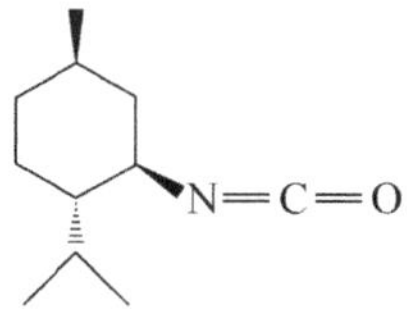

123 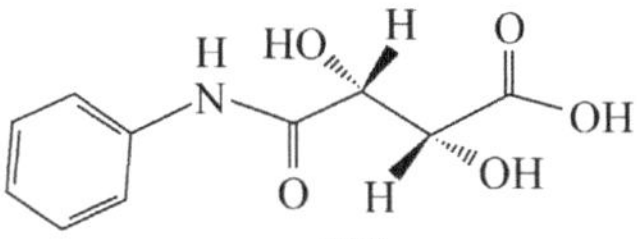　　　　　　　　　　　　　　　　　　　　　**124**

图 1-31　异氰酸薄荷酯和酒石酰苯胺结构

　　而利用手性肼类化合物，如薄荷肼（**125**）、酒石酰胺酰肼（**126**）等（图 1-32），可以分离一些含酮或醛的化合物。

　　上面讲到的是应用相关的反应来增加分子的空间差异，从而导致相关的物理性质的差异来分离和纯化它们。反过来，对于消旋的酯类或酰胺类化合物等，如利用微生物或酶对其中一个进行降解的速率差异来选择性地降解掉其中的异构体，从而达到分离纯化的目的。不同的酶具有不同的反应活性，也就具有不同的底物选择性。该方法也有不少报道。一个有用的例子是我国科学家利用木瓜蛋白酶制备光学活性的氨基酸[65]。研究人员通过借鉴这些前人的经验，但仍然需要在实际的研究工作中耐心地进行摸索。例如，现在研究的分子体系比较复杂，新的结构也让人在借鉴前人的经验时，常常不知所措。实际

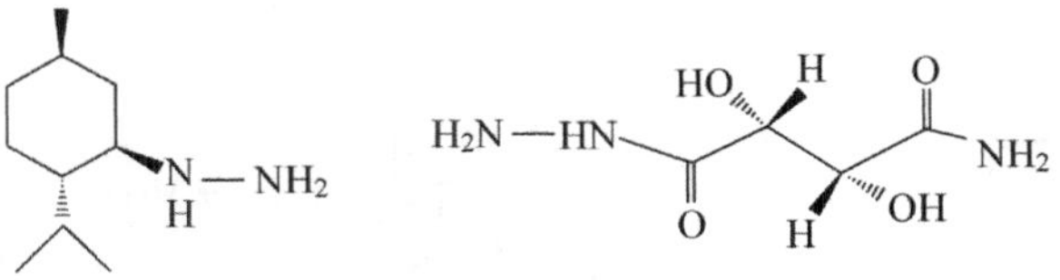

图 1-32　两个手性肼类化合物

上,开展这方面的研究十分引人入胜,但也时常让人感到"痛苦异常"。

目前,随着手性材料的发展,利用手性柱进行分离研究越来越多。它将不同的手性材料接入到一个固定相中,在分离过程中,不同的手性外消旋分子与键合(或吸附)在固定相上的手性材料产生不同的吸附-解吸的作用力,在流动相溶剂的作用下,不断进行吸附-解吸的物理过程,从而达到消旋体的分离与纯化的目的。由于这种操作方式简单,重复性好,满足了广大研究人员的客观需要,因此这方面的研究越来越多。由于在固定相中键入不同的手性分子,因此,不同的手性材料具有不同的分离性质。目前,针对不同性质的化合物,已开发出不同的手性分离材料。

有关这方面的研究,已在国内外形成了一个庞大的市场。这是一个新型的研究领域。在本章中只能简单地介绍。有兴趣的读者可参考相关的资料。

1.7　手性中心的合成控制原则

在生命体中,手性是普遍存在的一个现象。没有一个生命体的存在能离开手性分子。随着对立体化学的认识的深入,生物学家则利用各种生物手段,如酶、微生物等来进行调控,如维生素 C 的生物发酵方法。而合成化学家就想办法进行手性化合物的合成控制[66]。

当化合物只有一个潜手性中心时,反应所生成的产物为一对对映体,若其中一个异构体的数量超过另一个异构体的数量,这一反应为对映选择性反应(enantioselective reaction)。

有的手性分子有多个手性中心和一(多)个潜手性中心,若在其中一个潜手性中心发生反应,而反应生成的一个异构体的数量超过另一个异构体的数量,这一反应称为立体选择性反应(stereoselective reaction)。

无论是对映选择性反应、立体选择性反应,还是其他的选择性手性分子合成,其总的原则就是在需要生成的手性中心的位置(潜手性中心)附近,在反应时形成不对称空间,从而通过空间分布上的差异导致反应活化能的差异来控制不同异构体的形成。如通过加入有机手性催化剂,或手性有机配位化合物(螯合物)来达到在需要生成的手性中心的位置附近产生不对等的反应空间,从而影响反应时的活化能。这个总的原则将在后面的若干章节中得到具体的反映。

1.8 手性分子的伪共振结构

分子的键长和键角,在每一个具体的分子结构中,任一键长在不同构象中的长度基本上都是一样的;同样,在刚性的环状结构,如苯环,每一个键角在同一分子的两个不同的构象中,也几乎相同。这一原则构成了现代仪器分析最基本的原则。例如,在化合物 **127** 中(图 1-33),它有 3 个构象,但是每一个构象中相对位置上的键长和苯环上所对应的键角几乎都相等。这样,通过 NMR 或者 IR 等表征这类分子的光谱性性质时,就可以得到一套 NMR 谱或者 IR 光谱。根据这一基本原则,即每一个化合物都有一一对应的谱学数据(属于"一对一对应"关系),就可以利用所获得的 NMR 或其他波谱,反过来推导出不同的化合物结构。

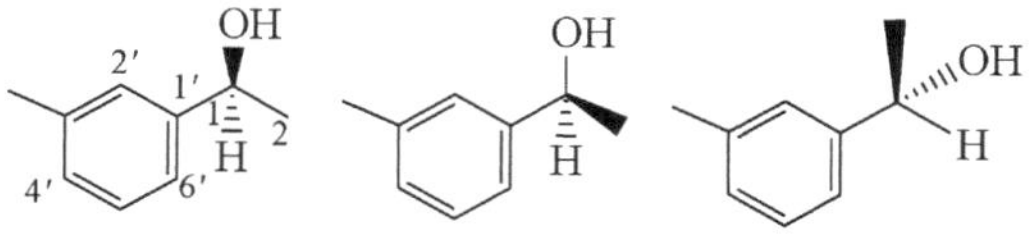

图 1-33 三个典型代表性手性结构

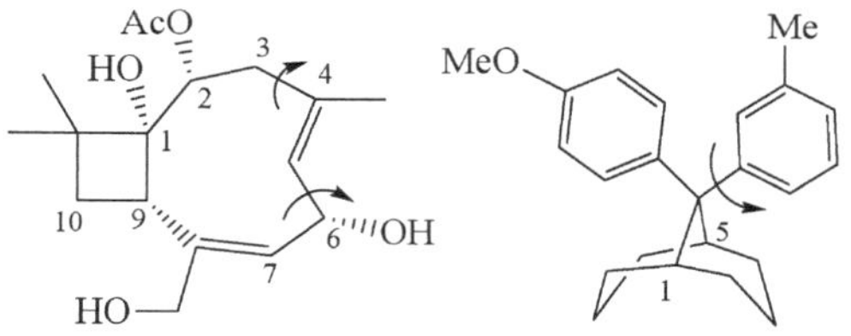

与此同时,还有一些化合物,由于单键的旋转受到阻碍,如 **128**[67],在常温下得到了两套 NMR 数据。这个时候,如果没有单晶数据,则很难解析出这类化合物的结构,尤其是立体化学结构。这类化合物与其波(光)谱之间的关系是一个化合物具有两套 NMR 波谱[或者其他波(光)谱],属于"一对二对应"关系。一些化合物如 **129**,在低温下也会由于单键旋转的能垒足够高[68],从而拥有两套 NMR 数据等。

最近我们发现,还存在一些化合物,它们既非单键受阻形成的两个稳定的构象造成两套 NMR 或者其他波谱,也非两个差向异构体的混合物,它们也有两套 NMR 波谱或者其他的波谱。这类化合物有一个特点,那就是同一个化合物,其任意一个键的键长,如 C—C、C=C、C=O、C—N、C=N 或者 C—O 的键长,在任意两个不同的构象中,是不相同的,例如 **130**(图 1-34)。其单晶数据显示,同一个键长在不同的构象中有很大的差异。其中最大的差值,可达 0.060 Å。显然,如果用这个结构去测定其固态时的 NMR 波谱,则完全可能出现两套 NMR 数据。实验表明这个预测完全正确(图 1-35)[69]。同一个化合物,由于两个构象具有相应的不同的键长和键角而形成两套波谱,这种结构被称为"伪共振"结构。它们属于"二对二对应"关系。

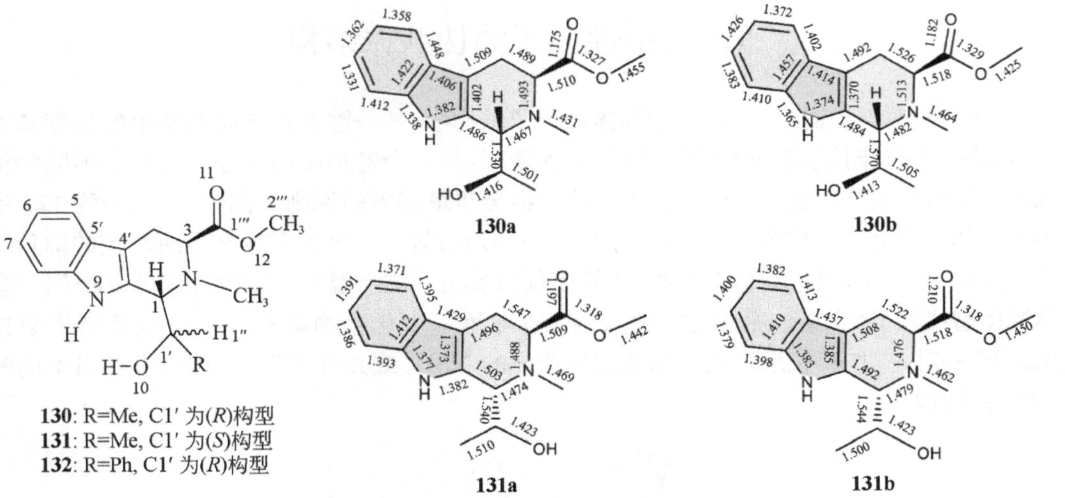

130: R=Me, C1′ 为(*R*)构型
131: R=Me, C1′ 为(*S*)构型
132: R=Ph, C1′ 为(*R*)构型

图 1-34　化合物 **130** ~**132** 结构及 **130** 和 **131** 在单晶 X 射线衍射时的键长变化(键长单位:Å)

其中最不可解释的是该晶体中的两个构象,键长和键角的差异,导致一个构象比另一个构象要小一些(表 1-13)。

表 1-13　化合物 130 和 131 的键长及其键长差值

键[a]	键长(r)/Å[b]				键长差值Δr/Å[c]	
	r_{130a}	r_{130b}	r_{130a}	r_{130b}	$r_{130a}-r_{130b}$	$r_{130a}-r_{130b}$
C1—N2	1.467(11)	1.483(11)	1.474(4)	1.479(4)	−0.015	−0.005
N2—C3	1.493(10)	1.513(11)	1.488(3)	1.476(3)	−0.020	0.012
C3—C4	1.489(14)	1.527(12)	1.548(4)	1.522(4)	−0.038	0.026
C4—C4′	1.509(12)	1.493(13)	1.507(4)	1.495(4)	0.016	0.012
C4′—C5′	1.406(13)	1.413(11)	1.429(4)	1.437(4)	−0.007	−0.008
C5′—C5	1.448(14)	1.403(14)	1.395(4)	1.413(4)	0.045	−0.018
C5—C6	1.358(16)	1.373(16)	1.371(5)	1.381(5)	−0.015	−0.010
C6—C7	1.362(17)	1.426(17)	1.391(5)	1.400(5)	−0.064	−0.009
C7—C8	1.331(16)	1.363(14)	1.386(5)	1.379(5)	−0.032	0.007
C8—C8′	1.412(13)	1.410(13)	1.392(4)	1.398(4)	0.002	−0.006
C8′—N9	1.338(11)	1.365(12)	1.377(4)	1.383(4)	−0.027	−0.006
N9—C9′	1.382(11)	1.375(12)	1.382(3)	1.392(4)	0.007	−0.010
C9′—C1	1.486(12)	1.484(11)	1.503(4)	1.492(4)	0.002	0.011
C1—C1′	1.530(12)	1.569(11)	1.540(4)	1.518(4)	−0.039	0.022
C1′—C2′	1.501(16)	1.505(13)	1.509(5)	1.499(5)	−0.004	0.010
C1′—O10	1.416(11)	1.413(11)	1.423(4)	1.423(4)	0.003	0
N2—C1″	1.432(11)	1.464(10)	1.469(4)	1.462(4)	−0.032	0.007

续表

键[a]	键长(r)/Å[b]				键长差值Δr/Å[c]	
	r_{130a}	r_{130b}	r_{130a}	r_{130b}	$r_{130a}-r_{130b}$	$r_{130a}-r_{130b}$
C3—C1‴	1.510(12)	1.518(12)	1.509(4)	1.518(4)	-0.008	-0.009
C1‴—O11	1.175(12)	1.182(11)	1.197(3)	1.210(4)	-0.007	-0.013
C1‴—O12	1.327(13)	1.329(11)	1.316(3)	1.317(3)	-0.001	-0.001
O12—C2‴	1.454(12)	1.424(12)	1.442(4)	1.449(4)	0.030	-0.007
C4′—C9′	1.406(12)	1.370(12)	1.413(4)	1.410(4)	0.036	0.003
C5′—C8′	1.422(13)	1.457(13)	1.373(4)	1.364(4)	-0.035	0.009
键长变化加和值[d]					-0.203	0.017

a. 这里只是表示这两个原子之间形成的键。不是表示键的类型,如单键或者双键。

b. 括号中的数字表示标准偏差(estimated standard deviation, ESD)。同一个晶胞内的键长的 ESD 数据基本上是相同的,但是,不同晶胞的 ESD 不同。例如,C5′—C8′ 的 ESD 在构象 **130a** 和构象 **130b** 中是 13,但是在另外一个晶胞分子的两个构象 **131a** 和 **131b** 中却是 4。

c. $(r_{130a}-r_{130b})$ 表示用 **130a** 中的该键键长减去 **130b** 中相应键的键长。$(r_{131a}-r_{131b})$ 与此类似。

d. 原文中的数据有误,且使用了平均键长变化量的概念,这里做了修改。

芳环的键角的变化列在表 1-14 中。

表 1-14　在晶体 130 和 131 中的部分刚性骨架的键角　　　　[单位:(°)]

序号	符号	在 **130a** 中键角; 在 **130b** 中键角	键角差值 ($\angle_{130a}-\angle_{130b}$)	在 **131a** 中键角; 在 **131b** 中键角	键角差值 ($\angle_{131a}-\angle_{131b}$)
1	∠C1-N2-C3	109.5(6)[a]; 110.5(6)	-1.0	110.0(2); 110.9(2)	-0.9
2	∠N2-C3-C4	113.2(7);114.1(7)	-0.9	113.2(2) 114.7(2)	-1.5
3	∠C3-C4-C4′	109.2(7);110.0(7)	-0.8	108.6(2) 107.7(2)	0.9
4	∠C4-C4′-C9′	120.6(8);122.6(8)	-2.0	122.8(2); 122.4(3)	0.4
5	∠C4′-C9′-C1	124.0(8);124.9(8)	-0.9	124.1(3); 125.4(3)	-1.3
6	∠C9′-C1-N2	110.65(7);109.8(8)	0.8	110.0(2); 109.5(2)	0.5
7	∠C9′-C4′-C5′	106.4(7);109.1(8)	-2.7	106.8(2); 107.4(2)	-0.6
8	∠C4′-C5′-C8′	107.9(7);105.5(7)	2.4	107.2(2); 107.3(2)	-0.1
9	∠C5′-C8′-N9	107.0(8);106.6(8)	0.4	107.4(2); 107.1(3)	0.3

续表

序号	符号	在 130a 中键角；在 130b 中键角	键角差值（∠130a−∠130b）	在 131a 中键角；在 131b 中键角	键角差值（∠131a−∠131b）
10	∠C8′-N9-C9′	111.0(7)；110.6(8)	0.3	109.0(2)；109.3(2)	−0.3
11	∠N9-C9′-C4′	107.6(8)；108.2(8)	−0.6	109.5(2)；109.0(3)	0.5
12	∠C8′-C5′-C5	117.7(9)；117.8(8)	−0.1	119.1(3)；118.7(3)	0.40
13	∠C5′-C5-C6	117.9(9)；121.2(11)	3.3	118.9(3)；118.5(3)	0.4
14	∠C5-C6-C7	122.7(10)；119.2(11)	3.5	121.4(3)；121.4(3)	0.0
15	∠C6-C7-C8	122.4(11)；122.7(8)	−0.3	121.6(3)；121.8(3)	0.2
16	∠C7-C8-C8′	118.9(8)；118.1(9)	0.8	116.9(3)；116.8(3)	0.1
17	∠C8-C8′-C5′	120.2(9)；120.8(8)	−0.6	122.1(3)；122.8(3)	−0.7

a. 括号内是标准偏差。

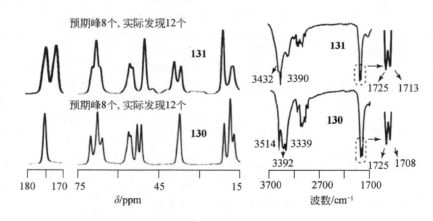

图 1-35　化合物 **130** 和 **131** 在固态时的部分 ^{13}C CP-MAS NMR 以及 IR 谱

可以看到，部分的键角差值可达 3.5°。而且，大多数键角的变化值都在 0.3° 以上。这个变化值非常大，远远超过了经典有机结构中所允许的误差值。

它的另外一个立体异构体 **131**，同样表现出了两个不同的晶体大小和固态 NMR 波谱；其 IR 光谱显示， C=O 有两个吸收峰，分别位于 1725 cm^{-1}、1713 cm^{-1}。而另一个类似物 **132**，则只有一个单晶构象。不能用晶体学里的"包裹力"（packing force）的概念来解释这种不同。

　　而在另外一些化合物中,如 **133**,实验证明了它既不是阻转异构体(围绕 C1′—C3 旋转),也非差向异构体的混合物,在 CDCl₃ 中出现了两套 NMR 波谱(图 1-36)。而且其外消旋体和分离得到的纯的对映体的¹H NMR 和¹³C NMR 完全一样。

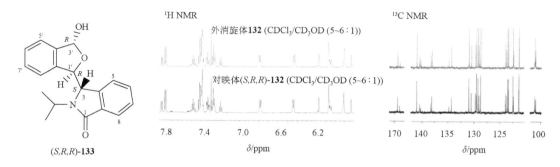

图 1-36　化合物 **133** 结构、外消旋体和对映体在 CDCl₃ 中的 NMR 波谱

由于外消旋体在 CDCl₃ 中的溶解度太小,故加入少量的 CD₃OD

　　但是,该化合物的对映体在 CD₃OD 中,主要表现出一套 NMR 波谱。但是仍然有 5%～7%左右的另外一套 NMR 信号。而对映体在 CDCl₃ 中的溶解度好。当使用纯的 CDCl₃ 溶解后,两套¹H NMR 的比例比较接近。而加了少量甲醇的两套¹H NMR 的比例差别较大,见图 1-37。

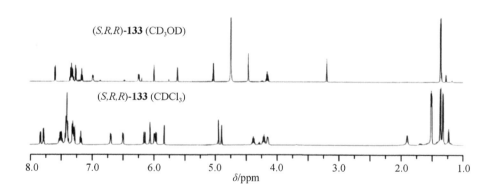

图 1-37　化合物(*S*,*R*,*R*)-**133** 分别在氘代甲醇和氘代氯仿中的¹H NMR 波谱

　　从甲醇对化合物 **133** 信号的影响来看,甲醇的—OH 起了很大的作用。因此,在将 **133** 的—OH 氧化成羰基后,发现原来的两套 NMR 信号就会回归为一套 NMR 波谱(图 1-38)。显然化合物 **133** 中的—OH 是构成此类伪共振结构的关键。

　　不仅仅是 NMR 信号上的不同,在光致发光(photo-luminesce,PL)研究中,也发现了其与众不同的性质。例如,在甲醇中 **133** 只有一个信号,而在氯仿中,则有三个信号。温度从 223 K 到 313 K 都基本一样(图 1-39)。

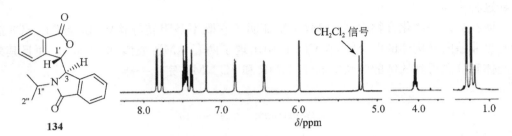

图 1-38　化合物 **133** 的氧化产物 **134** 及其 ¹H NMR 波谱

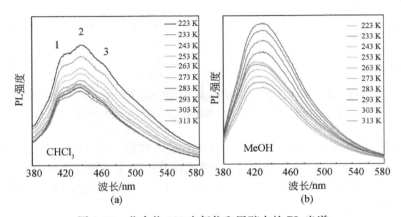

图 1-39　化合物 **133** 在氯仿和甲醇中的 PL 光谱

实际上，**133** 系列化合物中，如 **135** ～**143**（图 1-40），都具有两套 NMR 波谱。

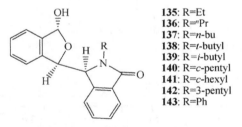

135: R=Et
136: R=ⁿPr
137: R=n-bu
138: R=t-butyl
139: R=i-butyl
140: R=c-pentyl
141: R=c-hexyl
142: R=3-pentyl
143: R=Ph

图 1-40　化合物 **135** ～**143** 的结构

进一步测试化合物 **137** 的 NOE（nuclear Overhauser effect）NMR 谱显示，该—OH上的—H 与另一个分子上—N 取代基上的—CH₂ 有 NOE 信号（图 1-41）。

因此，其两个构象之间通过氢键实现二者的聚集态结构。但是，与其他含 OH 的分子形成的氢键不同，这类分子中，只在两个分子间形成，不会形成多个氢键，如水分子的网状氢键。

在研究上述化合物的结构时发现，在固态时能得到两套 NMR 的化合物，如 **130**，但是在液态时却不能生成两套 NMR。而在液态时具有两套 NMR 波谱的化合物，如 **133**，却在CDCl₃ 中不能长成晶体，在甲醇中长成的晶体却没有键长的变化。似乎这些化合物只能

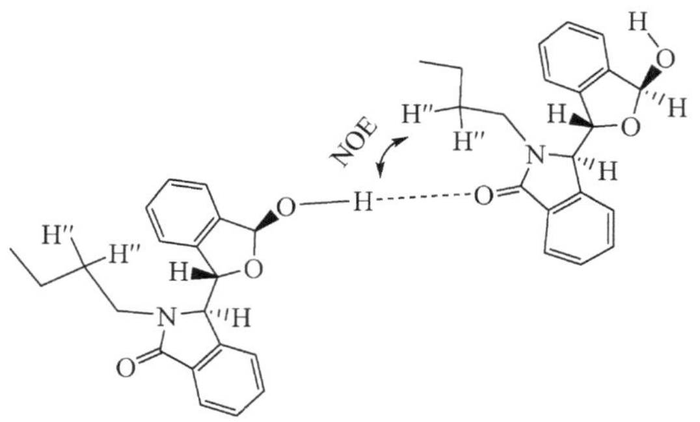

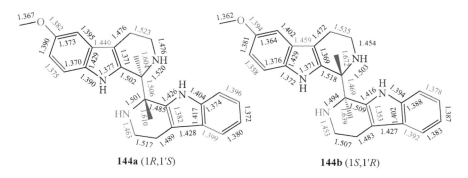

图 1-41 羟基上质子与分子中—CH₂ 相关的 NOE 信号

在其中的一个状态表现出相应的 NMR 波谱。而实际上，化合物 **144** 的单晶 X 射线衍射结果分析表明，该结构存在两个大小不等的构象（图 1-42）。在溶液时，表现出两套 NMR 波谱（图 1-43）。

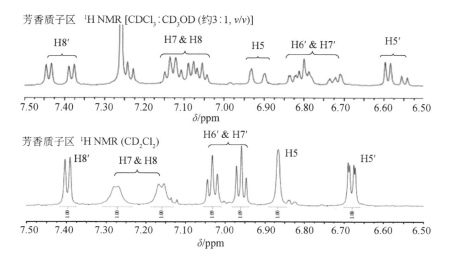

144a (1*R*,1′*S*)   **144b** (1*S*,1′*R*)

图 1-42 化合物 **144** 的立体结构及其键长变化（键长单位：Å）

芳香质子区 ¹H NMR [CDCl₃∶CD₃OD (约 3∶1, *v/v*)]

芳香质子区 ¹H NMR (CD₂Cl₂)

图 1-43 化合物 **144** 分别在氘代氯仿和氘代二氯甲烷中的¹H NMR 波谱

前面提到化合物 **133** 在低温下的[1]H NMR 与众不同的独特性质。在这个伪共振分子的形成的过程中,其分子间的氢键发挥了很大的作用。在高温下如何变化? 由于该伪共振结构主要在氘代氯仿中十分明显,其比例约为 1∶1,但是在其他溶剂中其共存的两个构象的比例会发生变化。例如在甲醇中,虽然我们强调只观察到一套 NMR 谱,但是实际上依然是两套 NMR 谱。为此,我们将该化合物溶于氘代二甲亚砜(DMSO-d₆)中来研究其温度的影响。

通过研究 **133** 的 2D NMR(HMQC,HMBC)波谱,我们可以确定主要的 C、H 的化学位移(图 1-44),从而可以确定关键质子的化学位移发生变化的趋势[70]。在高温下,分子中特征的—OH 质子(标记为 H_{OH})向高场方向移动[图 1-45(a)]。其含量少的共存分子构象的—OH 质子标记为 H_{OH-m}。该—OH 质子在室温下化学位移约 6.8 ppm,而在高温下(353 K)为 5.5 ppm 左右。这显示出该质子更向另一个 **133** 分子的羰基氧原子靠近。显示出氢键更强的趋势。部分质子的化学位移随温度变化而变化的数据列在图 1-45(b)中。

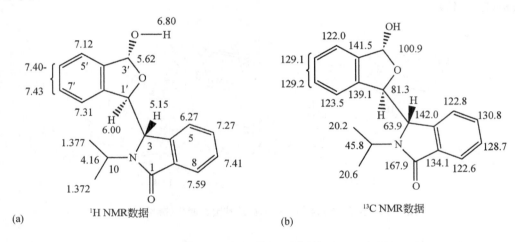

图 1-44　(a) 化合物 **133** 的 ^{1}H NMR 位移数据(主要构象结构);
(b) 化合物 **133** 的 ^{13}C NMR 位移(主要构象结构)(单位:ppm)

伪共振结构的特点就是同一个分子,在溶液中或者在固体中,会出现两个大小不同的构象,其键长呈现规则的"长-短-长"的变化,且两个构象内刚性环的角度也呈现规律性的变化。由于这个结构特点,这类分子将具有"两个不同分子混合物"才能具有的光谱性特征,如两套 NMR 波谱、IR 光谱、PL 光谱等。

目前发现主要是部分手性醇和胺类化合物有此现象,主要是形成分子间氢键导致。可以预期的是:非手性化合物,包括非羟基、氨基类化合物,可能由于分子间的各种作用力,在固体和溶液中也出现伪共振聚集态结构。进一步在理论上模拟该类化合物目前存在较大的困难,该类化合物的深入应用也需要进一步探索。

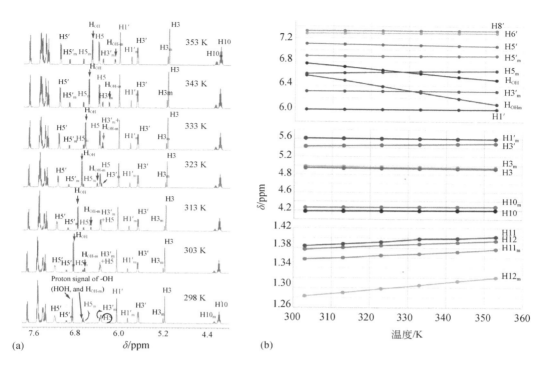

图 1-45 　（a）化合物 **133** 在 DMSO-d$_6$ 中的 ^{1}H NMR 波谱（从 298 到 353 K）。其—OH 的质子通过 HMBC 和 HSQC 谱来确定。主要构象的—OH 质子标记为 H$_{OH}$，次要构象的—OH 质子标记为 H$_{OH-m}$，其他质子的标记类似，如 H3 对应 H3$_m$，H5 对应 H5$_m$，H10 对应 H10$_m$，H3′对应 H3′$_m$，以及 H5′对应 H5′$_m$。（b）部分质子化学位移在 303 K 升到 353 K 的变化趋势。由于 298 K 时测量的位移与在 303 K 时测定位移十分接近，故该温度下的位移数据没有

参 考 文 献

[1] (a) 邢其毅，徐瑞秋，周政. 基础有机化学（上册）. 4 版. 高等教育出版社，1984：245.

有关立体化学的基础知识，如手性化合物的命名等，请参见：

(b) 叶秀林. 立体化学. 北京：北京大学出版社，1999.

(c) 希利亚·R. 巴克斯顿，斯坦利·M. 罗伯茨. 有机立体化学导论. 宋毛平等译. 北京：化学工业出版社，2006.

(d) 于德泉，杨峻山. 分析化学手册（第七分册）. 北京：化学工业出版社，1999.

(e) 姚新生. 天然药物化学. 3 版. 北京：人民卫生出版社，2000.

(f) 吴立军. 天然药物化学. 4 版. 北京：人民卫生出版社，2006.

[2] 谢有畅，邵美成. 结构化学（上册）. 北京：高等教育出版社，1979：203.

[3] Zhu H J, Ren J, Pittman C U Jr. Tetrahedron, 2007, 63：2292-2314.

[4] (a) Brewster J H. J Am Chem Soc, 1959, 81：5483.

(b) Brewster J H. J Am Chem Soc, 1959, 81：5475.

(c) Brewster J H. J Am Chem Soc, 1959, 81：5493.

相关书籍可以参考：

(d) Lowry T M. Optical Rotatory Power. New York：Dover, 1964：1-25.

(e) Caldwell D J, Eyring H. The Theory of Optical Activity. New York：Wiley, 1971：1-110.

[5] (a) Capon B,Advan W G. Carbonhydrate Chem,1960,15:11.

　　(b)北京医学院,北京中医学院. 中草药成分化学. 北京:人民卫生出版社,1986:181.

[6] Aldrich Chemistry Company. Aldrich Handbook of Fine Chemicals and Laboratory Equipment. Milwaukee: Aldrich Chem Co. ,2000:484-485.

[7] (a) 尹玉英. 化学研究与应用,1991,3:78-82.

　　(b)尹玉英,刘春蕴,程纪原. 中国科学院研究生院学报, 1995,12:165-170.

　　(c) Newman M S,Lednicer D L. J Am Chem Soc,1956,78:4765.

　　(d) Nie A H,Deng B,Ye X L,Xing Q Y. Science in China (B),1998,41:225-238.

[8] Fresnel A. Bull Soc Philomat,1824:147.

[9] (a) Brewster J H. J Am Chem Soc,1959,81:5493-5500.

　　(b) Brewster J H. J Am Chem Soc,1959,81:5483-5493.

　　(c) Brewster J H. Tetrahedron,1961,13:106-122.

　　(d) Brewster J H. J Am Chem Soc,1959,81:5475-5483.

　　(e) Applequist J. J Chem Phys,1973,58(10):4251-4259.

　　(f) Caldwell D J,Eyring H. The Theory of Optical Activity. New York:Wiley Interscience,1971:1-110.

[10] Amos R D. Chem Phys Lett,1982,87:23-26.

[11] Rosenfeld L Z. Phys,1928,52:161.

[12] Polavarapu P L. Mol Phys,1997,91:551-554.

[13] Yabana K,Bertsch G F. Phys Rev A 1999,60:1271-1279.

[14] Cheeseman J R,Frisch M J,Devlin F J,Stephens P J. J Phys Chem A,2000,104:1039-1046.

[15] (a) Wiberg K B,Wang Y G,Vaccaro P H,Cheeseman J R,Trucks G Frisch M J. J Phys Chem A,2004,108:32-38.

　　(b) Urbanova M,Setnicka V,Devlin F J,Stephens P J. J Am Chem Soc,2005,127:6700-6711.

　　(c) Stephens P J,McCann D M,Devlin F J,Flood T C,Butkus E,Stoncius S,Cheeseman J R. J Org Chem,2005,70:3903-3913.

　　(d) Stephens P J,McCann D M,Butkus E,Stoncius E,Cheeseman J R,Frisch M J. J Org Chem,2003,69:1948.

　　(e) Stephens P J,Devlin F J,Cheeseman J R,Frisch M J,Rosini C. Org Lett,2002,4:4595-4598.

　　(f) Stephens P J,Devlin F J. Chirality,2000,12:172-179.

　　(g)Müller T,Wiberg K B,Vaccaro P H,Cheeseman J R,Frisch M J. J Opt Soc Am B,2002,19:125-141.

[16] (a) Ruud K,Helgaker T. Chem Phys Lett,2002,352:533-539.

　　(b) Pecul M,Ruud K,Rizzo A,Helgaker T. J Phys Chem A,2004,108:4269-4276.

　　(c) Norman P,Ruud K,Helgaker T. J Chem Phys,2004,120:5027-5035.

　　(d) Ruud K,Zanasi R. Angew Chem Int Ed Engl,2005,44:3594-3596.

　　(e) Ruud K,Helgaker T,Bour P. J Phys Chem A,2002,106:7448 -7455.

[17] (a) Tam M C,Russ N J,Crawford T D. J Chem Phys,2004,121:3550-3557.

　　(b) Crawford T D,Owens L S,Tam M C,Schreiner P R,Koch H. J Am Chem Soc,2005,127,(5):1368-1369.

[18] (a) Kondru R K,Wipf P,Beratan D N. Science,1998,282:2247-2250.

　　(b) Kondru R K,Wipf P,Beratan D N. J Am Chem Soc,1998,120:2204-2205.

　　(c) Goldsmith M R,Jayasuriya N,Beratan D N,Wipf P. J Am Chem Soc,2003,125(51):15696-15697.

[19] (a) Grimme S,Bahlmann A,Haufe G. Chirality,2002,14:793-797.

　　(b) Grimme S. Chem Phys Lett,1996,259,128-137.

[20] (a) Pedersen T B,Koch H,Boman L,Meras A M J S. Chem Phys Lett,2004,393:319-326.

　　(b) Kongsted J,Pedersen T B,Strange M,Osted A,Hansen A E,Mikkelsesn K V,Pawlowski F,Jorgensen P,Hättig C. J Chem Phys,2005,401:385-392.

　　(c) Koch H,Meras A M J S,Pedersen T B. J Chem Phys,2003,118:9481-9484.

[21] (a) Giorgio E,Viglione R G,Zanasi R,Rosini C. J Am Chem Soc,2004,126:12968-12976.

　　　(b) Giorgio E,Rosini C,Viglione R G,Zanasi R. Chem Phys Lett,2003,376,(3-4):452-456.

[22] Freedman T B,Cao X,Dukor R K,Nafie L A. Chirality,2003,15:743-758.

[23] (a) Müller T,Wiberg K B,Vaccaro P H. J Phys Chem A,2000,104:5959-5968.

　　　(b) Wiberg K B,Vaccaro P H,Cheeseman J R. J Am Chem Soc,2003,125:1888-1896.

[24] Wiberg K B,Wang Y G,Vaccaro P H,Cheeseman J R,Luderer M R. J Phys Chem A,2005,109(15):3405-3410.

[25] Helgaker T,Jorgensen P. J Chem Phys,1991,95:2595-2601.

[26] (a) Dalton. http://www. kjemi. uio. no/software/dalton/daltom. html.

　　　(b) Gaussian. http://www. gaussian. com.

　　　(c) Turbomole. http://www. turbomole. com.

　　　(d) PSI. http://www. psicode. org.

[27] McCann D M,Stephens P J,Cheeseman J R. J Org Chem,2004,69:8709-8717.

[28] 谢有畅,邵美成. 结构化学(下册). 北京:高等教育出版社,1979:205.

[29] Inamoto N,Masuda S. Chem Lett,1982:1003.

[30] Cosaante J,Hecht L,Polavarapu P L,Collet A,Barron L D. Angew Chem Int Ed,1997,36:885.

[31] Zhu H J,Wang Y F,Nafie L A. Front Nat Prod. doi. org/10. 3389/fntpr. 2022. 1086897.

[32] Harada N,Nakanishi K. Circular Dichroic Spectroscopy-Exciton Coupling in Organic Stereochemistry. Oxford: Oxford University Press,1983.

[33] (a) Lyle G G. J Org Chem,1960,25:1779.

　　　(b)北京医学院,北京中医学院. 中草药成分化学. 北京:人民卫生出版社,1986:67.

[34] Muralidharam V B,Wood H B,Ganem B. Tetrahedron Lett,1990,31:183-184.

[35] Mazzeo G,Santoro E,Andolfi A,Cimmino A,Troselj P,Petrovic A G,Superchi S,Evidente A,Berova N. J Nat Prod,2013,76:588-599.

[36] Mirco A V,Maurizio B,Sergio R,Tiziana B,Roberto C,Marco P. Org Biomol Chem,2019,17:7474-7481.

[37] (a) Zhang Y,Yu Y Y,Peng F,Duan W T,Wu C H,Li H T,Zhang X F,Shi Y S. J Agric Food Chem,2021,69: 9229-9237.

　　　(b) Nhoek P,Chae H S,Kim Y M,Pel P,Huh J,Kim H W,Choi Y H,Lee K,Chin Y W. J Nat Prod,2021,84: 220-229.

　　　(c) Kim J G,Lee J W,Le T P L,Han J S,Kwon H,Lee D,Hong J T,Kim Y,Lee M K,Hwang B. Y. J Nat Prod,2021,84:230-238.

　　　(d) Quan K T,Park H B,Yuk H,Lee S J,Na M. J Nat Prod,2021,84:310-326.

　　　(e) Guo X C,Zhang Y H,Gao W B,Pan L,Zhu H J,Cao F. Mar Drugs,2020,18:479.

[38] (a) Rossi D,Nasti R,Marra A,Meneghini S,Mazzeo G,Longhi G,Memo M,Cosimelli B,Greco G,Novellino E, Settimo F D,Martini C,Taliani S,Abbate S,Collina S. Chirality,2016,28:434-440.

　　　(b) Johnson J L,Raghavan V,Cimmino A,Moeini A,Petrovic A G,Santoro E,Superchi S,Berova N,Evidente A, Polavarapu P L. Chirality,2018,30:1206-1214.

　　　(c) Molteni E,Onida G,Tiana G. J Phys Chem B,2015,119:4803-4811.

[39] (a) Paolino M,Giovannini T,Manathunga M,Latterini L,Zampini G,Pierron R,Léonard J,Fusi S,Giorgi G, Giuliani G,Cappelli A,Cappelli C,Olivucci M. J Phys Chem Lett,2021,12:3875-3884.

　　　(b) Yajima A,Shimura M,Saito T,Katsuta R,Ishigami K,Huffaker A,Schmelz E A. Eur J Org Chem,2021: 1174-1178.

[40] Wang H,Li M Y,Katele F Z,Satyanandamurty T,Wu J,Bringmann G. J Org Chem,2014,10:276-281.

[41] Wang M,Yu S Y,Qi S Z,Zhang B H,Song K R,Liu T,Gao H Y. J Nat Prod,2021,84:2175-2188.

[42] Jin E J,Li H Y,Liu Z Z,Xiao F,Li W L. J Nat Prod,2021,84:2606-2611.

[43] Ximenes V F,Morgon N H,Souza A R D. Chirality,2018,30:1049-1053.

[44] (a) Jawiczuk M,Rode J E,Suszczynska A,Szugajew A,Frelek J. RSC Adv,2014,4:43691-43707.

　　　(b) Masuda Y,Fujihara K,Hayashi S,Sasaki H,Kino Y,Kamauchi H,Noji M,Satoh J,Takanami T,Kinoshita K,Koyama K. J Nat Prod,2021,84:1748-1754.

[45] Górecki M,Jabłonska E,Kruszewska A,Suszczynska A,Urbanczyk-Lipkowska Z,Gerards M,Morzycki J W,Szczepek W J,Frelek J. J Org Chem,2007,72:2906-2916.

[46] Popik O,Pasternak-Suder M,Lesniak K,Jawiczuk M,Górecki M,Frelek J,Mlynarski J. J Org Chem,2014,79:5728-5739.

[47] Pescitelli G. Mar Drugs,2018,16:388-399.

[48] (a) Stephens P J,Devlin F J,Chabalowski C F,Frisch M J. J Phys Chem,1994,98:11623-11627.

　　　(b) Ren J,Zhao D,Wu S J,Wang J,Jia Y,Li W,Zhu H J,Cao F,Li W,Pittman C U Jr,He X J. Tetrahedron,2019,75(9):1194-1202.

　　　(c) Zhu H J,Liu L,Yang Q. CJCU,2015,36(8):1559-1562.

　　　(d) Keiderling T A,Lakhani A. Chirality,2018,30:238-253.

　　　(e) Ren J,Zhu H J. CJCU,2009,30:1907-1918.

[49] (a) Nafie L A. Chirality,2020,32:667-692.

　　　(b) Felippe L G,Batista J M Jr,Baldoqui D C,Nascimento I R,Kato M J,He Y,Nafie L A,Furlan M. Org Biomolec Chem,2012,10:4208-4214.

[50] (a) Ortega P G R,Montejo M,Mrquez F,Gonzlez J J L. ChemPhysChem,2015,16:1416-1427.

　　　(b) Polavarapu P L. Vibrational Optical Activity in Chiral Analysis. 2nd ed. Amsterdam:Elsevier,2018:201-247.

　　　(c) Nafie L A. Vibrational Optical Activity:From Small Chiral Molecules to Protein Pharmaceuticals and Beyond. In:Laane J. Frontiers and Advances in Molecular Spectroscopy. New York:Elsevier,2018:421-469.

[51] Runarsson Ö V,Benkhauser C,Christensen N J,Ruiz J A,Ascic E,Harmata M,Snieckus V,Rissanen K,Fristrup P,Lutzen A,Warnmark K. J Org Chem,2015,80:8142-8149.

[52] He P,Wang X F,Guo X. J,Ji Y N,Zhou C Q,Shen S G,Hu D B,Yang X L,Luo D Q,Dukor R,Zhu H J. Tetrahedron Lett,2014,55:2965-2968.

[53] Mandi A,Mudianta I W,Kurtan T,Garson M J. J Nat Prod,2015,78:2051-2056.

[54] (a) Mota J D S,Leite A C,Batista J M,López S N,Ambrósio D L,Passerini G D,Kato M J,Bolzani V D S,Cicarelli R M B,Furlan M. Planta Med,2009,75:620-623.

　　　(b) Batista J M,Batista A N,Rinaldo D,Vilegas W,Cass Q B,Bolzani V S,Kato M J,López S N,Furlan M,Nafie L A. Tetrahedron:Asymmetry,2010,21:2402-2407.

[55] Kong J,Joyce L A,Liu J C,Jarrell T M,Culberson J C,Sherer E C. Chirality,2017,29:854-864.

[56] Lu Z Y,Zhu H J,Fu P,Wang Y,Zhang Z H,Lin H P,Liu P P,Zhuang Y B,Hong K,Zhu W M. J Nat Prod,2010,73:911-914.

[57] Wang G W,Zhang X H,Zhan H,Guo Q X,Wu Y D. J Org Chem,2003,68:6732-6738.

[58] Bryant P L,Harwell C R,Mrse A A,Emery E F,Gan Z H,Caldwell T,Reyes A P,Kuhns P, Hoyt D W,Simeral L S,Hull R W,Butler L G. J Am Chem Soc,2001,123:12009-12017.

[59] Sahai N J,Tossell A. Inorg Chem,2002,41:748-756.

[60] (a) Langhoff S R. Quantum Mechanical Electronic Structure Calculations with Chemical Accuracy. Dordrecht:Kluwer Academic Publishers,1995.

　　　(b) Helgaker T,Jørgensen P,Olsen J. Molecular Electronic Structure Theory. New York:John Wiley and Sons,2000.

　　　有关早期综述文章,参见:

　　　(c) McWeeny R. Phys Rev,1962,126:1028.

　　　(d) Ditchfield R. Mol Phys,1974,27:789.

　　　（e）Dodds J L,Mcweeny R,Sadlej A. J Mol Phys,1980,41:1419.

［61］Hua Y,Ren J,Chen C X,Zhu H J. Chem Res Chinese U,2007,23:592-596.

［62］贾云静,史文思,胡飞柳,朱华结,刘莉,马正月. 高等学校化学学报,2018,39:1668-1675.

［63］DP4 website provided by Goodman and coworkers. http://www—jmg. ch. cam. ac. uk/tools /nmr/ DP4/.

［64］Merten C,Dirkmann M,Schulz F. Chirality,2017,29,409-414.

［65］文重. 北京大学学报(自然科学版),1963,9:51.

［66］林国强,陈耀全,陈新滋,李月明. 手性合成——不对称反应及其应用.北京:科学出版社,2000.

［67］Yu H,Li W X,Wang J C,Yang Q,Wang H J,Zhang C C,Ding S S,Li Y,Zhu H J. Tetrahedron,2015,71:
　　　3491-3494.

［68］Casarini D,Rosini C,Grilli S,Lunazzi L,Mazzanti A. J Org Chem,2003,68:1815-1820.

［69］Zhu H J,Li S,Jia Y,Jiang J,Hu F,Li L,Cao F,Wang X,Li S,Ouyang G,Tian G,Gong K,Hou G,He W,Zhao Z,
　　　Pittman C U Jr,Deng F,Liu M H,Sun K,Tang B Z. Front Chem,2022,10:964615.

［70］Zhu H J,Nafie L A,Li Z W,Cao X,Wu B. Tetrahedron,2022,doi:tet 133819.

第2章 对映选择性反应

在不考虑外在因素的情况下,生命的起源依然是一个巨大的谜。它涉及几个最基本的有机化学科学问题:其一是在没有手性源存在的条件下,一个潜手性反应所得到的两个外消旋产物是如何做到一个对映体比另外一个稍微多那么一小点?同时,这个微微过量的对映体,如 L-氨基酸,是如何将其 ee 值增大到可以合成出 L-氨基酸组成的多肽。另一个问题是 L-氨基酸与 D-糖的关系。我们并不知道在原始海洋里,是先生成氨基酸还是先生成糖,又或者是同时产生。当然,从这些有机物进一步到各类复杂的生命体的物质,如 DNA 等,如何将其"装入"一个细胞内?即细胞膜是在合适的时间如何选择性地将这些组成生命的必需"材料"组装成一个完整的细胞?这是一个更有挑战性的生命科学问题。但是,也是有机化学的课题之一。

虽然全球的科学家在此领域已经投入了巨大的时间和金钱成本,人类的起源依然是一个未解之谜。除了在对称性破缺或者其他原子,乃至电子等微观物质的进动造成的手性,在原始海洋中还可能会产生大量对映体混合物,其中可能会基于上述原因形成极其微量的对映体,人类产生所需要的较为高浓度的氨基酸对映体是如何被放大或者富集起来的,依然需要科学家在不考虑外在因素,如天外来客(陨石等)的情况下开展理论与实验方面的研究。

也因为如此,生命体在生命的延续过程中,无论在宏观还是在微观,手性都是普遍存在的一个现象。在微观领域,随着对立体化学认识的深入,合成化学家想出各种办法在手性化合物的合成过程中进行控制,以得到预期的手性分子。前面讲到,如果化合物只有一个潜手性中心,那么在反应中,所产生的产物为一对对映体(enantiomer),若其中一个对映体的数量在反应后超过另一个对映体的数量,这一反应为对映选择性反应(enantioselective reaction)。实际上,它是立体选择性反应(stereoselective reaction)的一个特例。由于它最简单,人们研究得相当多而且透彻,因此,这里也就相应地将对映选择性反应单列出来。

为了使其中一个异构体的数量在反应后超过另一个异构体的数量,通常需要加入有机手性催化剂或手性有机配位化合物(螯合物),从而在需要生成的手性中心的位置附近产生一个不对等的反应空间,影响反应时的活化能。因此,对映选择性反应又称催化对映选择性反应(catalytic enantioselective reaction)。主要的反应类型为:催化对映选择性加成反应(catalytic enantioselective addition)和催化对映选择性还原反应(catalytic enantioselective reduction)等。

就目前的研究状况而言,在对映加成反应中,利用有机锌试剂的研究占了主要的位置。除此以外,还有有机铜等试剂等。在本章的前面,我们利用较大篇幅介绍二乙基锌试剂与手性催化剂的应用。在随后的内容里,我们介绍围绕这一反应过程中出现的若干实验现象等。在这一章里,讨论的主要问题是不同手性催化剂的催化活性,因此,只对催化剂的结构进行了编号。

2.1 手性分子的研究现状

目前,围绕手性分子的设计与合成研究十分广泛。在一个早期的研究中,有学者进行过这样的文献调查。他发现当用"手性"(chirality)、"不对称合成"(asymmetric synthesis)和"手性催化"(chiral catalysis)为检索词时,发现按照时间的顺序,这三组词出现的次数呈现加速上升的趋势(图 2-1)。

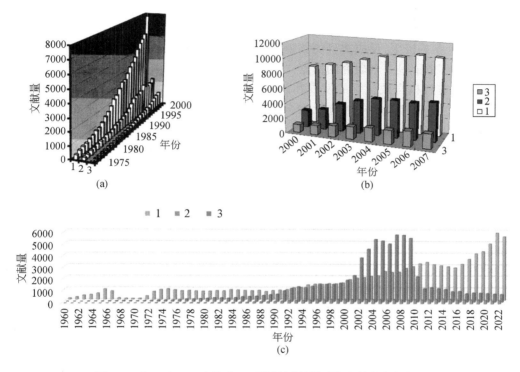

图 2-1 在 Scifinder 中搜索以下关键词所得到的文献量与年份图

(a)2000 年以前的文献值[1]、(b)2000~2007 年的文献量;(c)改版后的 Scifinder 搜索结果

关键词:1. 手性;2. 不对称合成;3. 手性催化

在用同样的方法检索这三个关键词时,发现了一个有意义的现象。有关"手性"的研究在 20 世纪 80 年代左右在数量上有一个向上变化的拐点。在持续平稳发展到 21 世纪初的 2001~2004 年,又出现了一个发展的增长期。相比较而言,有关"不对称合成"的研究出现的拐点大约在 20 世纪的 80 年代的中后期,其发展则相对落后于"手性"研究 7~10 年。而到 2002~2004 年,几乎与"手性"研究同步出现一个数量上的激增阶段。相对于"手性"和"不对称合成"研究的高速发展,利用"手性催化"的应用在实际的研究工作中,则显得"四平八稳"。对"手性催化"的研究,在 20 世纪出现拐点的时间也落后于"不对称合成"的研究 5~8 年。但在 21 世纪初,则几乎与"手性"和"不对称合成"出现的时间一致。

如在 2007 年里,有关关键词"手性"的文献量达到 1 万余篇,有关关键词"不对称合成"的文献量为 5000 余篇,而有关关键词"手性催化"的文献量更高达近 2000 篇。到 2007 年为止,检索到的关键词"不对称合成"和"手性催化"的数量几乎比 2000 年的文献量增加了一倍。

但是,在 Scifinder(2022)中,再用同样的关键词进行搜索,发现与以前两次的数据相比都有大幅缩水。可能的原因在于其搜索引擎关键词的搜索中的关联方在 2008 年后的某个时间点发生了改变。同时发现一个有趣的现象,在 2002 年后急剧上升的"手性催化",到 2008 年前后达到峰值(5800 余篇),然后在 2010 年后急速下降到每年 300 篇左右。同时这又似乎与每年的 200 余篇的"不对称合成"不协调。这很可能是由于 2010 年后的论文已经不再刻意使用"不对称催化"的用词,另一个可能是,手性催化剂的骨架类型已经发展到了一个新的极限,反应类型的拓展也达到了一个新的天花板。但一个不争的事实是,"手性催化"依旧是一个研究的重点;"手性"研究的数量总体上还是呈现增加的状态。

显然,随着有机合成化学的发展和制药工业的需要,不对称合成和立体选择性合成正在逐渐被应用在越来越多的有机物合成中,并且迅速发展[1]。这方面的研究已经成为有机合成的热点领域之一。虽然不对称合成和立体选择性合成的应用仍面临很多困难,但是这方面的研究工作已经取得了很大进步[2],其中各种有机金属试剂的使用和适用范围的拓展更取得了可喜的成果。下面主要介绍我国学者在"手性催化"领域内的研究进展。

20 世纪 90 年代,已经有很多手性催化剂被合成出来,如螺环骨架的手性双亚膦酸酯配体(SpirOP)[3],并成功应用于铑催化的脱氢氨基酸衍生物的不对称氢化。其他如手性膦、氮膦、β-氨基醇、噁唑啉等在内的系列新型手性催化剂也都被报道出来[4,5]。系列二茂铁手性配体 SiocPhos 在不对称烯丙基取代及 Heck 等反应中取得了优异的区域选择性、非对映和对映选择性[6]。具有 C_2 对称性骨架的手性单磷配体,在潜(前)手性亚胺,尤其是烷基亚胺的催化氢化中显示了十分优异的对映选择性[7],形成了手性催化剂"自负载"[8]。而 C_2 对称的三齿手性双噁唑啉配体与锌配合物可以催化硝基烷烃对 β-硝基烯烃的不对称 Michael 加成反应[9]。以轴手性结构为母核的混合手性催化剂,在亚胺还原反应中也取得了很好的 ee 值[10]。而首次提出"驱动力匹配"的手性催化剂的设计与应用,解释了同系列手性催化剂中,不同大小手性催化剂所需的最佳反应温度的显著性差异等[11]。非对称性手性膦-亚磷酰胺酯配体,在铑催化的 α-烯醇酯磷酸酯的氢化反应中显示优异的对映选择性[12]。假 C_3 对称的三噁唑啉配体(如 TOX)达到了在催化剂设计与合成中的"边臂效应"[13]。而双烯配体在铑催化的硼酸酯对磺酰亚胺的加成反应中取得了很好的结果[14]。

双氮氧配体具有优势的柔性结构,在反应中具有"手性口袋效应",可以应用于多种不对称反应[15]。而以手性醇等与钛形成的自组装配合物为催化剂,在炔基锌对芳基醛的不对称加成反应中有良好的催化效果[16]。这也拓展到了手性磺酰胺基醇-钛催化的芳基醛的不对称炔基化反应[17]。以稀土金属镱与六齿含氮配体形成的配合物为催化剂,实现了不对称多组分 Biginelli 反应[18]。用单配位的手性 Salen 催化剂可在异腈对醛的不对称加成等反应中效果良好[19]。利用手性锆路易斯酸催化剂对羰基化合物的活化,可高对映选择性催化不对称多组分反应[20]。铱和钌的手性配体可实现催化芳香杂环化合物的不对称氢化,在取代喹啉和异喹啉的不对称氢化反应中获得了优秀的对映选择性[21,22]。以天然糖为原料的手性酮催化剂,具有广普底物适用性,被称为“史环氧化反应”(Shi epoxidation)[23]。在手性胺催化的有机反应中,手性脯氨酸酰胺及其类似物在不对称直接羟醛(aldol)缩合反应中取得了非常好的对映选择性[24]。以天然生物碱衍生物为催化剂也取得了非常好的成绩[25]。

将咪唑离子与有机小分子催化剂相结合,发展出了新型的离子液型催化剂,实现了有机小分子催化的高效 Michael 加成反应以及催化剂的方便分离与回收[26]。以手性氨基酸盐或手性氮氧化合物为催化剂,可高效实现腈化反应和 Michael 加成等不对称反应[27]。利用布朗斯特(Brønsted)酸来催化吲哚的不对称 Friedel-Crafts 反应,也获得了优良的对映选择性[28]。催化喹啉衍生物的不对称转移氢化反应中双轴手性有机磷酸小分子催化剂,也取得了很好的效果[29]。采用金属配合物与有机小分子共催化的策略,可高效、高选择性实现三组分和四组分不对称反应[30]。发展的一些手性硫脲类催化剂可以很好地催化 Mannich 加成等反应[31]。在不对称 Baylis-Hillman 反应中使用手性双功能催化剂,显示了优异的对映选择性[32]。利用氮杂环卡宾的亲核性质,可实现手性氮杂环卡宾催化的基于烯酮的一些高选择性反应[33]。新型的树状分子手性二胺配体,在手性催化的转移氢化反应中取得了优异的对映选择性[34]。

使用手性二膦催化剂与铱配合后,在二氢异喹啉底物的不对称氢化中表现出出色的对映选择性(>99%ee)[35]。通过使用手性螺环磷酰胺催化剂,可高效、高对映选择性将硫醇不对称地 Michael 反应加成到环外烯酮上[36]。手性磷-酰胺-钯催化剂用于烯丙基醚的不对称烯丙基 C—H 烷基化反应,可达到中等至高收率和高对映选择性[37]。在重氮化合物与 α-氨基甲基醚的反应中,其对映选择性高至 96%ee[38]。

采用 Cy₃P 和手性烯烃硼烷作为 FLP(受阻路易斯酸碱对)催化剂,可实现 1,2-二酮的高对映选择性硅化反应[39]。在钯催化不对称的 Suzuki-Miyaura 偶联反应中,有学者开发了含芳基硼酸的 1,3-二取代二次烯丙基碳酸酯,具有完全的区域选择性和 E/Z 选择性[40]。使用手性酰胺膦双功能催化剂,在烷基乙烯基酮与对苯二酚甲酰胺的不对称分子间交联反应中取得了>99%的 ee 值[41]。通过钯催化的分子间不对称烯丙基异构化反应,可高效合成手性多取代 2H-吡咯衍生物,取得了 97%的 ee 值[42]。通过对不对称三组分反应中轴向手性的远程控制,可使一类具有 N-Ar 立体轴的光学纯螺环辛多尔尿嘧啶成功地实现了组装(99%ee)[43]。使用复合钌催化体系,将氢气作为还原剂,可以实现对酮的高效直接还原胺化[44]。采用原位生成的邻醌甲酰胺与 2-吲哚甲醇的催化不对称[4+3]环化反应,可实现 2-吲哚甲醇的催化不对称环化反应[45]。采用配体控制策略,通过铑催化芳基硼酸不对称 1,4-/1,2-加成反应,实现了 α,β-不饱和环酮亚胺还原[46]。有学者受转氨酶催化启发,发现了吡啶胺类化合物在 α-酮酸不对称转氨反应中优良的催化效果[47]。通过亚胺在碱性水溶液中原位产生的氮杂烯丙基负离子实现了亚胺 C 的极性反转,也实现了其高效不对称合成[48]。

目前,在设计合成新型有机小分子催化剂的基础上,已成功实现了包括 aldol 缩合、Diels-Alder、Friedel-Crafts、Baylis-Hillman、Mannich、Michael 加成、硅氰化、卤化、氨化、氨氧化、环氧化、Biginelli 反应以及膦氢化、Roskamp-Feng 反应等反应在内的多种类型的手性催化反应[13]。但是限于篇幅，这里所介绍的仅仅是我国学者的很少一部分优秀工作。

2.2　对映选择性 1,2-加成

在催化剂作用下的 1,2-加成是目前有机合成化学研究的重点之一。有关这方面的研究已很深入，并且富有成果。在 1,2-加成反应中，各种有机（金属）试剂得到了广泛的应用。早在 1849 年 Frankland 就发现了二乙基锌[49]。但它非常不活泼，这大大限制了它在有机合成中的应用。直到 1984 年用（S）-亮氨醇作手性催化剂时，才首次实现了二乙基锌对苯甲醛的不对称催化加成反应[50]。在过去的几十年中，使用手性催化剂或助剂的不对称催化二烷基锌对醛的加成方法和技术日趋成熟，已开始应用到天然产物或类似物的研究中[51]。一般认为：二烷基锌直接对醛的加成反应几乎不能发生，必须有催化剂活化该反应才能进行。在对醛的不对称催化加成反应中，催化剂的用量一般是一个当量的催化剂和两个当量的金属离子生成配合物。这两个当量的金属离子可以都是二烷基锌中的锌离子，也可以一个是二烷基锌中的锌离子，另一个是其他金属离子。目前，这两种方法尽管有些争议，但都很流行[52]。目前开发出的手性催化剂主要有氨基醇（amino alcohol）、二醇（diol）、多胺（amine）、氨基硫醇（amino thiol）、氨基二硫化物（amino disulfide）、联锡化物（diselenide）和其他含 N、P、S、O 的化合物等[53]。其中研究最多的是氨基醇、二醇和含磷化合物，它们很多都表现出很好的催化对映选择性。作为一个典型的应用实例，我们选择二乙基锌为代表性的工作，介绍其在各种手性催化剂催化下在不同反应中的应用。

需要强调一点的是：在二乙基锌应用中出现的各种催化剂的类型，实际上同样可以应用到其他类型且可能不需要使用二乙基锌作为试剂的对映选择性反应中。到目前为止，我们所发现的各种催化剂的类型还比较有限，各种不同的模型反应数量也有局限性。同时由于受到反应条件的限制（如通常都在室温或以下来催化反应），研究人员不得不反复在这些类型的催化剂中寻找最优结构，并用来催化不同的对映选择性反应。

一般而言，所合成的手性催化剂都首先被应用在不同的催化对映选择性加成的模型反应中。这些模型反应的结果可以用来评估这个手性催化剂对映选择性高低。如使用二乙基锌与醛的加成反应［式（2-1）］。在努力寻找 ee 值高、价格低廉、使用条件广泛和对环境友好的手性催化剂的同时，研究人员发现一些（手性）助剂在这些对映选择性反应中也起到了很好的作用。

$$(2\text{-}1)$$

2.2.1　催化剂-Zn 配合物

手性催化剂的种类有很多，常见的有 β-氨基醇类、二胺类、二醇类。依据催化剂在溶剂中能否溶解,可以分为均相催化剂(homogeneous catalyst)与非均相催化剂(又称固相催化剂,heterogeneous catalyst)等,如催化剂分子连接在高分子或无机硅氧体上。研究和应用得最多的还是均相催化剂。下面介绍在烷基锌试剂与醛反应中对手性催化剂的研究。

氨基醇类催化剂是研究较多的手性催化剂,其中尤以 β-氨基醇类催化剂为主。这可能是由于大部分 β-氨基醇类催化剂可以从简单易得的天然氨基酸衍生而来。

通过 X 射线衍射确定了含席夫碱型的 β-氨基醇类绝对构型的催化剂中,催化剂(S_P,S)-1a、(R_P,R)-1b 和(S_P,S)-2 在催化二乙基锌对苯甲醛的加成反应中对映选择性很好,它们的催化 ee 值可达 90%[54]。由于(S_P,S)-1a 与(R_P,R)-1b 为对映体,显然,得到的反应产物也应该是对映体。实际工作中,催化剂(S_P,S)-1a 的诱导产物为(R)构型,催化剂(R_P,S)-1b 的诱导产物为(S)构型。在这三个对映选择性最好的催化剂中,氨基醇结构部分的 N 原子上或附近都连接有大体积的基团,这导致其有比较好的对映选择性。

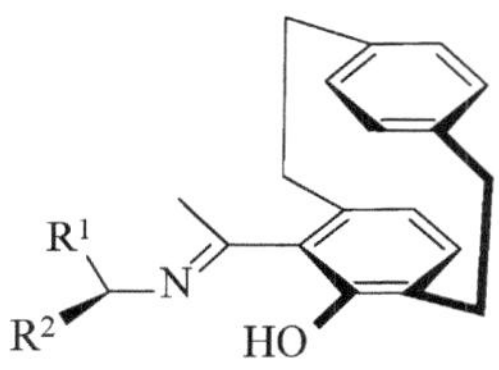

(S_P,S)-1a: R¹=Cy; R²=Me 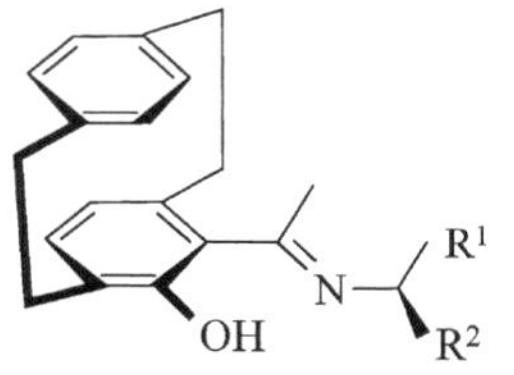 　　　(R_P,S)-1b: R¹=Cy; R²=Me 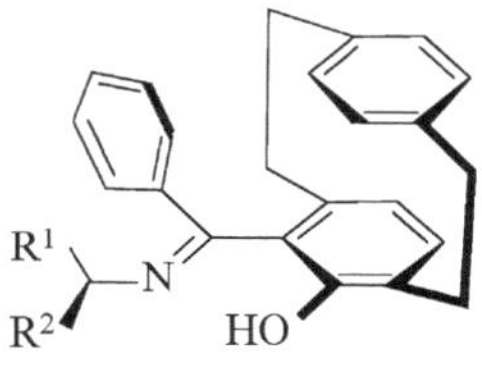 　　　(S_P,S)-2: R¹=Cy; R²=Me

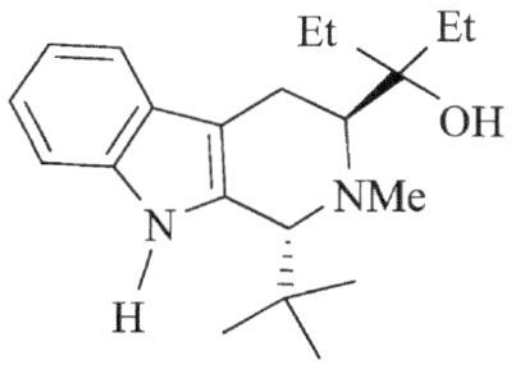

3 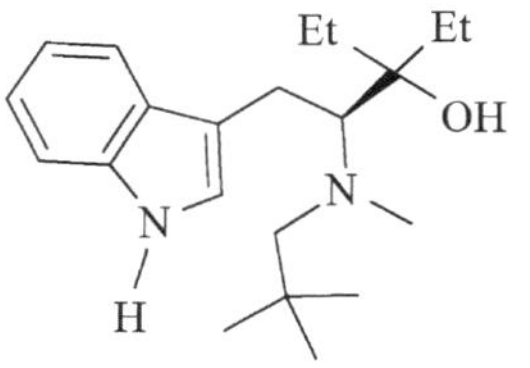 　　　　　**4** 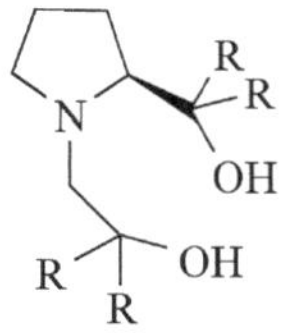 　　　　　**5a**: R=Me
　　　　　　　　　　　　　　　　　5b: R=Et
　　　　　　　　　　　　　　　　　5c: R=Ph
　　　　　　　　　　　　　　　　　5d: R=CH₂Ph

催化剂 **3** 是相思豆碱的一种衍生物[55]。在催化二乙基锌对芳香醛和脂肪醛的加成反应中它都表现出非常好的对映选择性[式(2-2)],在催化二乙基锌对环己基甲醛和苯甲醛的加成反应中,其 ee 值分别为 99.5% 和 97.6%(表 2-1 第 1 和 9 行),但在催化二乙基锌对大体积的醛加成反应时其 ee 值下降到了零。这可能主要是底物和催化剂之间的空间排斥力增大造成的。详细情况见表 2-1。在这类催化剂中,大基团的取代基能提高对映选择性。这一结论与从天然相思豆碱衍生的 β-氨基醇类催化剂 **4** 以及脯氨酸衍生物 **5** 的催化反应中得到的结论基本相符。

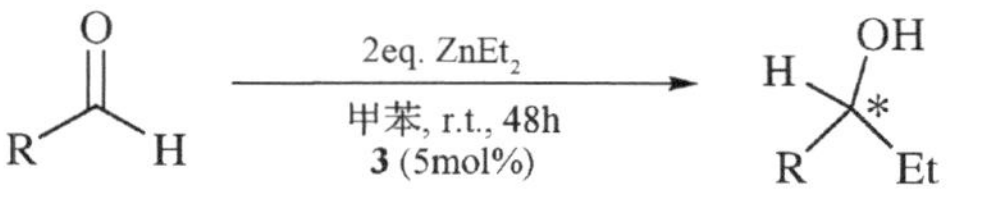

$$(2\text{-}2)$$

表 2-1　催化剂 3 在二乙基锌对醛加成反应中的对映选择性

序号	R	产率[a]/%	ee[b]/%	构型[c]
1	$c\text{-}C_6H_{11}$	90.5	99.5[d]	R
2	4-MeOPh	80.0	94.5	R
3	PhCH=CH	64.4	0	—
4	2-Naph	89.2	0	—
5	$4\text{-}Me_2NPh$	89.7	87.7	R
6	$PhCH_2CH_2$	93.5	92.4	R
7	3,5-diMeOPh	93.0	95.9	R
8	4-BrPh	95.3	96.0	R
9	Ph	92.5	97.6	R

a. 分离得到的产率。

b. 除特别表明,所得产物的 ee 值均为通过 Chiralcel OD 柱测定。

c. 与已知化合物的旋光比较得出。

d. 将环己醇转化为苯甲酸酯后,利用两个 Chiralcel AD 测得。

催化剂 **6** 和催化剂 **7** 在催化二乙基锌对多种芳香醛的加成反应中对映选择性也高达 99%[56]。这是一个设计得很成功的例子。与催化剂 **7** 比较类似的是催化剂 **8**。但该催化剂在催化二乙基锌对多种芳香醛的加成反应中对映选择性却是中等[57]。

$(1R,1'R,2'S)$-**6a**: R = Ph
$(1R,1'R,2'S)$-**6b**: R= Me

(S,R)-**7**

8

9a: R= Ph
9b: R= Bn
9c: R= Et
9d: R= Pr
9e: R= ^tBu

在催化剂 **9a~e** 中,**9a** 在催化二乙基锌对苯甲醛的加成反应中对映选择性最好,其 ee 值为 90.8%[58]。联萘类衍生物 **10** 属于轴手性化合物。其催化效果以 **10d** 和 **10f** 为最好[59]。与 **10** 结构上比较类似但更复杂的催化剂 **11**,其最高的 ee 值达到 94%[60]。

10a: $NR_2=NMe_2$
10b: $NR_2=N(^nBu)_2$
10c: $NR_2=NBn_2$
10d: $NR_2=N(CH_2)_4$
10e: $NR_2=N(CH_2)_5$
10f: $NR_2=N[(CH_2)_2O(CH_2)_2]$

11: R= $^nC_6H_{13}$

上面催化剂的结构中,都具有自由羟基或氨基结构。但实际上,只要催化剂中带有可与锌络合的活性中心,都有一定的催化效果。例如带有路易斯酸和路易斯碱的催化剂,通常认为其催化效果比较好[61]。但对于催化剂 **12** 而言,其催化活性远非所认为的那样。在催化二乙基锌对醛的对映加成反应中,其最高的催化选择性仅 80%ee[62]。相比较而言,催化剂 **13** 的催化选择性却可以达到 99%ee[63]。这与手性噁唑烷能催化该类反应是类似的机理[9e]。

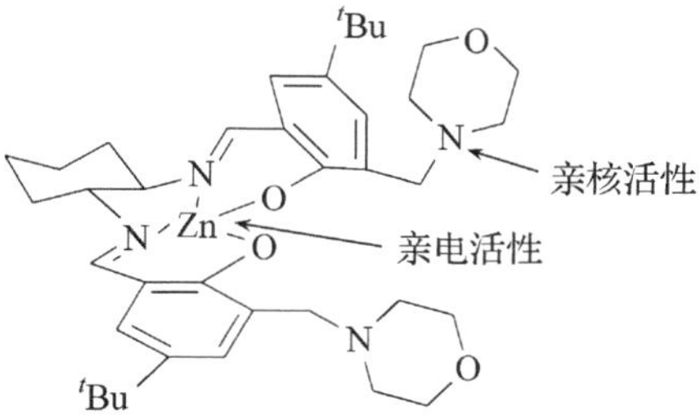

12 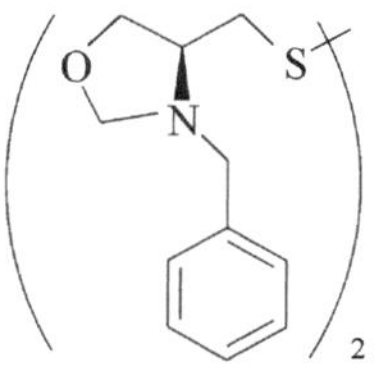　　　　　　　　**13**

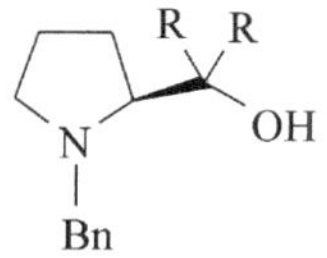

14a: R=^{i}Pr　　　　　　**15** 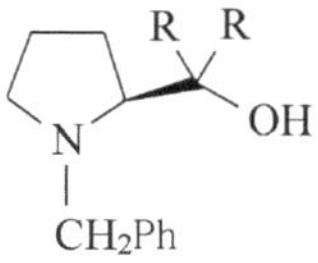　　　　　　**16a**: R=Ph　　　　　**17a**: R=Ph
14b: R=c-C$_6$H$_{11}$　　　　　　　　　　　　　　　　　**16b**: R=1-Naph　　　**17b**: R=1-Naph
14c: R=Ph

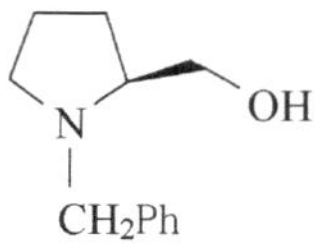

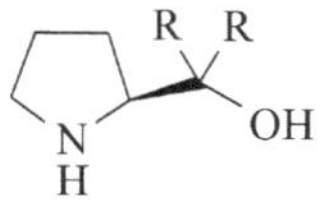

在以脯氨酸为原料合成得到的催化剂 **14a**、**14b**、**14c** 中,在催化二乙基锌对苯甲醛的加成反应中的 ee 值分别为 76%、73% 和 82%[64]。这种催化效果并没有预期的高。类似地,催化剂 **15 ~17** 在催化二乙基锌对苯甲醛的加成反应中对映选择性都一般,效果最好的 **16b** 的 ee 值为 79.6%,当将 **16b** 中的苄基脱掉成为催化剂 **17b** 时,ee 值下降到21.4%,产物仍是(S)构型[65]。

将小分子催化剂固定在高分子载体上的做法由来已久。这样做的好处是反应产物与催化剂的分离十分方便,催化剂的回收利用十分经济。例如,催化剂 **17a** 在催化二乙基锌对苯甲醛的加成反应中 ee 值为 31%,将其连接到苯乙烯高分子纤维上成为高分子催化剂 **18** 时,经过 5 次回收使用其在催化二乙基锌对苯甲醛的加成反应中的 ee 值降为 23% ~26%[66]。虽然 ee 值降低不多,但该催化剂的催化活性非常低。另一些催化剂在固定于高分子载体上以后,其催化活性有比较大的降低,而且并不是所有的催化剂都能固定在高分子载体上。

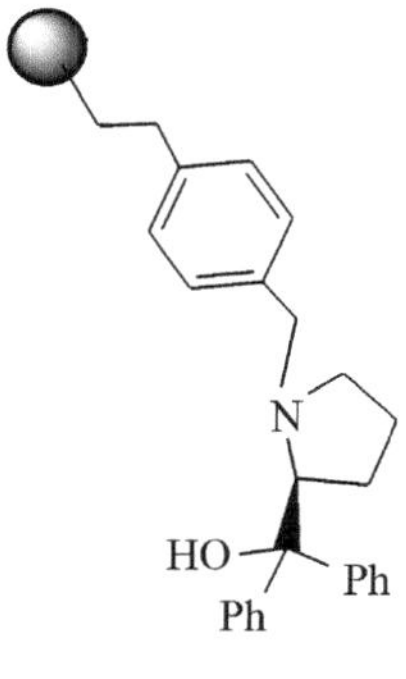

18 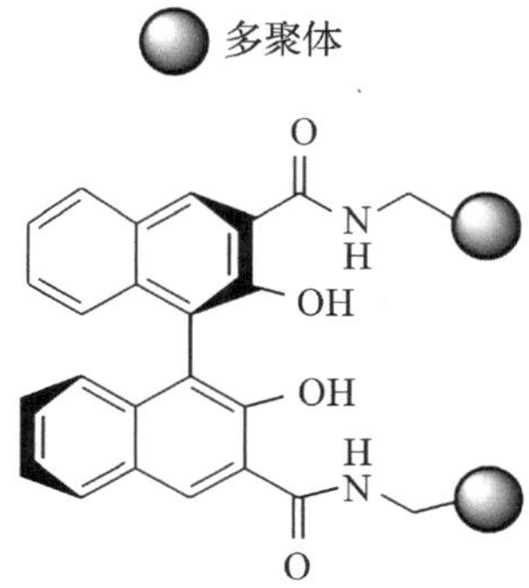　　　　　　　　　　　**19** 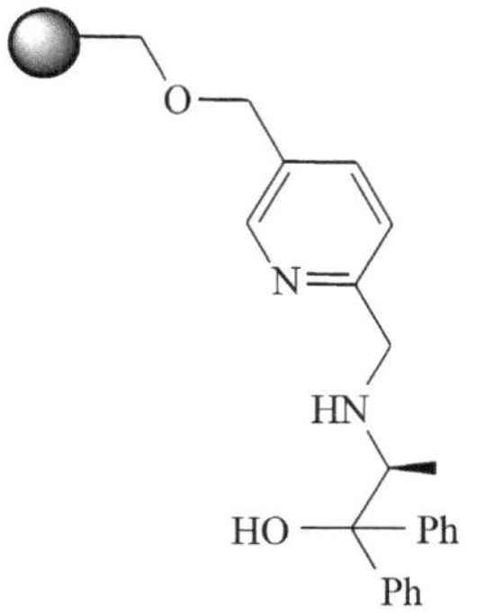　　　　　　　　　　　**20**

　　一个好的例子是将具有良好催化活性的联萘类化合物固定在高分子树脂上做成固相催化剂 **19**[67]。该催化剂在催化对映选择性的二乙基锌对醛的加成反应中,最高的 ee 值可达 97%。但该催化剂对脂肪族醛,如异丁醛的催化活性不太高(78%)。催化剂 **20** 在催化二乙基锌对芳香醛的加成反应中,其 ee 值的范围为 79%～93%,大部分在 85% 左右[68]。

　　在研究联萘类化合物固定在高分子树脂上做成的固相催化剂时,人们发现一个具有超大结构的 **21** 在催化多种醛的对映选择性加成反应时,具有非常高的对映选择性[69]。这个催化剂在对脂肪醛的加成反应的催化效果也可达 92%～98%ee。如对异丁醛的对映选择性可达 98%。这是一个非常成功的例子。

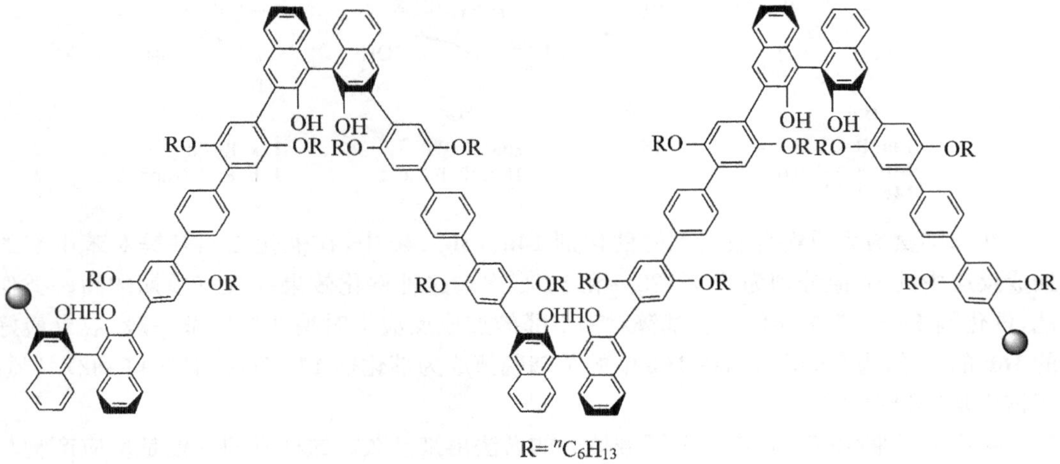

R= ^{n}C$_6$H$_{13}$

21

　　除 β-氨基醇类的催化剂外,γ-氨基醇催化剂的研究也不少。但相比较而言,其应用研究没有 β-氨基醇催化剂多[70]。但目前这方面的工作也有了有价值的发现。例如,γ-氨基醇催化剂 **22** 在催化二乙基锌对芳香醛的加成反应中 ee 值超过了 90%,尽管其在催化二乙基锌对肉桂醛的加成反应中 ee 值只有 51%[71]。在催化二乙基锌对脂肪醛的加成反应中,催化剂 **22** 对环己基甲醛和庚醛的 ee 值分别为 70% 和 14%。从结果来看,催化剂 **22** 在催化二乙基锌对醛的加成反应中对芳香醛的对映选择性比对脂肪醛的对映选择性高,这与大部分催化剂的催化对映选择性结果一致。但非氨基醇催化剂 **23** 在催化二乙基锌对醛的加成反应中所得出的结果正好与此相反[72]。催化剂 **23** 在催化二乙基锌对脂肪醛的加成反应中对环己基甲醛的 ee 值达 98%,对其他脂肪醛的 ee 值为 83%～94%,而对芳香醛的 ee 值只有 11%～80%。这是一个有趣的对比。

　　在 γ-氨基醇催化剂 **24a**～**d** 中,这四个催化剂在催化二乙基锌对苯甲醛不对称加成反应中的 ee 值为 91%～99%,其中催化效果最好的 **24a** 在催化二乙基锌对其他芳香醛的对映加成反应中的 ee 值达 82%～99%[73]。这里大的取代基并不有利于提高反应的催化效果。与这些结果相比较,从樟脑和喹啉出发合成的催化剂 **25a** 和 **25b** 在催化二乙基锌对苯甲醛的加成反应中的 ee 值仅分别为 65.2% 和 47.0%[74]。这里将甲基换成体积更大的

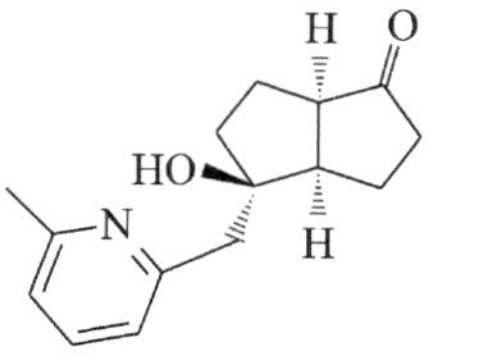

22 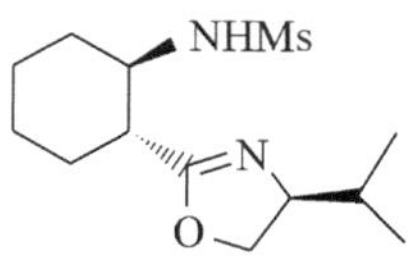　**23** 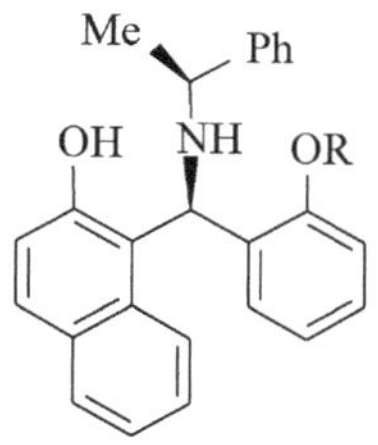　Ms=甲磺酰基
24a: R=OMe
24b: R=OEt
24c: R=OBn
24d: R=O-c-Pent

乙基后,选择性也有所降低。这似乎意味着 γ-氨基醇催化剂与 β-氨基醇有不同的过渡态结构。

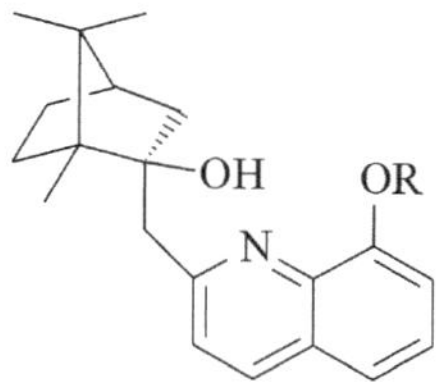

25a: R=Me
25b: R=Et

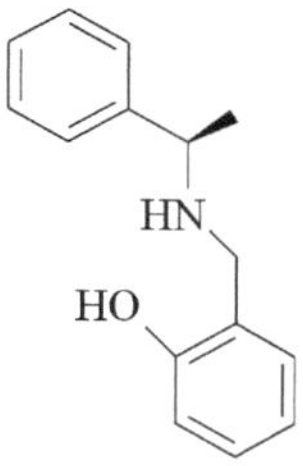

26

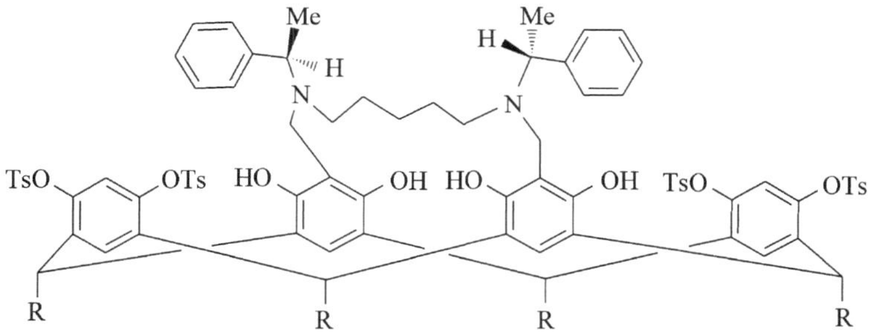

27a: R=Me
27b: R=^{n}Pent
27c: R=^{n}C$_{11}$H$_{23}$

γ-氨基醇催化剂 **26** 和大环 γ-氨基醇催化剂 **27a～c** 在催化二乙基锌对苯甲醛的不对称加成反应中其 ee 值都不理想[75]。这也表明在这类结构类型的催化剂中,取代基越大,选择性越差。

δ-氨基醇催化二乙基锌对苯甲醛的不对称加成反应应用也有报道。例如,催化剂 **28** 在催化二乙基锌对芳香醛的加成反应中 ee 值为 73%～94%,但是在催化二乙基锌对脂肪醛 PhCH$_2$CH$_2$CHO 的加成反应中 ee 值降为 54%[76]。在含二茂铁骨架的 δ-氨基醇中,催化剂 **29** 在催化二乙基锌对苯甲醛的加成反应中 ee 值分别为 92%(−20℃)和 90% (0℃),其在催化二乙基锌对其他芳香醛的加成反应中 ee 值为 35%～69%。催化剂 **30** 在催化二乙基锌对苯甲醛的不对称加成反应中 ee 值在−20℃时是 95%[77]。

在研究手性催化剂(S)-Ph$_2$-BINOL 催化二乙基锌对苯甲醛的不对称加成反应时,将使用手性或非手性活化剂与不使用的进行比较[式(2-3)],结果发现使用活性剂能提高催化活性。例如,当不使用活化剂时,在 0℃的 ee 值只有 44%。而使用活化剂时,ee 值可达 89%～96%(表 2-2 第 10 行)。这说明活化剂对该反应也有显著影响[78]。

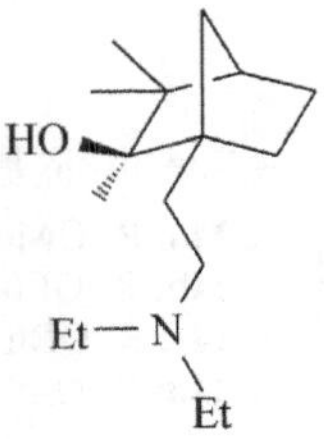

R=CH₃;　R′=C₆H₅

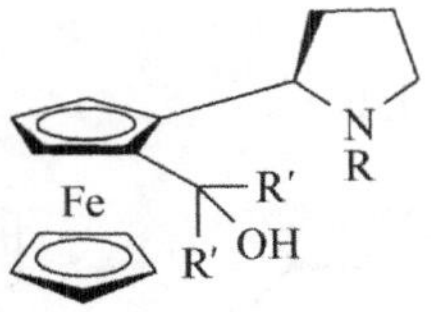

28　　　　　　　　　(R,S)-**29**　　　　　　　　　(R,R)-**30**

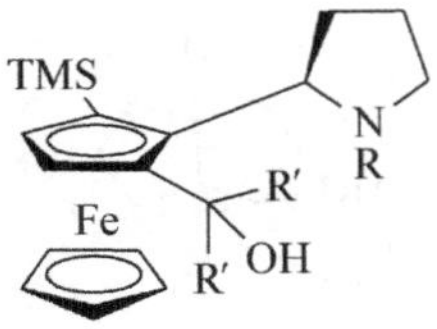

$$PhCHO + ZnEt_2 \xrightarrow{\text{活化剂 + Cat*}} \underset{Ph}{\overset{OH}{\underset{*}{|}}}\diagdown Et$$

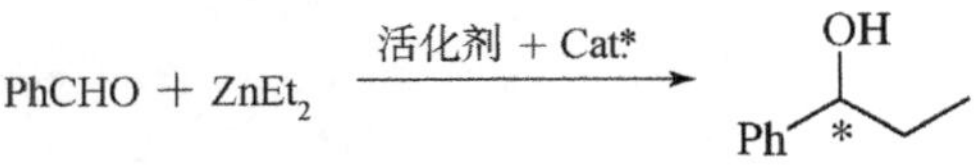

(2-3)

表 2-2　用(S)-Ph₂-BINOL 与非手性二胺为活化剂的联合催化作用

序号	活化剂	ee/%(0℃)	ee/%(−45℃)
1	无活化剂	44(S)	—
2	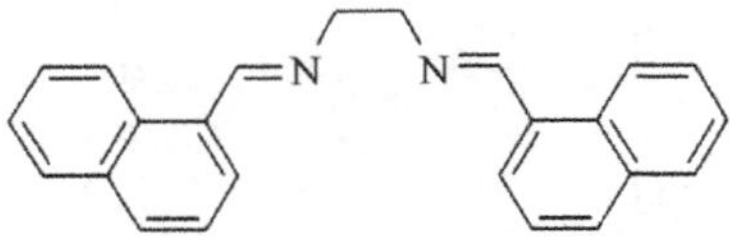	52(S)	—
3	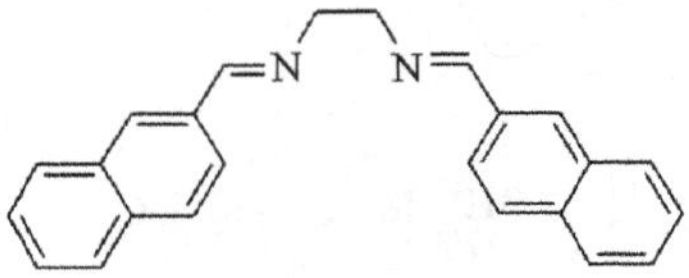	49(S)	—
4	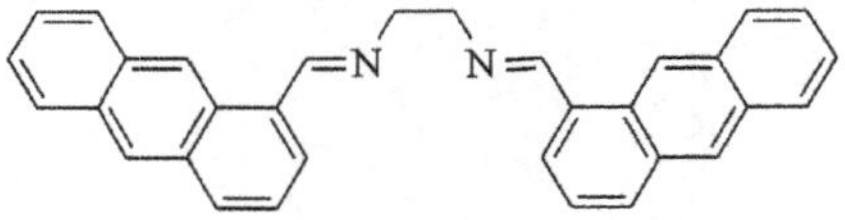	30(R)	—
5	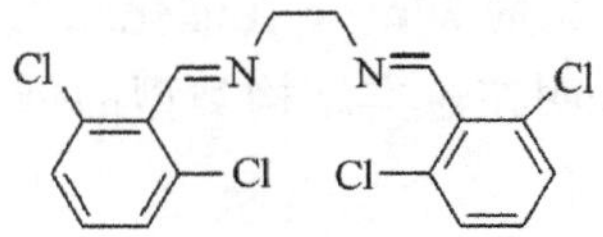	66(R)	74(R)
6	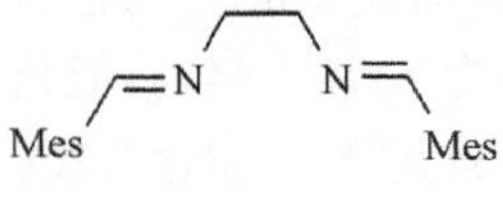	75(R)	87(R)
7	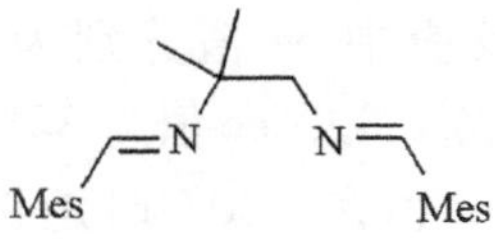	76(R)	78(R)
8	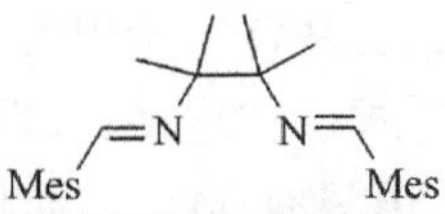	74(R)	77(R)

续表

序号	活化剂	ee/%(0℃)	ee/%(−45℃)
9	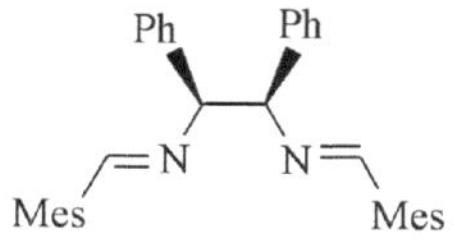	73(R)	86(R)
10	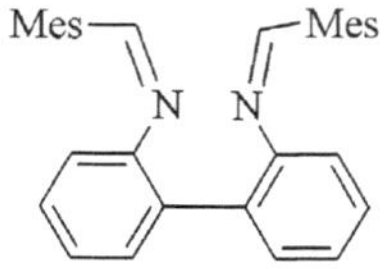	89(R)	96(R)

注:Mes=2,4,6-三甲基苯基。

2.2.2 催化剂-Zn-Ti 配合物

有机钛,如 Ti(O^iPr)₄ 可以和各种其他的试剂形成络合物,从而增强手性催化剂的催化效果。目前,Ti(O^iPr)₄ 应用还是比较广泛。在手性酰胺类化合物中,由于酰胺上 N 原子的配位能力不强,各种手性酰胺醇类催化剂直接催化二乙基锌对苯甲醛加成的 ee 值很低[79]。在催化二乙基锌对苯甲醛的对映加成反应时,常将其先与配合能力更强的 Ti(O^iPr)₄ 配合使用。这类"催化剂-Zn-Ti"的配合物在催化二乙基锌对苯甲醛的不对称加成反应中也是应用得比较早和比较多的一类催化剂,其中钛离子主要是用 Ti(O^iPr)₄。从报道的结果来看,这一类催化剂中最多的催化剂是磺酰胺类化合物,其次是二酚类化合物。

例如,合成的磺酰胺类 β-氨基醇催化剂 31、32 和双磺酰胺类 β-氨基醇催化剂 33 中,催化效果最好的是催化剂 31a、32b 和 33a,它们分别与 Ti(O^iPr)₄ 形成的大催化剂结构来催化反应[式(2-4)]。催化剂 32b 的催化效果列在表 2-3 中。

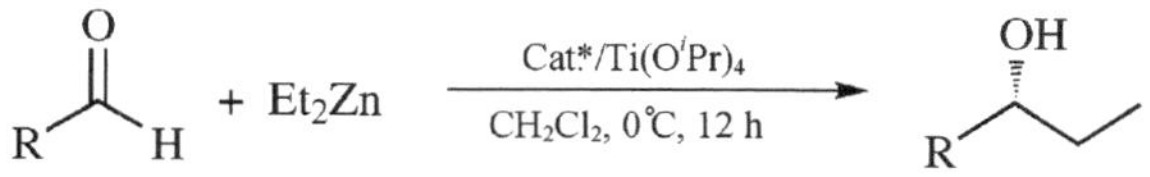

$$ \text{R—CHO} + \text{Et}_2\text{Zn} \xrightarrow[\text{CH}_2\text{Cl}_2,\ 0℃,\ 12\ \text{h}]{\text{Cat*/Ti(O}^i\text{Pr)}_4} \text{R—CH(OH)—} \tag{2-4} $$

上面提到的这三种催化剂的最好催化效果分别为 91%ee、92%ee 和 92%ee[80]。

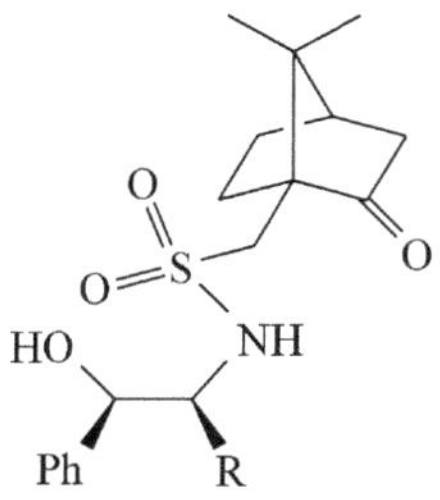

31a: R=CH₂Ph
31b: R=Ph

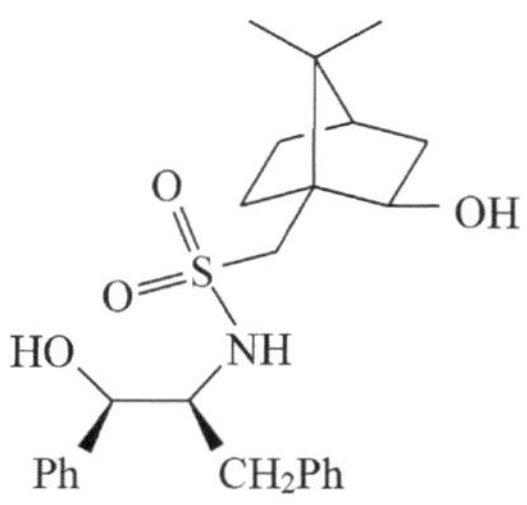

31c

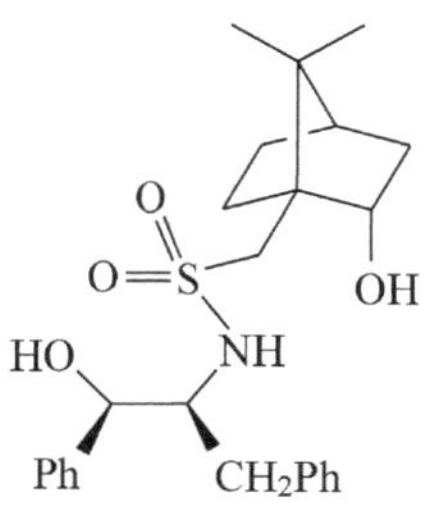

31d

32b: $x= 0.20, y= 0.78$
32c: $x= 0.40, y= 0.58$

32a

表 2-3　金属 Ti-Zn 离子与催化剂 32b 联合催化的二乙基锌对醛的加成反应的影响

序号	底物	催化剂[a]	产率[b]/%	ee[c]/%	构型[c]
1	benzaldehyde	**32b**	95	92	R
2	1-naphthaldehyde	**32b**	93	89	R
3	2-naphthaldehyde	**32b**	90	93	R
4	2-methoxybenzaldehyde	**32b**	88	92	R
5	4-methoxybenzaldehyde	**32b**	94	95	R
6	4-chlorobenzaldehyde	**32b**	93	92	R
7	*trans*-cinnamaldehyde	**32b**	92	91	R
8	3-phenylpropionaldehyde	**32b**	91	90	R

a. $32b/Ti(O^iPr)_4/ZnEt_2/ArCHO=0.05/0.5/0.75/0.5$。催化剂与 $Ti(O^iPr)_4$ 在干燥的 CH_2Cl_2 中混合 1h 后，将 1.25 mmol 的 $ZnEt_2$ 在 0℃时加入。半小时后,把醛(0.5 mmol)加入混合体系中反应 12 h。

b. 分离产率。

c. 用 Chiralcel-OD 柱分析。

这七种催化剂的最佳反应条件并不相同。催化剂 32b 与 $Ti(O^iPr)_4$ 配合后在催化二乙基锌对苯甲醛的不对称加成反应中重复使用六次,ee 值从 92% 下降到 81%,再生处理后催化 ee 值上升至 88%。

催化剂 33a 与 33c 在最佳反应条件下的 ee 值都为 92%,实验者对各个条件反应结果分析后认为催化剂 33a 中有两个相互独立的催化结构单元。

33a　　　　　　　　**33b**　　　　　　　　**33c**

随后合成工作中得到了催化剂 34a～e,催化效果最好的催化剂 34a 与 $Ti(O^iPr)_4$ 配合后在催化二乙基锌对苯甲醛的加成反应中的 ee 值为 88%[81]。催化剂 34a 与 $Ti(O^iPr)_4$ 配合后在催化二乙基锌对其他芳醛的加成反应中对映选择性也比较好。同时发现催化剂 34d 和 34e 中樟脑结构部分的羟基对这类催化剂的对映选择性很不利。

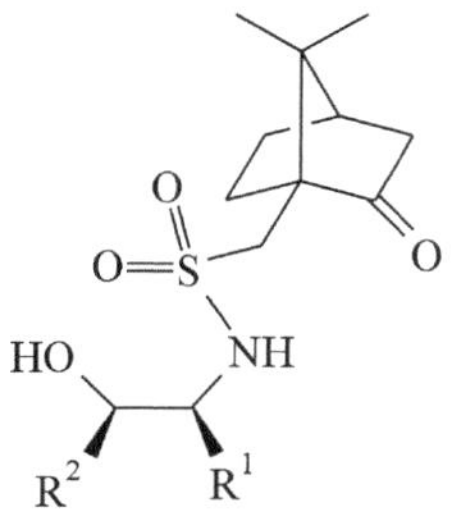

34a: R¹=R²=Ph
34b: R¹=CH₂Ph; R²=H
34c: R¹=CH₂Ph; R²=ᵗBu

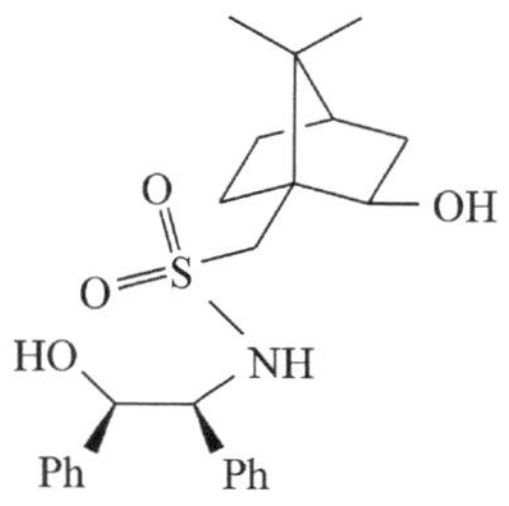

34d

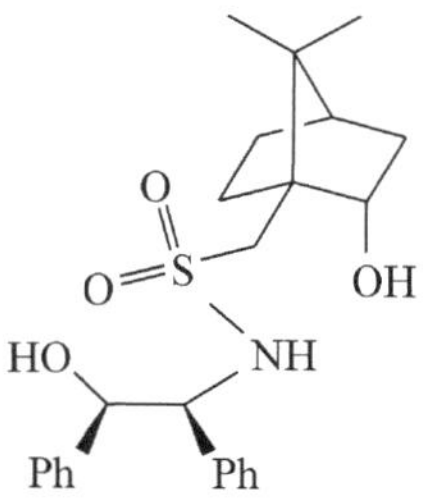

34e

　　虽然从樟脑出发合成的催化剂中有不少好的催化剂,但该类催化剂 **35** 与 Ti(OⁱPr)₄ 配合后在催化二乙基锌对苯甲醛的不对称加成反应中只有微弱的对映选择性[82]。

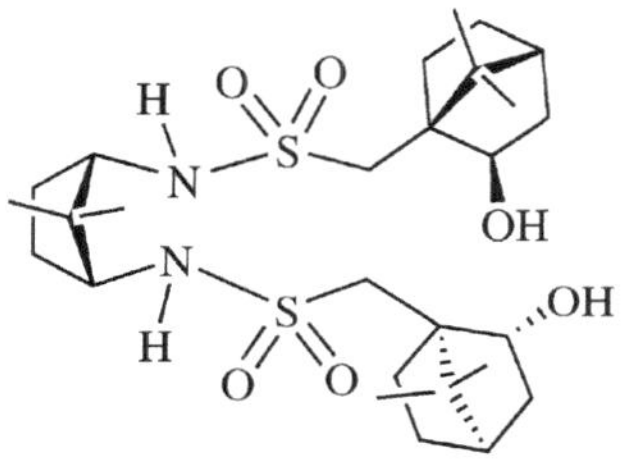

35

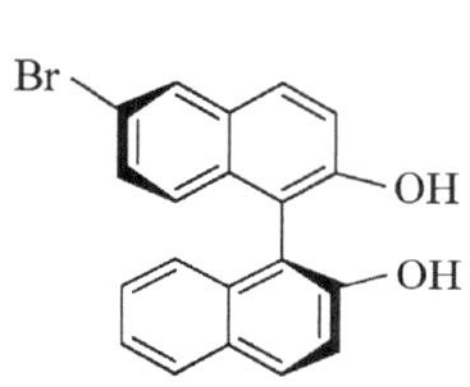

36

　　前面讲过将催化剂通过化学反应固定在高分子载体上,可形成高分子载体催化剂,这种催化剂很容易回收,同时,其催化活性损失也小。对于发展非均相催化剂是一个很好的例子。如果将联二萘类催化剂接入一定的固定相,在这些反应中有什么样的催化效果呢?

　　例如,将催化剂 **36** 固定在孔径大小不同的二氧化硅 MCM-41 和 SBA-15 上,再衍生得到催化剂 **37a~d**,这种研究的例子目前还不多。这五个催化剂分别与 Ti(OⁱPr)₄ 配合后在催化二乙基锌对苯甲醛的对映加成反应中,催化剂 **36** 和 **37d** 的 ee 值分别为 89% 和 81%。在简单回收处理重复使用四次后,催化剂 **37d** 的 ee 值仅降低了 3%[83]。可溶性的 BINO-聚合物催化剂 **38**,在与 Ti(OⁱPr)₄ 配合后可以催化二乙基锌对苯甲醛的不对称加成反应中,最高 ee 值可达 95%[84]。

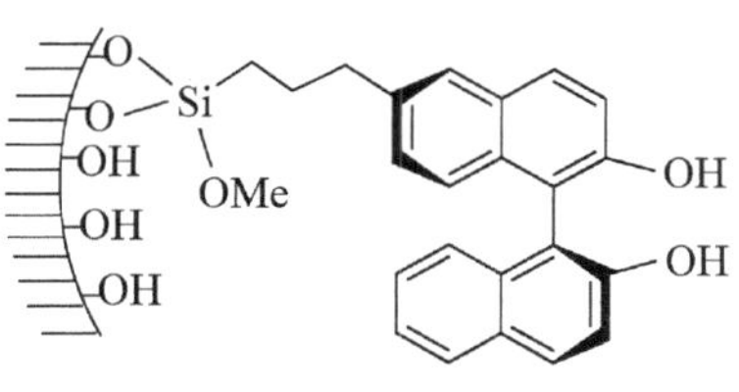

37a, 37b

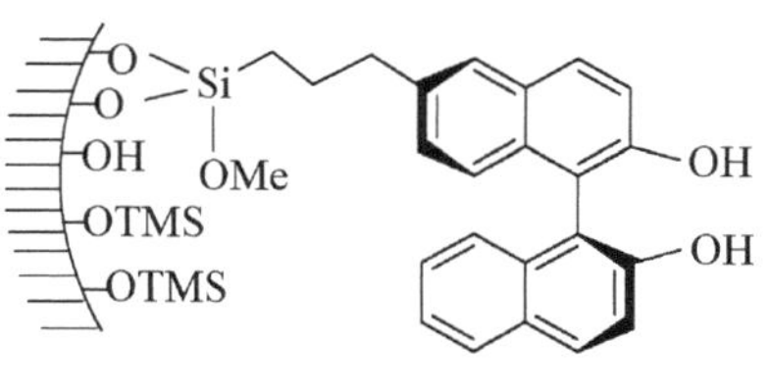

37c, 37d

37a, 37c　(连在MCM-41上)
37b, 37d　(连在SBA-15上)

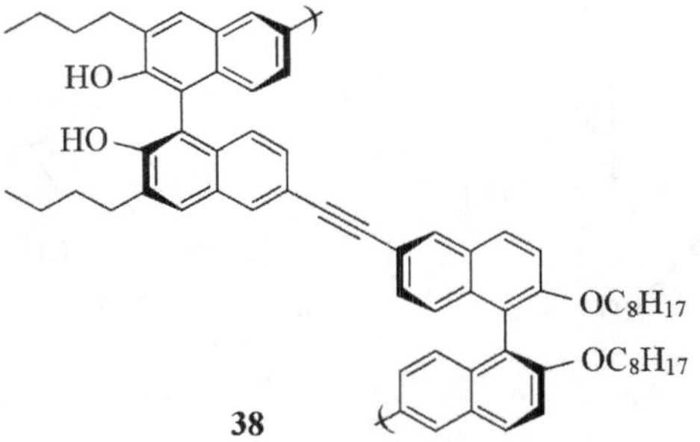

38

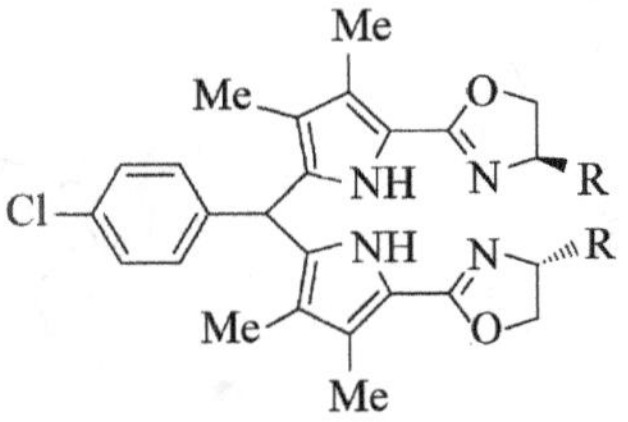

39a: R=Ph
39b: R=^{i}Bu
39c: R=^{i}Bu
39d: R=^{s}Bu
39e: R=^{i}Pr
39f: R=Bn

　　双噁唑啉类催化剂 **39a~f**, 与 Ti(O^{i}Pr)$_4$ 配合后在催化二乙基锌对苯甲醛的不对称加成反应中有中等的对映选择性[85]。席夫碱类催化剂 **40a~h** 与 Ti(O^{i}Pr)$_4$ 配合后, 只有 **40f** 的效果最好, 其 ee 值为 92%[86]。

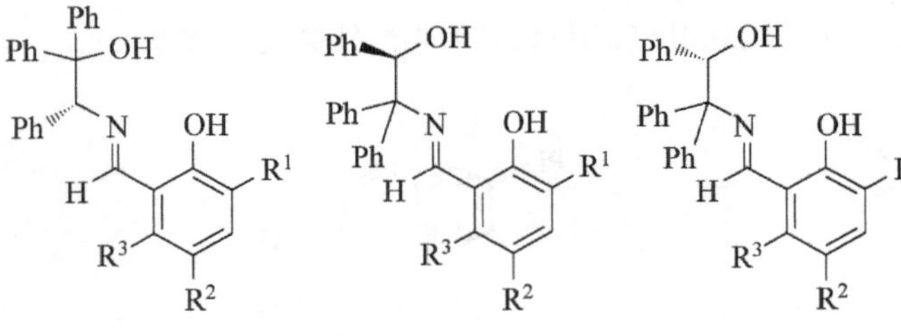

(R)-**40a, b**　　(R)-**40c~e**　　(S)-**40f~h**

(R)-**40a,c**: R^1=H; R^2=C$_4$H$_4$; R^3=C$_4$H$_4$
(R)-**40b,d**: R^1=^{t}Bu; R^2=H; R^3=H
(R)-**40e**: R^1=^{t}Bu; R^2=^{t}Bu; R^3=H
(R)-**40f**: R^1=^{t}Bu; R^2=OMe; R^3=H
(R)-**40g**: R^1=^{t}Bu; R^2=NMe$_2$; R^3=H
(R)-**40h**: R^1=^{t}Bu; R^2=NO$_2$; R^3=H

　　在这一部分, 二乙基锌的对映选择性加成反应是作为一个代表性的例子来说明。这一部分所涉及的催化剂的类型的结构, 可能稍加修饰, 同样可以应用到其他的反应类型中。例如, 下面所要涉及的各种代表性的反应中, 基本都涉及二乙基锌加成反应中的类型, 但是结构上有所不同。

　　另外, 新骨架催化剂的设计与合成, 也是本方法学研究的重点。其他更多的催化剂的类型, 也将在下述的反应中得到具体的阐述。

2.2.3　对映选择性 1,2-催化对酮的加成反应

　　二乙基锌对酮的加成在一般情况下很难发生, 所以这方面的研究比较少。这可能是因为: ①二乙基锌中乙基的亲核性不够强; ②酮羰基中羰基碳的正电荷比醛羰基中羰基碳的正电荷弱; ③酮羰基中羰基碳的空间位阻比醛羰基中羰基碳的空间位阻大。但这方面的研究也已取得了可喜成果, 合成得到的催化剂 **41** 与 Ti(O^{i}Pr)$_4$ 配合后, 成功催化了二乙基锌对多种芳香酮的不对称加成[式(2-5)], 其 ee 值非常令人鼓舞, 只是产率还不是很高(表 2-4)。[87]

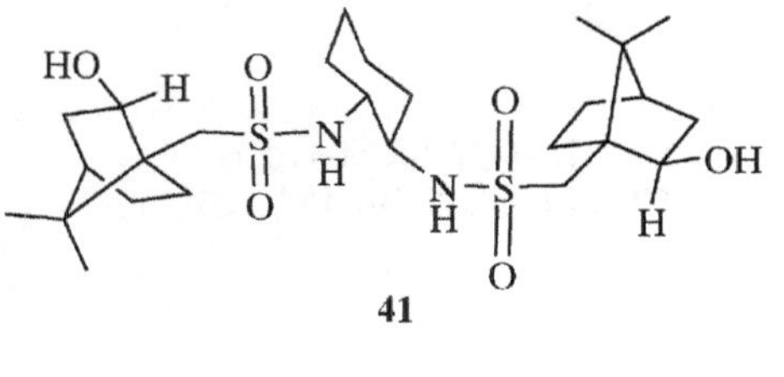

41

$$\text{(2-5)}$$

表 2-4　催化剂 41 在二乙基锌对酮加成反应中催化作用

序号	酮结构	41 含量/mol%	产率/%	时间/h	ee[a]/%
1	X＝H	2	71	29	99
2	X＝3-Me	10	82	12	99
		2	78	24	99
3	X＝4-OMe	10	85	111	94
4	X＝3-CF₃	2	56	14	98
5	X＝2-Me	10	24	48	96
6	四氢萘酮(tetralone)	10	35	22	>99
7	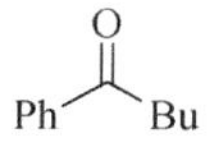	10	83	47	87
		2	79	102	88
8	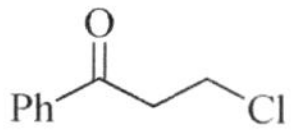	10	82	44	89
9	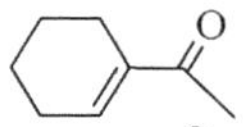	2	56	46	96
10	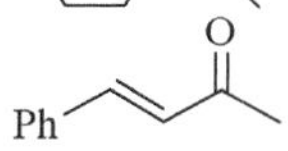	2	80	26	90
11	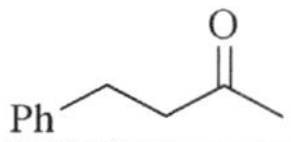	10	68	68	70

a. 用 GC(Supelco β-Dex 120)或 HPLC(Chiralcel OD-H)来测量 ee 值。

催化剂 **41** 与 $Ti(O^iPr)_4$ 配合后可催化二甲基锌、二乙基锌、二苯基锌、多种长链二烷基锌、多种含官能团的长链二烷基锌和多种甲基烯基锌对多种芳香酮、α,β-不饱和酮,甚至小分子的脂肪酮进行 1,2-催化加成反应[88]。

2.3　α,β-不饱和醛酮的对映选择性 1,4-加成

α,β-不饱和醛酮的 1,4-加成反应是有机化学中构建 C—C 键的重要反应之一。二烷基锌对 α,β-不饱和醛酮的对映选择性 1,4-催化加成反应也是研究得比较多的一类。这一类反应几乎都是利用手性催化剂、二烷基锌和各种铜盐形成的配合物[89],其中的铜盐很少能被其他金属盐所代替[90]。

催化剂 **42** 在催化二烷基锌对开链不饱和噁唑烷酮的 1,4-加成反应中表现出很好的对映选择性[式(2-6)][91]。用 1 mol% 的 $Cu(OTf)_2/C_6H_6$ 就能得到 92% 的 ee 值。如果铜盐的量降到 0.5 mol%,那么 ee 值也会随之下降到 76%(表 2-5)。

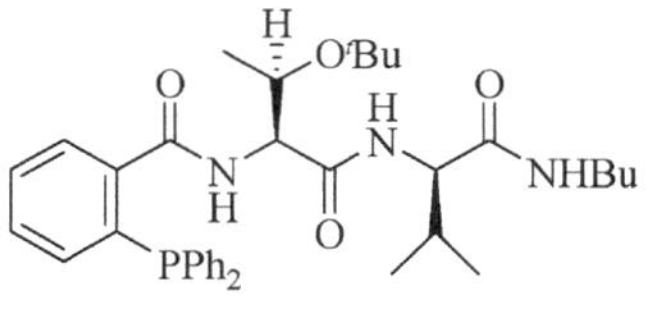

42

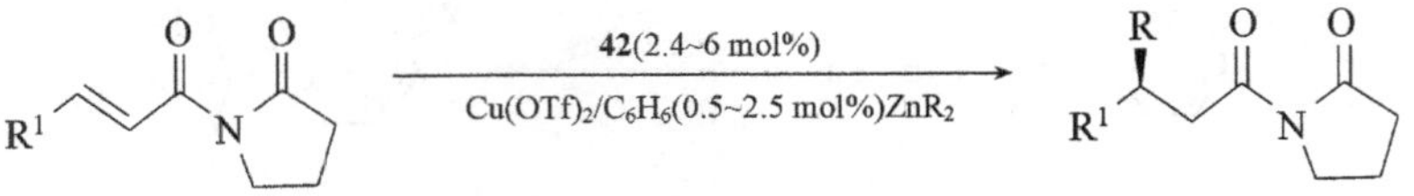

$$(2-6)$$

表 2-5 催化剂 42 与铜离子联合催化下二烷基锌试剂对不饱和酮 1,4-加成反应中的选择性

序号	R^1	R	42^a	铜盐^a	时间/h	产率^b/%	ee^c/%
1	Me	Et	2.4	1.0	1.3	95	95
2	Me	$^iPr(CH_2)_3$	5.0	1.0	12	61	93
3	Me	^iPr	2.4	0.5	15	95	76
4	^nPr	Et	2.4	1.0	3	86	94
5	^nPr	$^iPr(CH_2)_3$	2.4	1.0	24	89	95
6	$(CH_2)_3OTBS$	Et	2.4	1.0	6	95	>98
7	^iPr	Et	2.4	1.0	24	88	92

a. 含量单位为 mol%。

b. 分离得到的产率。

c. 使用 GLC 分析(β-DEX 柱分析序号 1~5 和 7,CDGTA 分析序号 6)。

联萘二酚的各种衍生物一直被广泛应用在不同的催化反应中。手性催化剂 **43** 在催化二烷基锌对硝基烯烃的加成反应中只表现出中等的对映选择性,但在催化二烷基锌对 2-环己烯酮的 1,4-加成反应中却表现出很好的对映选择性[92],见图 2-2。

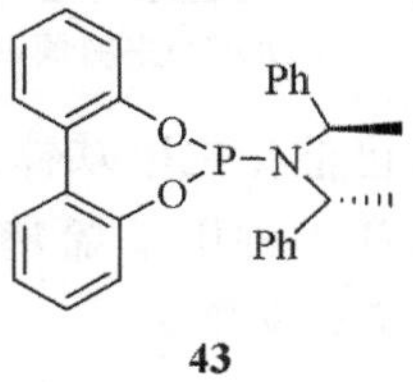

43

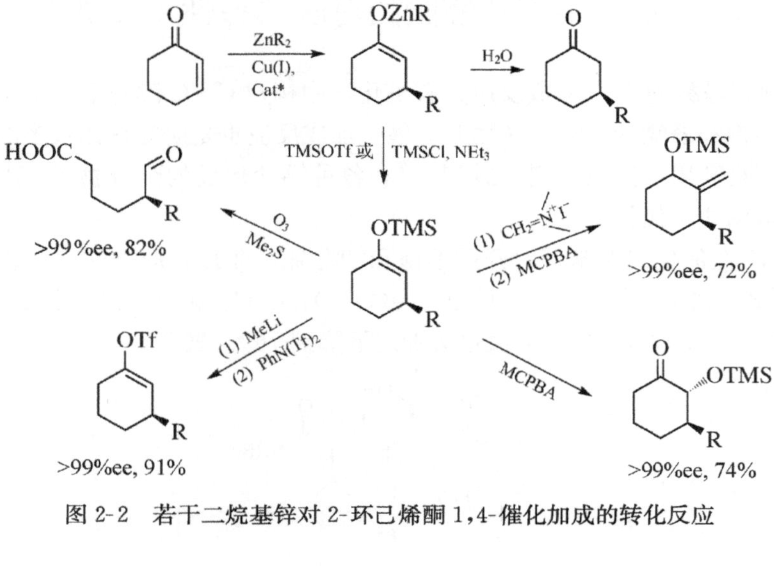

图 2-2 若干二烷基锌对 2-环己烯酮 1,4-催化加成的转化反应

联萘二酚的各种衍生物在催化二乙基锌对开链硝基烯烃和其他底物的加成反应中表现出比较好的对映选择性[93]。**44** 被证明是一个很好的催化剂,但它在催化二乙基锌对多种硝基烯烃的加成反应中的表现并不突出,见表 2-6。

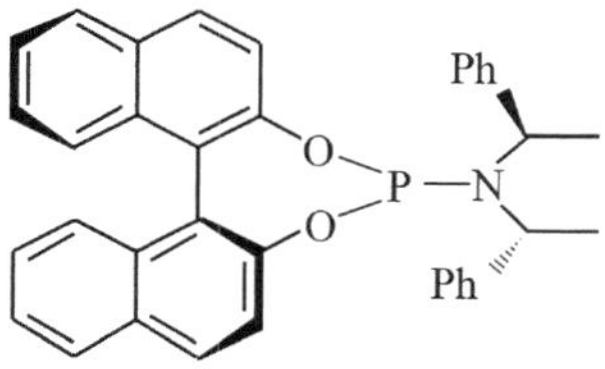

44 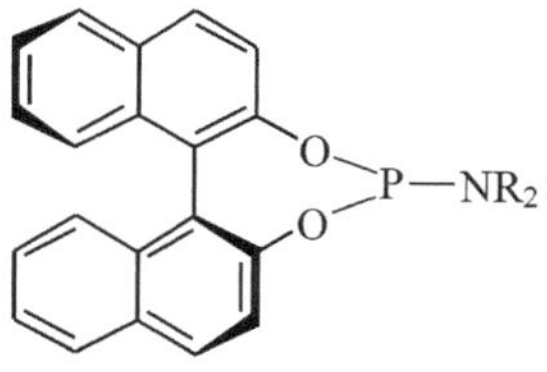　　　(S)-**45a**:R=ⁱPr
(S)-**45b**:R=Me

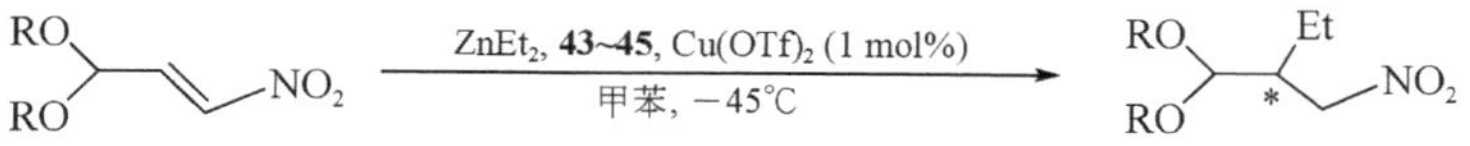

$$RO_2C=CH-NO_2 \xrightarrow[\text{甲苯},\ -45℃]{\text{ZnEt}_2,\ \textbf{43}\sim\textbf{45},\ \text{Cu(OTf)}_2\ (1\ \text{mol\%})} RO_2C-\overset{*}{C}H(\text{Et})-CH_2-NO_2$$

(2-7)

表 2-6　二乙基锌试剂对共轭硝基烯缩醛的加成选择性

序号	底物	催化剂	产物	产率[a]/%	ee[c]/%
1	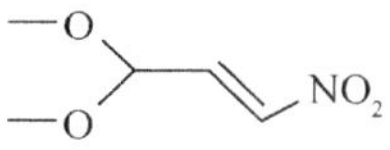	**43**	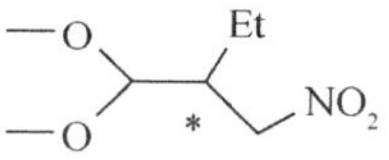	27[b]	87
2		**44**		28[b]	93
3		**45a**		32[b]	14
4		**45b**		25[b]	4
5	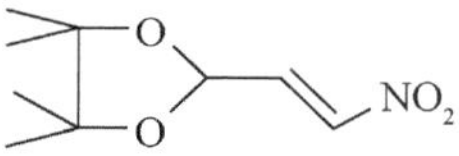	**43**	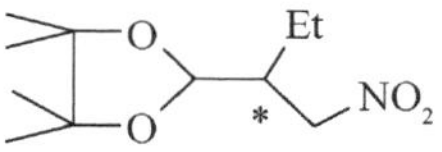	70	76
6		**44**		72	91
7	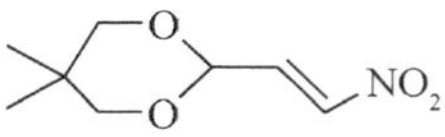	**43**	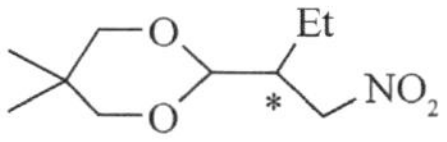	74	79
8		**44**		79	92
9	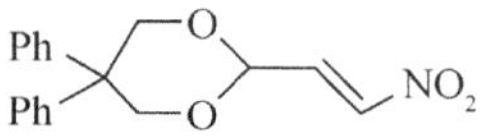	**44**	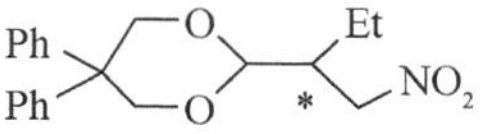	72	84[d]

a. 分离产率。

b. 反应条件没有优化。

c. 在 GC 上用手性毛细管测定。

d. 在 HPLC 上用手性柱测定。

二茂铁类催化剂,如 **46** 在催化二乙基锌对 α,β-不饱和芳香酮的加成反应中,其催化对映选择性可达 89%。铜盐如 Cu(OTf)$_2$/C$_6$H$_6$,也配合使用在该反应中,反应的选择性略有上升(91%ee)[94]。

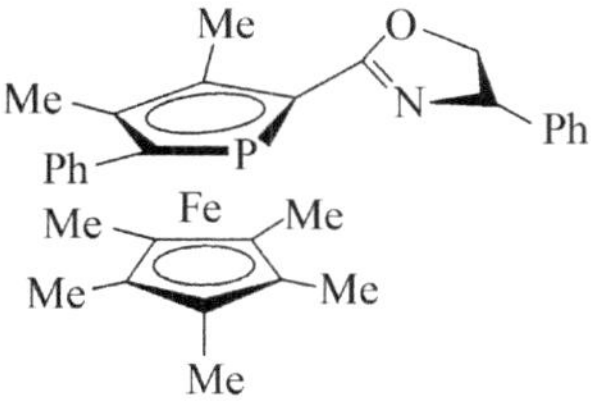

46a 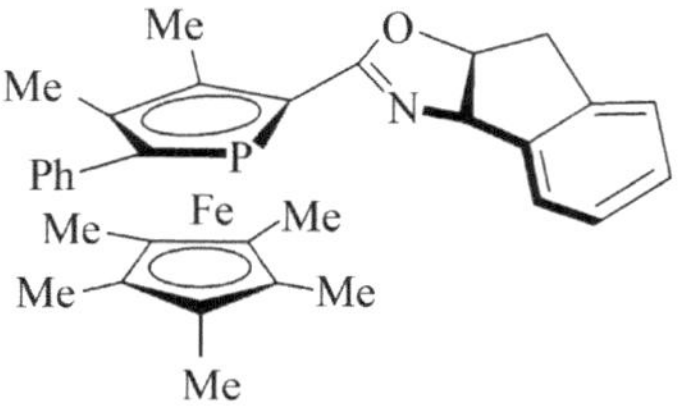　　　　　　　　**46b**

联萘类衍生物 **47**、**48** 在催化二乙基锌对 α,β-不饱和酮的 1,4-加成反应中表现出很好的对映选择性[式(2-8)][95]。在这些含 N、P、O 的催化剂中,催化剂 **47c** 的催化效果最好。表 2-7 列出了催化剂 **47c** 与[Cu(CH₃CN)₄]BF₄ 配合后催化二乙基锌在各种芳香类 2-烯酮的 1,4-加成中的反应结果,催化剂 **47c** 的 ee 值最高达 97%。

(S,S)-**47a**:R=H
(S,S)-**47b**:R=H
(S,S)-**47c**:R=Me

48a:R=H
48b:R=Me

$$R^1 \overset{O}{\underset{}{\diagup}} R^2 \ + \ Et_2Zn \ \xrightarrow[\text{12 h}]{[Cu(CH_3CN)_4]BF_4, \ 47c} \ R^1 \overset{*}{\diagup} \overset{O}{\underset{}{\diagup}} R^2 \tag{2-8}$$

表 2-7　二乙基锌在非环烯酮的 1,4-共轭加成反应中的对映选择性

序号	R^1	R^2	产率/%	ee/%	构型
1	Ph	Ph	82	97	S
2	4-ClC₆H₄	Ph	76	97	+
3	4-MeC₆H₄	Ph	86	97	+
4	4-MeOC₆H₄	Ph	80	97	S
5	Ph	4-ClC₆H₄	75	95	—
6	Ph	4-MeC₆H₄	71	89	+
7	Ph	4-MeOC₆H₄	31	74	—
8	Ph	Me	48	58	S
9	Ph	Me	64	90	S

　　铜盐[Cu(OTf)₂]等在催化反应中也有广泛的应用。在催化剂 **48a** 和 **48b** 中,催化效果最好的是 **48b**,它与 Cu(OTf)₂/C₆H₆ 以摩尔比 2.5∶1 配合后,在−20℃催化二乙基锌对 2-环己烯酮的 1,4-加成反应[式(2-9)],其 ee 值为 91%。此时如果将催化剂与铜盐的摩尔比增加一倍,产物的 ee 值只从 89% 上升到 91%,而产率却从 100% 下降到 76%(见表2-8 的第 9、10 行)[96]。如果将催化剂与铜盐的摩尔比减少一半,产物的 ee 值从 89% 下降到 72%,同时产率从 100% 下降到 72%。

$$(2-9)$$

表 2-8　含铜离子的烷基锌试剂对 2-环己烯 1-酮的对映加成的催化作用

序号	铜盐	溶剂	温度/℃	48a：铜盐	ee/%
1	[Cu(CH$_3$CN)$_4$]BF$_4$	Toluene	0	2.5：1	82
2	[Cu(CH$_3$CN)$_4$]BF$_4$	Cl(CH$_2$)$_2$Cl	0	2.5：1	78
3	[Cu(CH$_3$CN)$_4$]BF$_4$	CH$_2$Cl$_2$	0	2.5：1	62
4	[Cu(CH$_3$CN)$_4$]BF$_4$	THF	0	2.5：1	56
5	[Cu(CH$_3$CN)$_4$]BF$_4$	Toluene/Cl(CH$_2$)$_2$Cl(2/1)	0	2.5：1	76
6[b]	[Cu(CH$_3$CN)$_4$]BF$_4$	Toluene/Cl(CH$_2$)$_2$Cl(2/1)	−20	2.5：1	85
7[b]	[Cu(CH$_3$CN)$_4$]BF$_4$	Toluene/Cl(CH$_2$)$_2$Cl(2/1)	−20	48b：铜盐=2.5：1	92
8	Cu(OTf)$_2$/C$_6$H$_6$	Toluene	−20	1.25：1	72
9	Cu(OTf)$_2$/C$_6$H$_6$	Toluene	−20	5.0：1	91
10[c]	Cu(OTf)$_2$/C$_6$H$_6$	Toluene	−20	2.5：1	89
11[c]	Cu(OTf)$_2$/C$_6$H$_6$	Toluene	−20	48b：铜盐=2.5：1	89
12	Cu(OTf)$_2$/C$_6$H$_6$	Toluene/Cl(CH$_2$)$_2$Cl(2/1)	−20	48b：铜盐=2.5：1	87

在以 **49** 为催化剂的催化二乙基锌对 α,β-不饱和环己酮的对映加成反应中,这两个催化剂都表现出了非常高的对映选择性。例如,在 Cu(OTf)$_2$ 的参与下,二者的催化效果可达 97%ee,转化率则几乎是定量的。反应产物的构型为(S)[97]。

49a: R = ^{i}Pr
49b: R = ^{t}Bu

50

硝基烯类化合物可以看成结构比较特殊的 α,β-不饱和结构。高分子载体催化剂 **50** 能够催化环己烯酮与(E)-2-硝基乙烯苯的 1,4-加成反应(Michael 加成)。反应产物主要以顺式为主(>95%),反应产物的 ee 值可达 95%[98]。对于催化剂 **51**,人们发现其催化 α,β-不饱和酮与烯胺的对映选择性加成反应中的 ee 值也高达 99%[99]。

对催化剂 **52a~c** 而言,催化效果最好的是 **52a** 和 **52c**。它们与铜盐配合后,能催化二乙基锌对 2-环己烯酮的不对称 1,4-加成反应。其 ee 值分别为 83% 和 81%,产率都大于 99%[100]。值得一提的是这三个催化剂也能催化 MeMgI 格氏试剂对(E)-4-苯基丁烯-2-酮进行中等效率的对映选择性加成和高效的化学选择性加成[式(2-10)],详细情况见表 2-9。

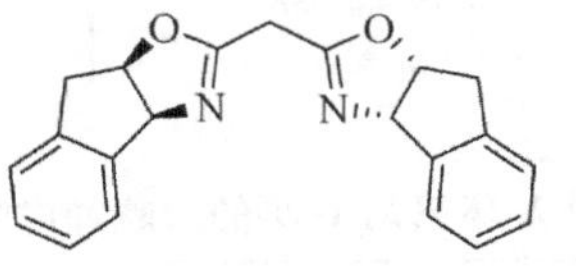

51

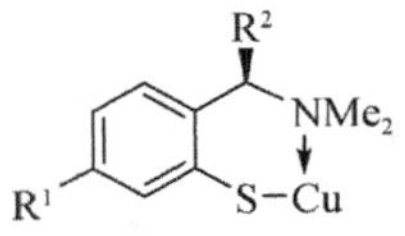

52a: R¹=H, R²= Me
52b: R¹=H, R²= Et
52c: R¹=SiMe₃, R²= Me

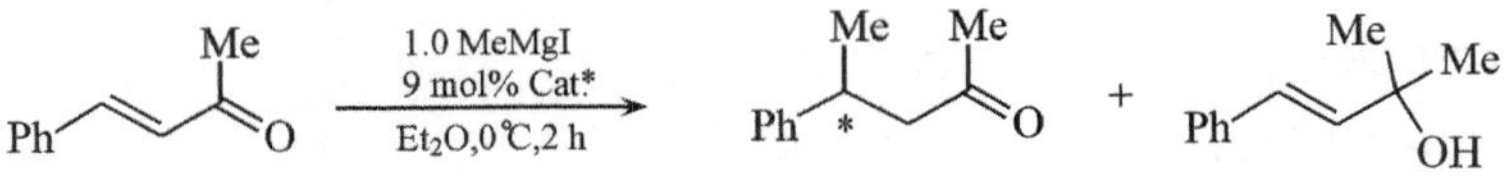

$$
\tag{2-10}
$$

表 2-9　MeMgI 在含铜试剂时对(E)-4-苯基丁烯-2-酮的加成反应

序号	催化剂[a]	区域选择性[b]	ee/%,构型
1	52a	>99∶1	76,S
2	52b	>99∶1	63,S
3	52c	>99∶1	72,S

a. 所有的催化剂均为(R)构型。

b. 定量转化。

　　铜盐和锂盐的混合体系也为不少人所研究。将它们分别与多个酰胺类催化剂配合后,可以催化二乙基锌对 2-环己烯酮的 1,4-加成反应。Cu(MeCN)₄ClO₄、LiCl 和 53 于 Et₂O 中在 25℃条件下反应 0.5 h,催化剂 53 催化得到的产物 ee 值为 90%[101]。由此可见添加适当锂盐也会对催化剂的对映选择性产生影响。但在多个 N-硫代酰基-联萘二胺类催化剂催化二乙基锌对 2-环己烯酮和 α,β-不饱和芳香酮的 1,4-加成反应中,对映选择性都是中等,催化效果最好的催化剂 54 的 ee 值为 73%[102]。

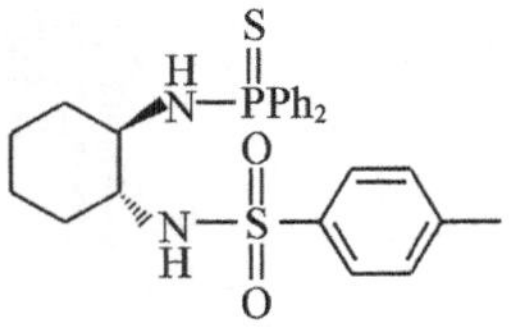

53

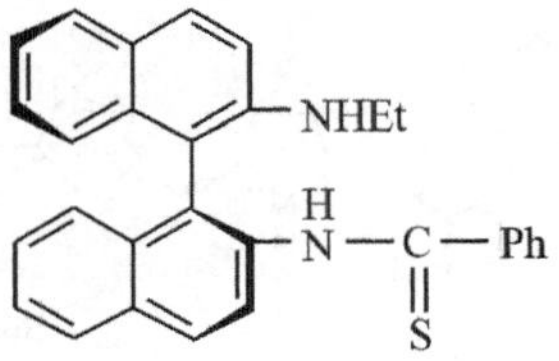

54

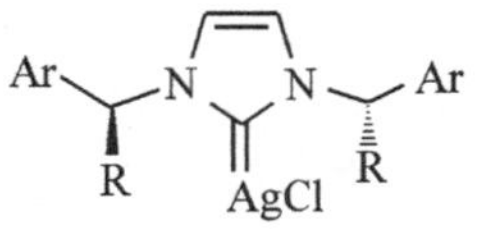

55:Ar = 1-Naph; R = Me

　　手性 N-杂环卡宾类催化剂可分别与多种铜盐配合。这些配合物在催化二乙基锌对多种 α,β-不饱和酮的 1,4-催化加成反应中表现出较好的对映选择性,催化效果最好的是催化剂 55,其 ee 值为 93%[103]。

　　催化剂 56 与 Cu(OTf)₂ 配合后能分别催化二乙基锌或二甲基锌对 2-环己烯酮和 2-环庚烯酮进行 1,4-加成反应[式(2-11)]。该反应的产物烷基烯醇锌在原位被多种活泼的烯丙基亲电试剂捕捉到。反应的 ee 值高达 91%～99%,反式产物的 dr 值为 85/15～100/0[104]。

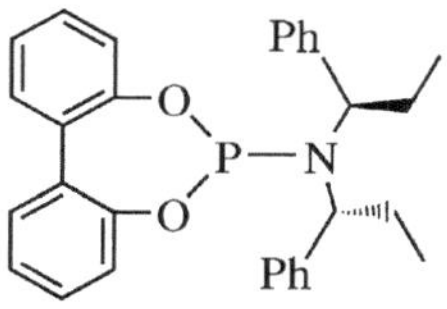

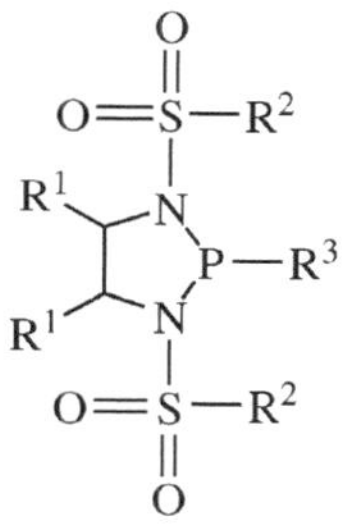

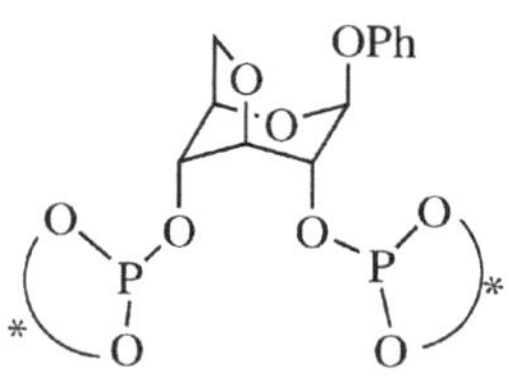

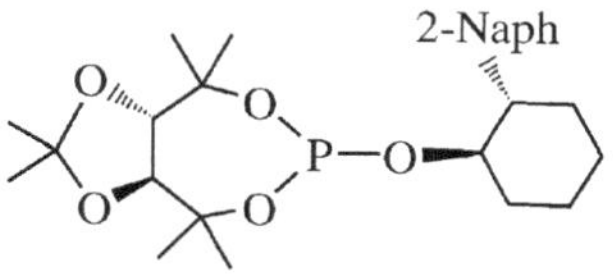

56   57   58: $*\overset{O}{\underset{O}{<}}$ =(R)-binaphthol   59

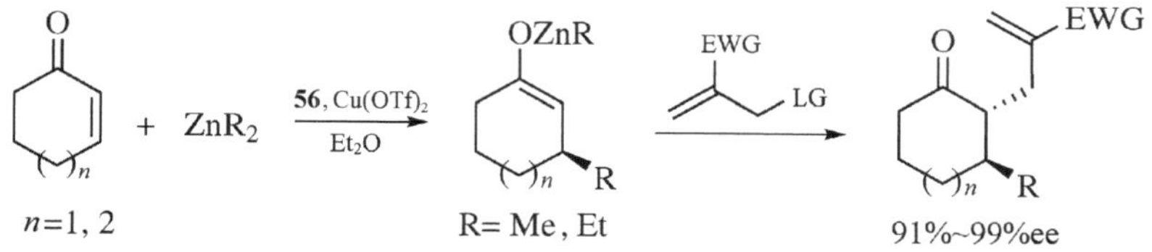

$$ n=1, 2 \qquad R= Me, Et \qquad 91\%\sim99\%ee \qquad (2\text{-}11) $$

在一类结构新颖的含磷手性催化剂中,它们具有共同的骨架结构 **57**,这些催化剂分别与 Cu(OTf)$_2$ 配合后能催化二乙基锌对 2-环己烯酮的不对称 1,4-加成反应,但都只表现出中等或较差的对映选择性[105]。

以葡萄糖和半乳糖的苯基吡喃糖苷为骨架合成得到的苯基二亚磷酸盐类催化剂,它们在催化二乙基锌对多个 α,β-不饱和环酮的不对称 1,4-加成反应中也只表现出中等的对映选择性,经过对反应溶剂等优化,催化效果最好的催化剂 **58** 在催化二乙基锌对 2-环己烯酮的 1,4-加成反应中,最高的 ee 值为 88%[106]。

催化剂 **59** 与铜盐配合后能催化二乙基锌对多种亚烷基丙二酸酯的加成,只是对映选择性不理想,最高 ee 值为 73%[107]。出乎意料的是对映选择性一向很好的催化剂 **60** 和 **61** 在该反应条件下 ee 值也仅为 0% 和 35%~38%。

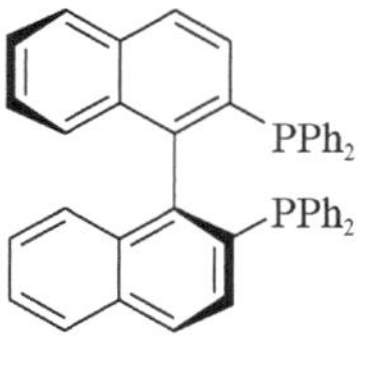

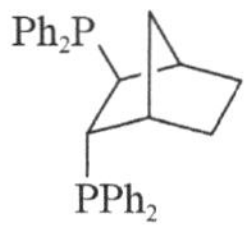

60   61

2.4   其他有机锌试剂对醛酮的对映选择性 1,2-和 1,4-加成反应

150 多年来,各种有机锌试剂及其合成方法层出不穷[108],这里仅对最常用的其他二烃基锌和有机锌(卤)盐的合成及在催化对映加成反应中的应用进行一些介绍。虽然由于二乙基锌的活性较低,应用范围比较受限,而且现在有很多不同好的金属试剂出现,但是作为二乙基锌试剂,依然有其进一步挖掘的空间。

2.4.1　其他二烃基锌、烷基烯基锌和炔基锌盐对醛酮的 1,2-加成

　　近几年,有机锌试剂对醛酮的 1,2-加成研究有了长足进展[109],许多新颖的有机锌试剂和反应已经应用在天然产物的不对称全合成中[110]。催化剂 **41** 与 Ti(O^{i}Pr)$_4$ 配合后催化二甲基锌、二乙基锌、二苯基锌、多种长链二烷基锌、多种含官能团的长链二烷基锌和多种甲基烯基锌对多种芳香酮、α,β-不饱和酮甚至小分子脂肪酮进行了 1,2-加成,ee 值常常可达 99%,产率也很高[式(2-12)][86]。这里 R 为芳香苯类取代基。

$$R-\overset{O}{\underset{}{\parallel}}C- + ZnR_2' + Ti(O^iPr)_4 \xrightarrow[\text{(2) NH}_4\text{Cl (aq.)}]{\substack{(1)\ \textbf{41}\ (2\sim10\text{mol}\%) \\ \text{hex / tol, r.t.}}} R-\overset{OH}{\underset{}{C}}-R' \quad \substack{\text{高达 99\%ee} \\ \text{R'为烷基基团或} \\ \text{功能化的烷基基团}}$$

$$\tag{2-12}$$

　　混合有机锌试剂的加成选择性是一个有价值的研究。手性催化剂催化二苯基锌和二乙基锌的混合物对几种醛的不对称 1,2-催化加成反应中,加成的产物不同。通过对其反应进行理论计算[111],在 DFT 水平计算结果显示,过渡态中转移苯基的活化能比转移乙基的活化能低 30~40 kJ/mol,所以二苯基锌的苯基比二乙基锌中的乙基更易反应,这也就意味着二苯基锌的选择性比二乙基锌的选择性低[式(2-13)]。另外,在手性催化剂,如 **62** 催化二苯基锌对几种醛的催化 1,2-加成反应时,向二苯基锌中加入二乙基锌不但不降低二苯基锌的选择性,反而提高了它的选择性。这是因为乙基参与该反应的过渡态,并且提高了该反应的活化能,从而提高了该反应的选择性。

$$\tag{2-13}$$

　　将手性催化剂接在树状的聚醚类物质上形成另一类的手性催化剂。这些可回收的聚醚类载体的催化剂确实表现出较好的结果[112]。与其他类型的催化剂的载体相比,聚醚类分子催化剂能显著提高 ee 值。催化效果最好的催化剂 **63** 对多种芳醛都表现出很好的对映选择性,其 ee 值高达 93%~98%。但是对于脂肪醛,如取代基为异丙基,其 ee 值仅为 65%,产率也下降 77%。在反应产物中没有发现乙基的加成产物[式(2-14)]。一般认为各种取代苯基首先从(PhBO)$_3$ 转移到锌上再参与反应,而且催化剂也与锌进行配位。

62　　　　　　　　　**63**　　　　　$n = 2$

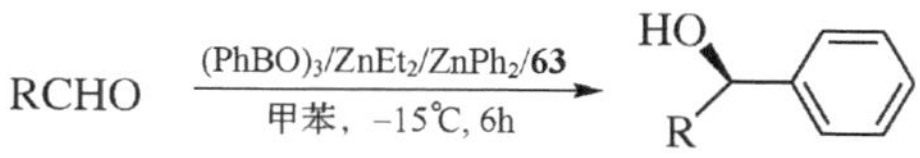

$$\text{RCHO} \xrightarrow[\text{甲苯，} -15{}^{\circ}\text{C, 6h}]{\text{(PhBO)}_3/\text{ZnEt}_2/\text{ZnPh}_2/\textbf{63}} \quad \text{(2-14)}$$

$Zn(OTf)_2$ 可与多种 β-氨基醇类碳水化合物的衍生物作用,其配合物能催化多种端基炔烃对脂肪醛和芳香醛的对映选择性 1,2-加成反应。对映选择性最好的催化剂 **64** 在催化多种端基炔烃对多种脂肪醛和芳香醛的 1,2-加成反应中 ee 值常常大于 99%,遗憾的是催化产率不能令人满意[式(2-15)][113]。事实上这类反应很可能就是化学计量的 $Zn(OTf)_2$、三乙胺和催化剂配合再与炔反应而成的炔基锌配合物对各种醛的加成反应。

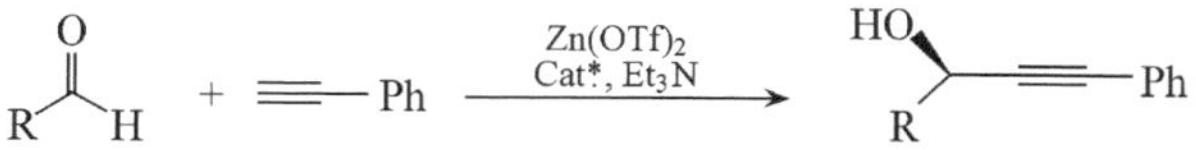

$$\text{(2-15)}$$

如将此类反应中的 $Zn(OTf)_2$ 用价格更低廉的 $ZnEt_2$ 代替,同样实现了该反应[114]。如果将 $ZnEt_2$ 用活性更低的 $ZnMe_2$ 代替,这类反应的对映选择性会更好。这是因为甲基对醛的加成转移比乙基对醛的加成转移更慢。在此类反应中,对映选择性最好的催化剂是 **65**,其最高 ee 值为 98%。

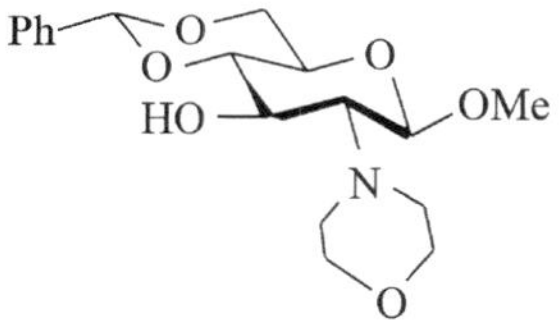

64 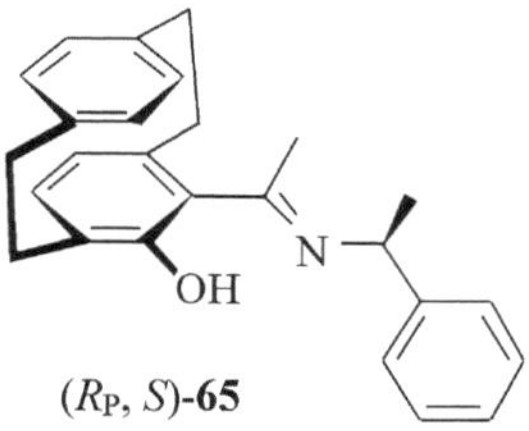　　　　　　　　　(R_P, S)-**65**

大环催化剂 (S)-**66** 催化 $ZnMe_2$ 和苯乙炔的混合物对多种脂肪醛和芳香醛的对映选择性加成,ee 值为 89%~96%,产率也较令人满意[115]。将催化剂固定在聚合物上以实现大规模工业应用一直是不对称合成工作者努力的重点方向。例如将催化剂固定在聚合物上的催化剂 **67**,在催化 $ZnEt_2$ 和苯乙炔的混合物对多种芳香醛(酮)和脂肪醛(酮)的对映选择性加成中,最好的 ee 值为 72%。该催化剂的好处是在回收使用 4 次后,其催化 ee 值和产率没有明显下降[116]。

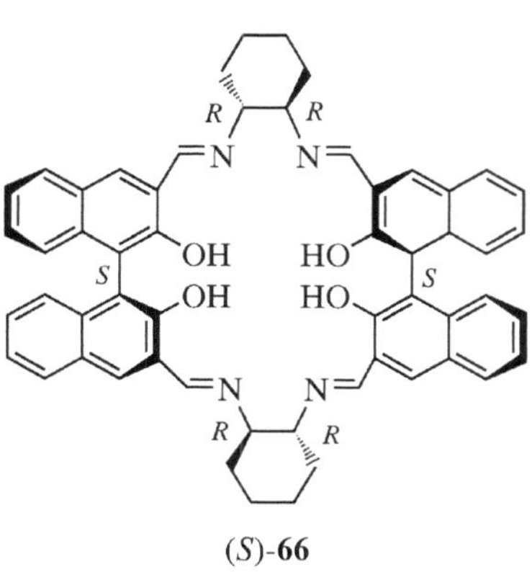

(S)-**66** 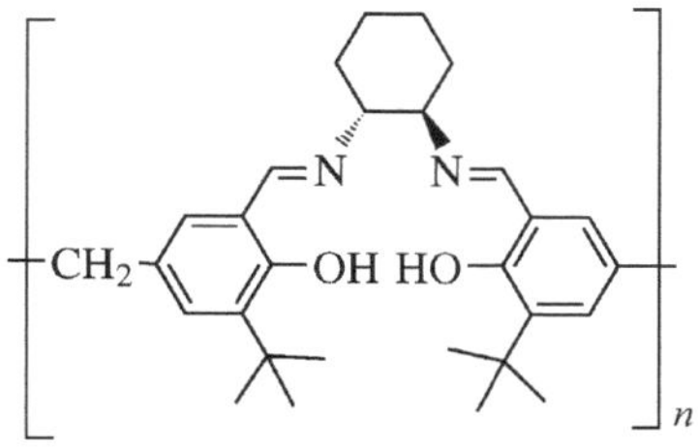　　　　　　　　　　　　**67**

2.4.2　二烷基锌对亚胺的 1,4-加成反应

有机锌试剂对各种亚胺的亲核加成反应在 20 世纪的 90 年代也得到深入研究。亚胺类化合物 C＝N 中碳原子的正电荷不如羰基化合物 C＝O 中碳原子的正电荷强。所以一般都是将亚胺 C＝N 中的 N 进行衍生化处理。主要是将其进行各种酰化和烷基化,这样一方面提高了化学稳定性,另一方面增强了 C＝N 中碳原子的正电荷。

手性催化剂 **68a~c** 能催化二烷基锌对多种 *N*-二苯磷酰基亚胺进行 1,4-加成[117],催化效果最好的是催化剂 **68a**[式(2-16)]。

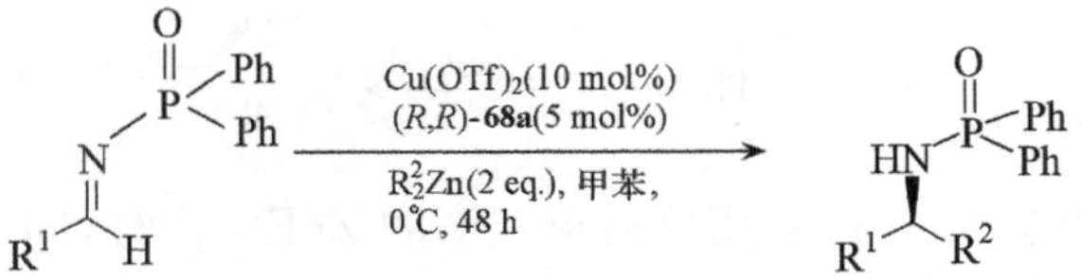

$$\tag{2-16}$$

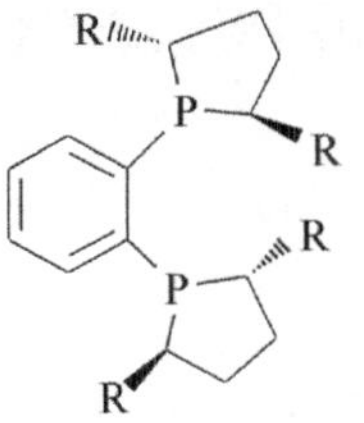

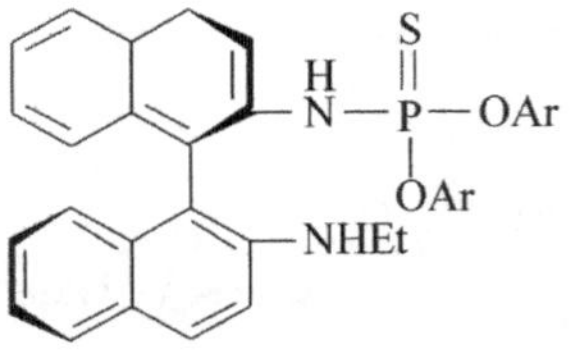

Cu(OTf)$_2$(10 mol%)
(*R,R*)-**68a**(5 mol%)
R$_2^2$Zn(2 eq.), 甲苯,
0℃, 48 h

68a: R = Me
68b: R = Et
68c: R = ^{i}Pr

69a: Ar = C$_6$H$_5$
69b: Ar = 4-MeC$_6$H$_4$
69c: Ar = 3-MeC$_6$H$_4$

69d: R = 1-Naph
69e: R = 2-Naph

详细结果列在表 2-10。有趣的是在该系列催化剂中,R 基团体积越大,其对映选择性越低,这与以往的结论相反。当 R 分别为 Me、Et 和 CH(CH$_3$)$_2$ 时,其 ee 值分别为 93%、38% 和 0,且产率也依次降低。

表 2-10　催化剂(**68a**)催化作用下的二烷基锌对 *N*-diphenylphosphinoylimines 的对映加成反应

序号	R^1	R^2	产率/%	ee/%
1	Ph	Et	94	96
2	4-MeC$_6$H$_4$	Et	91	95
3	3-MeC$_6$H$_4$	Et	98	94
4	4-ClC$_6$H$_4$	Et	95	90
5	4-BrC$_6$H$_4$	Et	96	92
6	4-MeOC$_6$H$_4$	Et	74	95
7	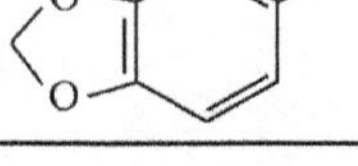	Et	81	95

续表

序号	R¹	R²	产率/%	ee/%
8	1-Naph	Et	93	92
9	2-Naph	Et	94	93
10	2-Furyl	Et	97	89
11	Cyclopropyl	Et	82	85
12	Ph	Me	51	90
13	Ph	Bu	71	91

催化剂 **69a～c** 能催化二乙基锌对 *N*-二苯磷酰基苯乙亚胺进行 1,4-加成反应。实验发现催化剂 **69a** 与 Cu(OTf)₂ 配合后的催化效果最好,最高的 ee 值为 89%[118]。催化剂 **69a** 与 Cu(OTf)₂ 配合后在催化二乙基锌对多种 *N*-二苯磷酰基亚胺进行加成反应时,产物的 ee 值常常高达 90%～98%,基本上与催化剂 **68a** 的催化对映选择性相当。

催化剂 **70～73** 不用与铜盐配合就可以催化二乙基锌对 *N*-二苯磷酰基苯乙亚胺进行 1,4-加成反应,且它们的 ee 值常常都在 90% 以上,其中 **72c** 的催化选择性达到 98%[119]。并且在这类催化剂中,氮原子上只连有一个取代基时催化剂的对映选择性最好,若氮原子上连有两个取代基则对映选择性就会降低。

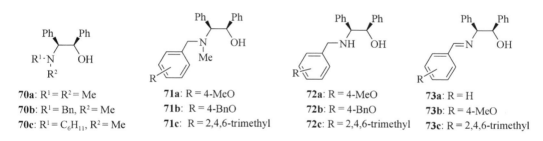

70a: R¹ = R² = Me
70b: R¹ = Bn, R² = Me
70c: R¹ = C₆H₁₁, R² = Me

71a: R = 4-MeO
71b: R = 4-BnO
71c: R = 2,4,6-trimethyl

72a: R = 4-MeO
72b: R = 4-BnO
72c: R = 2,4,6-trimethyl

73a: R = H
73b: R = 4-MeO
73c: R = 2,4,6-trimethyl

二乙基锌还可以当作碱与手性催化剂配合,其配合物可以催化硝基甲烷对 *N*-对甲苯磺酰基苯乙亚胺的对映 1,4-加成[式(2-17)]。如催化剂 **74** 在催化该加成反应时,其 ee 值为 77%。若再加入适当活化剂,ee 值还会有所提高[120]。

74　　　**75**　　　**76**

$$Et_2Zn + Ph\diagup\!\!\!\diagdown NTs + CH_3NO_2 \xrightarrow{Cat^* \ 74} \underset{Ph}{\overset{NHTs}{\diagup}}\!\!\overset{*}{\diagdown}NO_2$$

(2-17)

2.5 其他有机试剂在对映加成中的反应

对映加成反应是一类非常有价值的反应。目前,各种对映选择性加成反应的报道十分广泛。这里不可能面面俱到,只能择其一而为之。实际上,我国在此研究领域已经在国际上具有很高的声誉。

手性配体(**75**)与镍盐参与的催化醛亚胺类化合物和(杂)芳基卤化物等反应可以得到高选择性的产物[97%ee,式(2-18)][121]。该反应可在50℃时进行。这种反应温度并不常见。另一种易于获得的手性吡啶酰胺路易斯碱(**76**)可以应用于 *N*-未保护的 *α*-酰氧基-*β*-烯酰胺酯的硅氢化不对称反应[122]。该反应具有良好的对映选择性,为合成含有 *α*-羟基-*β*-氨基酸片段的生物活性分子提供了一条简洁的途径。

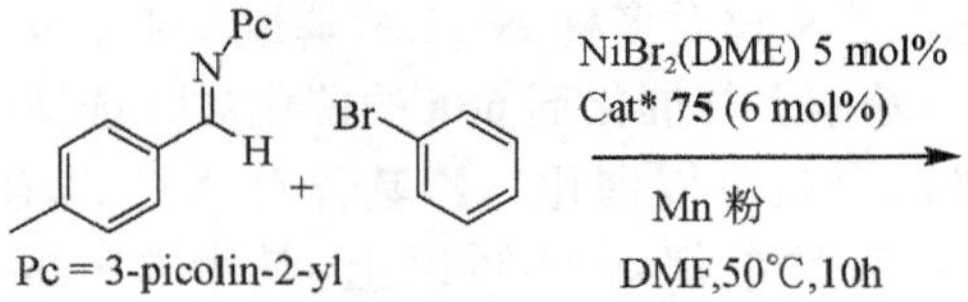

Pc
N
H
Br
+
Pc = 3-picolin-2-yl
NiBr2(DME) 5 mol%
Cat* 75 (6 mol%)
Mn 粉
DMF,50°C,10h
Pc
NH
Ph

(2-18)

早期发现的轴手性 2,2′-联吡啶-*N*,*N*′-二氧化物 **77**,对醛与烯丙基三氯硅烷的不对称烯丙基化反应表现出极高的对映选择性,生成高烯丙基醇[123]。对于路易斯碱催化的不对称烯丙基化反应来说,如此低的催化剂负载量(0.01～0.1 mol%)是很少见的。在随后的 N-O 手性催化剂的设计中,催化剂 **78** 及其类似物在不同反应中都有很好的对映选择性[124]。

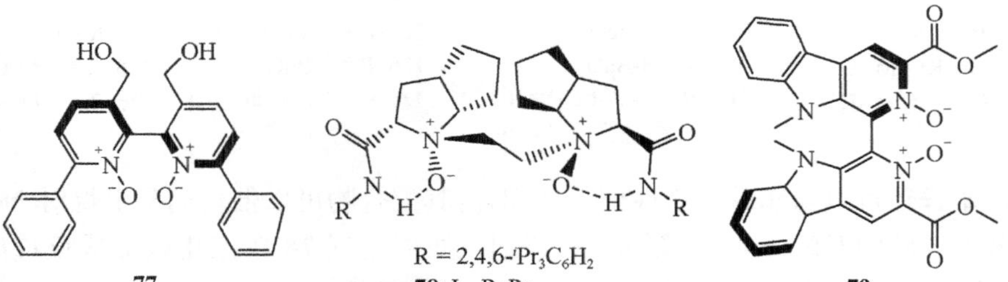

HO
OH
N
O
O
N
N
O
H
R
N
O
O
N
H
R
R = 2,4,6-iPr3C6H2
N
N
O
O
N
N
O
O
O
O

77　　**78**: L2-RaPr3　　**79**

在以天然色氨酸为原料合成的具有轴手性的双咔啉类催化剂中(**79**),催化剂具有非常高的对映选择性[式(2-19)][125]。在随后的系列催化剂中,发现无论轴手性的双咔啉类分子中只有一个 N—O 功能团还是两个 N—O 功能团,其催化效果都非常好[126]。

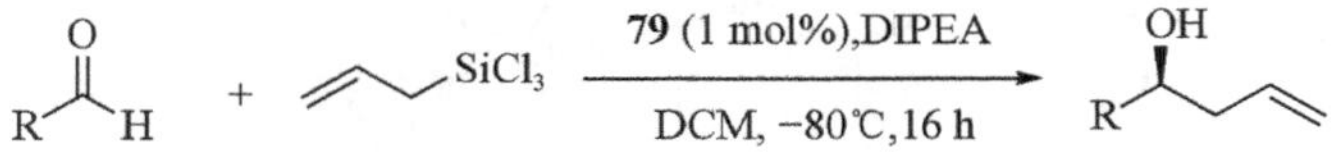

O
R
H
+
SiCl3
79 (1 mol%),DIPEA
DCM, −80℃,16 h
OH
R

(2-19)

2.6　对映选择性还原反应

催化对映选择性还原反应是另一个研究得很广很深的领域。在这些研究中，不少新的手性催化剂和手性配体得到了应用。这类反应应用的底物很多，包括潜手性酮、烯胺、α,β-不饱和酮、α,β-不饱和烯胺等。反应类型除单纯的 1,2-还原反应外，还有 1,4-还原反应以及还原交联反应等。

2.6.1　对映选择性 1,2-还原反应

在具有轴手性的双咔啉类催化剂（**79**）的基础上，引入氨基醇结构，构成了一系列具有氨基醇的咔啉类手性催化剂，如 **80a** 和 **80b**。这些手性催化剂能高效催化酮亚胺的不对称还原反应[127]。

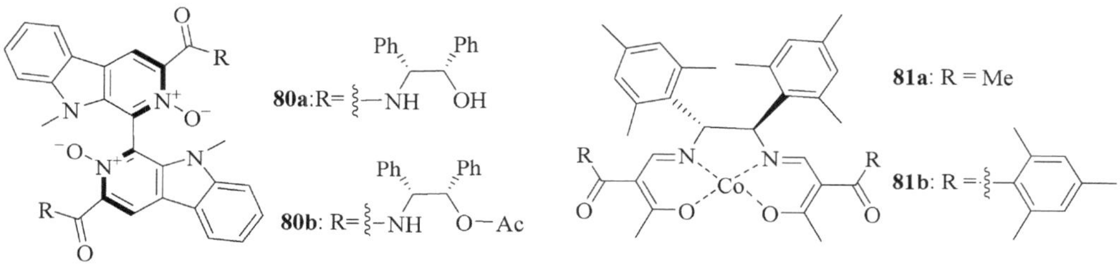

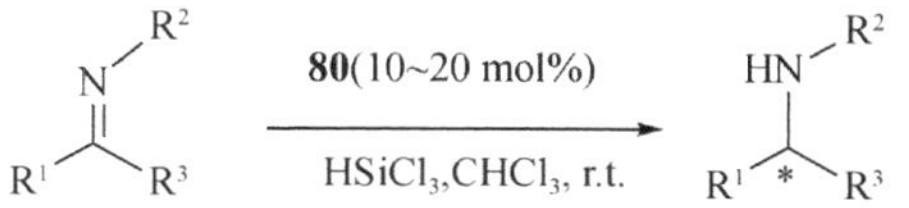

$$(2\text{-}20)$$

潜手性酮类化合物是一类常用的反应底物。催化剂 **81a** 和 **81b** 均能催化 2-F-二苯酮的还原反应[128]。催化剂在反应中的用量为 1 mol％。在 $LiBH_4$ 还原剂的作用下，还原反应得到二级醇，其 ee 值可达 97％，产率达到 75％～95％。反应中每摩尔的反应底物中加入 1.5 mol $LiBH_4$，并加入 1.5mol 乙醇，同时加入过量约 15 倍的 2-四氢呋喃甲醇。反应的温度控制在 −20℃。

表 2-11 列出了几种芳香酮在上述两个催化剂催化下的还原结果。这两个含 Co 原子的手性催化剂具有很高的催化活性。一侧苯基的邻位带 F 原子的酮，在反应中的选择性比不带 F 原子的高（序号 7）。羰基两边的基团的体积差别越大，选择性越高（序号 1,9）。

表 2-11　催化剂 81 在催化还原芳香酮中的对映选择性

序号	底物	催化剂	产率/％	ee/％
1	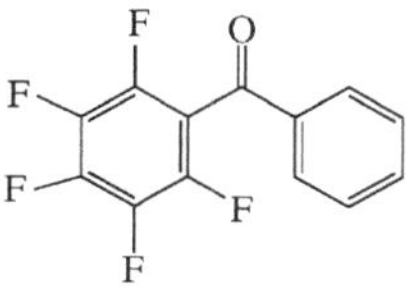	**81a**	92	96

续表

序号	底物	催化剂	产率/%	ee/%
2	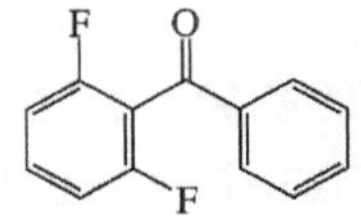	**81a**	95	95
3	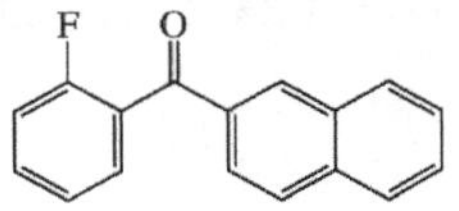	**81b**	76	90
4	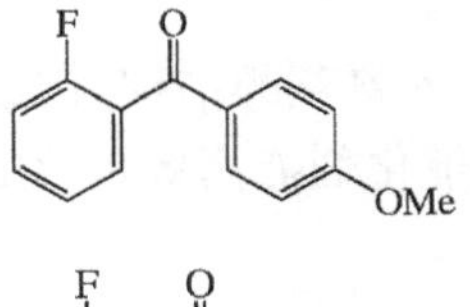	**81b**	80	90
5	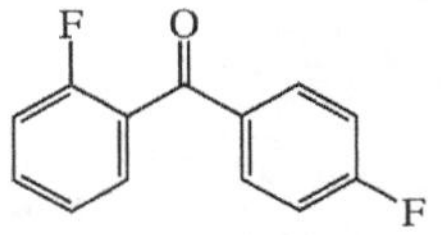	**81b**	81	87
6	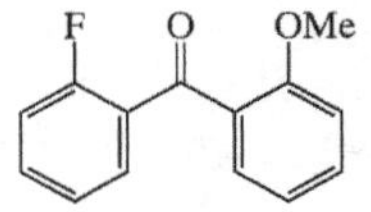	**81a**	75	90
7	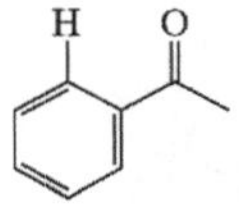	**81a**	85	86
8	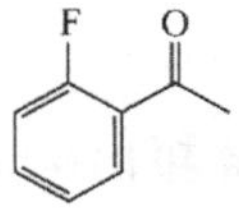	**81a**	80	91
9	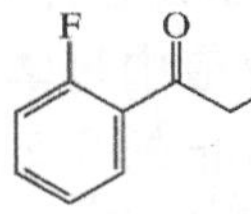	**81a**	86	97

如同前面提到的,活性剂能提高对映选择性加成反应的对映选择性,在对映选择性还原反应中,一些化合物也充当了活性剂的角色。在利用三氯硅烷的对映还原反应中,使用合适的活化剂,如 **82** 系列在催化芳香醛的对映选择性还原反应中,**82d** 的对映选择性可达 95%[129]。反应产物的构型为(R)。

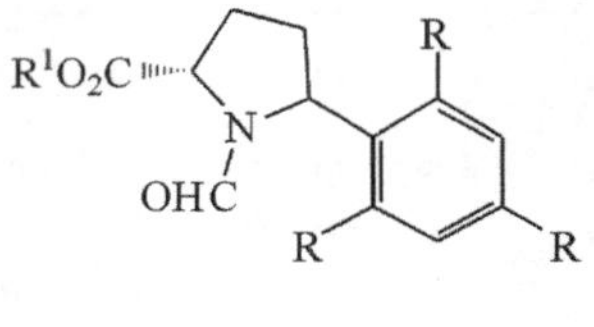

82a: R = H; R¹ = H
82b: R = Me; R¹ = H
82c: R = Et; R¹ = H
82d: R = Me; R¹ = Me

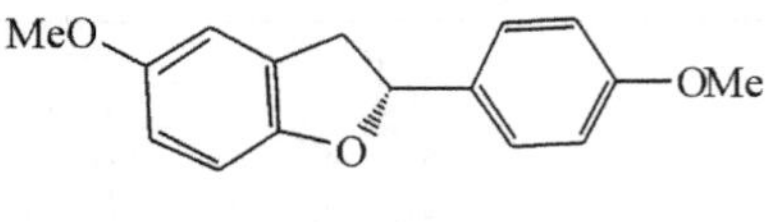

83

利用对映选择性还原来合成一些比较简单的天然产物的尝试也很成功。例如，corsifuran A（**83**）是从地中海地钱（*Corsinia coriandrina*）中分离得到的[130]。在利用含硼（B）的催化剂 **84** 催化底物时，还原反应产物的 ee 值可达 78%［式（2-21）］。该还原产物经过成环反应即得到天然产物 **83**。

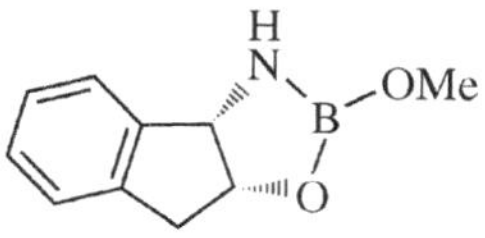

84

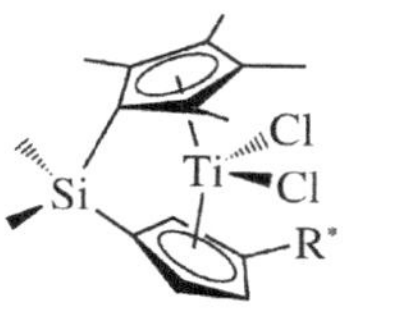

（*R*）-**85**: R* = 薄荷醇基

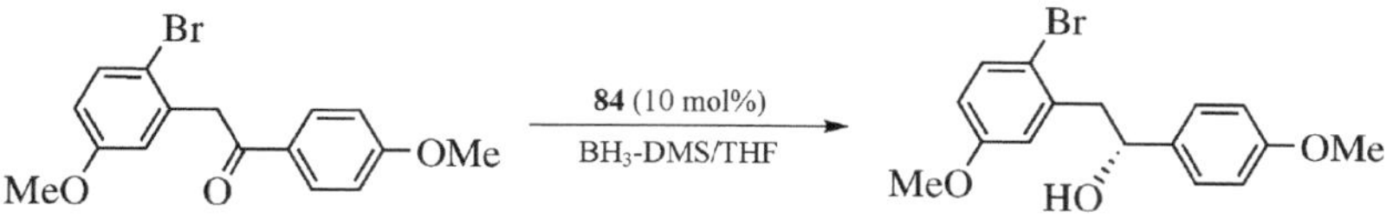

$$84 (10 \text{ mol\%}) \quad BH_3\text{-DMS/THF}$$

(2-21)

金属 Ti 配合物的催化研究也有报道，如 **85**，在苯乙酮还原反应中的对映选择性可高达 84%。但在其他一些环酮的对映选择性还原中，对映选择性并不高[131]。

手性催化剂 **86**、**87** 在催化亚胺类化合物还原为胺类化合物时有很高的对应选择性。在三氯硅烷的作用下，利用这些催化剂，在温和的条件下（如在室温下），经过大约 16 h 的反应，就可以将亚胺类化合物还原为胺类化合物。其最高的对映选择性可达 93%，产率可达 92%[132]。与催化剂 **80** 不同的手性砜类催化剂 **88**，在这类亚胺类还原反应中，催化剂 **88c** 在反应中的对映选择性高达 96% 以上[133]。

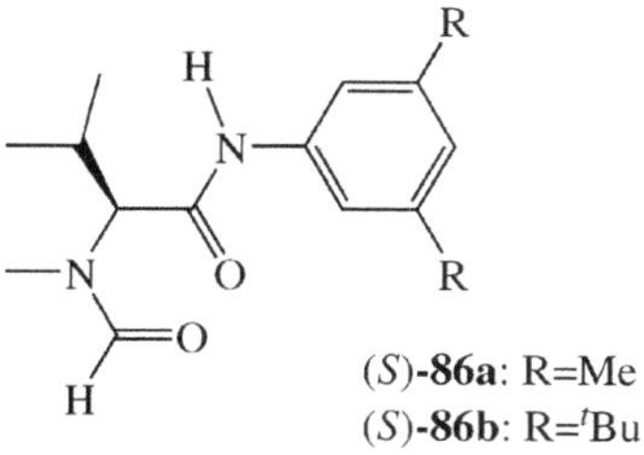

（*S*）-**86a**: R=Me
（*S*）-**86b**: R=^{t}Bu

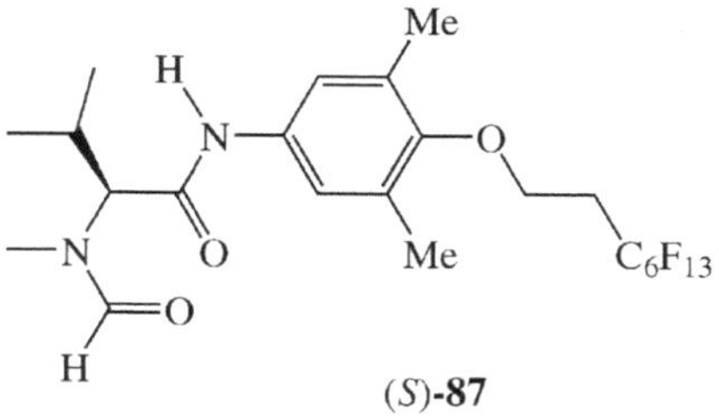

（*S*）-**87**

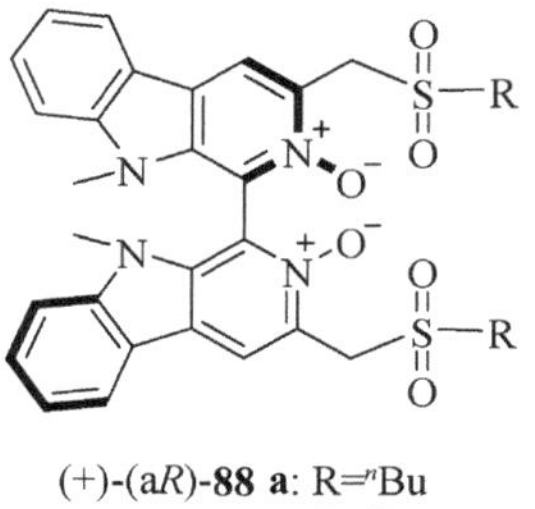

（+）-（a*R*）-**88 a**: R=^{n}Bu
　　　b: R=^{i}Pr
　　　c: R=^{t}Bu

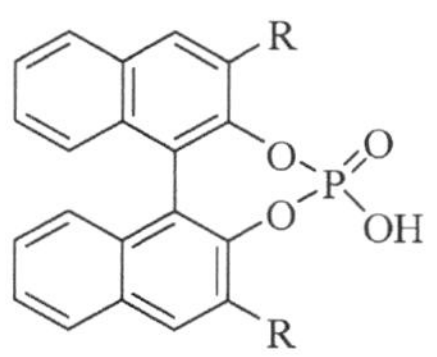

89a: R = 2-Naph
89b: R = Me
89c: R = SiPh$_3$

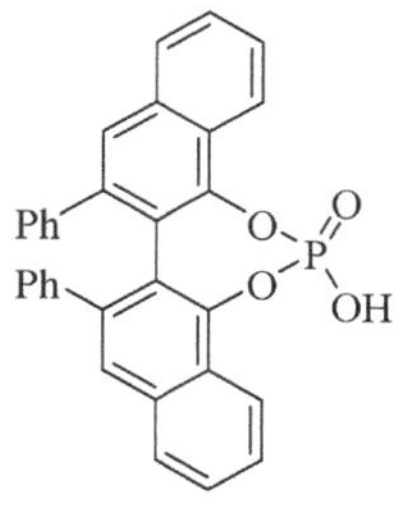

90

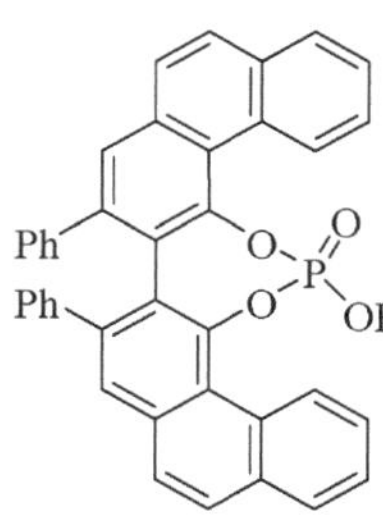

91

下面的反应式（2-22）中列出了它们的对映选择性和产率。

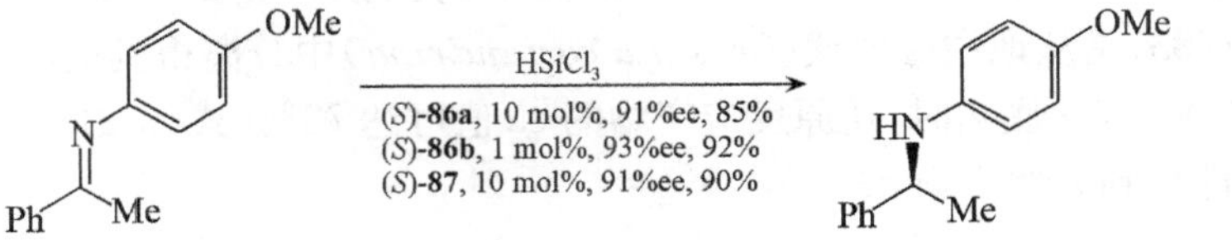

$$(2\text{-}22)$$

在以联萘酚的衍生物 **89** 等为催化剂对下面提到的烯胺类底物进行还原时[式(2-23)]，也得到了满意的对映选择性[134]。但反应中不是使用三氯硅烷，而是2,6-二甲基-1,4-二乙基-3,5-二羧酸酯（HEH）。

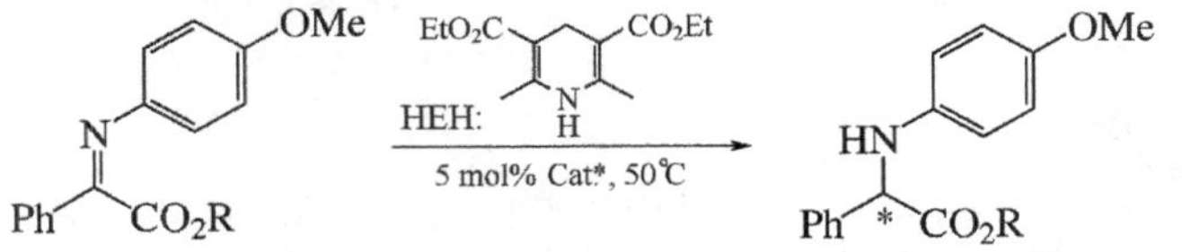

$$(2\text{-}23)$$

在催化剂 **89～91** 中，催化效果最好的是催化剂 **91**。在式(2-24)中的取代基 R＝Et 时，其对映选择性可达 96％ee，转化率也高(99％)。相比较而言，催化剂 **89c** 和 **90** 的对映选择性仅分别为 17％ee 和 1％ee。这一点与在催化对映加成反应中联二萘酚衍生物的良好催化活性不同。

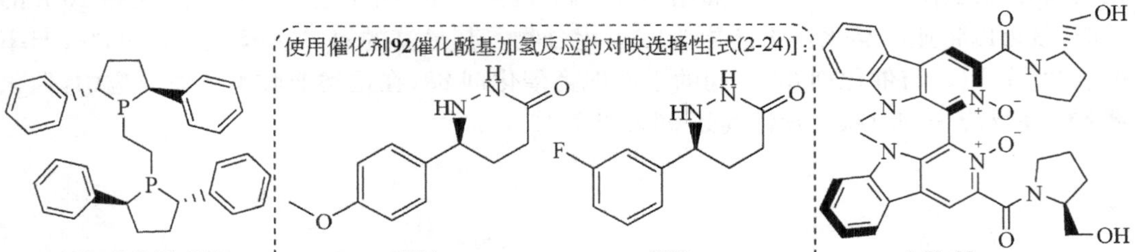

使用催化剂**92**催化酰基加氢反应的对映选择性[式(2-24)]

92, (S,S)-Ph-BPE　　　>99% ee　　　>99% ee　　　(aR)-**93**

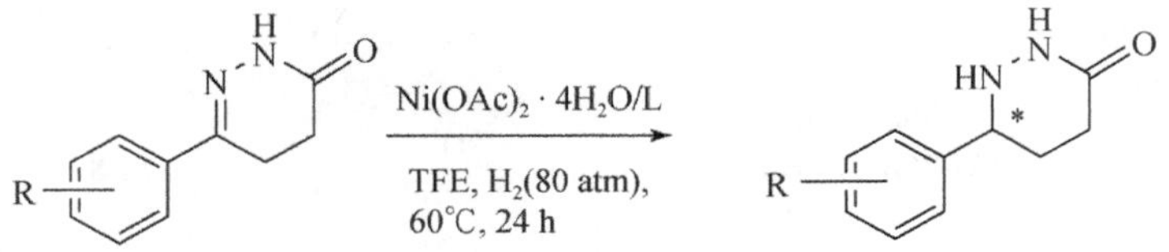

$$(2\text{-}24)$$

在镍盐参与下，手性催化剂(S,S)-Ph-BPE(**92**)可高效地催化酰基亚腙加氢反应，以高收率生产出各种手性环肼，其 ee 值高达＞99％[135]。此外，在较低的催化剂负载(S/C＝3000)下，加氢不仅可以在克尺度上顺利进行，而且不会降低对映体选择性，还可以应用于 RIP-1 激酶抑制剂的不对称合成。例如，生成的两个产物的 ee 值超过 99％。

在双咔啉骨架上引入一个手性环结构的氨基醇，氨基醇中的手性碳与双咔啉骨架中的轴手性形成了差向异构体，能够用柱层析方法将轴手性化合物分开。此类催化剂能够很好地催化亚胺[式(2-20)]，可达 98％ee 和 β-烯胺酯的不对称还原反应[式(2-25)]，最高可达 99％ee[136]。在随后的系列研究中，不同的衍生物的催化活性都非常高[137]。

$$(2\text{-}25)$$

作为刚性骨架的手性催化剂,分别在两种不同的底物中的还原反应都具有很好的对映选择性。由于催化剂 **93** 具有相同的两部分,因此在过渡态研究中,使用催化剂一半的结构用于催化计算(图 2-3)。在使用 DFT 对其催化机理的研究表明,在催化酮亚胺底物的还原反应中,存在两个反应路径 A 和 B。

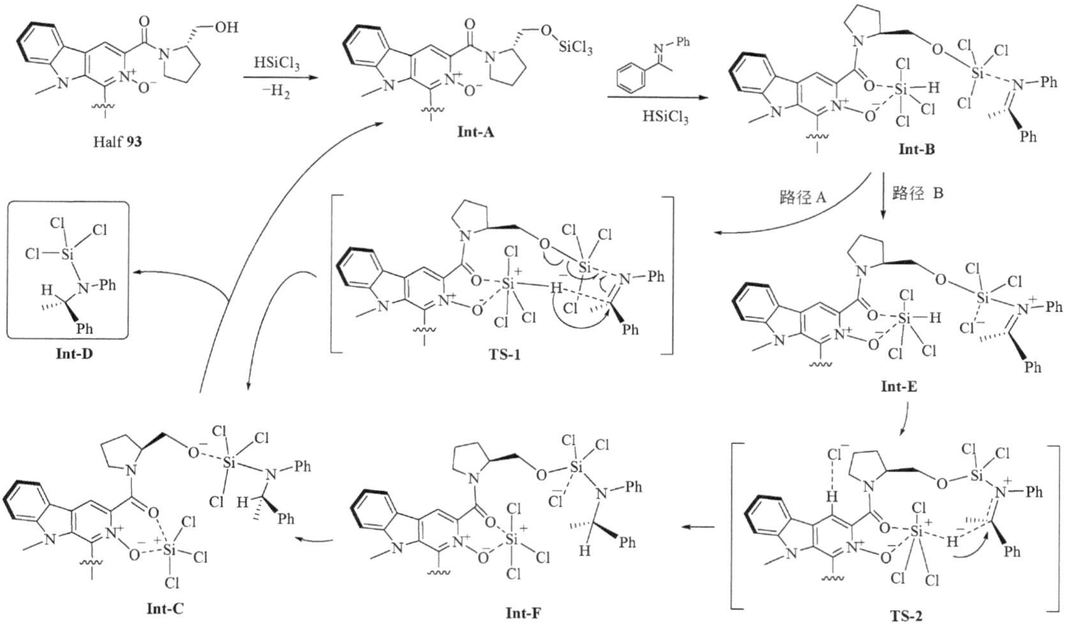

图 2-3　使用催化剂 **93** 对酮亚胺的催化机理的两个催化路径理论计算

计算在 B3LYP/6-31G(d)的条件下先行完成近 60 个可能的 TS 结构,并用于下一步对能量在 2.0 kcal/mol 以内的过渡态(TS)结构在 B3LYP/6-311G(d)基组上的计算。所有的计算在气相中进行。计算结果在表 2-12 中。

计算在 B3LYP/6-31G(d)的条件下先行完成近 60 个可能的 TS 结构,并用于下一步对能量在 2.5kcal/mol 以内的 TS 结构在 B3LYP/6-311G(d)基组上计算。所有的计算在气相中进行。以(aR)-**93** 为例,通过过渡态 **TS-1** 的路径,其生成(R)和(S)产物的能量差值为 1.145 kcal/mol,而通过 **TS-2** 路径,其生成(R)和(S)产物的能量差值为 0.463 kcal/mol。这些都能解释无论哪一个过渡态,都是(S)构型产物生成。但是,通过 **TS-1** 路径的过渡态的活化能高达 43.04 kcal/mol 或 44.68 kcal/mol。这势垒实在太高了,无法解释在低温(−5℃)反应的原因。而通过 **TS-2** 路径,其 TS 能垒仅 25.55 kcal/mol。因此,经由 **TS-1** 的路径 A 不是催化反应的优选程序。

表 2-12　使用 B3LYP 理论在不同基组时计算的过渡态能量[a]

催化剂,过渡态	ΔE	方法1	方法2
(aR)-**93**,TS-1	ΔE_1[b]	1.145	—[c]
	ΔE_2	43.04	44.68
(aR)-**93**,TS-2	ΔE_1	0.463	0.358
	ΔE_2	25.55	25.50
(aS)-**93**,TS-1	ΔE_1	0.786	—[c]
(aS)-**93**,TS-2	ΔE_1	0.540	0.591

a. 能量单位:kcal/mol。

方法 1:TS 计算在 B3LYP/6-31G(d)基组上(气相)。

方法 2:TS 计算在 B3LYP/6-311G(d)基组上(气相)。

b. $\Delta E_1 = E_{TS\text{-}R} - E_{TS\text{-}S}$,$\Delta E_2 = E_{TS\text{-}R} - E_{SM}$ 中,$E_{TS\text{-}R}$ 或者 $E_{TS\text{-}S}$ 指生成(R)或者(S)产物的过渡态能垒。E_{SM} 指相应中间体 **Int-A** 能量,(E)-N-(1-phenylethylidene)aniline 和 HSiCl₃ 总能量。

c. 该 TS 生成(S)产物的过渡态结构在 6-311G(d)基组上没有计算出来。

当使用(aS)-**93** 用于催化时,无论在 **TS-1** 或者 **TS-2** 过程,也都是生成(S)-产物。按照 **TS-2** 过程来看,其能量差值用方法 2 来算是 0.591 kcal/mol。这样计算的 ee 值并不高。为此,使用其他三种方法进一步计算其 TS 能量差异,其结果列在表 2-13 中。

表 2-13　采用 B3LYP 理论计算并通过 TS-2 过程得到的液态条件下的 TS 能量

催化剂	ΔE	方法3	方法4	方法5
(aR)-**93**	ΔE_1	0.959	0.968	1.112
(aS)-**93**	ΔE_1	1.192	1.020	1.210

能量单位:kcal/mol。

$\Delta E_1 = E_{TS\text{-}R} - E_{TS\text{-}S}$,$E_{TS\text{-}R}$ 或 $E_{TS\text{-}S}$ 指生成(R)或者(S)产物能量。

方法 3:使用 B3LYP/6-311G(d,p)基组。

方法 4:使用 B3LYP/6-311G(2d,p)基组。

方法 5:使用 B3LYP/6-311++G(d,p)基组计算单点能。

使用更高基组计算能垒差值变大,显示 ee 值会增加。新的数据计算表明:采用(R)-**93** 催化的 ee 值在室温下可达 74% 左右。显然低温有助于提高其 ee 值。而同时计算表明,在此时使用(S)-**93** 来催化反应,其能量差达到 1.21 kcal/mol,其室温下的 ee 值在 77%。当在 -5℃ 催化同一个反应时,产物的 ee 值高达 93%。显然,这个 TS 计算所预测的结果与实验吻合得很好。其过渡态结构和相关的能量差值和产物的百分比数据列在图 2-4 中。

2.6.2　对映选择性 1,4-还原反应

手性催化剂 **94**～**96** 能够催化下述的 α,β-不饱和酮[式(2-26)]的对映选择性还原反应[138]。在 R^1 = Ph,R^2 = Me 时,催化剂 L-proline(**94**)的催化活性最低,其 ee 值仅 15%,转化率也低。催化剂 **95** 的催化选择性为 81%ee。最高的是 **96**,其选择性可达 91%ee。

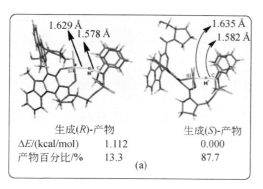
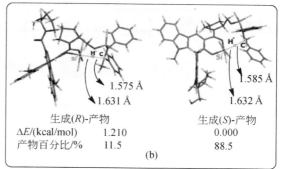

生成(R)-产物　　　生成(S)-产物　　　生成(R)-产物　　　生成(S)-产物
ΔE/(kcal/mol)　1.112　　　　0.000　　　ΔE/(kcal/mol)　1.210　　　　0.000
产物百分比/%　13.3　　　　87.7 (a)　　产物百分比/%　11.5　　　　88.5 (b)

图 2-4　TS 的 3D 结构以及它们的 TS 活化能以及使用(R)-93(a)和(S)-93(b)的催化效果

该催化剂 96 在对其他底物的对映选择性反应中也表现出非常高对映选择性。表 2-14 列出了部分报道结果。

表 2-14　催化剂 96 对反应式(2-26)中底物的对映选择性

序号	底物 $E:Z$	产物	时间/h	产率/%[a]	ee/%[b]
1	>20:1		23	91	93[c]
2	>20:1		48	79	94[c,d]
3	>20:1		16	74	94
4	>20:1		16	92	97
5	>5:1		10	91	96[c]
6	>3:1		23	95	91[d]

续表

序号	底物 E : Z	产物	时间/h	产率/%[a]	ee/%[b]
7	>20 : 1	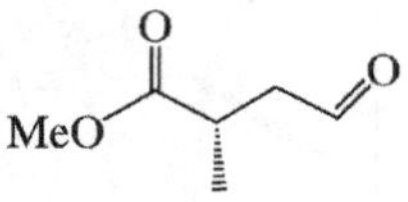	26	83	91[e]
8	>20 : 1	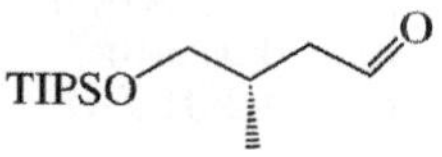	72	74	90
9	>20 : 1	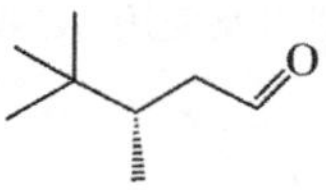	0.5	95	97[f]

a. 产率由 NMR 测定。

b. 用手性 GLC 分析。

c. 反应在-45℃进行。

d. 使用 10 mol%的催化剂。

e. 反应在-50℃进行。

f. 在 23℃时用 5 mol%催化剂催化反应。

　　硝基烯类化合物可以看成结构比较特殊的 α,β-不饱和结构,即如下图所示。由于硝基烯类化合物能通过烯类化合物与亚硝酸钠反应得到,因此,以硝基烯为反应底物的报道也不少[139]。

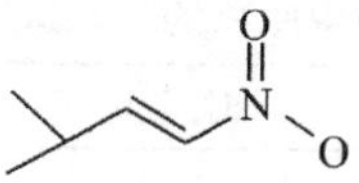

硝基烯类化合物的
"特殊"结构状态

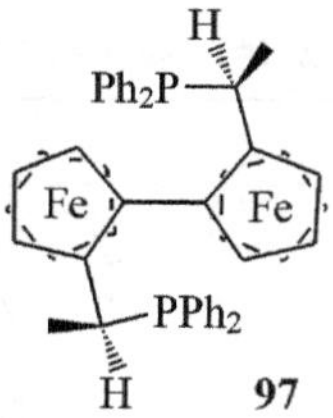

97

　　在 C═C 双键的对映选择性还原反应中,有人利用含 Ru 的手性催化剂 97 来还原吡咯环。得到的产物构型为 S,其对映选择性依据不同的底物结构而有差异,最高的可达 100%ee 左右。在下列反应中[式(2-27)],产物 a 与 b 的选择性均可达 100%,见表 2-15。

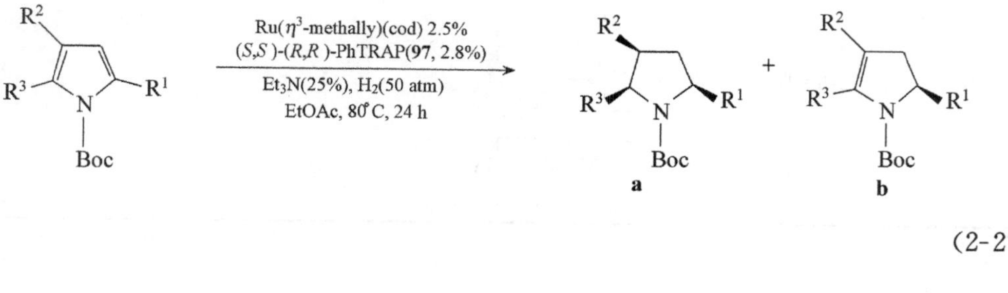

(2-27)

表 2-15　取代吡咯烷在催化剂 97 中催化下的反应

序号	R^1	R^2	R^3	a：b
1	Me	Me	MeO_2C	54：46
2	Me	MeO_2C	Me	98：2
3	MeO_2C	Me	Me	100：0
4	MeO_2C	$-(CH_2)_4-$		16：84
5	Ph	C_3H_7	Me	100：0
6	Ph	Ph	Ph	0：100
7	p-FPh	Ph	Ph	0：100
8	p-MeOPh	Ph	Ph	0：100
9	Ph	Ph	p-CF_3Ph	0：100
10	Ph	Ph	p-MeOPh	0：100

　　显然,在硝基烯类化合物的双键还原反应中,如将硝基烯结构视为共轭结构,其还原是 1,4-选择性还原,那么在面对乙烯基砜结构中双键的选择性还原反应时,也可以这么认为该反应属于 1,4-选择性还原反应。

乙烯基砜的共轭结构

(R,R)-**98a**: R = Me [Me-DuPhos(O)]
(R,R)-**98b**: R = Et [Et-DuPhos(O)]

　　利用上述催化剂 **98** 时,得到的双键还原产物的 ee 值高达 99%。产物的构型为(S)。表 2-16 列出了部分研究结果[140]。

表 2-16　催化剂对乙烯基砜的 1,4-对映选择性还原结果

序号	溶剂	硅烷	产率/%	ee/%
1	甲苯	PMHS(4 eq.)	22	92
2	DMF	$PhSiH_3$(1.5 eq.)	19	99
3	THF	$PhSiH_3$(1.5 eq.)	31	99
4	MTBE	$PhSiH_3$(1.5 eq.)	50	99
5	苯	$PhSiH_3$(1.5 eq.)	39～78	99
6	苯	$PhSiH_3$(1.5 eq.)+20 mol% NaOH	92	99
7	苯	$PhSiH_3$(1.5 eq.)+20 mol% KOH	95	99

　　β-氨基酯通过环胺与未活化的 α,β-不饱和酯的共轭加成,目前也获得高的对映选择性[式(2-28)][141]。反应采用硒脲硫脲有机催化剂 **99**。DFT 计算和 ^{13}C 动力学同位素效

应研究表明,反应的限速和对映体决定步骤是催化剂使两性离子中间体质子化。这代表了硫脲化合物作为不对称 Brønsted 酸催化剂的罕见情况。

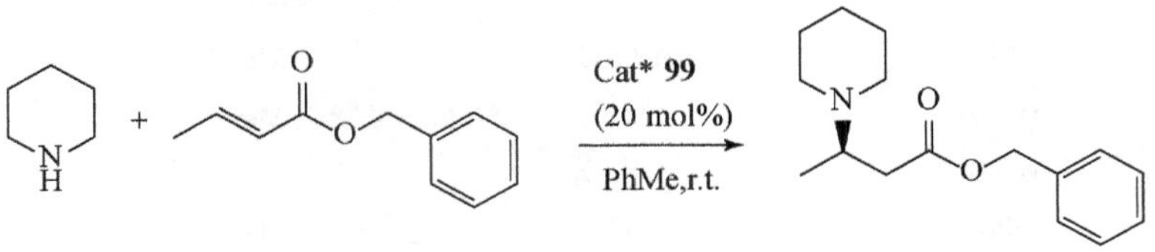

$$(2\text{-}28)$$

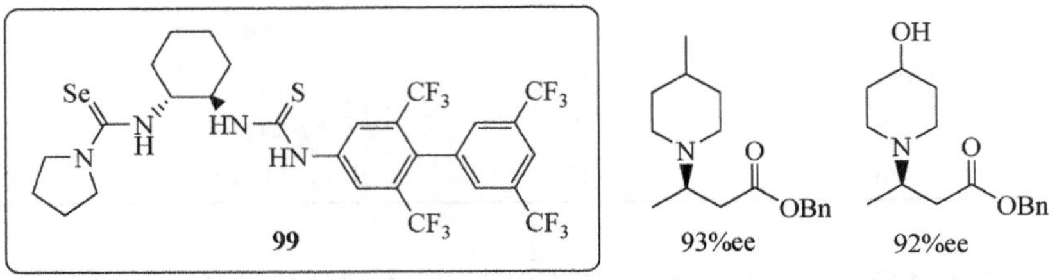

2.6.3　其他对映选择性还原反应

　　用螺手性的磷酸盐催化 2-乙烯基苯类的不对称 1,4-还原反应。使用手性催化剂 **100**,可以催化不对称 1,4-还原反应得到手性烷基化喹啉,收率高达 94%,选择性可达 98%ee[142]。典型的反应式列在式(2-29)中。

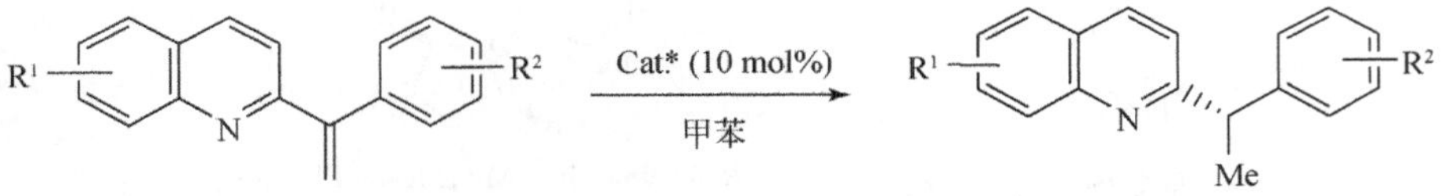

$$(2\text{-}29)$$

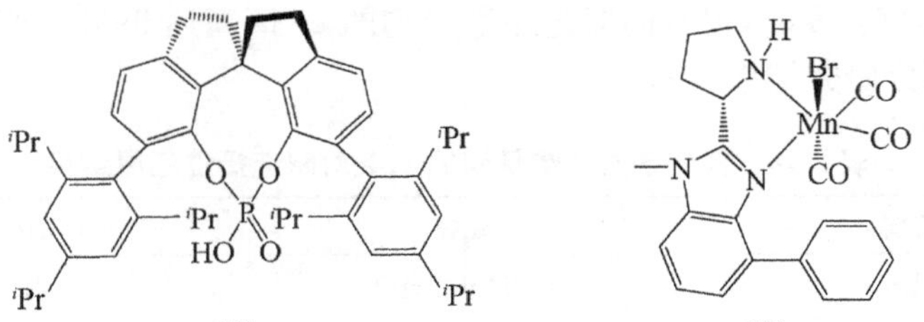

　　一些手性双齿苯并咪唑类催化剂(**101**),在 Mn 参与下,与很多酮类底物进行还原反应,表现出高活性和对映选择性[式(2-30)][143]。体积较大的底物,如 2,6-二氯-3-氟苯乙酮,可以达到高达 90% 的收率和 92%ee。

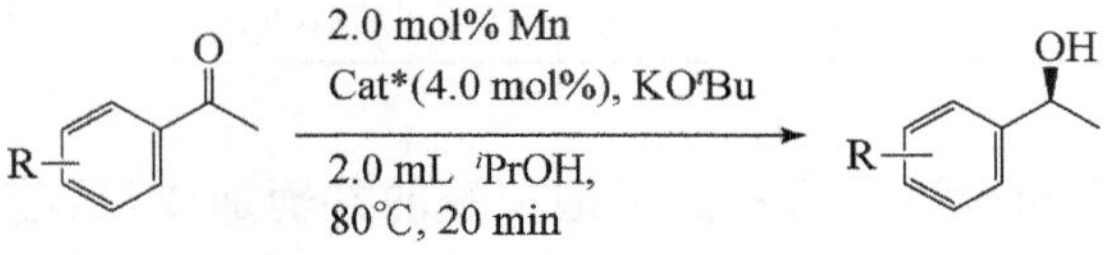

$$(2\text{-}30)$$

很多反应在选择性还原的同时，手性中心位置上还能接上新的取代基。这样做的好处不言自明。例如，利用联乙炔与 α-醛酯反应，可以得到还原后的两分子偶联产物[式(2-31)][144]。

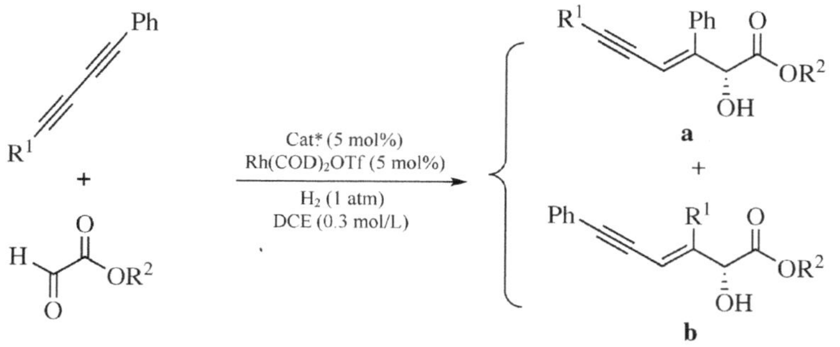

$$(2-31)$$

在催化剂 **102 ～104** 的催化活性研究中，发现(R)-**102** 的催化效果最好，其 ee 值可达 93%。实际上，这也是一个区域选择性反应。主要产物可以是 **a**，也可以是 **b**，这取决于取代基的大小。在后面再详细讨论这个问题。

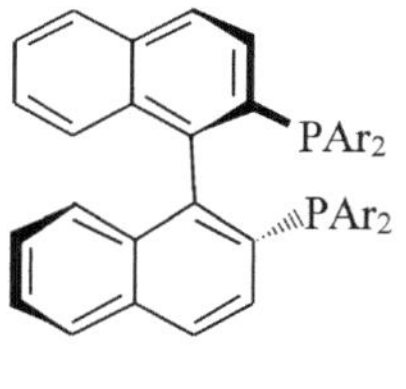

(R)-**102a**: Ar = Ph
(R)-**102b**: Ar = 4-MeOPh
(R)-**102c**: Ar = 3, 5-di-MePh

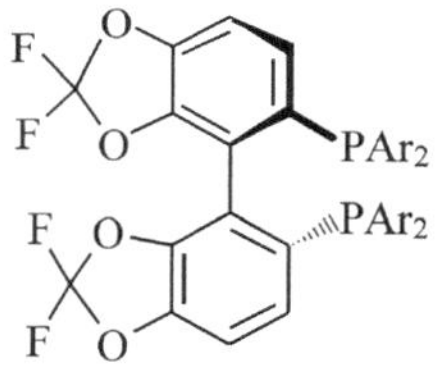

(R)-**103**

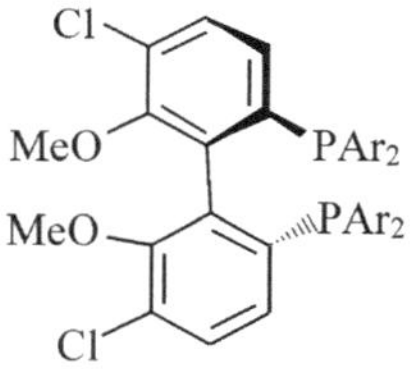

(R)-**104**

这个偶联反应的机理，可用图 2-5 简单说明。其中 L 为催化剂的符号。

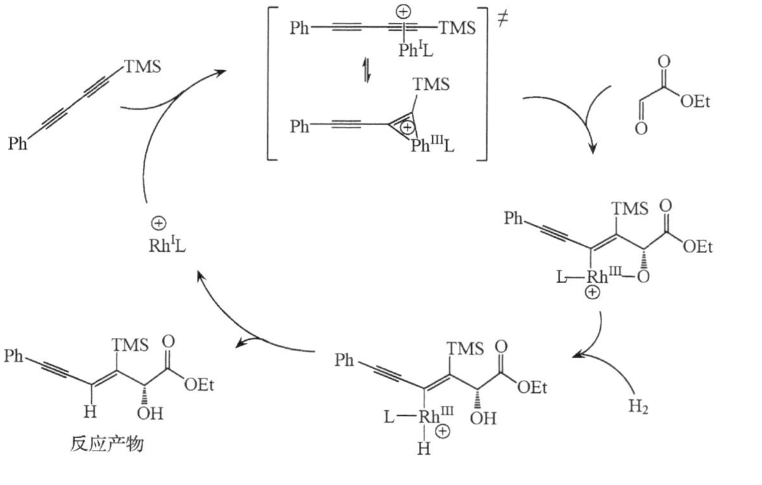

图 2-5　还原偶联反应的可能机理

在另外一些研究中,人们利用手性催化剂 **105 ～110** 和 Ni 的复合物来催化苯甲醛与炔的还原偶联反应,也取得了非常高的对映选择性[145]。其中催化效果最好的催化剂是 **108**(72%ee)和 **110**(78%ee)。

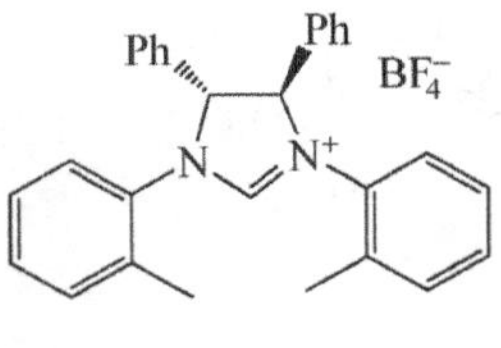

105 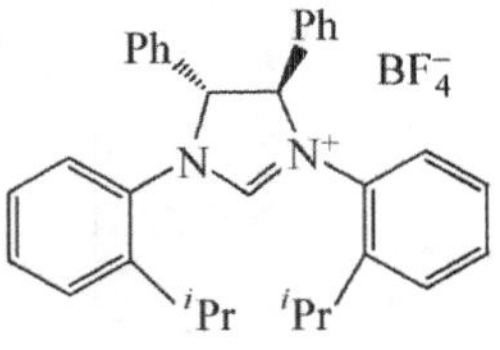 **106** 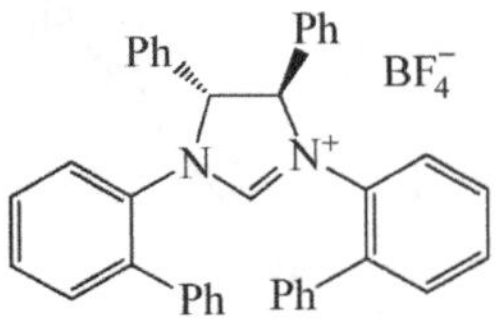 **107**

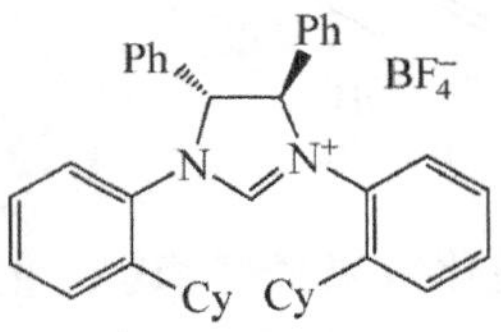

108 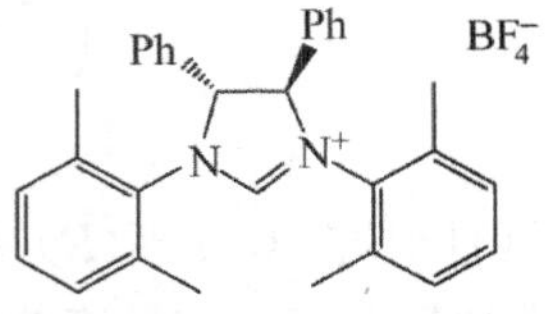 **109** 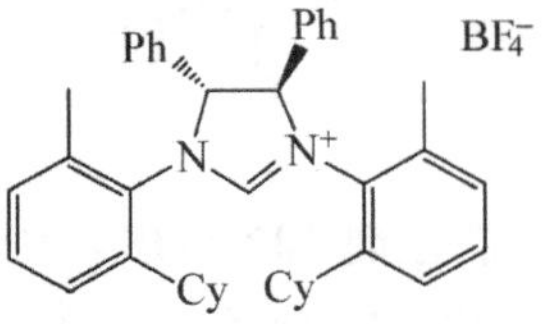 **110**

在催化其他醛与炔的还原偶联反应中[反应式(2-32)],催化剂 **110** 的对映选择性可达 85%ee,见表 2-17。

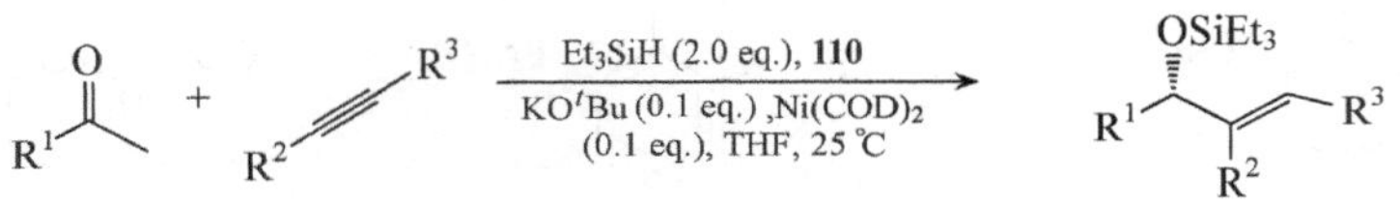

$$(2-32)$$

表 2-17 催化剂 110 对不同醛与炔的还原偶联反应的影响

序号	R¹	R²	R³	产率/%[a]	ee/%
1	Ph	Me	Ph	98	78[b]
2	Ph	Et	Et	82	70
3	iPr	Me	Ph	86	70
4	iPr	(CH₂)₃Ph	Me	86	75
5	Cy	Et	Et	84	85[c]
6	(CH₂)₂Ph	Et	Et	75	78
7	Cy	Me	Ph	78	81
8	Cy	H	nHex	64	65
9	nHex	Me	Ph	70	73
10	Cy	(CH₂)₄OH	Ph	99	79
11	Cy	nPent	Me	79	76[d]

序号	R^1	R^2	R^3	产率/%[a]	ee/%
12	Cy	Me	^{n}Pent	47	79[e]

a. 该 ee 值是指主要产物的 ee 值。由于在该反应中还涉及区域选择性问题，本处只摘录有关对映选择性数据。

b. 2 mol%的 **110**、Ni(COD)$_2$ 以及 KO^{t}Bu 用在催化反应中。

c. 催化剂 (S,S)-**110** 用在催化反应中。

d. 催化剂 **110** 用在催化反应中。

e. 分离得到少量的 (S) 构型的产物，其 ee 值为 76%。

　　另一个通过在对映选择性还原反应同时，把一个氨基连接在手性中心的位置的研究也取得了很好的成绩。这类反应的底物通常是醛与胺。在催化剂的作用下，选择性地生成其中一个，其相关反应见式 (2-33)。

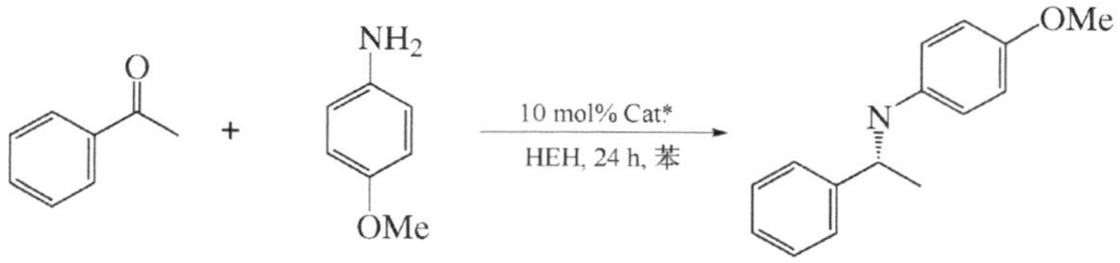

$$\text{(2-33)}$$

　　在系列手性催化剂 **111** 中，催化活性最好的是 **111d**[146]。在这些反应中，催化剂的用量为 5 mol%，反应均为 40~80℃。反应时间稍长，需要 1~4 天。加入 5 Å 分子筛可以明显提高反应的转化率。例如，在同样的反应中，不加分子筛的转化率为 6% 左右，而加入分子筛以后的转化率提高到 41%。

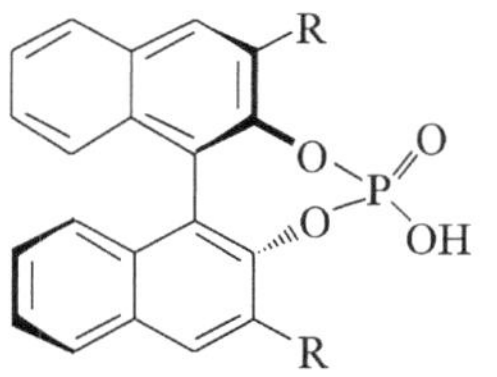

111a: R = 2-NaPh
111b: R = 3,5-di-CF$_3$-Ph
111c: R = Si^{t}BuPh$_2$
111d: R = SiPh$_3$

　　利用催化剂 **111d** 对如下的芳香醛进行还原偶联反应，得到的对映选择性最高可达 97%ee。这些对映选择性以及产率列在各反应产物的下面。

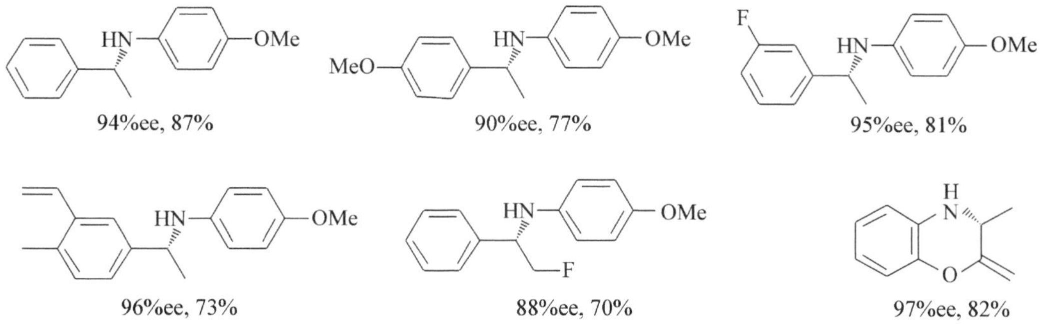

94%ee, 87%　　　　　90%ee, 77%　　　　　95%ee, 81%

96%ee, 73%　　　　　88%ee, 70%　　　　　97%ee, 82%

该催化剂在对脂肪醛的还原偶联反应中，同样表现出了很高的对映选择性。但总的相对于芳香醛的还原偶联反应中，该催化剂表现出稍低的对映选择性。部分脂肪醛的对映选择性还原偶联反应的结果列在下面。

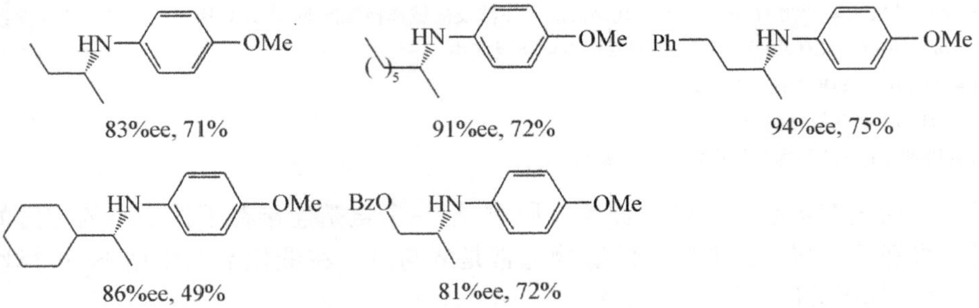

HN
OMe
83%ee, 71%
HN
OMe
5
91%ee, 72%
Ph
HN
OMe
94%ee, 75%
HN
OMe
86%ee, 49%
BzO
HN
OMe
81%ee, 72%

在利用醛酮和烯炔的还原偶联反应中，轴手性的联二萘类化合物表现不俗。在合成得到的催化剂 **112** 系列以及 **113** 中，对映选择性最高的是 **112b**[147]。

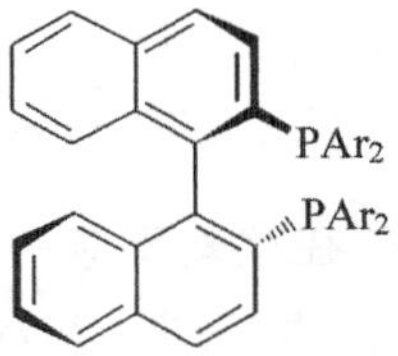

PAr2
PAr2

112a: R = Ph
112b: R = 4-MePh
112c: R = 2,4,6-tri-MePh

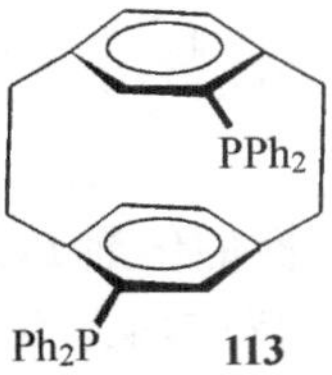

PPh2
Ph2P

113

该催化剂仅需要 1.5 mol%的催化剂就可以在催化该反应中[式(2-34)]达到 91%的选择性。这个反应中的催化效率很高。

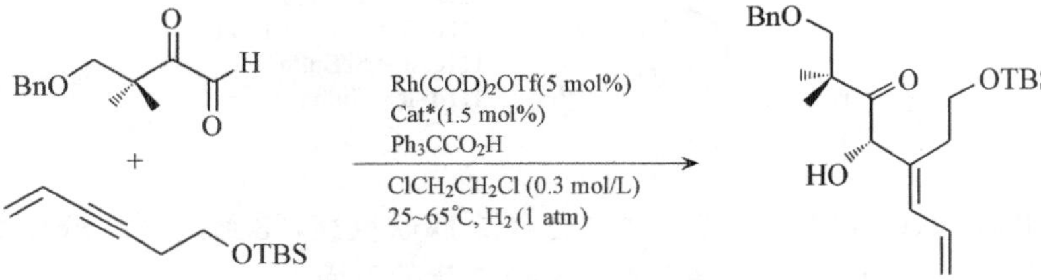

O
H
BnO
O
+
OTBS
Rh(COD)2OTf(5 mol%)
Cat.*(1.5 mol%)
Ph3CCO2H
ClCH2CH2Cl (0.3 mol/L)
25~65℃, H2 (1 atm)
BnO
O
OTBS
HO

(2-34)

二烯类化合物与醛也能发生还原偶联反应。在得到的系列催化剂应用在苯甲醛与共轭双烯的还原偶联中，得到了两个手性中心而不是醛与炔类还原偶联的一个。在利用催化剂 **114** ～ **118** 催化的反应中，生成的产物主要是反式[148]。其中催化效果最好的是 **114f**，在催化反应中，其顺式产物仅占 1%～2%，反式产物为 98%～99%。而且，主要反式产物的 ee 值可达 96%。对所研究的绝大部分的芳香醛而言，反应中得到产物的 ee 值基本都是 90%～95%。

该反应式见式(2-35)，部分结果列在表 2-18 中。

(R)-**114a**: R = H, R¹ = Me
(R)-**114b**: R = Me, R¹ = Me
(R)-**114c**: R = Ph, R¹ = Me
(R)-**114d**: R = Xyl, R¹ = Me
(R)-**114e**: R = Ph, R¹ = Et
(R)-**114f**: R= Ph, R¹ = morphaline

114　　**115**　　**116**

117　　**118**

$$Ph \diagdown\diagup Ph + ArCHO \xrightarrow[\text{ZnEt}_2,\ 25\ ℃]{\substack{5\ mol\%\ Ni(acac)_2 \\ 5\ mol\%\ Cat^*}} Ph \diagdown\diagup \overset{OH}{\underset{Ph}{\overset{*}{\diagdown}}} \overset{*}{Ar}$$

(2-35)

表 2-18　催化剂 114f 催化下的 α,β-不饱和双烯与醛的对映选择性还原偶联反应

序号	Ar	产率/%	ee/%[a]
1	Ph	99	96
2	o-MePh	95	93
3	o-MeOPh	98	91
4	m-MePh	94	94
5	m-MeOPh	99	92
6	p-MePh	95	95
7	p-MeOPh	94	96
8	p-Me₂NPh	85	96
9	p-ClPh	92	90
10	p-CF₃Ph	98	85
11	1-Naph	94	93
12	2-Nath	96	86
13	2-Furyl	96	92
14	2-thiophyl	98	91

a. 所有化合物的 ee 值均为反式异构体的值。所有反应中生成的顺式异构体的量为 1%～2%。

　　除还原偶联反应外，也有还原反应的同时，发生自由基环化反应。这是合成带一个手性 β-四氢呋喃环的乙酰胺或酸衍生物的一个好方法[式(2-36)][149]。

$$R^1\text{—}CO\text{—}CH=CH\text{—}O\text{—}(CH_2)_3\text{—}I \xrightarrow[\text{Et}_3\text{B 或 AIBN, } -78℃]{\text{Bu}_3\text{SnH, 甲苯}} R^1\text{—}CO\text{—}CH_2\text{—}\overset{*}{\diagdown}O$$

(2-36)

在催化助剂 **119** 的作用下,利用三乙基硼烷等与底物反应,通过自由基偶联形成一个四氢呋喃环结构。但目前报道的对映选择性不高。表 2-19 列出了这个反应的结果。

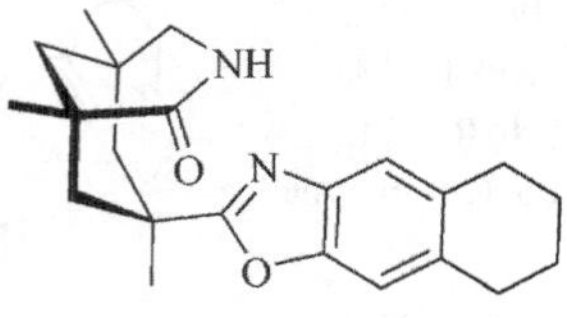

119

表 2-19　反应式(2-36)中的还原环化反应

序号	R¹	Et₃B 的量/eq.	119 的量/eq.	温度/℃	产率/%	ee/%
1	—NH₂	0.25	0	25	83	—
2	—NH₂	0.25	2.5	−78	77	20
3	—OH	0.25	2.5	−78	70	31
4	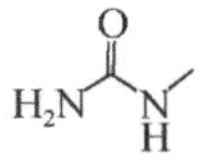 (结构式)	0.25	2.5	−78	83	<5
5	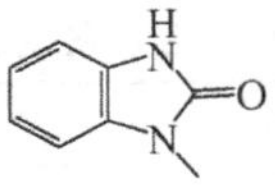 (结构式)	0.25	2.5	−78	86	37
6	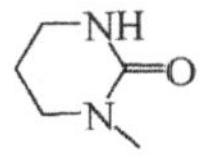 (结构式)	0.25 UV(300 nm)	2.5 2.5	−78 −75	73 80	59 55
7	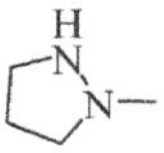 (结构式)	0.25	2.5	−78	88	5
8	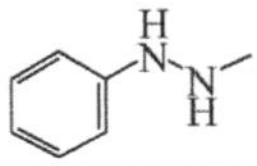 (结构式)	0.25	2.5	−78	66	24

2.7　其他对映选择性反应

在催化对映选择性反应的研究中,还有其他不同的反应类型。一些反应中涉及对映选择性反应。例如,羟醛缩合反应也是一类重要的化学反应类型。相比较而言,另外一些反应并不占主流位置。

2.7.1　对映选择性羟醛缩合反应

这类反应发生的同时,也伴随有热力学和动力学控制的区域选择性反应产物。这个方面的内容将在第 3 章的区域选择性合成中详细研究。利用催化剂 **120**,可以催化丙酮与 α-酮酸的对映选择性加成[150]。在这个催化反应中,其催化效率很高(99%),而且其催化的对映选择性也高达 98%[式(2-37)]。

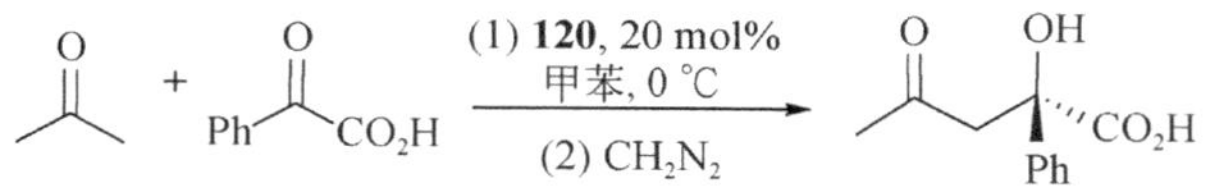

$$(2\text{-}37)$$

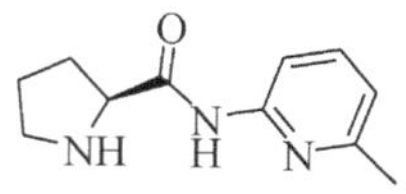

120

在其他的一些研究中,利用不同的催化剂得到不同的主要产物,其中有的催化剂的对映选择性高达 99%[151]。

此外,C—H 的活化与 H 被氰基取代,生成相应的手性化合物[152],三甲基硅腈(TMSCN)在手性催化剂 **121** 的催化下,成功对其进行活化并取代[式(2-38)],获得了很好的对映选择性。

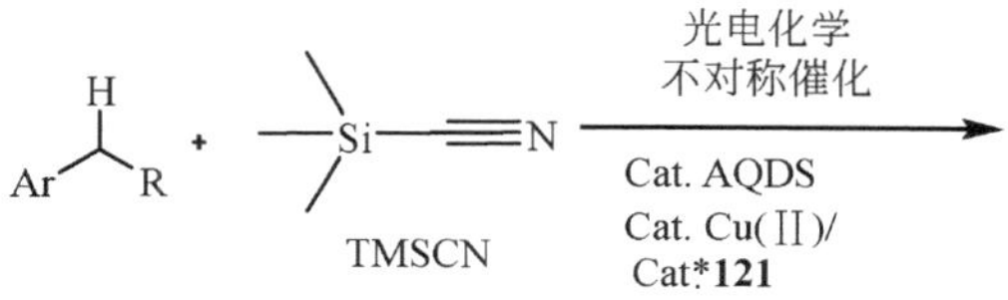

$$(2\text{-}38)$$

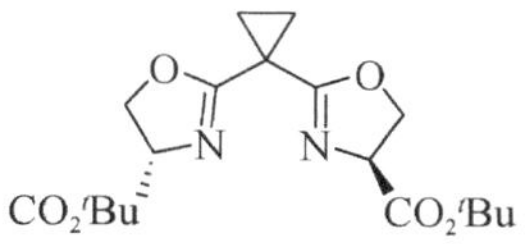

121 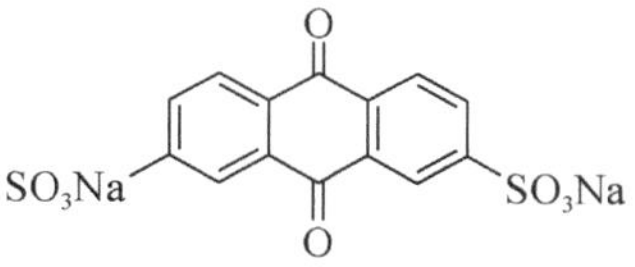 AQDS

2.7.2 对映选择性环氧化反应

这是一类非常有影响力的反应,在底物只含一个可用的双键时,利用手性催化剂可以选择性地得到其中的一个异构体。这方面的例子很多,并且因 Sharpless 获得诺贝尔奖而获得更进一步的发展。我国上海有机研究所相关研究人员在这方面已进行了相当多的研究,包括将该环氧化反应应用于天然产物的全合成研究。其他不同的研究组也进行了很多的尝试[153]。一个天然产物的中间体合成的例子列在下面[式(3-39)]。所使用的催化剂为酒石酸的衍生物,如(D)-酒石酸二乙酯 **122**,其 ee 值高达 93%～97%。

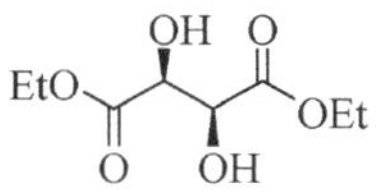

122

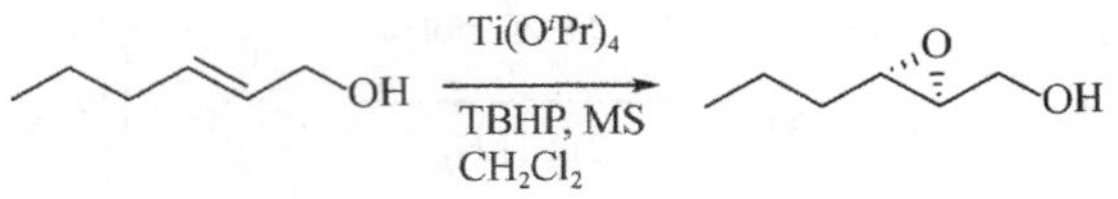

$$(2-39)$$

2.7.3 对映选择性 Reformatsky 等反应

Reformatsky 反应是有机锌试剂参与的一类重要 1,2-加成反应[式(2-40)]，早期的对映催化 Reformatsky 反应于 1973 年报道，但反应产率低且没有通用性[154]。

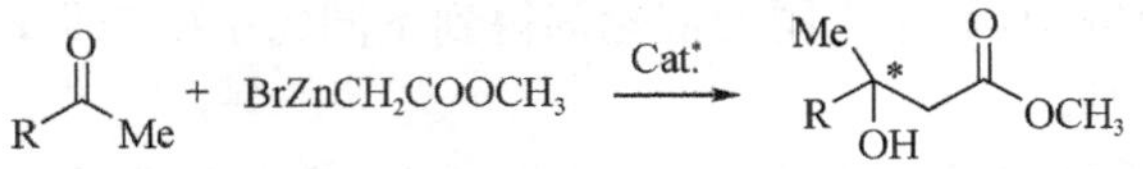

$$(2-40)$$

近几年对映催化 Reformatsky 反应有了很大发展[155]，但这类反应的产物常常容易在酸性条件下脱水而失去新生成的手性中心。

实际上，在有机化学高速发展的今天，已经出现了各种各样的不对称反应，如不对称硫醚的氧化反应[156]。使用手性 N—O 催化剂(**123**)，部分产物的对选择性可高达 99%。

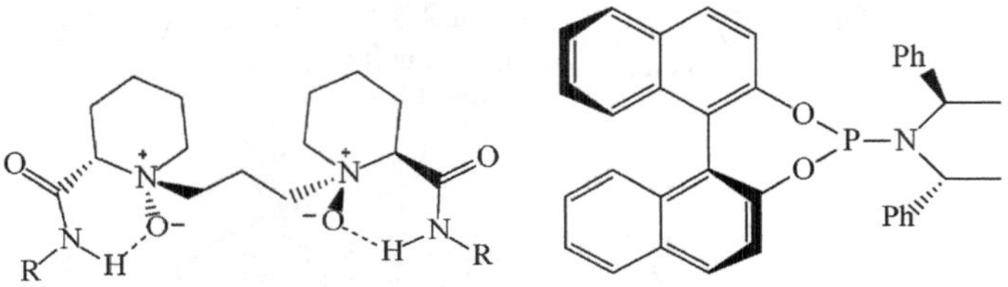

123: R=2,6-Et$_2$C$_6$H$_3$　　　　　　　　**124**

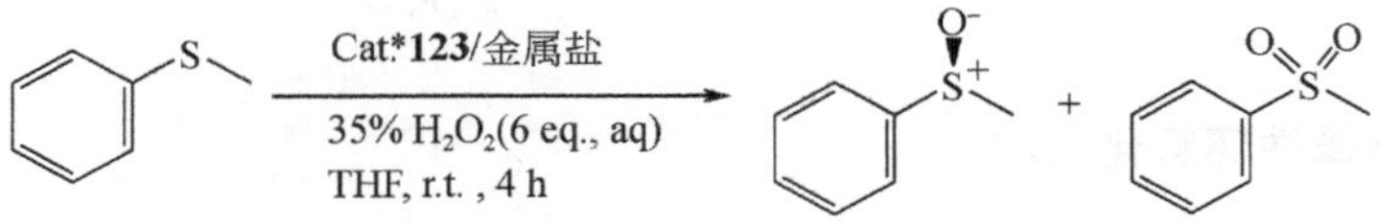

$$(2-41)$$

对映选择性加成开环反应也见报道，如利用催化剂 **124** 在催化开环反应时的对映选择性为 99%[157]。但这类报道不多。

2.8 对映催化加成反应中的三个实验现象

手性催化剂在催化这一类对映选择性的加成反应中，研究人员发现了三个十分有意义的实验现象。例如，在烷基锌试剂与醛的反应中，不同催化剂的催化结果以及催化过程中出现的手性放大效应、自催化效应以及奇-偶碳效应。

2.8.1 手性放大效应

在利用樟脑衍生物作催化剂(**124**)来研究二乙基锌对苯甲醛的加成反应时，发现随着樟脑衍生物本身的 ee 值从小到大变化时，得到的加成产物的 ee 值也随之变化，而且，樟脑衍生物本身的 ee 值较小时，得到的加成产物的 ee 值却较大[158]。这看起来好像一个无线电研究中的三极管把电信号放大了似的。这种结果列在图 2-6 中。

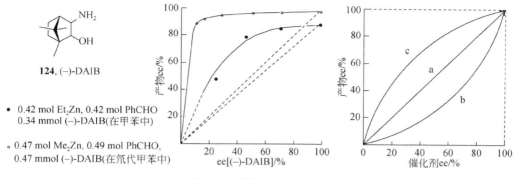

NH_2
OH
124, (–)-DAIB
• 0.42 mol Et_2Zn, 0.42 mol PhCHO 0.34 mmol (–)-DAIB(在甲苯中)
∘ 0.47 mol Me_2Zn, 0.49 mol PhCHO, 0.47 mmol (–)-DAIB(在氘代甲苯中)
产物ee/%
ee[(–)-DAIB]/%
c
a
b
催化剂ee/%

图 2-6　手性放大效应实例

然而，这种情况并不都能发生，很多时候得到的加成产物的 ee 值却比催化剂本身的 ee 值为小。因此，也有研究人员更习惯于把这种效应称为非线性效应(non- linear effect)。例如，对于如图 2-6(右侧)的具体情况而言，在 a 线右下方的线(b 线)催化效果是产物的 ee 值比所用的催化剂的 ee 值小。只有在 a 线的左上方的线(c 线)的催化效果是产物的 ee 值比所用的催化剂的 ee 值大。在此区域内的催化效果才是手性放大。

2.8.2 自催化效应

在利用二异丙基锌与底物结构一致的醛反应时，存在自催化现象。也就是生成的产物本身也是催化剂(**125**)，这些生成的产物在后来的反应中也参与了催化作用[159]。一个典型的例子列在下面[式(2-42)]。

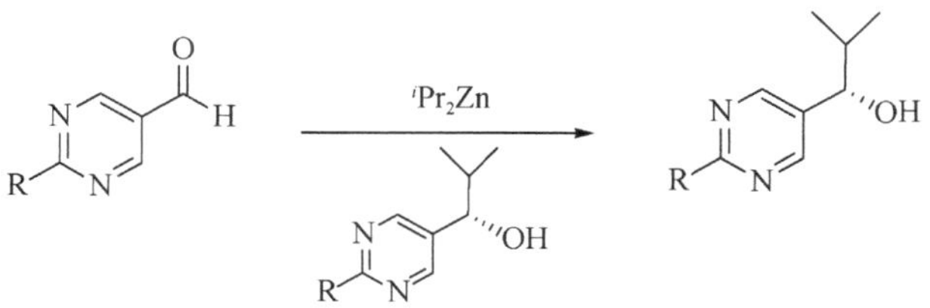

O
H
N
R
N
$^iPr_2Zn$
OH

(2-42)

其催化过程可以简单地利用图 2-7 表示。

$^iPr_2Zn$
+
O
H
N
R
N
OH
OZn
H^+

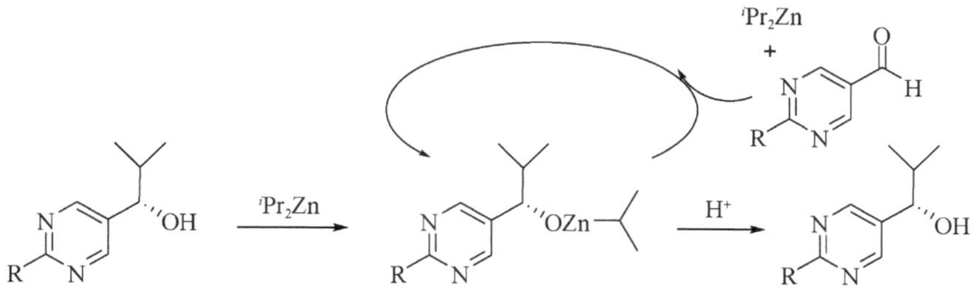

催化剂，(*S*)-**125**　　产物 (*S*)

图 2-7　自身催化效应的催化过程

这个现象的发现,在一定意义下对理解手性氨基酸的单一性存在,有一定的积极意义,但是,这一类反应的自催化现象与真实意义上的有关生命的起源还有很大的距离。

2.8.3 奇-偶碳效应

前面提到在研究机理的过程中涉及过渡态的计算。当催化剂分子本身不大时,可以利用简化模型来计算和估计。然而当催化剂分子本身变得很大时,利用简化模型来计算和估计会带来很大的误差。而如果把真实的催化剂分子放在计算体系中,又会由于计算量的庞大而无法计算。那么在设计催化剂时,有没有可以借鉴的东西来帮助我们呢? 奇-偶碳效应就是在这种背景下得到的一个直观规律。

在催化剂的活性部位附近若有取代基,那么当取代基从—Me、—Et、—^{n}Pr 到—^{n}Bu 变化时,反应产物的 ee 值将呈有规律的变化。例如,在下列催化剂催化的二乙基锌对苯甲醛的对映选择性加成反应中,反应产物中占优势数量的对应异构体的数量与催化剂中的取代基的变化表现出如下变化趋势(图 2-8)[160]。

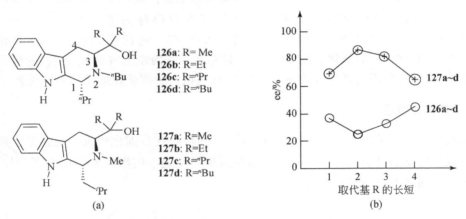

图 2-8　(a)两个系列的手性催化剂结构;(b)ee 值随 C3 上取代基长度的变化而变化

这是由于催化剂在溶液中形成不同构象造成的。当不同的构象与二乙基锌反应时,将会形成新的不同构象的混合分布。由于不同构象在二乙基锌对苯甲醛的对映选择性加成反应中能量不同,因此,最终的反应不同构型产物的数量也将表现出差异。也就是说,起始催化剂的不同数量的分布,最终大部分传递为不同过渡态结构数量的分布,从而影响了不同构型产物在数量上表现出差异。实际情况与此估计比较接近。例如,通过量子化学计算,在 HF/6-31G(d,p)条件下得到不同构象的能量,由此得到上述两类催化剂的不同顺反式结构上的差异,这个差异与观察到的 R-异构体的数量有比较直观的线性关系,如图 2-9 所示。

这个现象在其他几个不同类型的手性催化剂的催化结果中也同样出现。因此,对于刚性不大的手性催化剂而言,利用量子化学计算,得到不同构象之间的能量差异值,再将其与对映选择性进行关联。这样,在手性分子的设计与合成中,我们可能只计算相关手性分子的相对构象的能量差,针对合成得到的两个不同取代基的催化剂的选择性(如甲基和

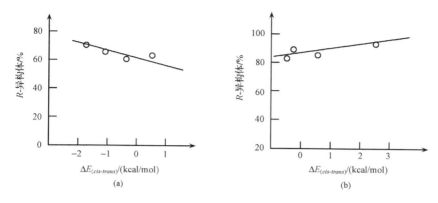

图 2-9　手性催化剂 **126**(a)和 **127**(b)的不同构象分布与催化剂的对映选择性的关系

丁基取代衍生物),得到一条直线,那么可以用得到的其他取代基的相对构象的能量差所对应在这条直线上的位置,判断该取代基催化剂的选择性。这个初步的估计对于催化剂的设计有一定帮助。

　　虽然这个现象是从二乙基锌对苯甲醛的对映选择性加成反应中观察到的,但在其他反应中也观察到了类似现象。例如,在利用 $NaBH_4$ 还原脂肪族酯为相应的醇反应中,反应底物的碳链长度对起始反应温度有明显的影响。在甲酯系列反应中,当取代基 R 从甲基开始到 ^nBu 结束,反应的起始反应温度点在乙酸甲酯时达到最高。而丁酸甲酯的还原反应温度最低。在苄酯系列中,起始反应温度在乙酸苄酯时达到最低,而丁酸苄酯为最高。起始反应温度随脂肪碳链长度的变化关系如图 2-10 所示[161]。而这些结果是很难用传统的理论来解释。

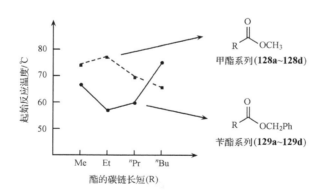

图 2-10　两个系列的脂肪族酯的还原反应的起始反应温度随脂肪碳链长度的关系

　　因此。无论是催化剂的构象,还是反应底物的构象分布等,都将对反应的最终结果产生巨大影响。这样,短链的取代基效应,能够在不同的反应中引起我们充分的重视,并带来不一样的结果。这也许是奇-偶碳效应带给我们的启示。

2.9　原始海洋中物质的可能的手性放大（富集）

原始海洋里没有任何生命，通过各种大气放电等，这里存在较多的无手性的 CHO、CH_3CHO、CHOCHO、HCO_2H 等物质。这些非手性物质可能会进一步发生各种反应生成外消旋手性物质。在某些情况下，天外陨石携带少量的手性源，如 2.8%～15.2%的(S)-α-甲基氨基酸(L-型)[162]可能会参与催化反应[163]。此外，前面讲到的自催化现象等，也是可能的途径之一。手性放大更多的时候被称为非线性效应。也就是说，在"非线性效应"中，也存在 ee 值变小的情况。另外，这些少量对映体过剩的物质，如氨基酸，也可能由于在水中的溶解度的差异，大量 D- 和 L-的氨基酸结晶，最后在水中留下量大的对映体氨基酸，使得手性得到放大（富集）[164]。其他探索提高对映体含量升高的物理实验，一些结果也表明这种手性富集是可行的[165]。但是这种物理过程是可逆的，例如这些晶体也可能遇雨水而溶解。

那么是不是有一类化学反应，在反应后，留在溶液中的稍微过剩的对映体的 ee 值能够得到提高呢？对于这些 ee 值极小的手性物质，如 L-氨基酸，对其 ee 值提高到 3‰ ee 或更高，对后来的其他手性物质的产生才有较大的意义（图 2-11）。因此，在仅仅考虑早期地球本身没有较高 ee 值的手性物质的条件下，利用有机化学反应来模拟手性化合物的 ee 值放大或者富集十分必要。

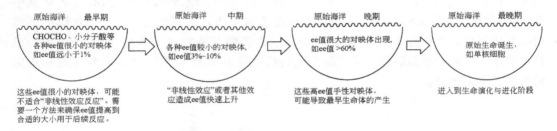

原始海洋　最早期	原始海洋　中期	原始海洋　晚期	原始海洋　最晚期
CHOCHO、小分子酸等各种ee值很小的对映体如ee值远小于1%	各种ee值较小的对映体，如ee值3%~10%	ee值很大的对映体出现，如ee值 >60%	原始生命诞生，如单核细胞
这些ee值很小的对映体，可能不适合"非线性效应反应"。需要一个方法来确保ee值提高到合适的大小用于后续反应。	"非线性效应"或者其他效应造成ee值快速上升	这些高ee值手性对映体，可能导致最早生命体的产生	进入到生命演化与进化阶段

图 2-11　手性起源后的手性 ee 值提高的三个可能阶段

首先是反应的选择。在 L-色氨酸(L-130，L-TME)与乙二醛反应中，反应产物主要是 L-131 和 L-132[式(2-43)][166]。如果是外消旋混合物 130 在一起反应，产物除了 131 及其差向异构体 L-132 以外，还应该有 L-130 与 D-130 的反应产物 L-D-133 和 D-L-133[式(2-44)，图 2-12]。

L-130　　　(0.6eq.)　　　L-131　　+　　L-132
　　　　　CH_2Cl_2
　　　　　r.t., MS

$(2-43)$

(2-44)

图 2-12　化合物 **131**～**133** 在 TLC 中的相对位置(R_f 值)

1. 反应产物 **131** 的 R_f 值；2. 反应产物 **132** 的 R_f 值；3. 反应产物 **133** 的 R_f 值；
4. 反应产物 **131**、**132**、**133** 的混合样的 R_f 值

由于 L-**130** 与 D-**130** 是对映体，因此，L-**130** 反应产物 L-**131** 的量与 D-**130** 的反应产物 D-**131** 完全一样。同样，L-**132** 与 D-**132** 的量也一样。因此，如果溶液中 L-**130** 比 D-**130** 的含量高，在乙二醛的量不足全部将其反应完的情况下，生成 **132** 的产率越高，就意味着反应后留在溶液中的 L-**130** 的含量也就越高，也就是说其 ee 值提高了。这样，在无需外在手性催化剂的条件下，就可以放大 L-**130** 在溶液中的 ee 值。

在这个例子中，反应前原料的 ee_1 值与反应后溶液中的 ee_2 值，将与 **133** 的产率(p)具有数学上的函数关系[167]。为此，我们将上述反应简化为如下反应通式(图 2-13，化合物 **132** 的编号在下面的通式中是 $m=2$ 时的情况)。

(a)四种反应情况：

(R)-M + (S)-M
D-**130**　L-**130**
$\underbrace{\hspace{1cm}}$
　x　　　y
ee₁

双功能
基分子
(bis FG)

情况1　(R,S)-**133**(1) + ⋯ +(R,S)-**133**(n)
情况2　(S,R)-**133**(1) + ⋯ +(S,R)-**133**(n)
情况3　(R,R)-**131**(1) + ⋯ +(R,R)-**131**(m)
情况4　(S,S)-**131**(1) + ⋯ +(S,S)-**131**(m)

+ (R)-M和(S)-M 留在溶液中(ee_2)

(这里，n和m大于等于1。
其中$m=2$时，结构为产物**132**)

(b) 反应情况总结

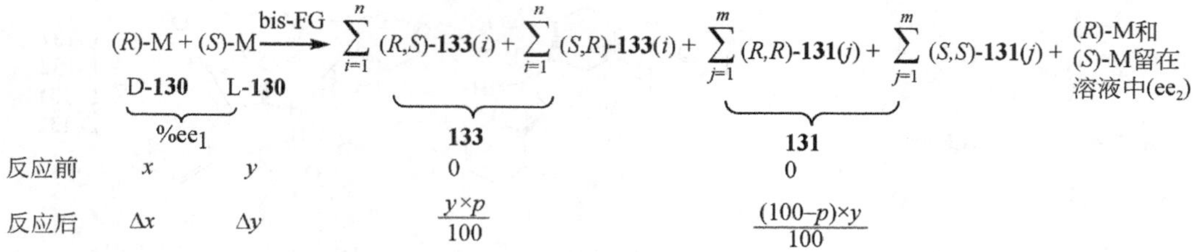

$$(R)\text{-M} + (S)\text{-M} \xrightarrow{\text{bis-FG}} \sum_{i=1}^{n}(R,S)\text{-}\mathbf{133}(i) + \sum_{i=1}^{n}(S,R)\text{-}\mathbf{133}(i) + \sum_{j=1}^{m}(R,R)\text{-}\mathbf{131}(j) + \sum_{j=1}^{m}(S,S)\text{-}\mathbf{131}(j) + \begin{array}{l}(R)\text{-M和} \\ (S)\text{-M留在} \\ \text{溶液中}(ee_2)\end{array}$$

	D-130	L-130	133	131	
	%ee₁				
反应前	x	y	0	0	
反应后	Δx	Δy	$\dfrac{y \times p}{100}$	$\dfrac{(100-p) \times y}{100}$	

图 2-13 反应(2-44)的四种情况的总结

ee_1 表示 L-**130** 和 D-**130** 初始对映体过剩率；ee_2 是从剩余溶液中回收的 TME 的对映体过剩率；p 表示产物 **133** 系列化合物的总产率。因此在理想情况下，化合物 **131** 产物的总产率为$(100-p)$

当初始 $x > y$ 时，(R)-**130** 和(S)-**130** 的消耗量与生成 **133** 的摩尔数相同。因此，Δx 一定大于Δy。形成 $y \times p/100$mol **133** 后，生成的 **131** 的数量为$(100-p) \times y/100$。由于(R,R)-**131** 和(S,S)-**131** 系列化合物有相同的过渡能垒，因此，溶液中(R,R)-**131** 与(S,S)-**131** 的比值取决于溶液中剩余的(R)-**130** 和(S)-**130** 的比值，即$\Delta x/\Delta y$ 比值。也就是说，溶液中(R,R)-**131** 与(S,S)-**131** 比例溶液中(R)-**130** 和(S)-**130** 的数量（即Δx 和Δy）即成正比。如果(R)-**130** 多，则(R,R)-**131** 生成数量多。因此，在 $y \times p/100$ mol **131** 形成后，(R)-**130** 消耗掉 $Q_{R,R}$ 用于 **131** 的合成，可表示为

$$Q_{R,R} = \left[\frac{y(100-p)}{100}\right]\frac{\Delta x}{\Delta x + \Delta y} = y(100-p)\% \frac{(x-py/100)}{(x-py/100)+(y-py/100)}$$

同样，(S)-**130** 用于合成系列(S,S)-**131** 的数量为 $Q_{S,S}$。

$$Q_{S,S} = y(100-p)\% \frac{(y-py/100)}{(x-py/100)+(y-py/100)}$$

这样，生成 **133** 和 **131** 后，(R)-**130** 和(S)-**130** 仅剩余（分别为Δx 和Δy）：

$$\Delta x = \left(x - \frac{py}{100}\right) - Q_{R,R}$$

$$= x - py/100 - \frac{y(x-py/100)(100-p)\%}{(x-py/100)+(y-py/100)}$$

$$\Delta y = \left(y - \frac{py}{100}\right) - Q_{S,S}$$

$$= y - py/100 - \frac{y(y-py/100)(100-p)\%}{(x-py/100)+(y-py/100)}$$

因此，(R)-**130** 在溶液中剩余的对映体含量(ee_2)，可以用式(2-45)计算：

$$ee_2 = \frac{\Delta x - \Delta y}{\Delta x + \Delta y} \times 100\% \tag{2-45}$$

将 Δx 和 Δy 代入式(2-45)后，可得到下列公式：

$$ee_2 = \frac{50(x-y)}{50(x+y)-py} \times 100\% \tag{2-45A}$$

或者它与 ee_1 的关系可以表示为

$$ee_2 = \frac{50(x+y) \times ee_1}{50(x+y)-py} \times 100\% \tag{2-45B}$$

因此,对于任意初始值 ee_1,ee_2 主要是化合物 **133** 产率(p)的函数。

这里讨论由式(2-45)得出的三个主要特征。图 2-14(a)为(*R*)-**130** 的 ee_2 与 ee_1 的关系。图 2-14(b)表明 ee 值的增量Δee($=ee_2-ee_1$)与 ee_1 的关系。图 2-14(c)描述了 ee_2 与 ee_1 的比值与 ee_1 的关系。我们分别计算了 9 条曲线,以 10%增量为准,分别对应于 10%~90%的产率[式(2-45)中的 p]。

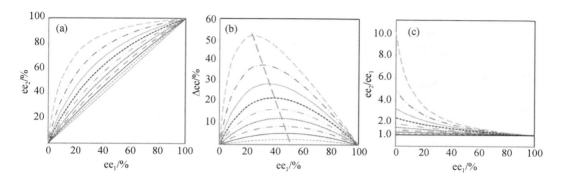

图 2-14　ee_1 与 ee_2 的理论关系[式(2-45A)中的 $x>y$]

图 2-14(a)中(*R*)-**130** 的所有 9 条 ee_1-ee_2 曲线位于 45°对角线(黑线)之上。**133** 的产率(p)越高,溶液中剩余(*R*)-**130** 的对映体增量Δee 越大。图 2-14(b)表明,**133** 的产率越大,达到Δee 的最大增量所需的初始 ee_1 就越小。图 2-14(c)显示放大倍数不是线性的。ee_1 值越小,ee_2/ee_1 比值越大。当 p 接近 90%时,放大倍数为 10。

当产率(p)从 95%变化到 99.0%、99.9%和 99.99%,且 ee_1 为极小值 0.005%时,其理论上的放大倍数分别接近 20、33、99 和 6667。当产率为 100%时,则放大倍数 ee_2/ee_1 达到 20000。初始 ee_1 越低,放大倍数越大。因此,这表明了一种极其重要的可能性,即(*R*)-**130** 具有极小初始值 ee_1 时,都可能与某个 bis-FG 试剂反应,从而快速提高其 ee_2 值到一个较大的数值。

例如,L-色氨酸甲酯与 D-色氨酸甲酯与乙二醛发生反应生成了化合物 **134**[两个外消旋体 **134**(1)和 **134**(2)]和 **135**[一个外消旋体 **135**(1)]。使用 PCM 模型在 CH_2Cl_2 中以 B3LYP/6-311++G(2d,p)基组计算,得到 **134**(1)的相对能量低于 **135**(1)的相对能量(1.31 kcal/mol)。同时利用这个能量差数据和式(2-45)进行了理论计算,得到 ee_2 值并与实验值进行了对比,如图 2-15 和图 2-16 所示。在这个反应中,ee 的增量可达 12.3%左右(表 2-20,第 7 行)。

式(2-45)表明:在原始海洋中某个对映体物质的 ee_1 值非常小时,如果存在一个类似的化学反应[图 2-13,式(2-44)],随着 p 值的增加,该对映体留存在溶液中的 ee_2 值将呈现出指数级的增加,从而为后续的单一手性的多肽合成,或者其他手性物质的合成打下基础。而这一点恰恰是生命起源所需要的。如果相关的手性物质的 ee_1 值一直极低而不能得到提高,那么生命起源时所需要的单一手性的多肽等的合成就不可能实现,生命起源也就是极为困难。

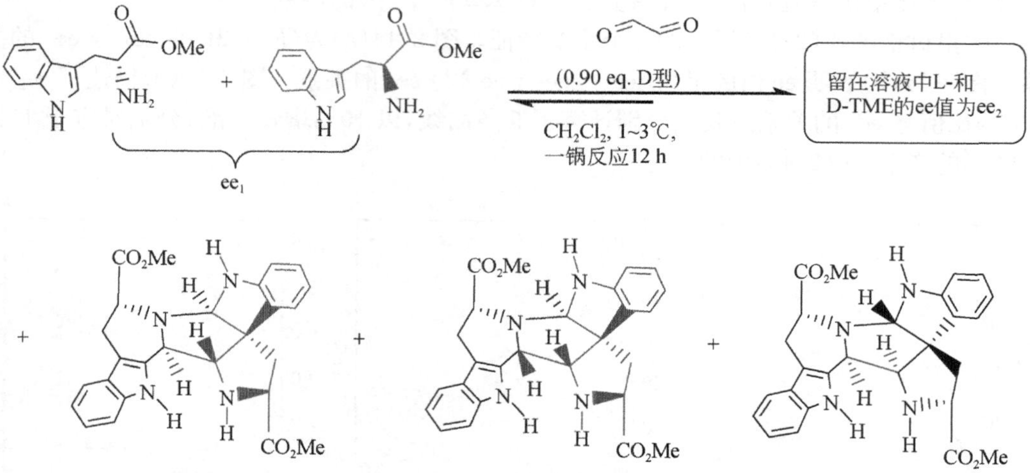

(*R,S*)-**134**(1)　　(*R,S*)-**134**(2)　　(*R,R*)-**135**(1)
(*S,R*)-**134**(1)　　(*S,R*)-**134**(2)　　(*S,S*)-**135**(1)
ΔE: 0.000　　1.478　　1.307

图 2-15　L-TME(ee_1)与乙二醛反应得到 **134**(1)、**134**(2)和 **135**(1)(相对能量列于其结构下方)

表 2-20　反应中原料 L-TME 的起始 ee_1 值，反应后的 ee_2 值及其二者的差值(Δee)和放大倍率(ee_2/ee_1)

序号	ee_1	ee_2	Δee	ee_2/ee_1
1	6.1	11.7	5.6	1.92
2	9.3	15.8	6.5	1.70
3	21.9	30.8	8.9	1.41
4	30.6	38.9	8.3	1.27
5	35.7	47.1	11.4	1.32
6	40.3	51.8	10.5	1.29
7	44.2	56.5	12.3	1.28
8	51.2	60.8	9.6	1.19
9	54.9	66.5	11.6	1.21
10	62.3	70.2	7.9	1.13
11	64.4	73.3	8.9	1.14
12	70.5	76.1	5.6	1.08
13	82.8	86.6	3.8	1.05
14	89.6	91.9	2.3	1.03

这个实验也表明，在无需外来催化剂的情况下，通过类似的反应，可最终得到较高 ee_2 值的对映体。因此，在生命起源的早期，手性物质的富集，并不需要任何其他手性催化剂，也可以提高对映体的 ee 值。这些具有一定 ee 值的手性物质，在原始海洋的中后期可以充当各种角色，如作为手性催化，或者其他用途。

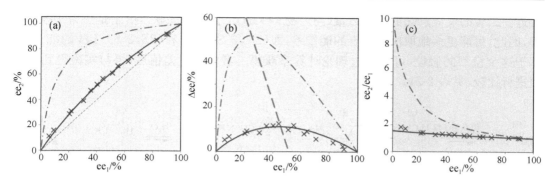

图 2-16　利用式(2-45)计算的 ee_2 随 ee_1 变化关系图(虚线)

其中以 **134**(1)和 **135**(1)之间 1. 307 kcal/mol 的能量差计算得到(R,S)-**134** 的产率 p 为 90％。符号"×"表示实验值

2.10　氨基酸对糖合成的手性催化

虽然我们并不确切知道在原始海洋里 D-糖与 L-氨基酸的生成顺序,但是这并不妨碍我们开展一些理论上的探讨。上面讲到原始海洋里存在的 CHO 等物质,它可以很容易转化为相关的糖类化合物,如四碳糖(图 2-17)。

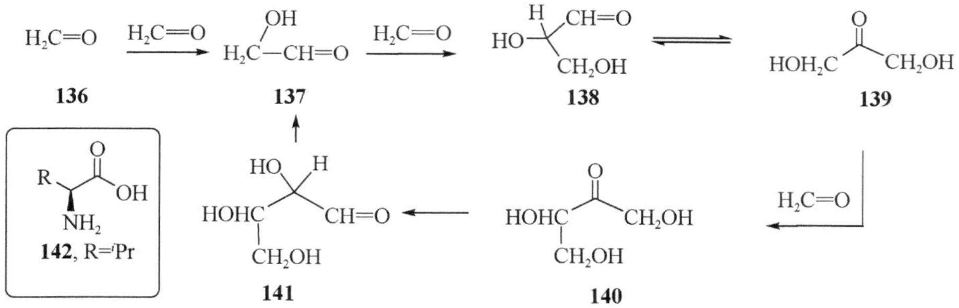

图 2-17　四碳糖可能的合成及降解过程

实验发现在使用纯的 L-valine(**142**)用于手性催化剂时,利用图 2-17 中的反应,可以得到大约 5.4％ee 的 D-三碳糖(**138**)[168]。而当 pH 值升到 3～4 时,其 ee 值升到了近 19％。这初步显示出 L-氨基酸与 D-三碳糖的关系。

那么,D-四碳糖也能被 L-氨基酸所催化吗? 在没有实验验证的情况下,开展理论上的研究同样重要。这个催化过程,包含了关键理论模型的建立。如果该模型在 L-氨基酸催化 D-三碳糖的过程,理论计算与实验吻合,那么应用中 D-四碳糖的催化过程也可能得到高 ee 值的 D-四碳糖。为此,采用经典的理论模型如下(图 2-18)[169]。

这里有一个基本的假设:氨基酸的氨基与醛首先生成相应的席夫碱碱(**143**),在一个 CHO 的参与下,该甲醛分子与其反应生成两个产物($2R,2'S$)-**144** 和($2S,2'S$)-**144**。该席夫碱水解得到三碳糖 **138**。这里产物 **138** 的 ee 值将等于 **144** 的 de 值。

在这个过程中,从 **143** 到 **144** 的过程中,反应的过渡态能量不完全相等,但是会比较接近。二者的反应产物的相对数量(与产物 **144** 的 de 值直接关联),由于是热力学控制过程,因此,可能更多地取决于二者的能量差,即$(2R,2'S)$-**144** 和$(2S,2'S)$-**144** 的能量差。基于这个模型的假设,可以通过理论计算来获得二者的能量差值后,再与实验得到的 ee 值进行比较,见表 2-21。

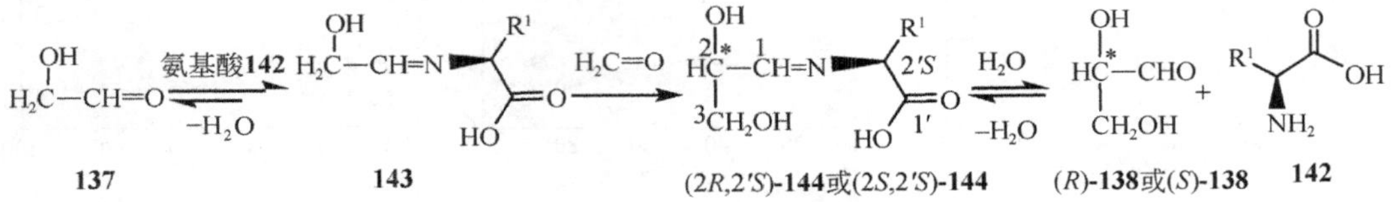

图 2-18　使用氨基酸 **142** 催化从乙二醛到三碳糖的合成机理

表 2-21　五种不同计算方法计算得到的两种不同构型的 144 产物的相对能量及其对应的 ee 值

方法	$\Delta E_{(S\text{-}R)}/(\text{kcal/mol})(\textbf{144})^a$			计算得到的 **138** 的 ee 值/%			实验 ee/%
	ΔE_T	ΔE_0	ΔG	ΔE_T	ΔE_0	ΔG	
1	0.219	0.222	0.127	18.3	18.6	10.7	5.4[167]
2	−0.178	−0.143	0.395	15.0	12.1	32.2	19.0^b
3	0.269	0.139	0.450	22.4	11.7	36.3	
4	−0.144	−0.265	−0.074	12.1	22.1	6.2	
5	0.277	0.355	0.294	23.0	29.1	24.3	

a. ΔE_T:全电子能;ΔE_0:零点能;ΔG:吉布斯自由能。

b. pH 值在 2.9～4.3。

方法 1 是在 B3LYP/6-31G(d)基组上优化得到的构象,进一步在 B3LYP/6-311++G(2d,p)基组上在气相条件下计算。

方法 2 是在 B3LYP/6-311++G(2d,p)基组上优化下得到的构象,进一步在水中用 PCM 模型,在同样的基组上进行计算。

方法 3 是在 B3LYP/6-31G(d)基组上得到的构象,进一步在 WP1PW91/6-311++G(2d,p)基组上优化(气相)。

方法 4 是计算的构象[WP1PW91/6-311++G(2d,p)基组上优化的构象],在同样的基组上使用 PCM 模型在水中再次优化计算。

方法 5 是在ωB97XD/6-311++G(2d,p)基组上使用 SMD 模型在水中计算。

　　可以看到,在使用 **142** 来催化三碳糖的合成时,方法 2 和方法 4 给出的预测与实验值最为吻合(与原始文献[168]中的表述有不吻合的部分,以此为准)。例如使用全电子能、零点能和吉布斯自由能计算得到的能量差值,方法 4 给出 **144** 对应的 de 值分别为12.1%、22.1%和6.2%。这与实验值为 5.4%ee(中性)和 19.2%ee(酸性)比较接近。因此,基于此模型,可以构建类似的四碳糖模型计算(图 2-19)。计算结果列在表 2-22 中。

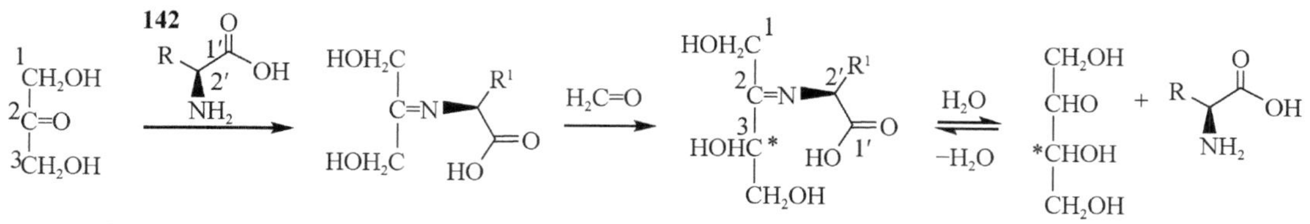

145　146　(3*R*,2′*S*)-147或(3*S*,2′*S*)-147　(*R*)-148或(*S*)-148　142

图 2-19　使用氨基酸 **142** 催化从 **145** 到四碳糖的合成机理

表 2-22　计算得到两种不同构型的 147 的相对能量及其对应的产物 148 的 ee 值

方法	$\Delta E_{(S\text{-}R)}$ (**147**)/(kcal/mol)			计算得到的 **148** 的 ee 值/%[b]		
	ΔE_T	ΔE_0	ΔG	ΔE_T	ΔE_0	ΔG
1	−0.240	*0.193*[a]	*0.377*	20.0	*16.2*	*30.9*
2	−1.750	−1.260	0.116	90.1	78.8	*9.8*
3	−0.091	*0.312*	*0.709*	7.7	25.8	*53.6*
4	−1.501	−1.034	*0.440*	85.3	70.4	*35.6*
5	0.137	0.339	−0.661	11.6	27.9	50.7

a. 斜体数字表示产物为(*R*)-**147** 而不是预期的(*S*)-**147**。

b. 中间产物 **147** 的 de 值与产物 **148** 的 ee 值相等，故在此直接使用 ee 值。

计算结果显示：方法 2 和方法 4 中的计算表明，使用氨基酸 **142** 来催化，可以得到很高 ee 值的 D-四碳糖 **148**(全电子能计算为 90.1%和 85.3%，零点能为 78.8%和 70.4%)。考虑到在三碳糖模型的计算方法的有效性，方法 2 显得更有说服力。因此，可以看到：方法 2 的预测结果是：使用 **142** 来催化可以得到很高 ee 值的 D-四碳糖。该四碳糖 **148** 在合适的条件下可以异构化为 D-四碳糖 **141** 及其异构体。

显然，L-氨基酸催化得到 D-四碳糖的合成，应该是非常大的概率事件，且其 ee 值会比 D-三碳糖的高。毫无疑问，D-型糖首先生成，其实也可以通过类似上一节中提到的手性放大/富集反应过程来提高其 ee 值。当然，首先需要使 D-型糖过量一小点。这是另外一个反应，但是其 ee 值的增加也应该遵循与式(2-45A)一样的原则。

参 考 文 献

[1] (a) Zhu H J. Organic Stereochemistry—Experimental and Computational Methods. Weinheim: Wiley-VCH, 2015.

(b) Lipkowitz K B, D'Hue Cedric A. Sakamoto T, Stack J N. J Am Chem Soc, 2002, 124: 14255-14267.

[2] (a) Brackmann F, Meijere A D. Chem Rev, 2007, 107: 4538-4583.

(b) Zhu H J, Jiang J X, Ren J, Yan Y M, Pittman C U J. Curr Org Synth, 2005, 2: 175-213.

(c) Adili A, Webster J P, Zhao C F, Mallojjala S C, Romero-Reyes M A, Ghiviriga I, Abboud K A, Vetticatt M J, Seidel D. ACS Catal, 2023, 13: 2240-2249.

(d) Ji H, Lin D, Tai L Z, Li X Y, Shi Y X, Han Q R, Chen L A. J Am Chem Soc, 2022, 144: 23019-23029.

(e) Liu C F, Wang Z C, Luo X H, Lu J W, Ko C H M, Shi S L, Koh M J. Nature Catal, 2022: 934-942.

(f) Jang S H, Kim H W, Jeong W, Moon D, Rhee Y H. Org Lett, 2018, 20(4): 1248-1251.

(g) Yang K, Lou Y, Wang C L, Qi L W, Fang T C, Zhang F, Xu H T, Zhou L, Li W Y, Zhang G, Yu P Y, Song Q. Angew Chem Int Ed, 2020, 59(8): 3294-3299.

(h) Li J L, Liu L, Pei Y N, Zhu H J. Tetrahedron, 2014, 70：9077-9083.

(i) 潘威,马文广,杨晓东,郑昀晔,宋碧清,牛永志,古吉,胡栋宝,杨芹,朱华结. 高等学校化学学报,2015, 36：325-329.

[3] Chan A S C, Hu W, Pai C C, Lau C P, Jiang Y, Mi A, Yan M, Sun J, Lou R, Deng J. J Am Chem Soc, 1997, 119：9570.

[4] (a) Xie J H, Zhou Q L. Acc Chem Res, 2008, 41：581.

(b) Dai W M, Zhu H J, Hao X J. Tetrahedron：Asymmetry, 1995, 6：1857.

[5] (a) Ding K, Han Z, Wang Z. Chem Asian J, 2009, 4：32.

(b) Dai W M, Zhu H J, Hao X J. Tetrahedron：Asymmetry, 1996, 7：1245.

[6] (a) Dai L X, Tu T, You S L, Deng W P, Hou X L. Acc Chem Res, 2003, 36：659.

(b) Zhang K, Peng Q, Hou X, Wu Y. Angew Chem Int Ed, 2008, 47：1741.

(c) Wu W, Peng Q, Dong D, Hou X, Wu Y. J Am Chem Soc, 2008, 130：9717.

[7] Han Z, Wang Z, Zhang X, Ding K. Angew Chem Int Ed, 2009, 48：5345.

[8] (a) Dai L X. Angew Chem Int Ed, 2004, 43：5726.

(b) Wang X, Ding K. J Am Chem Soc, 2004, 126：10524.

(c) Wang X, Shi L, Li M, Ding K. Angew Chem Int Ed,2005, 44：6362.

(d) Liang Y, Jing Q, Shi L, Li X, Ding K. J Am Chem Soc, 2005, 127：7694.

(e) Ding K, Wang Z, Wang X, Liang Y, Wang X. Chem Eur J, 2006, 12：5188.

(f) Shi L, Wang X, Sandoval C A, Li M, Qi Q, Li Z, Ding K. Angew Chem Int Ed, 2006, 45：4108.

(g) Wang Z, Chen G, Ding K. Chem Rev, 2009, 109：322.

[9] Lu S F, Du D M, Xu J, Zhang S W. J Am Chem Soc, 2006, 128：7418.

[10] Pan W, Deng Y, He J B, Bai B, Zhu H J. Tetrahedron, 2013, 69：7253.

[11] Liu L, Yang Q, Yu H, Li J L, Pei Y N, Zhu H J,Li Z Q, Wang X K. Tetrahedron, 2015, 71：3296-3302.

[12] Wang D, Hu X, Huang J, Deng J, Yu S, Duan Z, Xu X, Zheng Z. Angew Chem Int Ed,2007, 46：7810.

[13] Zhou J, Tang Y. J Am Chem Soc, 2002, 124：9030.

[14] Wang Z Q, Feng C G, Xu M H, Lin G Q. J Am Chem Soc, 2007, 129：5336.

[15] 冯晓明,刘小华,陈应春,秦勇,刘波,宋振雷,杨劲松,胡常伟.高选择性的有机合成新反应与新策略研究进展.中国科学基金,2017, 6：564.

[16] Li X, Lu G, Kwok W H, Chan A S C. J Am Chem Soc, 2002, 124：12636.

[17] Xu Z, Wang R, Xu J, Da C S, Yan W J, Chen C. Angew Chem Int Ed,2003, 42：5747.

[18] Huang Y, Yang F, Zhu C. J Am Chem Soc, 2005, 127：16386.

[19] Yue T, Wang M, Wang D, Zhu J. Angew Chem Int Ed,2008, 47：9454

[20] Zhang X, Huang H, Guo X, Guan X, Yang L, Hu W. Angew Chem Int Ed,2008, 47：6647.

[21] Zhou Y G. Acc Chem Res, 2007, 40：1357.

[22] Zhou H F, Li Z W, Wang Z J, Wang T L, Xu L J, He Y M, Fan Q H, Pan J, Gu L Q, Chan A S C. Angew Chem Int Ed,2008, 47：8464.

[23] Wong O A, Shi Y. Chem Rev, 2008, 108：3958.

[24] (a) Tang Z,Jiang F, Yu L T, Cui X, Gong L Z, Mi A Q, Jiang Y Z, Wu Y D. J Am Chem Soc, 2003, 125：5262.

(b) Tang Z, Jiang F, Cui X, Gong L Z, Mi A Q, Jiang Y Z, Wu Y D. Proc Natl Acad Sci USA, 2004, 101：5755.

[25] (a) Xie J W, Chen W, Li R, Zeng M, Du W, Yue L, Chen Y C, Wu Y, Zhu J, Deng J G. Angew Chem Int Ed, 2007, 46：389.

(b) Zhao B T, Zhu H J, Hong X, Dai W M, Zhou J, Hao X J. Chin Chem Lett, 1998, 9：527.

其他可参考文献[55a]、[55c]～[55f].

[26] Luo S, Mi X, Zhang L, Liu S, Xu H, Cheng J P. Angew Chem Int Ed, 2006, 45: 309.

[27] (a) Liu X H, Qin B, Zhou X, He B, Feng X M. J Am Chem Soc, 2005, 127: 12224.

(b) Wen Y, Gao B, Fu Y, Dong S, Liu X, Feng X. Chem Eur J, 2008, 14: 6789.

[28] (a) Kang Q, Zhao Z A, You S L. J Am Chem Soc, 2007, 129: 1484.

(b) Kang Q, Zheng X J, You S L. Chem Eur J, 2008, 14: 3539.

[29] Guo Q S, Du D M, Xu J. Angew Chem Int Ed, 2008, 47: 759.

[30] (a) Hu W, Xu X, Zhou J, Liu W J, Huang H, Hu J, Yang L, Gong L Z. J Am Chem Soc, 2008, 130: 7782.

(b) Xu X, Zhou J, Yang L, Hu W. Chem Commun, 2008: 6564.

[31] Liu T Y, Cui H L, Long J, Li B J, Wu Y, Ding L S, Chen Y C. J Am Chem Soc, 2007, 129: 1879.

[32] (a) Shi M, Chen L H, Li C Q. J Am Chem Soc, 2005, 127: 3790.

(b) Jiang Y Q, Shi Y L, Shi M. J Am Chem Soc, 2008, 130: 7202.

[33] Huang X L, He L, Shao P L, Ye S. Angew Chem Int Ed, 2009, 48: 192.

[34] Jiang H Y, Yang C F, Li C, Fu H Y, Chen H, Li R X, Li X J. Angew Chem Int Ed, 2008, 47: 9240.

[35] Nie H, Zhu Y, Hu X, Wei Z, Yao L, Zhou G, Wang P, Jiang R, Zhang S. Org Lett, 2019, 21: 8641-8645.

[36] Li Y, Zhu S, Zhou Q. Org Lett, 2019, 21: 9391-9395.

[37] Wang T, Fan L, Shen Y, Wang P, Gong L. J Am Chem Soc, 2019, 141: 10616-10620.

[38] Kang Z, Wang Y, Zhang, D, Wu R, Xu X, Hu W. J Am Chem Soc, 2019, 141: 1473-1478.

[39] Ren X, Du H. J Am Chem Soc, 2016, 138: 810-813.

[40] Li C, Xing J, Zhao J, Huynh P, Zhang W. Org Lett, 2012, 14: 390-393.

[41] Li S, Liu Y, Huang B, Zhou T, Tao H, Xiao Y, Zhang J. ACS Catalysis, 2017, 7: 2805-2809.

[42] Zhuo C, Zhou Y, You S. J Am Chem Soc, 2014, 136: 6590-6593.

[43] Zhang L, Zhang J, Xiang S, Guo Z, Tan B. Org Lett, 2018, 20: 6022-6026.

[44] Tan X F, Gao S, Zeng W J, Xin S, Yin Q, Zhang X M. J Am Chem Soc, 2018, 140: 2024-2027.

[45] Sun M, Ma C, Zhou S, Lou S, Xiao J, Jiao Y, Shi F. Angew Chem Int Ed, 2019, 58: 8703-8708.

[46] Wu C, Zhang Y, Xu M. Org Lett, 2018, 20: 1789-1793.

[47] Liu Y, Li B, Tian J, Liu F, Zhao J, Zhao B G. J Am Chem Soc, 2016, 138: 10730.

[48] Wu Y, Hu L, Li Z, Deng L. Nature, 2015, 523: 445-450.

[49] (a) Frankland E. Liebigs Ann Chem, 1849, 71: 171-213.

(b) Seyferth D, Frankland E. Organometallics, 2001, 20: 2940-2955.

(c) Wosch C L, Labes R, Salome K S, Melo V S, Schorr R R, Guerrero P G Jr, Lim N K, Frensch G, Maia B H L N S, Marques F A. J Braz Chem Soc, 2023, 34(9): 1353-1359.

[50] (a) Oguni N, Omi T. Tetrahedron Lett, 1984, 25: 2823-2824.

(b) 张生勇, 郭建权. 不对称催化反应. 北京: 科学出版社, 2002.

[51] Kim H J, Pongdee R, Wu Q Q, Hong L, Liu H W. J Am Chem Soc, 2007, 129: 14582-14584.

[52] Pritchett S, Woodmansee D H, Davis T J, Walsh P J. Tetrahedron Lett, 1998, 39: 5941-5942.

[53] 杨王贵, 吴帅, 施敏. 有机化学, 2007, 27: 197-208.

[54] Lauterwasser F, Nieger M, Mansikkamäki H, Nättinen K, Bräse S. Chem Eur J, 2005, 11: 4509-4525.

[55] (a) Zhu H J, Zhao B T, Pittman C U Jr, Dai W M, Hao X J. Tetrahedron: Asymmetry, 2001, 12: 2613-2619.

(b) 徐前永, 武同兴, 潘鑫复. 高等学校化学学报, 2002, 23: 1318-1320.

其他有关相思豆碱的催化剂, 可参考:

(c) Zhu H J, Zhao B T, Dai W M, Hao X J. Tetrahedron: Asymmetry, 1998, 9: 2879.

(d) Dai W M, Zhu H J, Hao X J. Tetrahedron Lett, 1996, 37: 5971.

(e) Dai W M, Zhu H J, Hao X J. Tetrahedron: Asymmetry, 2000, 11: 2315-2337.

[56] Mao J C, Wan B S, Wang R L, Wu F, Lu S W. J Org Chem, 2004, 69: 9123-9127.

[57] Qiu L H, Shen Z X, Ge J F, Zhang Y W. Chin J Chem, 2005, 23: 898-900.

[58] Xu C L, Wang M C, Hou X H, Liu H M, Wang D K. Chin J Chem, 2005, 23: 1443-1448.

[59] Ko D H, Kim K H, Ha D C. Org Lett, 2002, 4:3759-3762.

[60] Huang W S, Pu L. J Org Chem, 1999, 64: 4222-4223.

[61] (a) Corey E J, Bakshi R K, Shibata S. J Am Chem Soc, 1987, 109: 5551-5553.

　　(b) Noyori R, Kitamura M. Angew Chem Int Ed Engl, 1991, 30: 49-69.

　　(c) Puigjaner C, Vidal-Ferran A, Moyano A, Pericas M, Riera A. J Org Chem, 1999, 64:7902-7911.

[62] DiMauro E F, Kozlowski M C. Org Lett, 2001, 3: 3053-3056.

[63] Braga A L, Appelt H R, Silveira C C, Wessjohann L A, Schneider P H. Tetrahedron, 2002, 58: 10413-10416.

[64] 达朝山, 辛卓群, 肖亦男, 王恒山, 粟武, 杨帆, 王锐. 有机化学, 2004, 24: 943-945.

[65] 柳文敏, 王平安, 姜茹, 张生勇. 高等学校化学学报, 2006, 27:1656-1659.

[66] 林昆华, 曾庆彬, 李明星, 潘庆谊, 宋毛平, 吴养洁. 有机化学, 2006, 26: 718-722.

[67] Yang X W, Sheng J H, Da C S. Wang H S, Su W, Wang R, Chan A S C. J Org Chem, 2000, 65: 295-296.

[68] Kelsen V, Pierrat P, Gros P P. Tetrahedron, 2007, 63: 10693-10697.

[69] (a) Pu P. Chem Eur J, 1999, 5, 2227-2232.

　　关于其他高分子载体催化剂的报道很多, 下面列出两篇供有兴趣的读者参考:

　　(b) Zhao D B, Sun J, Ding K L. Chem J Eur, 2004, 10: 5952-5963.

　　(c) Hu X P, Huang J D, Zeng Q H, Zheng Z. ChemComm, 2006: 293-295.

[70] Lait S M, Rankic D A, Keay B A. Chem Rev, 2007, 107: 767-796.

[71] Zhong Y W, Lei X S, Lin G Q. Tetrahedron: Asymmetry, 2002, 13: 2251-2255.

[72] Wipf P, Wang X. Org Lett, 2002, 4: 1197-1200.

[73] Xu L, Shen X M, Zhang C, Mikami K. Chirality, 2005, 17: 476-480.

[74] 孙岩, 黄晓斌, 申秀民, 张聪. 北京师范大学学报(自然科学版), 2004, 40:660-665.

[75] Arnott G, Heaney H, Hunter R, Page P C B. Eur J Org Chem, 2004: 5126-5134.

[76] Hanyu N, Mino T, Sakamoto M, Fujita T. Tetrahedron Lett, 2000, 41: 4587-4590.

[77] Ahern T, Müller-Bunz H, Guiry J P. J Org Chem, 2006, 71: 7596-7602.

[78] Costa A M, Jimeno C, Gavenonis J, Carroll P J, Walsh P J. J Am Chem Soc, 2002, 124:6929-6941.

[79] 周忠强. 化学试剂, 2006, 28: 521-522.

[80] (a) Hui X P, Chen C A, Gau H M. Chirality, 2005, 17: 51-56.

　　(b) Hui X P, Chen C A, Wu K H, Gau H M. Chirality, 2007, 19: 10-15.

　　(c) Hsieh S H, Gau H M. Chirality, 2006, 18:569-574.

[81] 惠新平, 乔仁忠, 许鹏飞. 有机化学, 2006, 26: 211-214.

[82] 郭娅静, 周忠强. 化学试剂, 2006, 28: 605-607.

[83] Pathak K, Bhatt A P, Abdi S H. R, Kureshy R I, Khan N H, Ahmad I, Jasra R V. Tetrahedron: Asymmetry, 2006, 17:1506-1513.

[84] Zou X W, Zhang S E, Cheng Y X, Liu Y, Huang H, Wang C Y. J Appl Poly Sci, 2007, 106: 821-827.

[85] 张春华, 刘跃进, 阳年发, 杨利文, 杨果. 有机化学, 2004, 24: 977-980.

[86] Braun M, Fleischer R, Mai B, Schneider M A, Lachenicht S. Adv Synth Catal, 2004, 346: 474-482.

[87] (a) Garcia C, La Rochelle L K, Walsh P J. J Am Chem Soc, 2002, 124: 10970-10971.

　　(b) Bandini M, Bernardi F, Bottoni A, Cozzi P G, Miscione G P, Umani-Ronchi A. Eur J Org Chem, 2003: 2972-2984.

　　(c) Sato F, Urabe H, Okamoto S. Chem Rev, 2000, 100: 2835-2886.

[88] (a) Jeon S J, Li H M, García, C, LaRochelle L K, Walsh P J. J Org Chem, 2005, 70:448-455.

　　(b) Li H M, Walsh P J. J Am Chem Soc, 2004, 126: 6538-6539.

[89] Sibi M P, Manyem S. Tetrahedron, 2000, 56: 8033-8061.

[90] Nakamura M, Hatakeyama T, Hara K, Nakamura E. J Am Chem Soc, 2003, 125: 6362-6363.

[91] Hird A W, Hoveyda A H. Agnew Chem Int Ed, 2003, 42: 1276-1279.

[92] Knopff O, Alexakis A. Org Lett, 2002, 4: 3835-3837.

[93] Duursma A, Minnaard A J, Feringa B L. J Am Chem Soc, 2003, 125: 3700-3701.

[94] Shintani R, Fu G C. Org Lett, 2002, 4:3699-3702.

[95] Hu Y C, Liang X M, Wang J W, Zheng Z, Hu X Q. J Org Chem, 2003, 68: 4542-4545.

[96] Hu X Q, Chen H L, Zhang X M. Angew Chem Int Ed, 1999, 38: 3518-3521.

[97] Kawamura K, Fukuzawa H, Hayashi M. Org Lett, 2008, 10:3509-3512.

[98] Alza E, Cambeiro X C, Jimeno C, Pericas M A. Org Lett, 2007, 9:3717-3720.

[99] Kobayashi S, Tsubogo T, Saito S, Yamashita Y. Org Lett, 2008, 10: 807-809.

[100] Arink A M, Braam T W, Keeris R, Jastrzebski J T B H, Benhaim C, Rosset S, Alexakis A, Koten G V. Org Lett, 2004, 6: 1959-1962.

[101] Shi M, Zhang W. Adv Synth Catal, 2005, 347: 535-540.

[102] Shi M, Duan W L, Rong G B. Chirality, 2004, 16: 642-651.

[103] Winn C L, Guillen F, Pytkowicz J, Roland S, Mangeney P, Alexakis A J. Organomet Chem, 2005, 690: 5672-5695.

[104] Rathgeb X, March S, Alexakis A. J Org Chem, 2006, 71: 5737-5742.

[105] Monti C, Gennari C, Steele R M, Piarulli U. Eur J Org Chem, 2004:3557-3565.

[106] Wang L L, Li Y M, Yip C W, Qiu L Q, Zhou Z Y, Chan A S C. Adv Synth Catal, 2004, 346: 947-953.

[107] Alexakis A, Benhaim C. Tetrahedron: Asymmetry, 2001, 12: 1151-1157.

[108] Knochel P, Perea J J A, Jones P. Tetrahedron, 1998, 54: 8275-8319.

[109] (a) DiMauro E F, Kozlowski M C. Org Lett, 2001, 3: 3053-3056.

　　　(b) Knochel P, Stinger R D. Chem Rev, 1993, 93: 2117-2188.

　　　(c) Dexter C S, Jackson R F W. J Org Chem, 1999, 64:7579-7585.

　　　(d) Chinchilla R, Nájera C, Yus M. Chem Rev, 2004, 104: 2667-2722.

[110] Fettes A, Carreira E M. J Org Chem, 2003, 68: 9274-9283.

[111] Rudolph J, Bolm C, Norrby P O. J Am Chem Soc, 2005, 127, 1548-1552.

[112] Liu X Y, Wu X Y, Chai Z, Wu Y Y, Zhao G, Zhu S Z. J Org Chem, 2005, 70: 7432-7435.

[113] Emmerson D P G, Hems W P, Davis B G. Org Lett, 2006, 8: 207-210.

[114] Dahmen S. Org Lett, 2004, 6: 2113-2116.

[115] Li Z B, Liu T D, Pu L. J Org Chem, 2007, 72: 4340-4343.

[116] Pathak K, Bhatt A P, Abdi S H R, Kureshy R I, Khan N U H, Ahmad I, Jasra R V. Chirality, 2007, 19: 82-88.

[117] Boezio A A, Charette A B. J Am Chem Soc, 2003, 125: 1692-1693.

[118] Shi M, Lei Z Y, Xu Q. Adv Synth Catal, 2006, 348: 2237-2242.

[119] Zhang H L, Jiang F, Zhang X M, Cui X, Gong L Z, Mi A Q, Jiang Y Z, Wu Y D. Chem Eur J, 2004, 10: 1481-1492.

[120] Gao F, Zhu J, Tang Y, Deng M Z, Qian C T. Chirality, 2006, 18: 741-745.

[121] Zhang L Q, Wang X H, Pu M P, Chen C Y, Yang P, Wu Y D, Chi Y R, Zhou J S. J Am Chem Soc, 2023, 145: 8498-8509.

[122] Dai X, Weng G, Yu S, Chen H, Zhang J, Cheng S, Xu X, Yuan W, Wang Z, Zhang X. Organic Chem. Frontiers, 2018, 5: 2787-2793.

[123] Shimada T, Kina A, Ikeda S, Hayashi T. Organic Lett, 2002, 4: 2799-2801.

[124] Chen Y S, Liu Y, Li Z J, Dong S X, Liu X H, Feng X M. Angew Chem Int Ed, 2019,59(21):8052-8056.

[125] Bai B, Shen L, Ren J, Zhu H J. Adv Synth Catal, 2012, 354: 354-358.

[126] (a) Bai B, Zhu H J, Pan W. Tetrahedron, 2012, 68: 6829-6836.

(b) Deng Y, Pan W, Pei Y N, Li J L, Liu X C, Zhu H J. Tetrahedron, 2013, 69：10431-10437.

(c) Pan W, Deng Y, He J B, Bai B, Zhu H J. Tetrahedron, 2013, 69：7253.

(d) Liu L, Yang Q, Yu H, Li J L, Pei Y N, Zhu H J, Li Z Q, Wang X K. Tetrahedron, 2015, 71：3296-3302.

(e) 赵齐齐, 梁苗苗, 马洋洋, 李晓凯, 朱华结, 李婉. 高等学校化学学报, 2017, 38：1192-1197.

(f) Wang J, Wu S J, Wang X K, Li L F, Yang K, Zhu H J, Li W, Liu L. Chem Res Chin Univ (Engl), 2019, 35：604-608.

(g) Wu S J, Xing Y F, Wang J, Guo X C, Zhu H J, Li W. Chirality, 2019, 31：947-957.

[127] Pei Y N, Deng Y, Li J L, Zhu H J. Tetrahedron Lett, 2014, 55：2948-2952.

[128] (a) Kokura A, Tanaka S, Ikeno T, Yamada T. Org Lett, 2006, 8：3025-3027.

　　　有关理论方面研究催化剂催化对映选择性还原的报道, 可参考：

(b) Bandini M, Bottoni A, Cozzi P G, Misione G P, Monari M, Pierciaccante R, Umani-Ronchi A. Eur J Org Chem, 2006：4596-4608.

(c) Sun L, Tang M, Wang H, Wei D, Liu L. Tetrahedron：Asymmetry, 2008, 19：779-787.

　　　有关实验报道可参考：

(d) Zagozda M, Plenkiewicz J. Tetrahedron：Asymmetry, 2006, 17：1958-1962.

(e) Braun M, Sigloch M, Cremer J. Lett Org Chem, 2008, 5：244-248.

(f) Hobub D, Baro A, Laschat S, Frey W. Tetrahedron, 2008, 64：1635-1640.

(g) Hoyos P, Sansottera G, Ferna'ndez M, Molinari F, Sinisterra J V, Alca'ntara A. Tetrahedron, 2008, 64：7929-7936.

(h) Yadav J S, Reddy B V S, Sreelakshmi C, Naruyana K G G K S, Rao A B. Tetrahedron Lett, 2008, 49：2768-2771.

(i) He C, Chang D, Zhang J. Tetrahedron：Asymmetry, 2008, 19：1347-1351.

[129] Matsumura Y, Ogura K, Kouchi Y, Iwasaki F, Onomura O. Org Lett, 2006, 8：3789-3792.

[130] Adams H, Gilmore N J, Jones S, Muldowney M P, von Reuss S H, Vemula R. Org Lett, 2008, 10：1457-1460.

[131] Beagley P, Davies P J, Blacker A J, White C. Organometallic, 2002, 21：5852-5858.

[132] (a) Malkov A V, Figlus M, Kocovsky P. J Org Chem, 2008, 73：3985-3995.

　　　其他的报道可参考：

(b) Pei D, Zhang Y, Wei S, Wang M, Sun J. Adv Synth Catal, 2008, 350：619-623.

(c) Chen Z F, Zhang A J, Zhang L X, Zhang J, Lei X X. J Chem Res, 2008：266-269.

[133] Xing Y F, Wu S J, Dong M X, Wang J, Liu L, Zhu H J. Tetrahedron, 2019, 75：130495.

[134] Li G L, Liang Y X, Anyilla J. J Am Chem Soc, 2007, 129：5830-5831.

[135] Wang S W, Xie C C, Zhu, Y, Zi G F, Zhang Z B, Hou G H. Org Lett, 2023, 25(20)：3644-3648.

[136] Dong M X, Wang J, Wu S J, Zhao Y, Ma Y Y, Xing Y F, Cao F, Li L F, Li Z Q, Zhu H J. Adv Synth Catal, 2019, 361(19)：4602-4610.

[137] (a) Gao X Y, Shi X Q, Yang D N, Jin H, Zhou X H, Meng T Z, Li X, Jia Z X, Zhang X W, Wu Z Y, Wang C N, Zeng T N, Liu L, Ai C, Zhu H J. J Mol Struct, 2022, 1268(15)：133705.

(b) Dong M X, Gao X Y, Xiang Y, Li L F, Li S N, Wang X X, Li Z Q, Zhu H J. Tetrahedron, 2021, 82：131924.

[138] (a) Ouellet S G, Tuttle J B, MacMillan D W C. J Am Chem Soc, 2005, 127：32-33.

　　　其他一些相关的报道可参考：

(b) Theorey C, Bouquillon S, Helimei A, Henin F, Muzart J. Eur J Org Chem, 2002：2151-2159.

(c) Deng J, Hu X P, Huang J D, Yu S B, Wang D Y, Duan Z C, Zheng Z. J Org Chem, 2008, 73：6022-6024.

(d) Kadyrov R, Riermeier T H, Dingerdissen U, Taraov V, Borner A. J Org Chem, 2003, 68：4067-4070.

[139] Fryszkowska A, Fisher K, Gardiner J M, Stephens G M. J Org Chem, 2008, 73: 4295-4298.

[140] Desrosiers J N, Charette A B. Angew Chem Int Ed, 2007, 46: 5955-5957.

[141] Lin Y F, Hirschi W F, Kunadia A, Paul A, Ghiviriga I, Abboud K A, Karugu R, Vetticatt M J, Hirschi J S, Seidel D. J Am Chem Soc, 2020, 141(12):5627-5635.

[142] (a)Cao Y, Zhang S Q, Antilla J C. ACS Catal, 2020, 10(19):10914-10919.
　　　(b)Yu X L, Kuang L P, Chen S, Zhu X L, Li Z L, Tan B, Liu X Y. Acs Catal, 2016, 6: 6182-6190.

[143] Wang L X, Lin J, Sun Q S, Xia C G, Sun W. ACS Catal, 2021, 11: 8033-804.

[144] (a) Cho C W, Krische M J. Org Lett, 2006, 8: 3873-3876.
　　　(b) Komaduri V, Krische M. J Am Chem Soc, 2006, 128: 16448-16449.

[145] Chaulagain M R, Sormunen G, Montgomery J. J Am Chem Soc, 2007, 129: 9568-9569.

[146] Storee R I, Carrera D E, Ni Y, MacMillan D W C. J Am Chem Soc, 2006, 128: 84-86.

[147] Cho C W, Krische M J. Org Lett, 2006, 8: 891-894.

[148] Yang Y, Zhu S F, Duan H F, Zhou C Y, Wang L X, Zhou Q L. J Am Chem Soc, 2007, 129: 2248-2249.

[149] Kapitan P, Bach T. Synthesis, 2008, 10: 1559-1564.

[150] (a) Tang Z, Cun L F, Cui X, Mi A Q, Jiang Y Z, Gong L Z. Org Lett, 2006, 8: 1263-1266.
　　　(b) He L, Jiang J, Tang Z, Cui X, Mi A Q, Jiang Y Z, Gong L Z. Tetrahedron: Asymmetry, 2007, 18: 265-270.

[151] Kumagai N, Mataunaga S, Yoshikawa N, Ohshima T, Shibasaki M. Org Lett, 2001, 3: 1539-1542.

[152] Cai C Y, Lai X L, Wang Y, Hu H H, Song J S, Yang Y, Wang C, Xu H C. Nature Catal, 2022, 5:943-951.

[153] (a) Liu D G, Wang B, Lin G Q. J Org Chem, 2000, 65: 9114-9119.
　　　(b) Kong L L, Zhuang Z Y, Chen Q S, Deng H B, Tang Z Y, Jia X H, Li Y L, Zhai H B. Tetrahedron: Asymmetry, 2007, 18: 451-454.
　　　(c) Qin D G, Yao Z J. Tetrahedron Lett, 2003, 44: 571-574.
　　　(d) You Z W, Zhang X G, Qing F L. Synthesis, 2006, 15:2535-2542.
　　　(e) Guo H C, Shi X Y, Wang X, Liu S Z, Wang M. J Org Chem, 2004, 69: 2042-2047.

[154] Guetté M, Capillon J, Guetté J P. Tetrahedron, 1973, 29: 3659-3667.

[155] (a) Soai K, Kawase Y. Tetrahedron: Asymmetry, 1991, 2: 781-784.
　　　(b) Pini D, Mastantuono A, Salvadori P. Tetrahedron: Asymmetry, 1994, 5: 1875-1876.

[156] Wang F, Feng L, Dong S, Liu X, Feng X. Chem Commun, 2020, 56:3233-3236.

[157] Bertozzi F, Pineschi M, Macchia F, Arnold L A, Minnaard A J, Feringa B L. Org Lett, 2002, 4: 2703-2705.

[158] (a)Kitamura M, Suga S, Kawai K, Noyori R. J Am Chem Soc, 1986, 108: 6071-6072.
　　　(b) Puchot C, Samuel O, Dunach E, Zhao S, Agami C, Kagan H B. J Am Chem Soc, 1986, 108: 2353-2357.
　　　(c) Oguni N, Matsuda Y, Kaneko T. J Am Chem Soc, 1988, 110:7877-7878.

[159] (a)Soai K, Shibata T, Morioka H, Choji K. Nature, 1995, 378:767-768.
　　　(b)Shibata T, Morioka H, Hayase T, Choji K, Soai K. J Am Chem Soc, 1996; 118: 471-472.
　　　(c)Shibata T, Shibata T, Morioka H, Tanji S, Hayase T, Soai K. Tetrahedron Lett, 1996, 37: 8783.

[160] Zhu H J, Jiang J X, Saobo S, Pittman C U Jr. J Org Chem, 2005, 70: 261-267.

[161] 吕晓洁,蒋举兴,任洁,朱华结 高等学校化学学报, 2008, 29: 537-541.

[162] (a) Cronin J, Pizzarello S, Yuen G. Geochim Cosmochim Acta, 1985, 49, 2259-2265.
　　　(b) Pizzarello S, Weber A. Science, 2004, 303: 1151.

[163] Breslow R, Ramalingam V, Appayee C. Orig Life Evol Biosph, 2013, 43: 323-329.

[164] (a)Thiemann W, Wagener K. Angew Chem Int Ed, 1970, 9: 740-741.
　　　(b) Shinitzky M, Nudelman F, Barda Y, Haimovitz R, Chen E,Deamer D W. Orig Life & Evol Biosph, 2002, 32: 285-297.

[165] Wang W, Yi F, Ni Y, Zhao Z, Jin Y, Tang Y. J Biol Phys, 2000, 26: 51-68.

[166] Bai B, Li D S, Huang S Z, Ren J, Zhu H J. Nat Prod, Bioprospect, 2012, 2：53-58.

[167] 朱华结,李志伟,贾云静,朱玉俊,Pittman C U Jr. 河北科技大学学报,2023,44(6)：589-602.

[168] Breslow R. Tetrahedron Lett, 2011, 52：2028-2032.

[169] Zhao D, Zhao Q Q, Zhu H J, Liu L. Tetrahedron, 2016, 72：5558-5562.

第3章 立体选择性反应

有机小分子的立体选择性合成工作中的关键是设计和合成好的手性催化剂。实际上,发现好的手性催化剂是整个合成化学研究的一个重要研究内容。催化剂的设计与发展决定了立体选择性反应将来的前途。众多好的手性催化剂的发现将为立体选择性反应的发展提供良好的契机,而这又将成为将来多年的主要研究内容。目前不对称合成和手性催化已成为有机合成的重要内容。

有关立体选择性反应中有各种不同的概念用来表征立体选择性反应的好坏。同对映体过剩率(ee)相对应,在立体合成控制反应中,我们用 de(diastereoselective excess)来表示立体控制过程的选择。当该值为 100% 时,我们称之为立体专一性反应。这种情况一般是在酶催化下,或者在一个非常出色的催化剂的催化下才有。对绝大多数的催化有机合成反应而言,该 de 值能控制在 95% 左右已经是非常好了。同时,在很多的文献报道中,人们直接使用 dr 来表示反应中得到的两个异构体的比例。为了简化在立体合成反应控制过程中的描述,对于其他各种概念,如非对映区别反应、立体专一性反应等,在本章中全部用立体选择性来表示。

3.1 分子的构象研究

有机立体化学研究中的一个重要的理论与实际问题就是分子的构象研究。虽然构象问题涉及的并不是分子中各基团不同空间排列。但是,同一分子在溶液状态下的分布以及构象的结构等因素都对分子的化学反应产生重大影响。因此,从这个角度上来看,研究分子的构象以及它们对反应的影响是我们在讨论立体选择性反应之前所要了解的重要内容。

历史上最重要的构象研究成果当属环己烷及其衍生物的构象分析。例如,环己烷的构象能在两个稳定的椅式之间转换。在室温下,该 12 个质子由于热力学平衡,在平伏键和直立键之间形成一个快速的转化,因此,所表现出来的是两个质子的化学位移值实际上是两类不同质子化学位移值的平均值(1.44 ppm)。当温度低到−110℃时,这两个质子的化学位移的差异就表现出来了,如图 3-1 所示[1]。

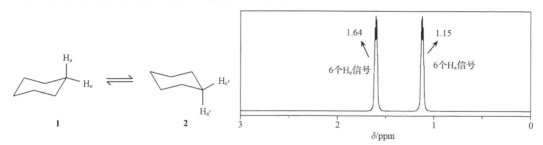

图 3-1 环己烷在低温−110℃时的两个质子信号

　　而在取代的环己烷衍生物,如1-甲基环己烷,在溶液中的主要分布是该甲基位于平伏键上。该构象占到总数的 90% 左右。而甲基在直立键上的构象仅占 5% 左右。在 B3LYP/6-31+G(d) 条件下的计算表明,该稳定构象的含量在气相条件下高达 98% 左右 (图 3-2)[2]。

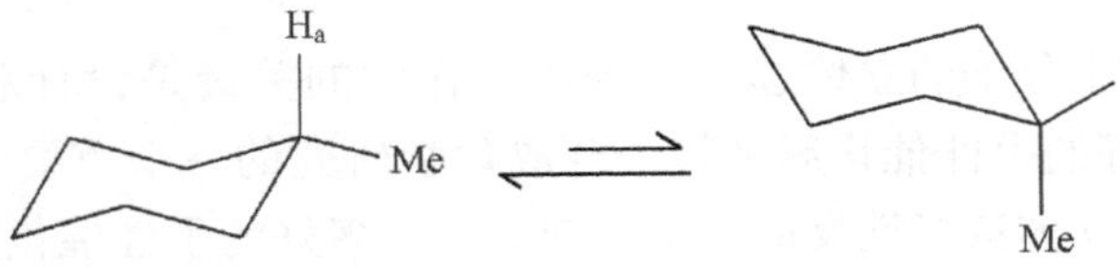

	3	**4**
实验值/%	95	5
实验相对能量ΔE/(kcal/mol)	0.00	1.77
理论相对能量ΔE/(kcal/mol)	0.00	2.30
理论百分比/%	98	2

图 3-2　理论与实验得到的 1-甲基环己烷的构象分布

　　这里所列举的是两个比较经典的例子。实际上,由于不同构象的分布对分子的反应有十分显著的影响,对其研究已成为现代立体有机化学的一个重要研究内容。

　　在最近的十多年里,利用 NMR 或 HPLC 技术,尤其是利用变温 NMR 技术,对有关分子构象研究已取得了很大的成绩,如用变温 NMR 技术分析下列化合物 **5 ～ 7** 中苯环围绕单键旋转情况[3]。

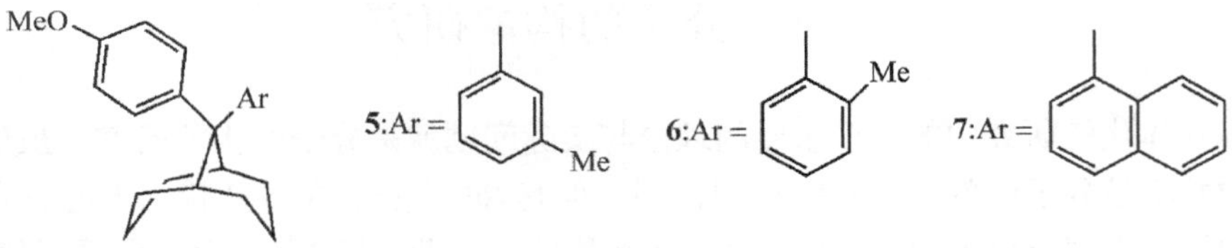

　　以化合物 **5** 为例,**5** 中的取代基 3-甲基苯的旋转速度非常快,因此,C1 和 C5 上的化学位移在常温下不能表现出任何差别(图 3-3,顶部)。当在 -60℃ 时,二者表现出宽的"馒头"峰,而到 -63℃ 时,已初步表现出二者的差异。当温度继续下降到 -75℃,二者完全分开。这一完全分开的质子信号,在 -96℃ 时,已变得十分尖锐,表明随着温度的降低,取代基 3-甲基苯的旋转速度已经非常慢,导致二者的化学差异已完全表现出来。同时,利用化学计算的方法,对这个结构进行了 ^{13}C NMR 的模拟。

　　虽然相关的绝对值有较大的差异,但是其变化趋势是完全一致的。通过实验测出的速率常数(k/s^{-1})列在图 3-3 中。同样,由于 3-甲基苯的旋转速度的变化,在 4-MeOPh 中的邻位(o-)与间位(m-)碳的化学位移也因温度的降低而表现出不同的化学环境(图 3-4)。

　　在另外的三个类似化合物 **8～10** 的研究中,通过同样的研究,最后得到它们的构象变化时的过渡态能量。所有化合物 **5～10** 的结果见表 3-1。

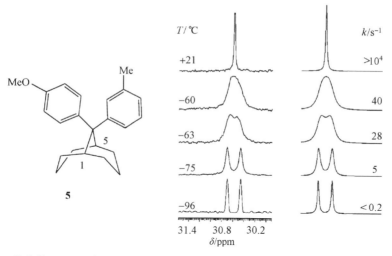

图 3-3　化合物 **5** 上 C1 与 C5 的^{13}C NMR 实验谱（中间，最右侧为计算模拟的化学信号）

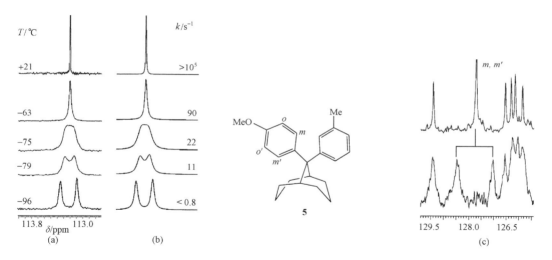

图 3-4　(a)化合物 **5** 上 C-o 与 C-o'(A)的^{13}C NMR 实验谱结构；
(b)计算模拟的 **5** 化学位移信号；(c)化合物 **5** 上 C-m 与 C-m'的^{13}C NMR 实验碳谱结构

表 3-1　化合物 **5～7** 的旋转能垒与化合物 **5～10** 的对映异构化能垒　　　（单位：kcal/mol）

化合物	5	6	7	8	9	10
旋转能垒	10. 2	5. 4	5. 15			
对映异构化能垒	10. 8	＞25	＞25	6. 5	9. 45	11. 95

绝对实验误差：±0. 15 kcal/mol

　　前面提到含 N 或 P 原子的化合物,在某种条件下表现出相应的手性。研究人员在利用[1]H NMR 对叠氮化合物的异构化研究中[4],发现化合物 **11** 在低温下存在构型异构的现象。

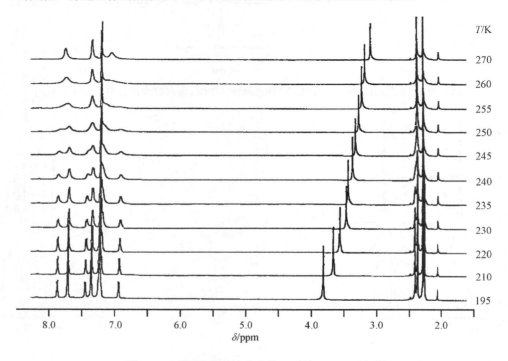

11: R=4-MePh
12: R=Ph
13: R=4-BrPh
14: R=Me

15

　　例如,通过在不同温度下,测试化合物 **11** 的[1]H NMR(500 MHz),得到了系列的[1]H NMR 数据。将这些数据叠加后,可以明显看到其中规律性的变化,见图 3-5。

图 3-5　不同温度下的化合物 **11** 的[1]H NMR 波谱

　　从图 3-5 以及图 3-6 可以看到存在的两个立体异构体的比例几乎是 1∶1。但这两个异构体是由于化合物 **11** 中的 N—S 键旋转形成的构象异构体还是 C≡N 键变化形成的立体异构体呢?实验得到的过渡态能量(ΔG)与转变温度(T_c)等列在表 3-2 中。计算转变温度(T_c)的公式表达为[5]

$$\Delta G^{\neq} = RT_c(\ln T_c - \ln k_c + 23.76) \tag{3-1}$$

式中,$k_c = \pi \Delta \nu / 2^{-1/2}$。

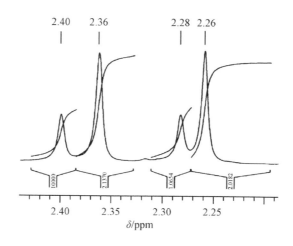

图 3-6　放大的甲基的化学位移变化信号(^{1}H NMR 的测试温度为 −195 K)

表 3-2　动态 NMR 实验结果中的测试温度(T)、转变温度(T_c)、速率常数(k)以及过渡态能量(ΔG)等数据

化合物	δ/ppm	比率	T/K	$\Delta\nu$/Hz	T_c/℃(K)	k/s^{-1}	$\Delta G^{\neq}$/(kcal/mol)
11	2.283,2.260[a]	1.0 : 2.0	195	11.50	−41(232)	26	12.4
11	2.400,2.363[b]	—	—	18.50	−30(243)	41	12.7
12	2.292,2.279[a]	1.0 : 1.3	223	6.50	−38(235)	14	12.4
13	2.288,2.269[a]	1.0 : 1.2	213	9.50	−38(235)	21	12.2
14	2.304,2.289[a]	1.0 : 2.1	203	7.50	−38(235)	17	12.3
14	3.181,2.945[c]	—	—	118.03	−25(258)	262	12.2
15	2.341,2.298[a]	2.0 : 1.0	233	21.51	+8(280)	48	14.2

这里 $\Delta\nu$ 是同一个质子信号在不同温度下的位移差值(Hz)。

a. 化学位移对应于 4-MeOPh 中的甲基质子。

b. 化学位移对应于 Ts 中的甲基质子。

c. 化学位移对应于 Ms 中的甲基质子。

可以看出,化合物 **11**~**14** 的能垒变化很小,基本在 12.4 kcal/mol 左右。但相比较而言,化合物 **15** 的转变能垒比其高出 2.0 kcal/mol 左右。与文献结果相比,化合物 **11**~**14** 的能垒对应于 N—S 键的变化,而化合物 **15** 的 14.2 kcal/mol 能垒则对应于 C=N 键的异构化。这个构象中顺反异构的变化结果表示在图 3-7 中。

可以看到一个关键的实验结果,那就是对于构象不同引起的两套 NMR 信号的变化规律:在常温下表现为一套 NMR 波谱,但是随着温度的降低,该信号会逐步变成较为宽的信号,并进一步在温度下降时成为两个信号。这两个信号也会由于温度的继续下降而变得更为尖锐。

一个利用动态 HPLC 以及 NMR 共同进行相关研究的例子是化合物 **16**,这是由于 C—P 单键之间存在严重位阻时形成动态构象[6]。通过计算发现有四种不同的构象。如图 3-8 所示的结构。其中 *sc* 指相对稳定的构象,而 *ac* 指相对不稳定的构象。

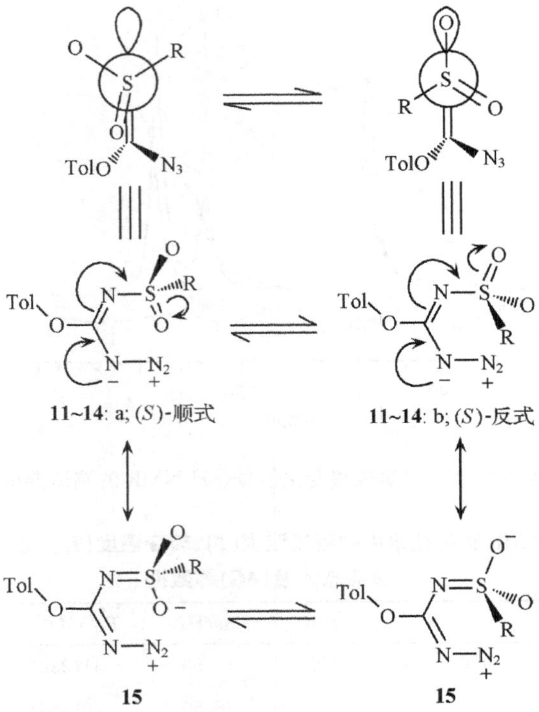

图 3-7　化合物 **11~15** 的构象异构与顺反异构

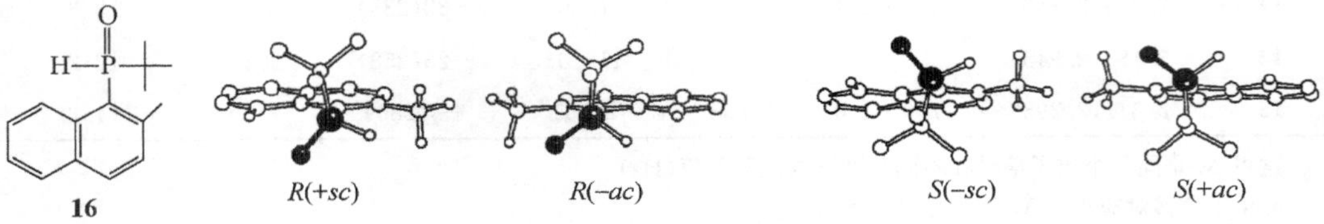

图 3-8　化合物 **16** 的四个稳定构象结构

在 ^{1}H NMR 研究中,出现了系列的宽峰记录。这表明存在构象异构现象。图 3-9 显示的是在低场时的若干 [1]H 信号。当温度降到 −65℃时,出现了两套信号,有一个稍占优势的构象。图中的上部表现的是在 2.95 ppm 和 2.65 ppm 处照射甲基得到的 NOE 光谱(垂直方向放大 4 倍)。

显然,这个化合物的两个异构体也是由于单键的旋转受阻而形成的。那么,分别围绕C1—P 键和 P—C12 键(图 3-10)所形成的势能面的变化如何呢? 换句话说,该键的旋转到底有多大的阻力? 图 3-10 揭示的是利用分子力场所做的势能面分析。结果表明 *ac* 是相对稳定的构象。

显然,这种单键旋转受阻得到的构象实际上也是我们前面讲到的类似轴手性化合物。这种稳定存在的结构,在 HPLC 分析条件下,也能观察到它们各自独立的保留时间峰。

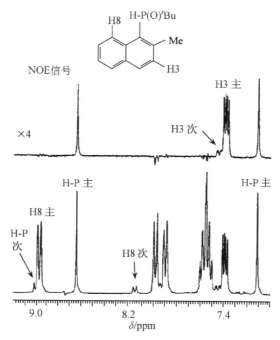

图 3-9 化合物 **16** 在 CD$_2$Cl$_2$ 中的 ^{1}H NMR 波谱

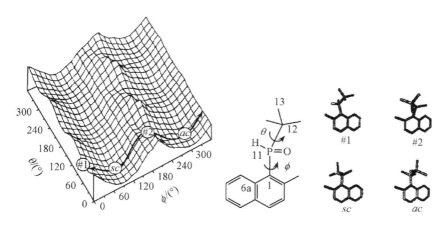

图 3-10 利用分子力场得到的由两个单键 C1—P 与 P—C12 键旋转所形成的势能面与四个相关的构象

例如,以含 1‰甲醇的二氯甲烷溶液为淋洗剂,在流速为 1.5 mL/min 的条件下,利用(R,R)-DACHDNB 为固定相,室温下检测了化合物 **16**。图 3-11 和图 3-12 显示了这个分析结果。其中图 3-11 显示的是 HPLC 分析结果,图 3-12 表现的是在 325 nm 时的 CD 谱。CD 谱显示出二者为对映异构体。

这种稳定的构象异构体,在通过 HPLC 分离得到后,其两个异构体再经另外的手性柱分析时发现,所获得的两个构型异构体各自在新的分离条件下被拆分为两组对映体。如图 3-13 所显示的是分离得到的构型异构体与分离前四个消旋混合物的分析。该分子在低温(−83℃)时 **16** 的分析结果充分表明这些不同构象之间的联系。

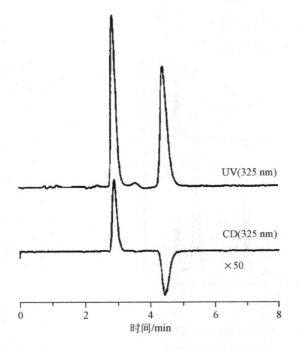

图 3-11　对 **16** 在 HPLC 条件下的分析结果

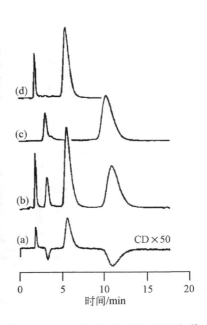

图 3-12　(a)CD 谱;(b)UV 吸收光谱;
(c)在−83℃时测定图 3-11 中的第二
个峰;(d)在−83℃时测定图 3-11 中
的第一个峰

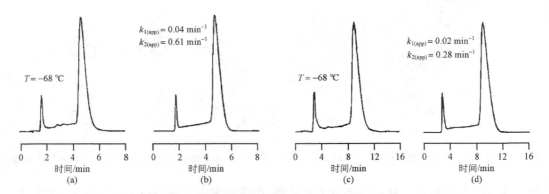

图 3-13　(a,c)实验得到的化合物 **16** 的两个对映异构体的分析谱图;(b,d)计算模拟
的 DHPLC 对映异构体的分析图

其中 k 值表示从构象 sc 到 $ac(k_1)$ 以及 ac 到 $sc(k_2)$ 的转化速率常数

　　对其他类化合物等的研究也不少[7]。相比较而言,天然产物中溶液中不同的构象分布也比较普遍。例如,化合物 **17** 在不同溶液中表现出不同的 ^{1}H NMR 数据(图 3-14)[8]。该化合物能够从水中结晶出来而不是从有机溶剂中。该化合物的结构通过 X 射线衍射的方法得到确定。

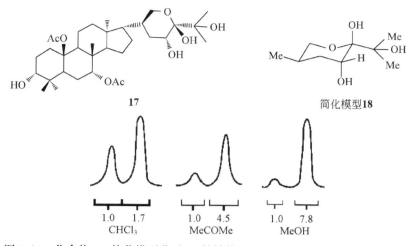

图 3-14　化合物 **17**、简化模型分子 **18** 的结构以及 **17** 在三种溶剂中的分布比例

　　化合物 **17** 在不同溶剂中的构象分布不一样。在甲醇、氯仿和丙酮中的分布分别为 7.8∶1、1.7∶1 和 4.5∶1(图 3-14)。对于这种比较普遍的现象,利用现有的计算方法进行分析,会给人带来不少研究上的认识。这里,我们以此为例,详细介绍计算方法和最后结果的比较。

　　利用量子化学计算的方法能给这个现象一个比较理想的解释。但如果把整个分子都放入计算体系,将由于计算的体系太大而不能进行计算。因此,将化合物 **17** 进行合理简化以得到比较可靠的理论模型来研究就变得十分重要。理论上,我们选择了简化模型 **18** 来进行相关的研究。最后发现利用 PCM 或 CPCM 理论在 B3LYP/6-311＋＋G(d,p)//B3LYP/6-31G(d) 或 MP2/6-311＋＋G(d,p)//B3LYP/6-31G(d) 条件下计算得到的结果更接近实验值。比较而言,耗时更多的方法 MP2/B3LYP/6-311＋＋G(d,p)//MP2/6-311＋G(d) 没有给出预期的解释[9]。

　　该模型化合物 **18** 能分别形成不同的构象异构体和立体异构体 **20**、**21**、**22**[式(3-2)～式(3-4)],它们之间能形成一定的分布。

18　　　　　　**19**　　　　　　**20**

(3-2)

18　　　　　　　　**21**

(3-3)

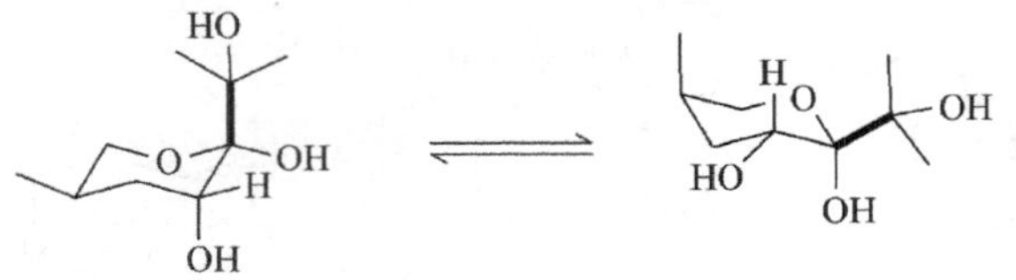

$$(3-4)$$

对 **18** 与 **21** 而言,由于单键的旋转,将形成另外的三个构象 **a**、**b** 和 **c**,对 **20** 和 **22** 而言则形成 **d**、**e** 和 **f**(图 3-15)。

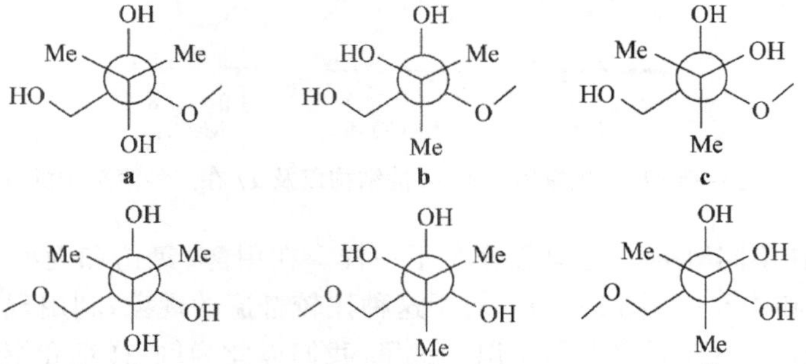

图 3-15　化合物 **18** 和 **21**,**20** 和 **22** 的 Newman 结构式
a~c 存在于 **18** 和 **21** 中,**d~f** 存在于 **20** 和 **22** 中

在气相条件下,用 B3LYP/6-31G(d)来计算它们各自的能量。对 **20e**、**21a**、**21b** 和 **21c**,相对能量为 14.227kcal/mol、10.227 kcal/mol、12.336 kcal/mol 和 18.223 kcal/mol(表 3-3 中序号 2 和序号 3)。这些能量太大,因此,它们构象所占的比例非常小,其贡献可以忽略不计。

表 3-3　在 B3LYP/6-31G(d)条件下得到的所有构象的相对能量　　(单位:kcal/mol)

序号	构象	相对能量					
		a	b	c	d	e	f
1	**18**	5.186	4.637	1.992	—	—	—
2	**20**	—	—	—	4.839	14.227	4.158
3	**21**	10.227	12.336	18.223	—	—	—
4	**22**	—	—	—	1.206	3.547	0.000

因此,对其他八个能量在 10 kcal/mol 以下的构象 **18a~18c**、**20d**、**20f** 和 **22d~22f**,进一步在 MP2/6-311＋G(d)条件下计算优势构象(气相)。最后,所有的构象分别在 B3LYP/6-31＋＋G(d,p)和 MP2/6-31＋＋G(d,p)方法中计算甲醇、氯仿和丙酮中的单点能(single point energy,SPE)数据。最后,这八个构象又分别在这三种溶液中进一步用 PCM 理论在 B3LYP/6-31G(d)条件下进行优化。

　　利用 B3LYP/6-31G(d)优化得到的构象在三种溶剂中用 PCM 溶剂化模型校正以后的相对能量分别列在表 3-4 中。这些能量分别在 B3LPY/6-31＋＋G(d,p)和 MP26-31＋＋G(d,p)基组上得到。在溶液条件下得到的最低能量构象与在气相条件下得到的结果不同。例如在气相条件下,最低能量构象是 **22f**(表 3-4,序号 4)。但在溶液中却是 **18c**(表 3-4,序号 3)。因此要考虑大多数的构象在溶剂中的分布。如果我们仅考虑构象 **18** 对 **20** 和 **22** 总和的比例(序号 9)。这时的比例[**18**:(**20＋22**)]分别是 5.2:1.0(甲醇)、1.5:1.0(氯仿)和 5.1:1.0(丙酮)[B3LYP/6-311＋＋G(d,p)]。这些比例在 MP2/6-311＋＋G(d,p)方法中变为 5.0:1.0、1.2:1.0 和 4.4:1.0。初步表明:溶剂的极性越大,**18** 在该溶剂中的分布比例就越大。

表 3-4　利用 B3LPY 和 MP2 理论在 6-31＋＋G(d,p)基组上计算的在溶液中的相对单点能(SPE)数据

（单位:kcal/mol）

序号	构象	ΔE(MeOH)		ΔE(CHCl₃)		ΔE(MeCOMe)	
		B3LYP	MP2	B3LYP	MP2	B3LYP	MP2
1	**18a**	2.348	3.012	2.698	3.338	2.127	2.791
2	**18b**	3.009	3.428	3.022	3.452	2.700	3.117
3	**18c**	0.000	0.000	0.000	0.000	0.000	0.000
4	**20d**	2.554	3.362	2.723	3.533	2.474	3.289
5	**20f**	3.657	4.458	2.936	3.720	3.223	4.022
6	**22d**	2.415	2.156	1.878	1.604	2.474	2.219
7	**22e**	2.623	2.716	2.606	2.693	2.527	0.618
8	**22f**	1.205	1.085	0.313	0.153	1.106	0.984
9	**18**:(**20＋22**)	5.2:1.0	5.0:1.0	1.5:1.0	1.2:1.0	5.1:1.0	4.4:1.0

　　因此如果不考虑大多数构象在溶剂中的分布,很可能在接下来的研究中出现较大的偏差。例如,我们仅考虑最低能量构象 **18b** 和 **22f**,这时用 B3LYP/6-311＋＋G(d,p)进行校正后的比例是 7.7:1(甲醇)、1.7:1(氯仿)和 6.5:1(丙酮)。在 MP2/6-311＋＋G(d,p)条件下这个比例变为 6.3:1、1.3:1 和 5.3:1。在氯仿中的比例[1.7:1 在 B3LYP/6-311＋＋G(d,p)条件下,或 1.3:1 在 MP2/6-311＋＋G(d,p)条件下]比较接近用所有稳定构象分析时得到的比例。但溶剂的极性越大,误差也越大。

　　如果用在溶液中的全部自由能来计算这些比例,发现这些用 PCM 校正[B3LYP/6-311＋＋G(d,p)//B3LYP/6-31G(d)]构象能的结果[**18**:(**20＋22**)]分别为 10.5:1(甲醇)、8.8:1(丙酮)、2.7:1(氯仿)。这比用前面提到的方法要高出差不多两倍。而如果用 MP2/6-311＋＋G(d,p)//B3LYP/6-31G(d)方法,**18** 的含量几乎比前面的方法大 7 倍。

　　用 MP2/6-311＋G(d)在气相下对构象进行优化,优化后的结构再用 PCM 模型在不同条件下进行 SPE 计算。实际上,这些结果也不理想。在甲醇中,利用 B3LYP/6-311＋＋G(d,p)和 MP2/6-311＋＋G(d,p)方法得到的 SPE 来计算,**18**:(**20＋22**)的比例分别为 5.4∶1 和 2.8∶1。但利用同样的 MP2/6-311++G(d,p)//B3LYP/6-31G(d)和 MP2/6-311++G(d,p)//MP2/6-311+G(d)方法,比例顺序在氯仿和丙酮中则反转过来了,即 1.2∶1 和 4.4∶1,以及 1∶1.7 和 1∶1.3。

利用 CPCM 的校正方法也对这些不同方法得到的构象进行了研究,发现 **18** 的比例在所有情况下都比用 PCM 校正方法增加了 10%左右。这表明 CPCM 方法与 PCM 方法无明显区别。

另一个方法是把所有的构象重新在三个溶液中进行优化。利用 PCM 校正模型进行的计算表明:用 SPE 计算得到的比例为 1.6∶1(甲醇)、1∶9.5(氯仿)和 1∶2.4(丙酮)。这表明这种计算方法在这个体系研究中也不是一个很好的方法。

实际上,在利用这个简化模型进行计算时,无论是用 PCM 还是 CPCM 方法,方法 MP2/6-311++G(d,p)//B3LYP/6-31G(d)给出了比 B3LYP/6-311++G(d,p)//B3LYP/6-31G(d)更为准确的预测。最差的方法是 B3LYP/6-311++G(d,p)//MP2/6-311+G(d)。实际上后者的计算时间比前面的要多得多。最后我们用 CPCM 校正方法在 B3LYP/6-311++G(d,p)//B3LYP/6-31G(d)和 MP2/6-311++G(d,p)//B3LYP/6-31G(d)的基组上再次对这些构象在水中的分布进行了计算。计算结果分别是 7.8∶1 和 6.3∶1。**18** 在水中的比例比在甲醇中(6.3∶1 和 5.5∶1)有了进一步提高。这基本上可以理解该化合物因在水中的比例高而结晶出来。

3.2　伪共振分子研究

第 1 章中提到有部分手性分子在溶液中存在两套 NMR 波谱,如手性分子 **23**(图 3-16)[10]。主要原因在于同一个分子在溶液中可能存在两种大小不同的构象,就如同手性分子 **24**,在固体中存在大小不同的两个构象一样(图 3-17 左),而这两个大小不同的构象,在其固体 NMR 研究中,同样产生两套 ^{13}C NMR 波谱(图 3-17 右)。

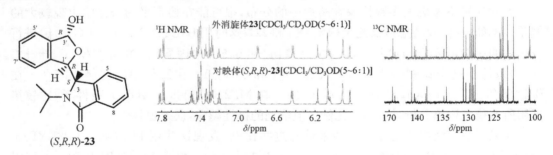

图 3-16　化合物 **23** 结构及其两套^{1}H 和^{13}C NMR 波谱

前面说过,这类结构,如 **23**,不是由于单键 C3—C1′的旋转受阻而形成旋转异构现象。理论计算其单键 C3—C1′旋转的过渡态(TS)能量,或者内能面扫描(PES),都表明其旋转的能量仅仅在 10 kcal/mol 左右。这个能量在室温下完全不能阻碍该单键的自由旋转。另外一个最为有效的工具是变温 NMR 波谱分析。上面讲到,对于构象异构现象,低温会

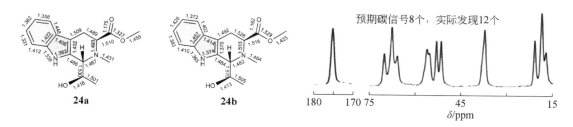

预期碳信号8个，实际发现12个

图 3-17 化合物 **24** 在固态时的两个大小不同的构象(左)以及其两套13C NMR 波谱(右)

C ＝O 只出现一个碳信号,原因在于计算得到的该 C 信号在两个构象中只相差 0.4 ppm,在实测中二者重叠。

其他位移区间的信号也有不少重叠

导致一组信号会变成两组信号,并且信号有一个连续转变的过程(图 3-18)。当然这仅仅局限于受到影响的构象结构部分。没有受到影响的部分,其信号位移可能变化,但是信号不会从一个变成两个。而如果不是构象异构,而是为共振结构的话,其 NMR 将与构象异构完全不同。因为在低温下,两组大小不同的伪共振分子,由于能量下降,二者的结构性差别将减小,导致两套核磁信号趋向于一套信号。

为此,化合物 **23** 的对映体用于变温1H NMR 研究。在 CDCl3 中,随着温度的降低,所有的信号渐渐变成倾向于形成一个峰(图 3-18)。而 H5 和 H8′ 分别位于 6.5 ppm、6.7 ppm 附近的信号则逐渐变宽,并慢慢在 223 K 时"消失"。而到 213 K 时,几乎所有的多重峰信号都变成了单峰信号,如 4.2～4.4 ppm 范围内的多重峰,几乎成为一个宽的单峰。由于 CDCl3 在 213 K 以下会逐渐成为固体,因此为了进一步研究 213 K 以下的1H NMR 变化,同样的样品在 CD2Cl2 中再次测量。

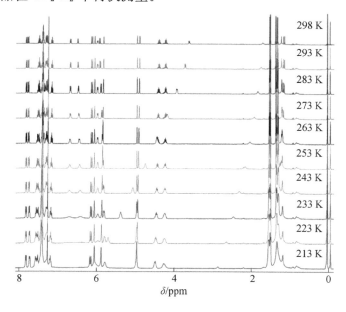

图 3-18 化合物 **23** 的对映体在 CDCl3 中的变温1H NMR 波谱[10]

化合物 **23** 的对映体溶解在 CD_2Cl_2 后，其两套[1]H NMR 的比例由在 $CDCl_3$ 中接近 1∶1的信号变成了约 1∶5(图 3-19)。

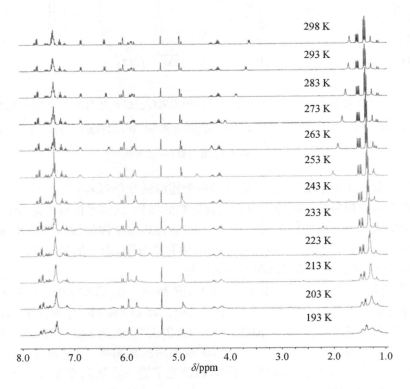

图 3-19　化合物 **23** 的对映体在 CD_2Cl_2 中的变温[1]H NMR 波谱[10]

显然，伪共振分子的[1]H NMR 的表现与我们前面讨论的正常结构中由于单键的旋转位阻而引起的构象异构体的[1]H NMR 表现完全不同。首先，伪共振分子的一个信号不会由于温度的下降而裂分为两个。其次，在低温下，构象异构体的信号会由于温度的下降而更尖锐，而伪共振分子的两个构象，更倾向于在结构上趋向于一致，即键长和键角彼此更趋一致，但是又不完全一致。因此，这导致到形成一套 NMR 信号时，共振频率还存在微弱的差异，故而导致信号变宽。这正是伪共振分子的 NMR 波谱的特点。

另外，已经发现的这种伪共振结构是通过分子间氢键形成的。其形成的稳定结构并不由于其浓度的下降而消失。例如，当浓度从 5.0 mg/mL(0.016 mol/L)降到 7.0 μg/mL (0.02 mmol/L)时，两套[1]H NMR 信号依然存在(图 3-20)，甚至在 2.3 μg/mL 时还能看见。显然，这是一类特别的自组装体系，因为正常的自组装体系对浓度有一定的要求[11]。浓度太低，如低于 10^{-2} mol/L，相关分子就不能进行组装而形成自组装体系。部分区域的[1]H NMR 信号列在图 3-20 中。

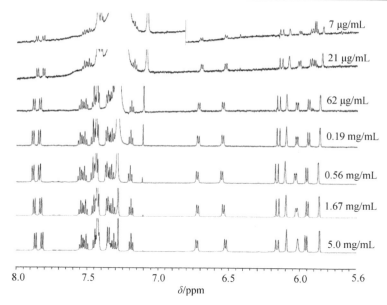

图 3-20　化合物 **23** 的对映体在 CDCl₃ 中浓度对¹H NMR 的影响[10]

3.3　构象异构现象

在第 1 章中我们提到由于空间障碍可以引起手性。在严格意义上讲,这种手性实际上是不同构象之间转换时由于旋转能垒太大而形成的[12]。这种因几种不同构象能量上的差异而导致的手性普遍存在。在这个领域,早期的研究表明多取代的联苯类化合物中普遍存在这种现象。

(*S*)-**25**　　　　　(*R*)-**26**

6,6′-二硝基联苯-2,2′-二甲酸

27　　　　**28**

29　　　**30**

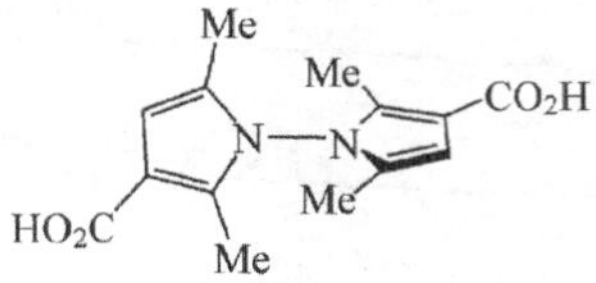

31 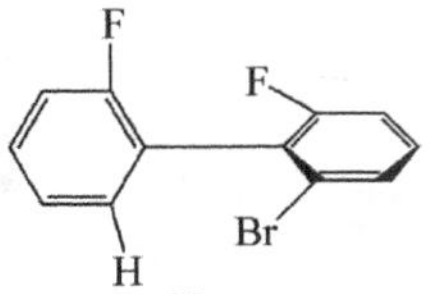　　　　　　　　　　　　　　　**32**

通过系统的研究,人们得出了在单键旋转过程中,不同取代基对旋转所具有的阻力大小的顺序。这些因单键旋转受阻而生成的一些异构体的早期研究结果如下:

$$I > Br \gg CH_3 > Cl > NO_2 > CO_2H \gg NH_2 > OMe > OH > F > H$$

这对于设计合成新的手性化合物有一定的帮助。目前在手性催化剂的应用研究中,一类联二萘类化合物受到了广泛的关注。它们的结构也是由于单键旋转受阻而生成不同的手性异构体,如 **33** 和 **34**[13]。其他一些因单键受阻而形成的构象异构体的应用也很多。这在下面的具体讨论中将有所涉及。

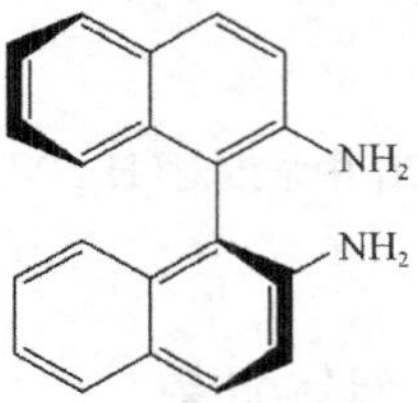

33 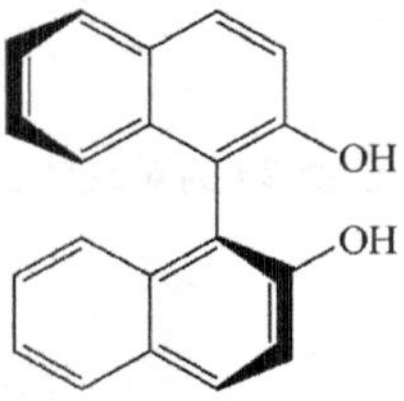　　　　　　　　　　　　　　**34**

3.4　构象对有机反应的影响

有机化学反应的发生与否与反应物的结构有直接的关系。其中,反应底物结构的构象有很多时候对反应的发生也有巨大的影响。这种构象与反应活性之间的联系早在 20 世纪 40 年代前后就有报道。最早指出这种关系的是 D. H. Barton[14]。他在随后系列的研究中得出了不少有价值的经验。叶秀林在介绍这些早期的研究成果时,做了很好的归纳和总结。虽然量子化学的飞速发展已经让广大的研究人员从烦琐而无数字的描述性解释中脱身,转而能够利用量子化学的计算结果来更详细地开展他们的研究工作。但这些经验依然不失为很好的方法。因此为方便读者,这里摘抄部分归纳出的规律:

(1)在脂肪族化合物中,最稳定的构象一般是在相邻的四面体碳原子上取代基的排列全呈交叉的位置,并且两个最大的基因(或相互排斥最强的两个偶极)相距最远。

(2)在环己烷及其杂环的同型化合物化学中,椅型构象具有最多的交叉组合。显然,在这些简单的分子中,优势构象的选择是受控制的,即非键合原子之间的相互排斥达到最小程度。

(3)在确定一个分于的优势构象时,如果缺乏直接的物理证据,最合理的假定是以化合物中含最多的交叉组合的键的构象为最稳定构象。因此,在脂肪族化合物中,主要的碳链应呈锯齿的形式,而在含环己烷的复杂衍生物中,则采取椅型数最多的构象。但必须指出的是,如果是由于氢键或静电效应(偶极或整电荷的相互作用)等分子内的力发生作用,则这种基本考虑将受到限制。

（4）虽然一个分子的某一构象比其他可能构象稳定，但这并不意味着这个分子就一定以这种构象参与反应，或这个分子就固定于此构象形式。

（5）在有机反应中，由于构象的选择和该反应过程中的几何形象所必须具备的条件之间相互制约，而决定了产物分子的结构。这种几何形象所必须具备的条件通常是：参与反应的中心须处于同一直线上或同一平面上，或者是具有相似的立体电子关系。

此外，Barton 还建议用刚性的甾族化合物进行反应与构象关系的研究，这是因为刚性构象可以避免作为取代基的基团在取向上的变化，稠环的椅式环己烷类，每两个相邻碳原子（或取代基）均接近于典型的交叉型构象关系，由此研究得到的构象反应性结论也适合于开链的化合物。

在实际研究工作中，构象对有机反应的影响范围广，涉及的反应类型多。在早期的报道中，有不少经典的实验值得关注。读者朋友可以参考相关的参考书。在这里就不再对以前的文献进行总结。实际上，到目前为止，有关因构象差异造成的反应具有不同的选择性的例子非常多。下面结合对映选择性反应的一些结果来讨论这个问题。

3.4.1 对还原偶联反应中的对映选择性影响

利用远距离的轴手性来控制反应中新生成的手性中心是一个有价值的研究[15]。例如，下面的醛与巴豆酸酯衍生物进行的还原交联反应，就是利用因旋转受阻而形成的立体性质有差异的构象异构体来控制新生成的手性中心。在这个反应中，SmI_2 用于催化反应的进程[式(3-5)]。

$$\tag{3-5}$$

对于这个反应，不同底物的醛对形成不同的产物有很大影响。表 3-5 列出了 **35** 和 **38** 中不同取代基以及不同的醛作用下对反应产物的影响。

表 3-5 不同构象异构体对反应产物的手性生成的影响

序号	催化剂	R¹CHO	ee(cis,trans)[a]/%	cis-[a][b],构型
1	(—)-(aR)-**35a**	^{n}BuCHO	>99,96	+80.8°,(3R,4R)
2	(+)-(aS)-**35a**	^{n}BuCHO	>99,95	
3	(+)-(aS)-**35a**	^{i}PrCHO	>99,75	
4	(+)-(aS)-**35a**	^{t}BuCHO	96,61	
5	(—)-(aR)-**35a**	CyCHO	80	+46.5°

序号	催化剂	R¹CHO	ee(cis,trans)ᵃ/%	cis-[α]ᵇ,构型
6	(−)-(aS)-**35b**	ⁿBuCHO	32,46	(3R,4R)
7	(−)-(aS)-**35b**	ᵗBuCHO	5	
8	(+)-(aR,R)-**38a**	ⁿBuCHO	63,76	(3S,4S)
9	(+)-(aR,R)-**38a**	ᵗBuCHO	36,>95	
10	(−)-(aS,S)-**38b**	ⁿBuCHO	14,83	(3R,4R)

a. 用 GC 测定。Cyclosil B(30 m×0.25 mm i.d. 和 0.25 μm)。

b. 在 MeOH 中测定(c,0.20~0.65 g/100mL)。文献[16]的值是:(3R,4R)-**37**,+73.8°(94% ee);(3S,4S)-**37**,−74.3°(96% ee);(+)-**37**,+55.7°(96% ee);(−)-**37**,−56.8°(97% ee)。

(+)-(aS)-**35a**: X = O
(+)-(aR)-**35b**: X = —CH₂O—

(+)-(aR, R)-**38a**: R = Me
(−)-(aS, S)-**38b**: R = Ph

一个可能的过渡态结构列在图 3-21 中。虽然这个过渡态在一定程度上能帮助理解反应的立体结构的生成。但如果有理论计算的结果能进一步解释这个结论则更完美。

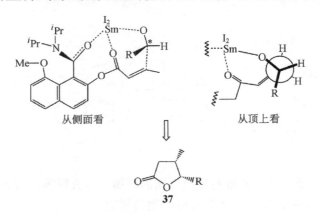

从侧面看　　　　　从顶上看

37

图 3-21　生成手性化合物 **37** 的可能过渡态结构

3.4.2　烯醇类消旋体异构化中酸结构构象的影响

一个非常有意义的研究是将消旋的异构体的混合物在利用相关的非手性试剂处理后,重新得到含量有明显差异的两个异构体。例如,常识告诉我们,在得到的下列化合物 **40** 中,顺反式的含量将相等[式(3-6)]。

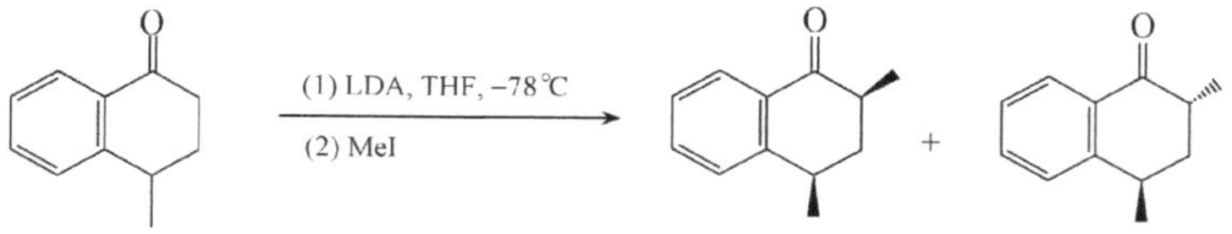

(1) LDA, THF, −78℃

(2) MeI

39　　　　　46%, *syn*-**40**　　　46%, *anti*-**40**

(3-6)

　　如果想把这一等量的对外消旋体进行转化,以期得到含量不等的异构体,其中一个必需的步骤就是将其烯醇化,如图 3-22 所示。在完成这个烯醇化过程以后,利用相关试剂完成烯醇的质子化过程以便得到不等量的异构体[17]。

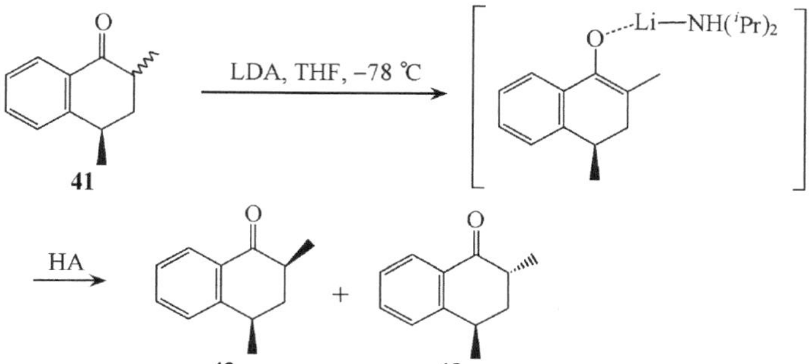

LDA, THF, −78 ℃

O·····Li—NH(^{i}Pr)$_2$

41

HA

42　　　　**43**

图 3-22　构象控制下的烯醇中间体的不对称异构化

　　通常来讲,图 3-22 中的质子给体(HA)应该是手性的酸类物质。但在上述的分子中,非手性的酸类物质依然提供了另外一个实现不等量异构体的异构化结果。表 3-6 列出了不同质子给体对烯醇异构化后两个顺反式结构含量的影响。

表 3-6　不同酸性物质对烯醇异构化后顺反式结构含量的影响

序号	酸(HA)	产率/%	异构体比例(*syn*∶*anti*)
1	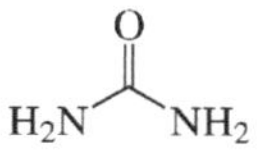 H$_2$N—CO—NH$_2$ (尿素)	92	60∶40
2	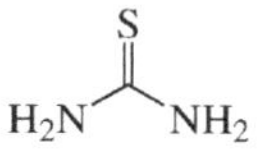 H$_2$N—CS—NH$_2$ (硫脲)	96	62∶38
3	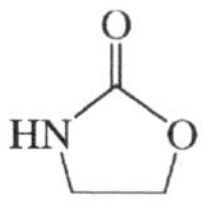 HN—CO—O (噁唑烷酮)	93	55∶45
4	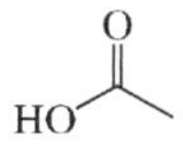 HO—CO—CH$_3$ (乙酸)	92	85∶15
5	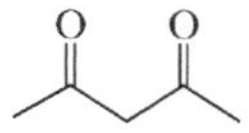 CH$_3$—CO—CH$_2$—CO—CH$_3$ (乙酰丙酮)	97	94∶6

续表

序号	酸（HA）	产率/%	异构体比例（*syn*∶*anti*）
6	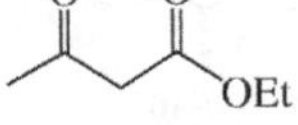	98	95∶5
7	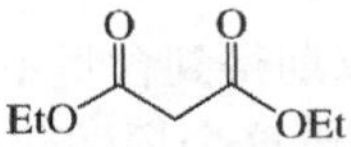	94	52∶48
8	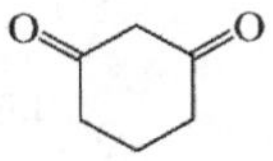	80	74∶26
9	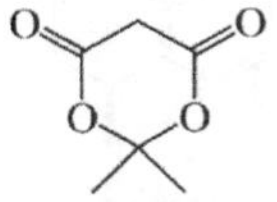	74	79∶21

　　这个例子所使用的是非手性质子源。在这个过程中，关键因素是由于底物分子中 4-Me 的优势构象起作用。该甲基将尽可能地位于平伏键的位置上，造成在平面的两边存在不对称因素。因此，最终由于生成了不同能量的某个过渡态结构，最终出现了人们所希望的结果。

3.4.3　催化剂自由构象对催化对映选择性的影响

　　在不对称有机合成的研究中，催化剂的使用使得研究人员能够按照自己的设计来合成不同的手性化合物。在这个研究过程中，人们常需要利用计算的方法来研究反应的过渡态能量，从而判断反应发生的可能性，或者了解实验背后的机理。实际上，在研究过渡态机理的过程中，很多时候需要用到简化模型。如同上面分析不同构象分布时我们使用了简化模型一样。但使用简化模型有时也会遇到比较大的困难。例如，在若干系列催化剂催化活性研究中，我们发现随着取代基从甲基、乙基、丙基到丁基的变化，在二乙基锌对苯甲醛的加成中的对映选择性（ee），出现规则性的变化［图 3-23，式（3-7）］[16,17]。

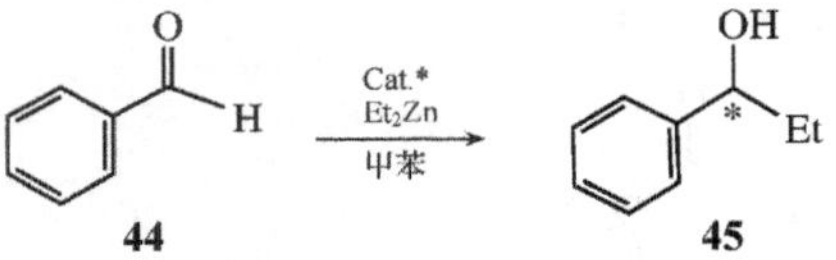

$$(3\text{-}7)$$

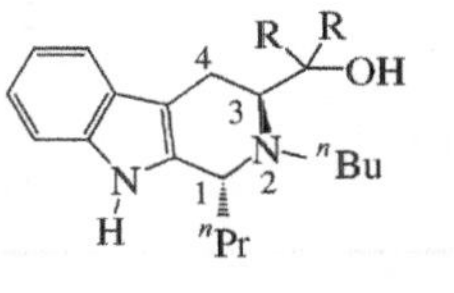

46a: R = Me
46b: R = Et
46c: R = ^{n}Pr
46d: R = ^{n}Bu

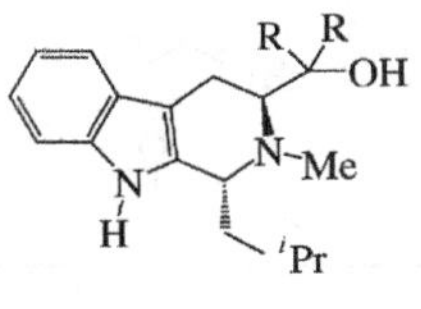

47a: R = Me
47b: R = Et
47c: R = ^{n}Pr
47d: R = ^{n}Bu

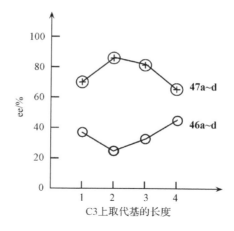

图 3-23　两个系列的手性催化剂催化得到的 ee 值随 C3 上取代基长度的变化而变化

　　显然,利用简化模型计算反应的过渡态能量变化很难反映实验发生的内在本质[18]。在进一步的研究中,我们同样发现了这个规律性变化。例如,我们使用两个系列的手性催化剂,它们在二乙基锌对苯甲醛的对映选择性加成中的选择性(ee)在取代基为 ^{n}Pr 时达到最高或最低点[19]。这个现象在第 2 章中我们归纳为奇-偶碳效应。其实,这个现象与催化剂在溶液中自由分布的催化剂的构象分布有一定关系。

　　这个现象与过渡态能量有最直接的关系。但问题是如果计算过渡态,那么由于需要考虑的构象数量实在过于庞大而不可能。例如,按照下列过渡态 **48** 的结构:

$$48$$

　　如果考虑所有的过渡态结构,那么,两个系列的手性催化剂催化反应中需要计算的过渡态数量高达数百个。即使去掉不合理的部分过渡态结构以及计算在 HF/6-31G(d,p) 条件下进行,所需要计算的过渡态数量也非常大。因此,在这种条件下进行过渡态计算不是很现实。

　　为此,我们考虑到催化剂的自由构象会影响过渡态结构,从而最终影响反应的选择性。我们分析催化剂的自由构象分布,发现在催化剂中,由于 N 原子的翻转,分子中存在顺式和反式构象,因此,可能二者的能量差值[$\Delta E_{(cis\text{-}trans)}$]会对反应的选择性有影响。考虑到分子的结构比较大,选择在 HF/6-31G(d,p) 条件下进行计算。

　　同时,为了对此假设进行多方验证,通过有机合成再次得到如下三个系列的手性催化剂 **49** ～**51**。

　　由于催化 **46**、**47** 和 **49** 属于 β-氨基醇结构,因此对其理论上的分析与实验结果先列在表 3-7 中。

49a: R = Me, 100%
49b: R = Et, 69.5%
49c: R = ⁿPr, 87.6%
49d: R = ⁿBu, 67.8%

50a: R = Me, 69.1%
50b: R = Et, 89.4%
50c: R = ⁿPr, 72.0%
50d: R = ⁿBu, 71.3%

51a: R = Me, 84.5%
51b: R = Et, 76.5%
51c: R = ^{n}Pr, 63.8%
51d: R = ^{n}Bu, 73.0%
51e: R = ^{n}Amyl, 69.9%
51f: R = $CH_2{}^i$Pr, 92.5%
51g: R = $CH_2{}^t$Bu, 93.9%

表 3-7　在 HF/6-31G(d,p) 条件下计算得到的顺反式构象的能量差值 $[\Delta E_{(cis\text{-}trans)}]$

序号	催化剂(R)	计算得到的 $\Delta E_{(cis\text{-}trans)}$ [a] /(kcal/mol)	R-异构体/%
1	**46a**(Me)	−1.02	67.5
2	**46b**(Et)	−0.37	61.5
3	**46c**(^{n}Pr)	0.43	65.8
4	**46d**(^{n}Bu)	−1.72	71.2
5	**47a**(Me)	0.57	85.8
6	**47b**(Et)	2.46	92.6
7	**47c**(^{n}Pr)	−0.35	90.9
8	**47d**(^{n}Bu)	−0.51	82.9
9	**49a**(Me)	−4.27	79.2
10	**49b**(Et)	−1.44	77.9
11	**49c**(^{n}Pr)	−1.89	72.6
12	**49d**(^{n}Bu)	+3.98	72.0

a. ΔE 如果为正值表示反式构象比顺式构象更稳定。

实验得到的 R-异构体的含量与构象能量差值的关系列在图 3-24 中。

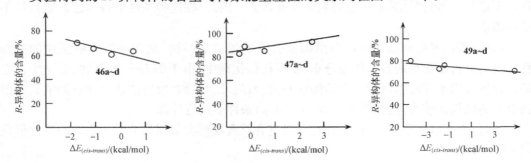

图 3-24　催化剂 46a～d、47a～d 和 49a～d 催化下 R-异构体的含量与 $\Delta E_{(cis\text{-}trans)}$ 之间的关系

　　我们发现二者之间的确有一定的关系。这是一个有意思的结论。如果对其他类型的催化剂也有这种类似的结果,那么对催化剂的设计可能带来一定的便利。为此,我们进一步研究催化剂 **50**、**51** 的构象对选择性的影响。实验得到的 ee 值与产率等结果列在表 3-8 中。

表 3-8　催化剂 50 和 51 催化下的二乙基锌对苯甲醛的加成中的选择性

序号[a]	催化剂(R)	产率[b]/%	ee[c]/%	R-异构体/%	ee[d](op)/%	构型[d]
1	**50a**(Me)	48	3.4	51.7	3.9	R
2	**50b**(Et)	74	61.8	80.9	62.0	R
3	**50c**(^{n}Pr)	45	1.2	50.6	0.0	R
4	**50d**(^{n}Bu)	62	28.8	64.4	28.0	R
5	**51a**(Me)	40	4.2	52.1	4.5	R
6	**51b**(Et)	51	12.1	56.1	12.2	R
7	**51c**(^{n}Pr)	58	9.9	55.5	10.5	R
8	**51d**(^{n}Bu)	45	8.5	54.2	8.9	R
9	**51e**(^{n}Amyl)	39	3.6	51.8	3.1	R
10	**51f**(CH$_2^i$Pr)	49	6.0	53.0	6.4	R
11	**51g**(CH$_2^i$Bu)	43	7.6	53.8	8.2	R

a. 实验在 20℃进行 46~48 h。

b. 分离得到的产率。

c. 用手性 OD 柱,己烷/异丙醇为 95 : 5,流速 1.0 mL/min,在 UV 254 nm 下检测。

d. 按报道的 R-对映体的旋光 $[\alpha]_D +45.6°(CHCl_3)$ 来计算。

　　那么计算得到的能量与对映选择性又有何关系呢?计算结果列在表 3-9 中。从这些结果中可以发现,这个结论对非氨基醇类的催化剂的催化效果依然有用(图 3-25)。

表 3-9　计算得到催化剂 50a~d 的相对能量值ΔE

R	ΔE/(kcal/mol)[HF/6-31G(d,p)]								(反式2+反式3)权重平均值
	顺式1	顺式2	顺式3	顺式4	反式1	反式2	反式3	反式4	
Me	6.7	4.0	17.4	5.0	2.0	0.0	2.0	0.0	0.08
Et	3.8	6.4	18.0	4.3	1.9	2.4	2.8	0.0	2.57
^{n}Pr	5.2	8.2	18.1	2.3	0.0	0.4	0.9	0.6	0.55
^{n}Bu	5.5	8.6	19.0	3.5	0.0	2.5	1.2	0.9	1.33

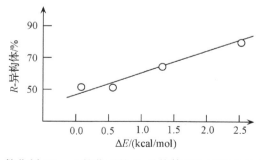

图 3-25　催化剂 **50a~d** 催化下的 R-异构体的生成数量与 ΔE 的关系

3.5　其他类型手性化合物

严格意义上来讲,我们应该在第 1 章中讲述这些内容。但考虑到在第 1 章中主要讲述手性分子的旋光计算以及利用不同的现代方法来解决实际研究中的一些问题,因此在第 1 章中主要围绕有明确手性中心的分子进行展开。其他类型的手性碳类手性化合物中,第一种是前面提到的联苯(萘)类化合物,第二种是丙二烯(C=C=C)类化合物,第三种是螺旋类化合物。之所以把联苯(萘)类化合物也放入到前面的构象研究内容,关键原因还是由于单键的旋转受阻而造成的。这和含 C=C=C 的轴手性与螺旋结构都不一样。

在这些非标准手性碳类手性化合物中,目前研究得最多的是联苯(萘)类化合物。其他如含 C=C=C 结构特征的化合物,螺旋类化合物以及含 N 或 P 的手性化合物在目前均是非主流研究内容。但作为相关知识点,仍然不失为一个要了解的内容。

目前对联萘类手性化合物研究最多,它们的主要用途是不对称有机化学反应中的催化剂。对于这一类化合物,一个有意思的基本问题是相对构型的命名。例如,在下列化合物中,它的命名按照下列步骤进行。

第一步,将手性轴周围的四个点用 a、b、c 和 d 标示出来(图 3-26)。

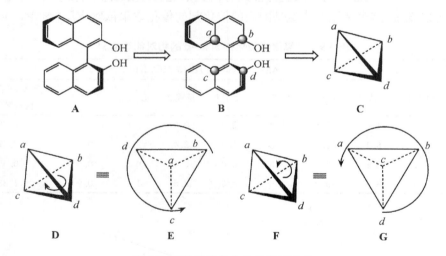

图 3-26　轴手性化合物的构型命名

基团点 $a<b,c<d$。我们第一次以 a 点为最小点,那么,可以在三角形 bcd 中来观察。这时,我们看到一个从 b 点开始,经过 d 点到达 c 点的逆时针运动方向。因此,该结构应为 (S) 构型。如果我们以 c 点为最小点,那么,我们看到三角形 abd 中三个点的运动方向是 $d→b→a$,也是逆时针运动方向,结构为 (S) 构型。二者的判断一致。这里要注意的一

点是,如果把 a 点当成最小点,那么,必须把在同环上的 b 点当成最大点,另一环上的大点 d 为第二大点。这个命名规则与我们以前的普通命名规则基本一致,比较好理解。

还有另外一种"看法"[20],虽然这个命名原则与普通命名规则中的内容不太一致,但最后的命名结果都一样。

理论上,这类化合物中的两个萘环结构的二面角被认为是互相垂直。但实际上这两个环接近 90°。例如,在 B3LYP/6-31+G(d,p) 条件下得到的二胺(52)与二醇(53)的结构如下:

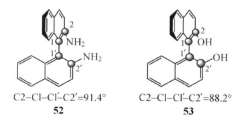

C2—Cl—Cl′—C2′=91.4°　　　　　C2—Cl—Cl′—C2′=88.2°
　　　　52　　　　　　　　　　　　　　　　53

在 52 中二面角 C2—C1—C1′—C2′ 的数值是 91.4°。而同样的二面角 C2—C1—C1′—C2′ 在 53 中的数值则为 88.2°。这种结构的化合物在有机合成中催化作用通常很好。利用不同的取代基等可以形成多种不同的手性催化剂,并可应用于不同的催化体系。

相对而言,含 $\overset{\diagdown}{\underset{\diagup}{C}}=C=\overset{\diagup}{\underset{\diagdown}{C}}$ 的轴手性的例子要比其他含手性中心的化合物少得多。因此,在某种意义上来讲,对于这类化合物的科学意义大于它们的存在意义。同时,这类化合物的合成也比较困难,也使得对于这类化合物的研究比较少。对于含 $\overset{\diagdown}{\underset{\diagup}{C}}=C=\overset{\diagup}{\underset{\diagdown}{C}}$ 的轴手性化合物的构型命名与这个联萘(苯)化合物的命名一样。

另外一类手性化合物是螺旋类手性化合物。这一类很多,主要有生物大分子,如 DNA 结构,以及由苯单元组成的螺环分子等。

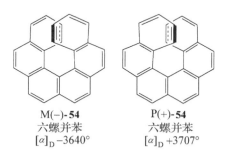

M(−)-54　　　　　　　　　　P(+)-54
六螺并苯　　　　　　　　　　六螺并苯
$[\alpha]_D$ −3640°　　　　　　　　　$[\alpha]_D$ +3707°

在 20 世纪 50~60 年代,有关由五、六、七、八等苯单元组成的螺并苯类手性化合物的研究很多。这一类化合物的旋光值很大。例如在 M(−)-五、六、七、八、九以及十三苯单元组成的螺并苯类手性化合物的旋光值分别高达 −1670°、−3640°、−5900°、6690°、−7500°、−8840°[21]。

在有机合成方面,这方面的研究报道已经不多。但是在材料研究领域,尤其是手性光学材料方面,类似的螺手性化合物具有很好的光学特征,因此,有关类似化合物的合成与表征还是有不少报道。

3.6　区域选择性控制反应

在一些反应中,一些底物具有不同的反应功能团。如果在反应中一些具备反应活性的部位,由于受到反应条件或其他一些因素的影响而几乎没有或仅有少量产物,这些区域选择性反应的结果为有机合成提供了十分有益的合成策略。区域选择性反应通常伴有对映选择性等反应等。例如,在催化剂 57 的催化作用下,联二炔与酮酯发生还原交联反应。在这个反应中,由于取代基 R^1 的不同,反应产物中 R^1 的位置也不同[式(3-8)][22]。

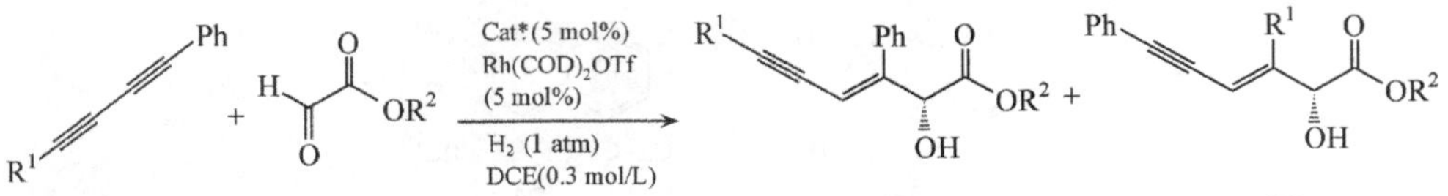

$$\tag{3-8}$$

在利用催化剂 **57** 时,得到不同的差向异构体 **58a** 与 **58b**。表 3-10 列出了不同取代基 R^1 在反应中被(R)-**57** 催化的结果。

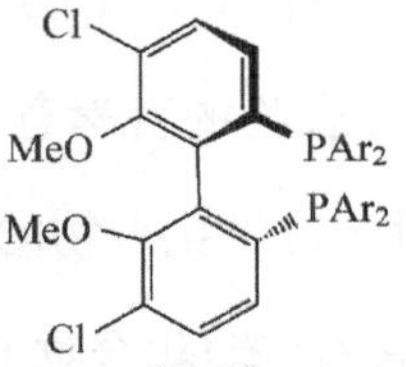

(R)-57

表 3-10　催化剂 57 对还原交联反应结果的影响

序号	R^1	R^2	温度/℃	58a : 58b	产率/%
1	Ph	Et	25(45)	1 : 1	83
2	Me	Et	25	3.3 : 1	78
3	Me	^{t}Bu	25	3 : 1	52
4	^{t}Bu	Et	40	>99 : 1	78
5	TMS	Et	25	1 : >99	74
6	TMS	Et	40	1 : >99	84

但是,对于多数反应而言,这类选择性反应并不需要手性催化剂。由于空间上不同基团的相互作用,不同底物具有不同的优势构象,同时,又由于溶剂化作用等因素,同一底物在不同溶剂中的优势构象可能也有所不同。在反应中,这些优势构象将会对反应产物的生成具有较大影响。

成环反应是有机合成化学的重要研究内容,尤其是相关的方法学研究。例如,在合成七元杂环的研究中,人们利用 2-乙烯基吡啶与芳基异氰酸酯为原料,随着反应条件的不同,反应产物的生成有很大的差异[式(3-9)][23]。在这个反应中,随着取代基 R^1、R^2、R^3 的不同,反应产物也随之变化。表 3-11 列出了不同取代基对反应产物的影响。

59a: $R^1 = H$; $R^2 = {}^nBu$ 60a: $R^3 = H$ 60e: $R^3 = 4\text{-Cl}$
59b: $R^1 = H$; $R^2 = Cy$ 60b: $R^3 = 4\text{-Br}$ 60f: $R^3 = NO_2$
59c: $R^1 = Me$; $R^2 = {}^nBu$ 60c: $R^3 = 2\text{-Cl}$ 60g: $R^3 = 4\text{-NO}_2$
                                    60d: $R^3 = 3\text{-Cl}$ 60h: $R^3 = 4\text{-MeO}$

(3-9)

表 3-11　三个不同取代基对反应产物的影响

序号	底物	异氰酸酯	催化剂用量[a]/mol%	转化率/%	产物 61 产率/%	产物 62 产率[b]/%
1	**59a**	**60a**	A(10/40)	>98	0	82(52/48)
2	**59a**	**60b**	A(10/40)	90	24	27(50/50)
3	**59a**	**60c**	A(10/40)	75	60	0
4	**59a**	**60e**	A(10/40)	73	22	26(50/50)
5	**59a**	**60e**	A(15/60)	78	61	0
6	**59a**	**60h**	A(10/40)	>98	0	65(54/46)
7	**59b**	**60e**	A(15/60)	62	15	36(60/40)
8	**59c**	**60e**	A(15/60)	58	0	30(29/71)
9	**59a**	**60a**	B(5/10)	70	62	—
10	**59a**	**60b**	B(5/10)	>98	60	—
11	**59a**	**60c**	B(5/10)	93	80	—
12	**59a**	**60d**	B(7.5/15)	63	50	—
13	**59a**	**60e**	B(7.5/15)	97	82	—
14	**59a**	**60f**	B(5/10)	81	37	—
15	**59a**	**60g**	B(5/10)	98	70	—
16	**59b**	**60c**	B(5/10)	67	42	—
17	**59b**	**60e**	B(5/10)	62	48	—
18	**59b**	**60g**	B(5/10)	90	59	—
19	**59c**	**60g**	B(5/10)	82	0	60

　a. 催化剂 A 为 $Pd(OAc)_2/PPh_3$,反应在室温下进行,反应序号从 1～14 的反应时间为 24～72h,反应序号从 15～19 的反应时间为 12～48h。催化剂 B 为 $Pd_2(dba)_3\text{-}CHCl_3\text{-}dppp$。

　b. 括号内数字为反应产物的顺/反式结构比例。

　实验发现,催化剂 $Pd_2(dba)_3\text{-}CHCl_3\text{-}dppp$ 体系在催化七元环生成的效果比 Pd

(OAc)$_2$/PPh$_3$ 好。而在一些有机锂试剂与卤代物反应中,不需要使用贵金属作为催化剂。例如,利用廉价的 ZnBr$_2$/CuCN 为催化体系,有机锂试剂与卤代物能生成不同的反应产物[式(3-10)]。

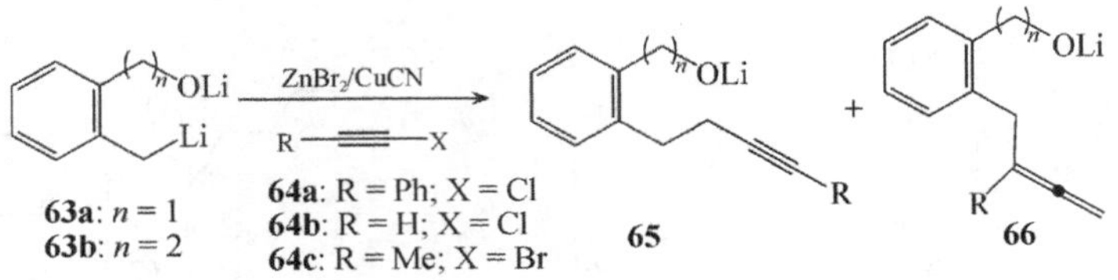

$$(3-10)$$

若反应中没有 ZnBr$_2$ 与 CuCN-2LiCl,当 R=Ph 时,反应的产物为 100% 的 **65**,产率为 51% 左右。如果加入 ZnBr$_2$,而不加入等当量的 CuCN-2LiCl 时,反应几乎不能进行。如果加入 ZnBr$_2$ 和 CuCN-2LiCl,反应的产物为 100% 的 **66**,反应的产率达 57%[24]。

在不同的底物反应中,当加入 ZnBr$_2$ 和 CuCN-2LiCl 后,反应产物 **66** 为主的产率不是太高,基本在 45%～60%。这些具体数据列在表 3-12 中。

表 3-12 不同反应底物对产率的影响

序号	底物 63	底物 64	产物 66	产率/%
1	**63a**	**64a**	**66a**	45
2	**63a**	**64b**	**66b**	51
3	**63a**	**64c**	**66c**	59
4	**63b**	**64a**	**66d**	57
5	**63b**	**64b**	**66e**	49
6	**63b**	**64c**	**66f**	60

实际上,区域选择性反应常常伴随着其他的反应。如前面提到的利用催化剂 **57** 来进行的催化反应,在该反应中,同时有对映选择性反应。图 3-27 显示出系列化合物之间的转化[25]。

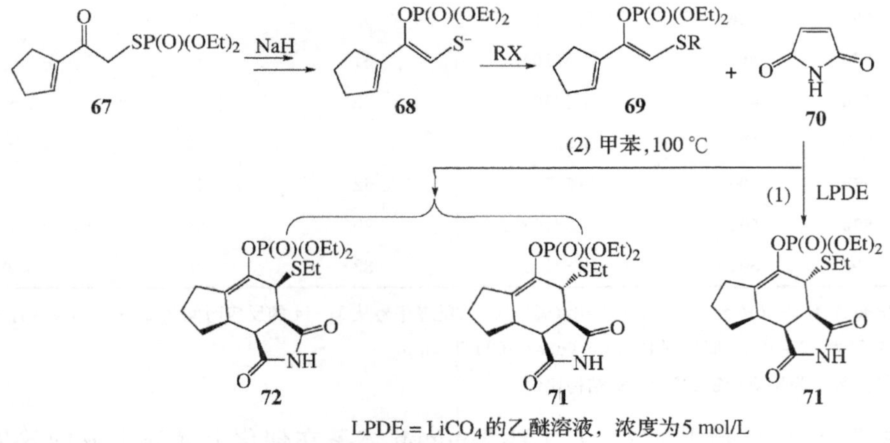

LPDE = LiCO$_4$的乙醚溶液,浓度为 5 mol/L

图 3-27 区域选择性和立体选择性 Diels-Alder 反应

在这个 Diels-Alder 反应中,当反应在室温下进行,并用溶解在乙醚中的 LiClO₄ 为催化剂时,反应的主要产物是 **71**(68%产率)。如果换用甲苯为溶剂,并且反应在 100℃时进行,反应的产物则有两个:**71** 和 **72**,二者的比例为 **71**:**72** = 1:3.9。

表 3-13 中的例子则说明不同的反应试剂导致不同结构的化合物的生成[26]。在这些 S_N2 反应中所得到的产物是有机合成中重要的中间体。反应在室温下进行,所得到的产率也比较高。

表 3-13   不同的反应试剂对生成化合物结构和比例的影响

序号	反应底物	反应条件	反应产物	产率/%
1	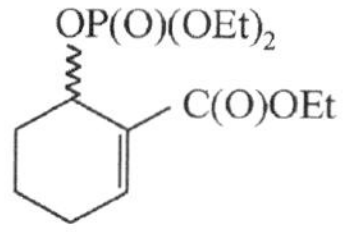	PhCH₂NH₂/ MeOH,r.t.	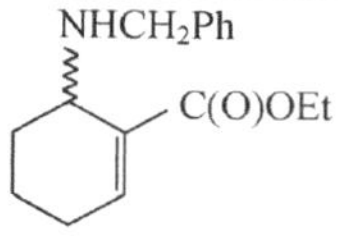	82
2	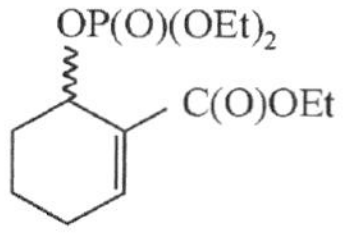	Et₂NH/ MeOH,r.t.	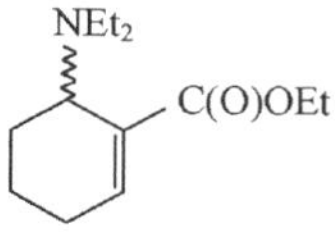	66
3	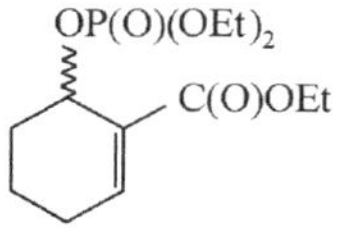	PhC*H(Me)NH₂	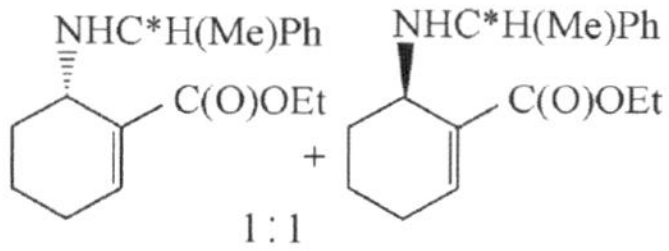 1:1	80
4	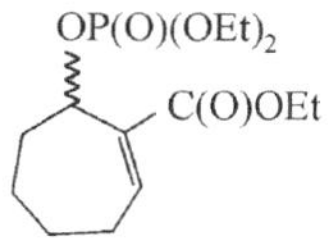	PhC*H(Me)NH₂	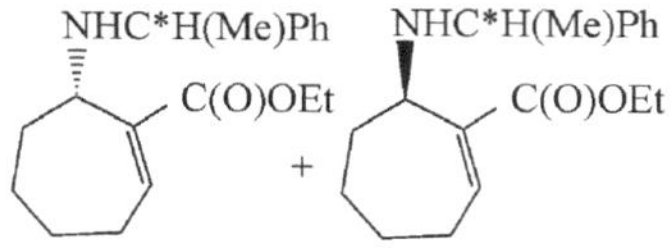 1.5:1	60
5	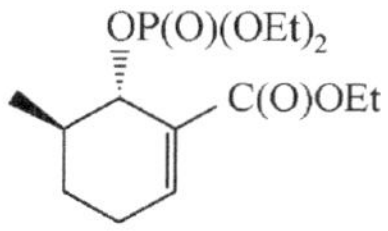	PhCH₂NH₂/ MeOH,rt	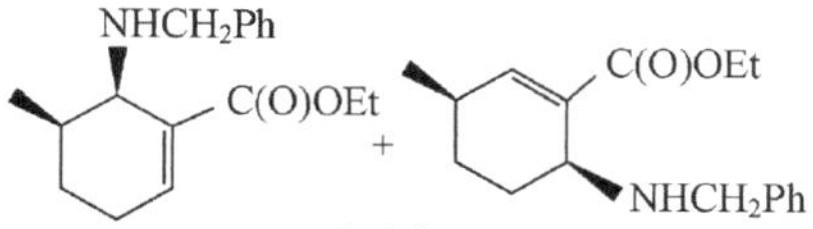 1:1.6	80
6	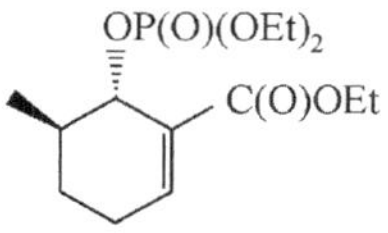	NaN₃/ MeOH,r.t.	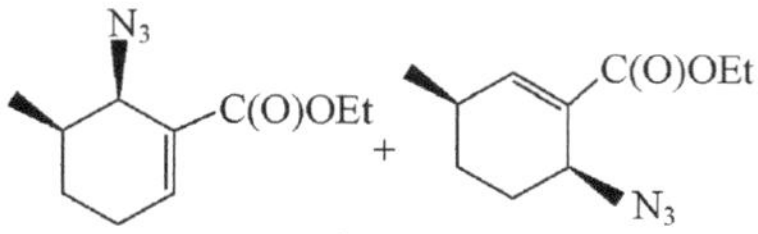 2:1	70

由于区域选择性反应常伴随其他类型的反应,而其本身也常由于分子结构特点的限制,其实际应用没有立体选择性控制反应那么引人瞩目。

3.7   立体选择性控制反应

我们在这里讨论的立体选择性反应针对的是底物反应位点周围存在手性中心,因为在反应的底物没有手性中心的情况下,该反应属于对映选择性反应。对于只有一个潜手性的底物，可以通过引入其他的手性分子进入，以便在后期的反应中通过这个手性分子来控制潜手性中心的新手性的生成。另外，对于这些分子的反应，可以通过手性催化剂或手性助剂来控制新手性中心的生成。目前，这些反应获得了很大的关注[27]。

3.7.1 无手性催化剂条件下的选择性

利用获得的偶氮烯烃和3-乙烯基吲哚，在碱性条件下催化发生aza-Diels-Alder反应。这个反应合成出来含四氢哒嗪的吲哚骨架分子。该反应中，系列产物的产率可达72%～89%[28]。在这类反应中，由于邻近两个手性中心的相互影响，其dr值取决于取代基团的大小。不同的溶剂，包括其他试剂的使用等，以及底物基团大小的差异，对dr值影响都比较大。其中，基团大时，其dr值通常就比较大。例如，在本例系列化合物中，其dr值大于20∶1。

73 74 75

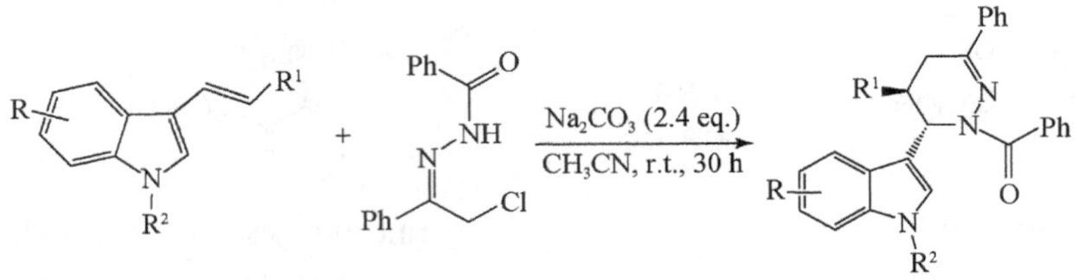

(3-11)

例如，这三个化合物的结构和产率列在下面。由于没有手性催化剂，故没有对映选择性(即ee值为零)。

76, 84% 产率　77, 80% 产率　78, 83% 产率

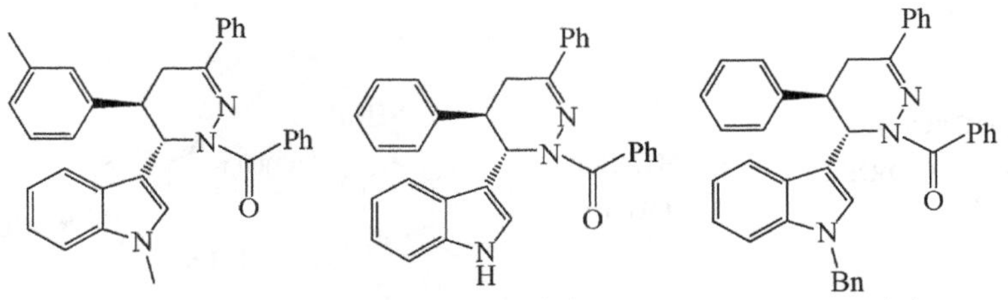

利用邻位手性中心来控制新生成的手性中心：利用Cram规则可以有效控制邻位手性中心的合成。这类反应很多。例如，在下述反应中(图3-28)，其第一步的加成反应中使用手性催化剂**79**来催化，得到相关的手性中间体(**82**)[29]，该中间体在后续的环氧化反应中，受到Cram规则的作用，其环氧化产物的立体化学受到邻位手性中心的影响。其E/Z的比例通常大于9∶1。

一种在温和条件下进行的三步级联还原aza-Mislow-Evans反应：它利用1,3,2-氮磷烯[P-hydrido-1,3,2-diazaphospholenes(DAP-H)][30]在温和条件下催化反应得到α-羟基酰胺**86**[式(3-12)][31]。在正常条件下，相应的α-羟基酰胺具有良好的产率。在这个反应中，利用磺酰胺的手性进行了立体化学方面的控制，但是得到的产物却是单手性中心产物，故而存在对映选择性(ee)结果。

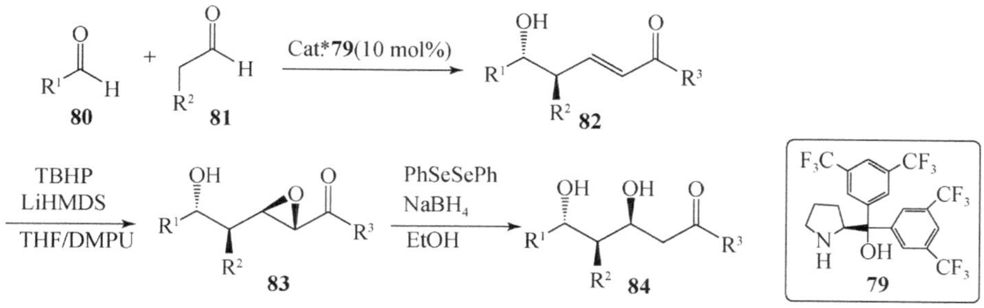

图 3-28　手性催化剂 **79** 催化中间体及其在后续反应中 Cram 规则的作用

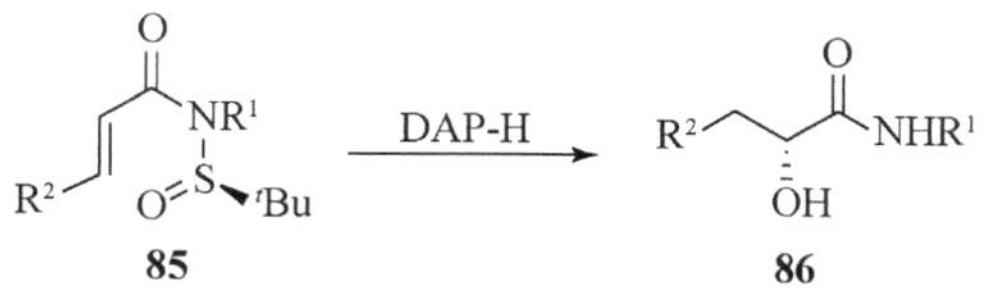

$$(3-12)$$

例如,α-取代的 *N*-叔丁基磺基丙烯酰胺 **87** 生成 α-羟基酰胺 **88** 的产率为 59%[式(3-13)]。将溶剂换为甲苯略微提高对映选择性比例(er)到 75 : 25,即 ee 值为 50%。

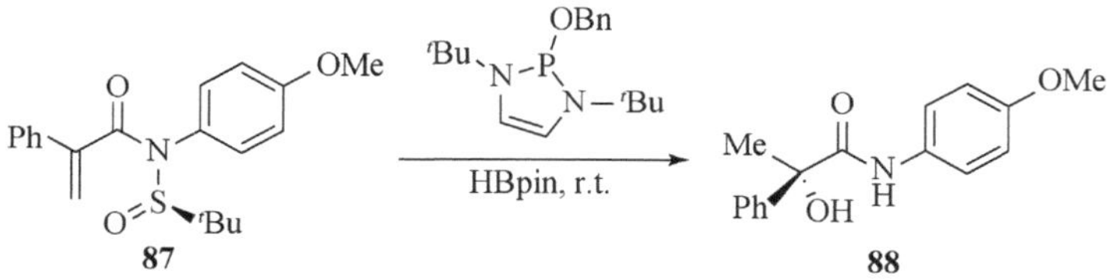

$$(3-13)$$

这个反应的一个直接的应用是合成了一种对治疗神经性疼痛有潜在用途的相关激酶(AAK1)抑制剂 **92**(IC$_{50}$=12 nmol/L)。由芳基溴 **89** 分 3 步合成要求(*S*)-*N*-亚砜丙烯酰胺 **90**,总收率为 49%。将 **90** 进行 aza-Mislow-Evans 重排得到 α-羟基酰胺 **91**,产率为 63%,er 比例为 93 : 7(图 3-29)。随后的甲酰化/叠氮化/氢化序列得到 **92**。相比之下,在使用受保护氨基酸作为起始材料的传统合成中,需要额外的操作来去除或交换阳离子,如三氟乙酸等。因此这个方法提供了一个较为简单的从 α,β-共轭酰胺到 α-羟基酰胺的合成路线。

3.7.2　利用分子自身的结构特点进行的立体化学控制

利用手性氨基酸的手性中心为手性源是一个有效的方法。一个比较简单的例子是合成(*S*)-cleonin (**93**)[32]。在合成的路线设计中,(*R*)-丝氨酸(**94**)被用于手性源。图 3-30 给出了该合成路线的详细过程。

上述反应中利用了一个非常有用的试剂,那就是在对酯的加成反应中用的Ti(O^{i}Pr)$_4$ 和 EtMgCl。这个反应称为 Kulinkovich 反应。它是一个构建环丙烷结构的经典反应,并且该反应的产率比较高。对于不含手性中心的底物分子而言,同样是一个有价值的合成策略。下面列出其他若干该成环反应的例子[33]。

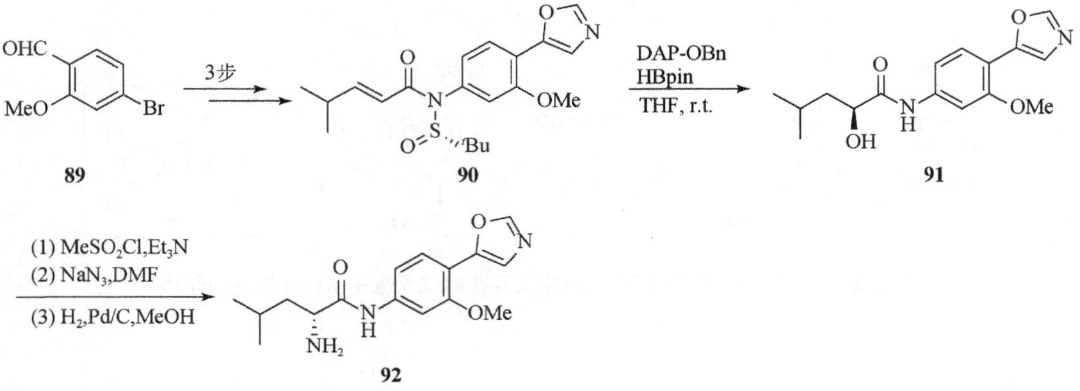

图 3-29　利用 aza-Mislow-Evans 重排合成 AAK1 抑制剂 **92** 示意图

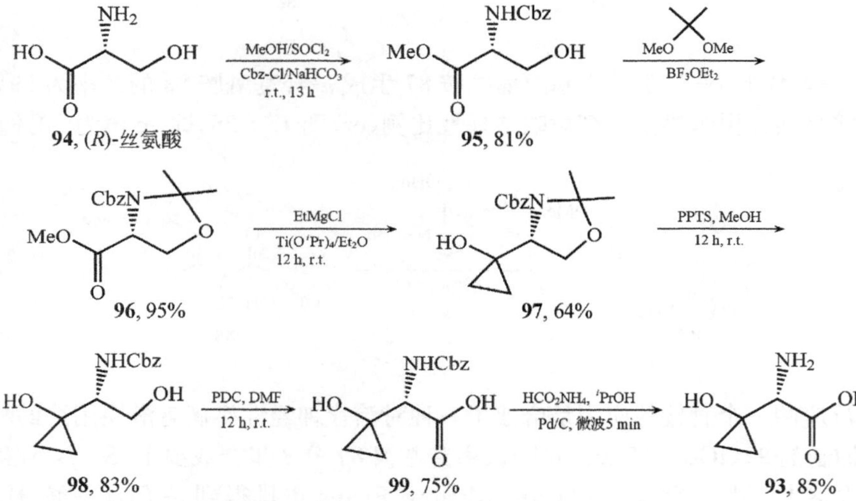

图 3-30　(*S*)-cleonin(**93**)的合成策略

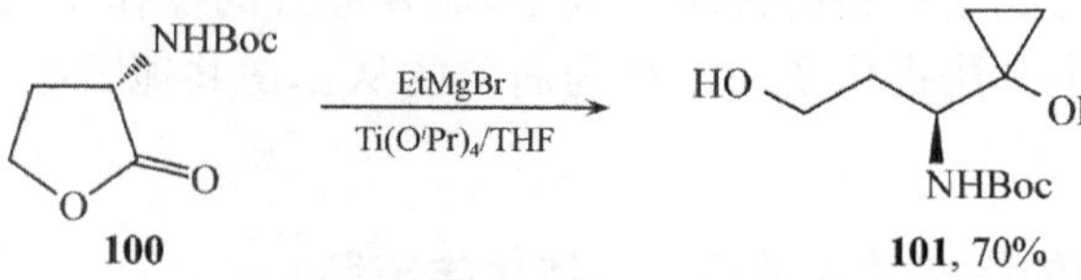

$$(3-14)$$

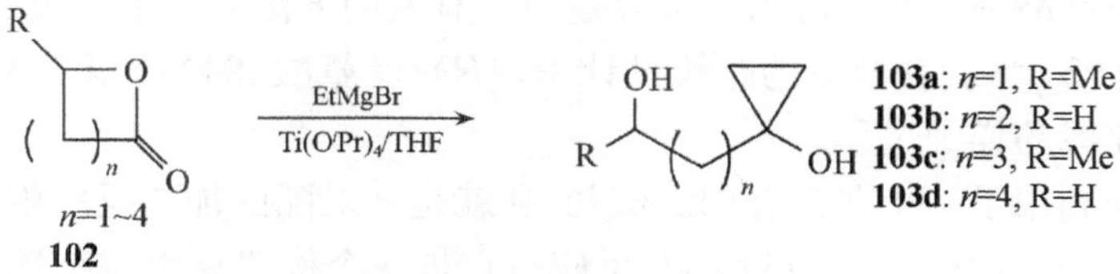

$$(3-15)$$

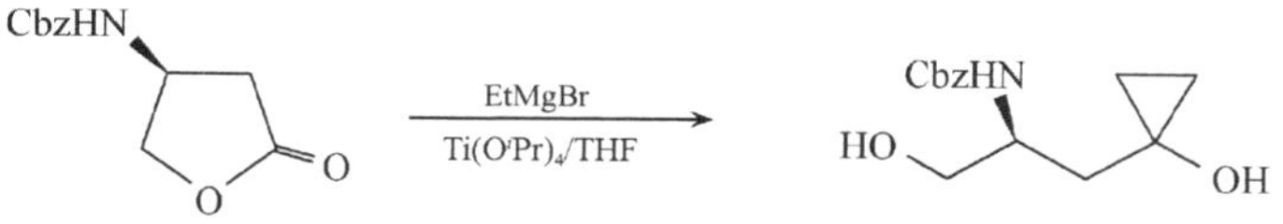

104　　105

(3-16)

当格氏试剂的乙基换用其他长链碳结构时，反应产物中除生成相应的环丙烷结构外，还有其他的产物生成。例如[34]：

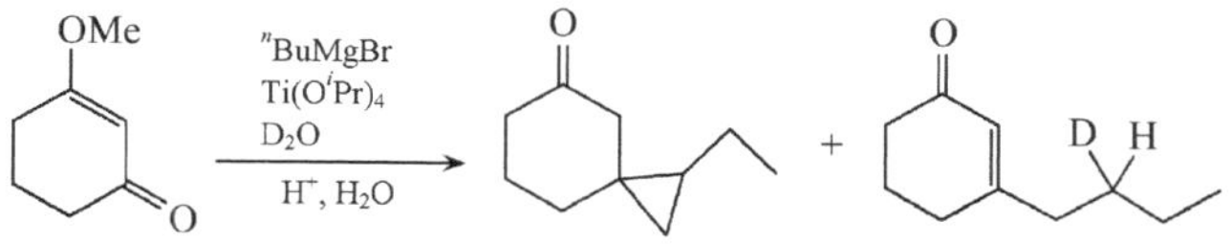

106　　107　　108

(3-17)

这个反应过程中，生成了另一个非设计产物 **108**。该产物的生成与所使用的溶剂性质有关。在上述反应中，当使用甲苯为溶剂时，没有产物 **108** 生成。但当溶剂为 THF 时，上述反应中的主产物 **107** 则不生成，主要产物则变成了 **108**。详见表 3-14。

表 3-14　不同溶剂对反应产物的影响

序号	溶剂	温度/℃	产物 **107** 产率/%[a]	产物 **108** 产率/%[a]
1	甲苯	25	77	0
2	乙醚	25	66	0
3	乙醚	0	34	25
4	THF	25	15～20	35～40
5	^{n}BuMgBr/THF	25	0	49

a. 分离得到的产率。

对于具有环状结构的格氏试剂，该反应生成的产物有比较大的差异。在研究中，该反应以可观的产率得到了预期的一些产物。例如，下述反应在反应的过程中，构建了一个新的手性中心(图 3-31)。

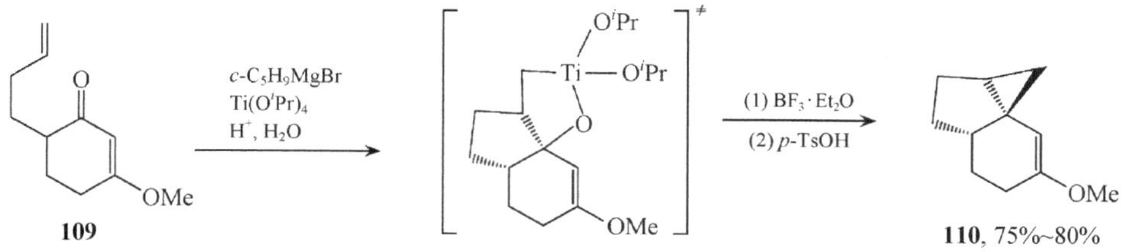

109　　110, 75%~80%

图 3-31　环戊烷格氏试剂在 Ti(O^{i}Pr)$_4$ 条件下对酮的加成产物

在利用自身的手性中心对潜手性中心在反应中的手性控制，有一个比较特殊的作用方式，这就是利用二氢键的形成来对手性中心产生影响。

在介绍这个反应的特点以前，需要简单介绍何谓二氢键。通常情况下，它是指一个带负电荷的质子与一个带部分正电荷的质子在空间上形成一个很强的静电引力而又不形成氢气而逃逸出体系。例如,在 NaBH$_4$ 中,一个 H$^-$ 可以与一个—OH 上的 H$^{\delta+}$ 相互作用而形成一个二氢键,其二者之间的距离为 1.1~2.0 Å。因此,其通式可以表达为 X—H⋯H—M,其中 X=O,N 等电负性大的元素,M 为金属类或 B、Si 等原子。这是一类比较特殊的键合方式。

有人发现了二氢键对 α-羟基酮的还原具有很大影响。在反应中,还原生成的—OH 与 α-OH 形成反式结构[35]。到目前为止,这类反应的例子还不多。但这类反应的立体控制仍然需要一个手性中心来控制生成新的手性中心(图 3-32)。

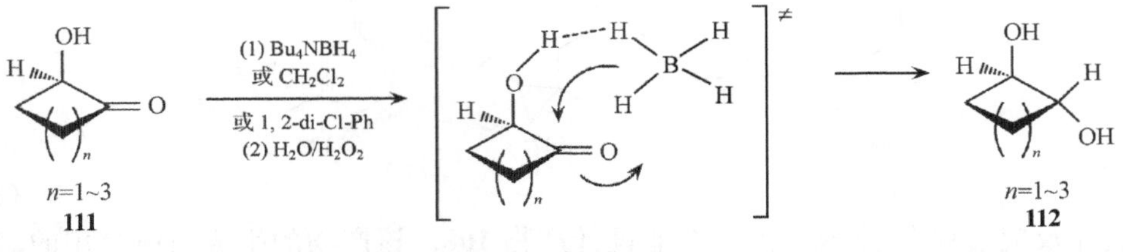

图 3-32　二氢键对 α-羟基酮还原反应的影响

这个反应与使用的溶剂性质有关。在用二氯甲烷和 1,2-二氯苯作溶剂时,大约 97% 的产物都是反式结构。但如果在反应体系中添加 1/4 的四丁基氟化铵时,顺式产物和反式的比例为 55∶45。当添加四分之一的四丁基氯化铵或添加四分之一的四丁基溴化铵时,这个比例分别变为 20∶80 或 7∶93 左右。这里,形成二氢键的直接证据有两个,一个最主要的是在反应的过程中没有 H$_2$ 放出,其二是 IR 中的数据。目前,利用二氢键进行这方面的新的研究结果还很少。但作为一个试验现象,这个例子可以促使人们去思考更多的科学问题。

1. 双键顺反式结构的影响

除了自身具有的手性中心会对新生成的手性中心有影响外,分子内的双键的顺反异构也对生成的新的手性中心有决定性的影响(图 3-33)。

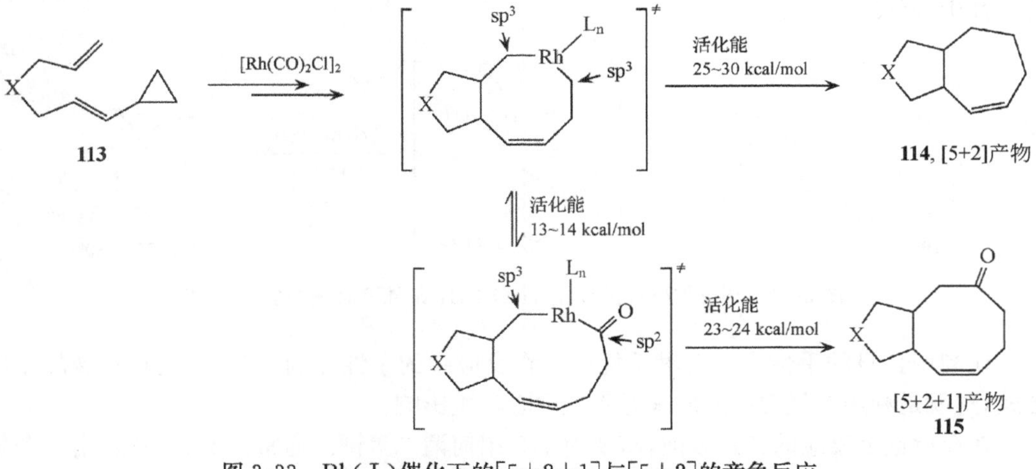

图 3-33　Rh(Ⅰ)催化下的[5+2+1]与[5+2]的竞争反应

在理论计算的指导下，余志祥等发现 Rh(Ⅰ)催化下的[5+2+1]反应比[5+2]反应的竞争优势要大得多[36]。实验也证明了理论预测的结果。在进一步的实验研究中，他们发现产物的立体结构与反应底物的结构几乎是一一对应的。图 3-34 显示的是[5+2+1]反应的几个例子。

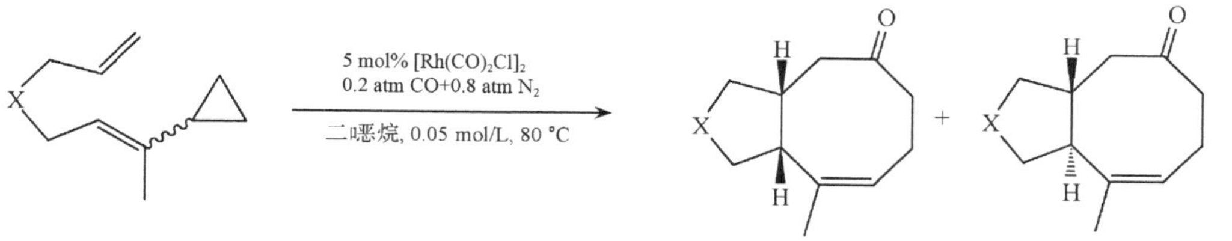

	118(顺式)	119(反式)
X=C(CO_2M_2)$_2$		
116, (*E*/*Z*=3∶1)	16%	50%
(*E*/*Z*=1∶3)	53%	17%
X=NTs		
117, (*E*/*Z*=3∶1)	15%	44%
(*E*/*Z*=1∶3)	31%	10%

图 3-34　[5+2+1]反应中的立体化学

在这个例子中，我们可以看到，(*E*)式底物所形成的产物具有反式的手性中心，而(*Z*)式则生成顺式结构。在接下来的[3+2]反应中，同样观察到了在 Rh(Ⅰ)催化下的不对称环加成产物[式(3-18)][37]。

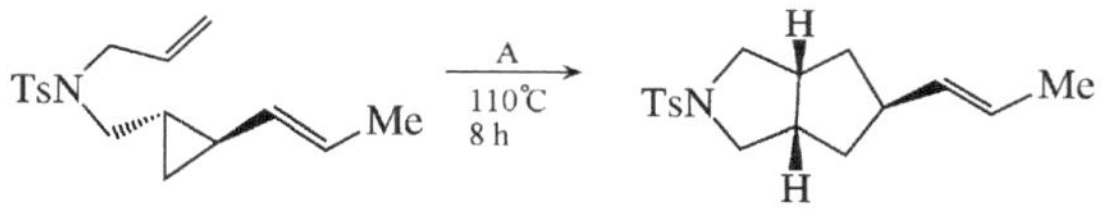

120　　**121**, 67%

(3-18)

条件 A：5 mol%[Rh(CO)$_2$Cl]$_2$，甲苯溶剂，底物浓度 0.025 mol/L。

底物的顺反异构体中，在这些环加成反应时，只有反式才发生[3+2]反应。如果底物为顺式结构，反应产物则为[5+2]反应产物，反应产物为顺式结构，如反应式(3-19)所示。

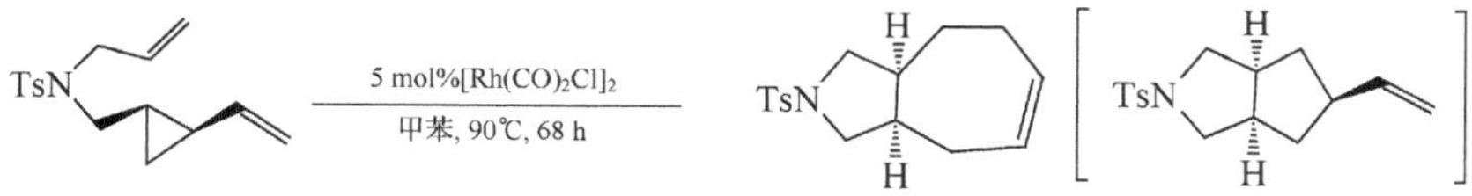

122　　**123**

(3-19)

这类反应的立体选择性也非常强，反式结构的底物生成顺式的二环结构。这是一类很有价值的构建多环体系的反应。对于该[3+2]的反应机理，可用图 3-35 来简单地表示。

对于顺式[5+2]反应，其可能的中间过渡态结构将涉及烯丙基中的双烯，由于其具有不同的立体构型，因此与反式结构相比，双键在催化过渡态中的位置有较大差异(图 3-36)。

对于另外一部分不对称合成而言，在合成过程中尽管所用的底物分子没有手性，但在反应过程中，由于能量的关系，所生成的含双键的最终产物具有相应的顺反结构选择性。例如，利用重氮类化合物在 1,3-偶极环加成反应中可实现反应产物的高选择性。下面所

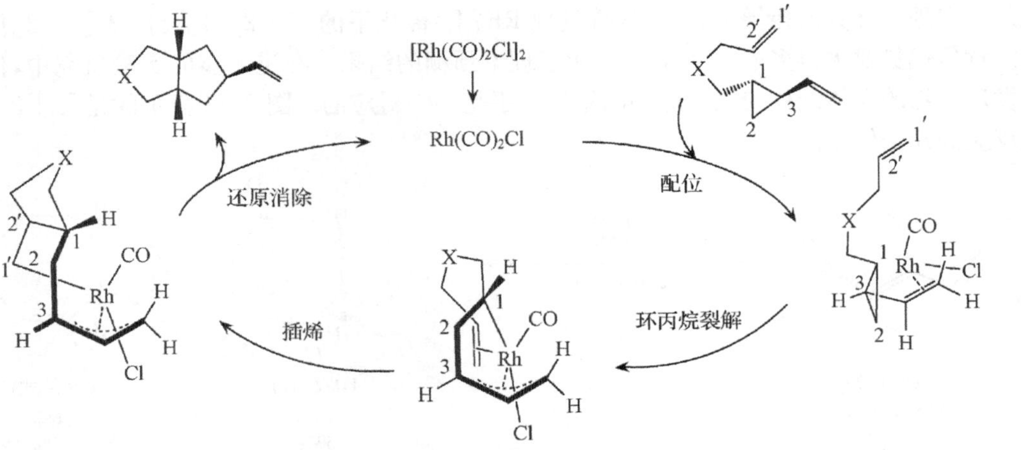

图 3-35　[3+2]环加成反应的可能机理

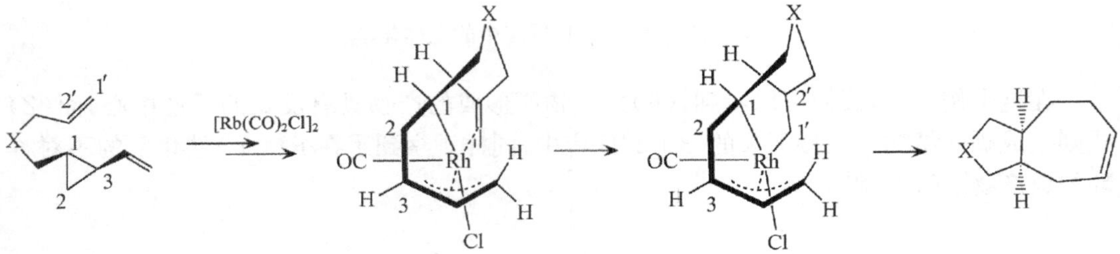

图 3-36　顺式反应底物的[5+2]反应机理

显示的是该反应的一个类型[式(3-20)]，其中要用到相转移催化剂三乙基丁基胺的盐酸盐($BnEt_3NCl$)。其(*Z*)-环加成反应产物与(*E*)-环加成反应产物，在不同的条件下，所得到的比例可高达 95∶5(*E*∶*Z*)(表 3-15)。

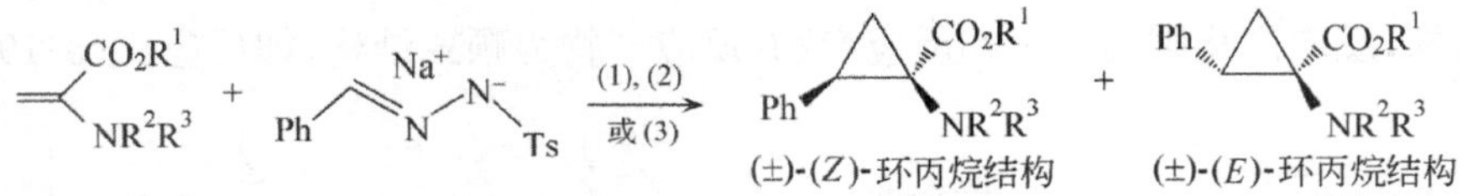

124　125　126　127

(3-20)

表 3-15　不同反应底物反应时对顺反结构的反应产物影响

序号	反应底物	反应条件	催化剂/%	产率/%	*E*∶*Z*
1		(1)	—	68	94∶6
2	**124a**:	(2)	1	12	49∶51
3	CO_2Me	(2)	10	35	17∶83
4	NHBoc	(3)	1	79	36∶64
5		(3)	10	53	36∶64

续表

序号	反应底物	反应条件	催化剂/%	产率/%	E∶Z
6	**124b：** CO₂PNB NHBoc	(1)	—	50	95∶5
7		(3)	1	73	43∶57
8	**124c：** CO₂Me N(Boc)₂	(1)	—	痕量	64∶36
9		(3)	1	—	—
10	**124d：** CO₂Me NHAc	(1)	—	48	85∶15
11		(3)	1	84	19∶81
12		(3)	10	84	16∶84

注：反应条件(1)BnEt₃NCl(0.05 eq.)，甲苯，40℃，60 h。(2)Rh₂(OAc)₄，BnEt₃NCl(0.1 qe.)，1,4-二氧烷，30℃，60 h。(3)ClFeTPP，BnEt₃NCl(0.05 eq.)，甲苯，40℃，60 h。

对于这个没有手性中心的反应，在生成的顺反异构体的产物生成上确有明显的差异。根据前面提到的，反应中的过渡态的生成上具有不同的优势构象。对于序号 1 和序号 10，我们发现没有催化剂和 ClFeTPP 的情况下，主要的产物是(E)式。而在催化剂作用下，(Z)式增加，而在序号为 11 和 12 的反应中，则主要是(Z)式。产物是(E)式的可能机理列在图 3-37 中。

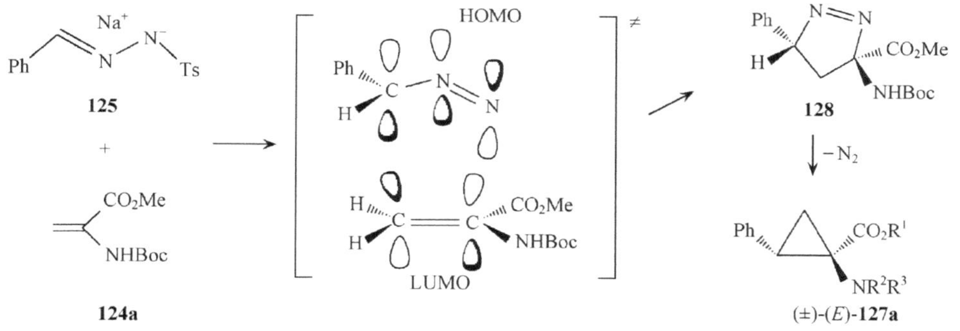

图 3-37 反应产物为(E)式的可能机理

对于生成的(Z)式产物，这个可能的过程是由于 ClFeTPP 的参与(图 3-38)。

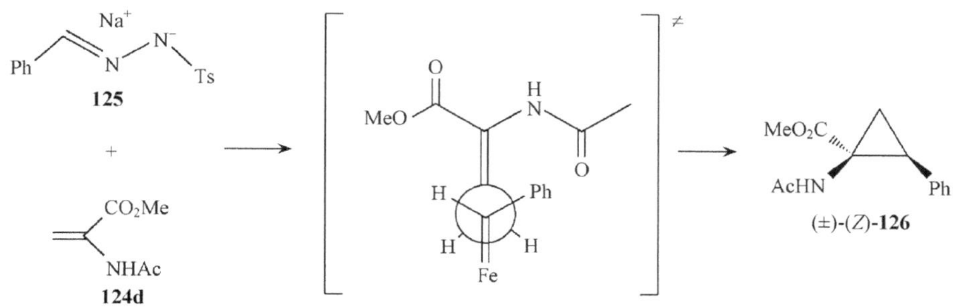

图 3-38 产物为(Z)式结构可能的反应机理

在一些 Claisen 重排反应的例子中,研究人员巧妙地利用了不同基团的空间位置和大小上的差异,成功地实现了高选择性的立体选择性产物[38],如式(3-21)所示。

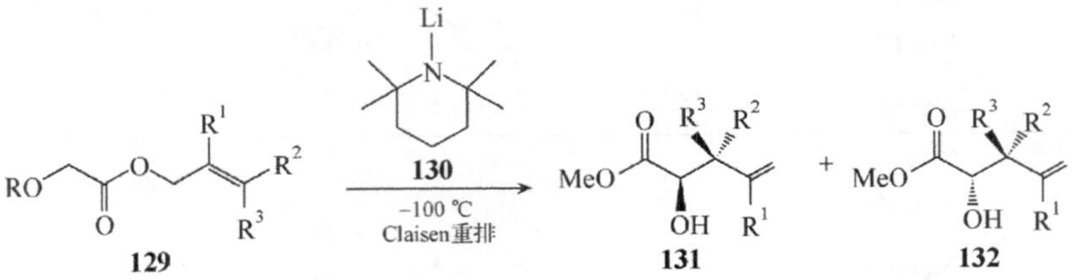

$$(3-21)$$

在这个反应中,顺反式异构体不同的底物导致生成不同立体构型产物在数量上有差异。表 3-16 列出了这些 Claisen 重排反应的立体选择性。

表 3-16　不同 $(E),(Z)$-反应底物对反应产物的立体构型的影响

序号	底物	方法	产率/%	比例($131:132$)
1	^{t}BuPh₂SiO ... ($E/Z=2:98$)	A	86	95∶5
		B	80	3∶97
2	^{t}BuPh₂SiO ... ($E/Z=3:97$)	A	85	95∶5
		B	80	4∶96
3	^{t}BuPh₂SiO ... ($E/Z=2:98$)	A	93	96∶4
		B	85	3∶97
4	^{t}BuPh₂SiO ... ($E/Z\leqslant1:99$)	A	94	94∶6
		B	81	4∶96
5	^{t}BuPh₂SiO ... ($E/Z\leqslant1:99$)	A	86	94∶6
		B	80	1∶99

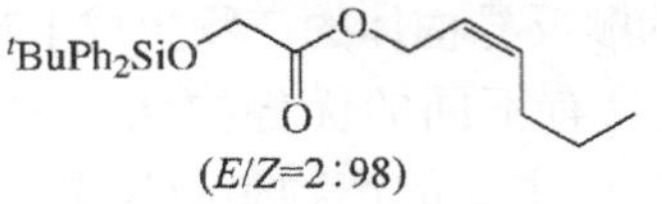

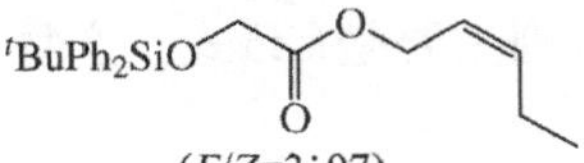

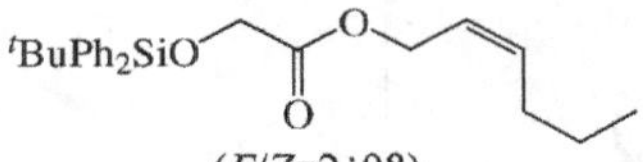

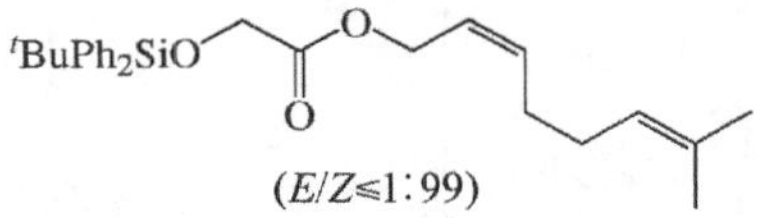

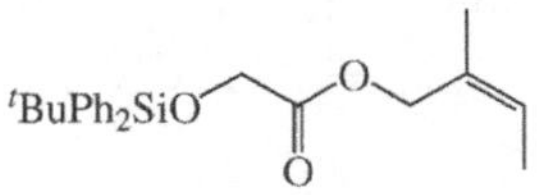

这里,方法 A 是:将反应原料硅酯在－100℃投入含 2,2,6,6-四甲基哌啶锂(LTMP)与过量的三甲基氯硅烷(TMSCl)中,再缓慢升温到室温反应 4 h。方法 B 是:将反应原料硅酯在－100℃投入含 LHMDS 的 THF/HMPA(4∶1)溶液中,再与 TMSCl 作用,随后升到室温。两种方法得到的立体构型产物完全不同。由于没有相关的计算分析,因此并没有准确的过渡态结构。但该反应的选择性可以用下列的过渡态结构来简单加以理解(图 3-39)。

α-环丙烷基的酰亚胺类化合物与醛发生加成反应,在 Sc(OTf)₃ 的作用下,能生成立体选择性的五元环的内酰胺类化合物[式(3-22)][39]。其 dr 值可达 94∶6。一些反应的结果列在表 3-17 中。

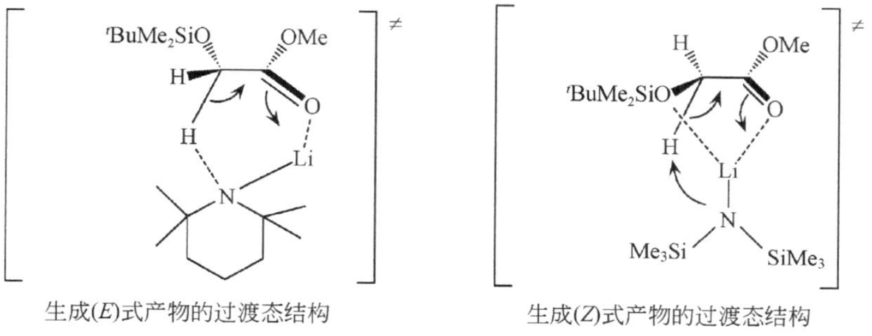

生成(E)式产物的过渡态结构　　　　　　　　　生成(Z)式产物的过渡态结构

图 3-39　生成(E)或(Z)式产物的可能的过渡态结构

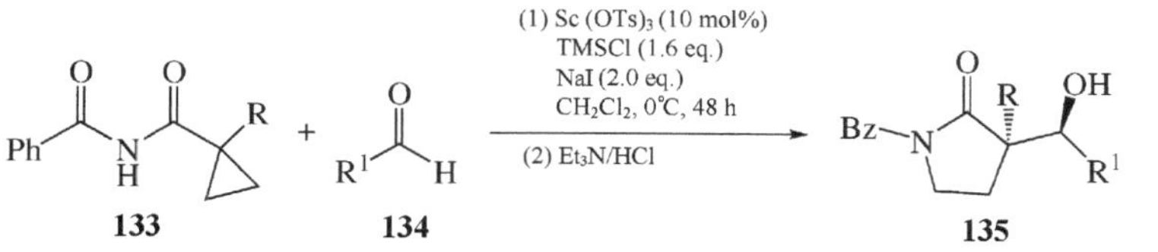

$$(3\text{-}22)$$

表 3-17　立体选择性合成手性内酰胺类化合物

序号	R	R^1	产率/%	dr
1	Me	Ph	97	89 : 11
2	Me	4-Cl-Ph	87	88 : 12
3	Me	2-Furyl	70	83 : 17
4	Me	(E)-PhCH=CH	78	81 : 19
5	Me	c-C$_6$H$_{12}$	87	87 : 13
6	Me	(Z)-1-hex-3-enyl	90	90 : 10
7	Et	Ph	79	80 : 20
8	Allyl	Ph	82	83 : 17
9	H	Ph	84	94 : 6

　　类似的例子很多,如有人报道的五元环缩醛经加成生成相应的五元环醚类化合物[式(3-23)][40]。

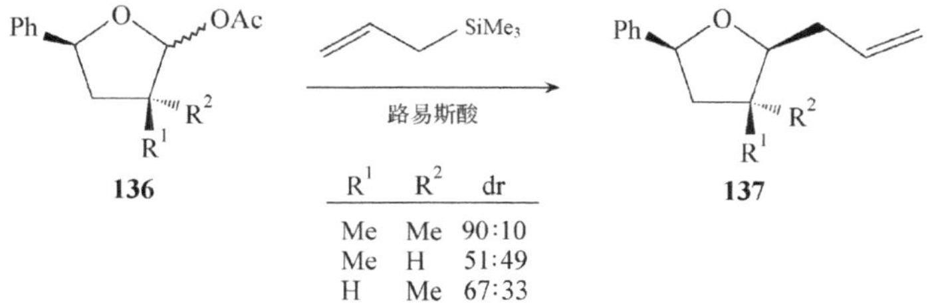

R^1	R^2	dr
Me	Me	90:10
Me	H	51:49
H	Me	67:33

$$(3\text{-}23)$$

其他人报道的类似上述立体选择性合成研究中,产物是开环反应化合物[41]。

在一些偶联反应中,醛与卤代烯烃的反应会由于底物结构的差异而形成完全不同的异构体。例如,β-三氟甲基与不同的吡啶甲醛反应,其产物就完全不同[42]。不使用 InCl$_3$ 催化时,反应不能进行[式(3-24)]。表 3-18 列出了若干不同的醛在偶联反应中的选择性。

$$(3-24)$$

表 3-18　不同醛与底物 144 的反应选择性

序号	醛	产物	产率/%	顺反式比例
1	R＝Ph	**140∶141＝91∶9,141**($E∶Z＝6∶4$)	87	95∶5
2	R＝H	**140**	90	—
3	R＝c-C$_6$H$_{12}$	**140**	92	100∶0
4	R＝3-Py	**140**	95	92∶8
5	R＝2-Py	**140**	96	0∶100
6	R＝CO$_2$H	**140**	83	0∶100

这里一个有意思的发现是在使用 3-吡啶甲醛等时的主要产物是顺式结构(92%,表 3-18,序号 1~4),而在 2-吡啶甲醛以及醛酸中的主要产物却是反式结构(表 3-18,序号 5 和 6)。对此,一个可能的机理分析列在图 3-40 中。

在不少反应中,可以利用一个手性中心控制下一个生成的手性中心,这些反应的实际意义可以为合成不同活性的手性化合物提供有效途径,从而可以生成大量天然产物的类似物用于活性筛选。例如,2,3-二羟基-4-氨基酸的衍生物具有一定的抗 HIV 活性。对于其类似物的合成,人们从单手性化合物 142 出发,可以合成出系列化合物 147[43](图 3-41)。

在上述的反应中,Et$_2$AlCN 是一个有效的三元环氧的开环试剂,在甲苯中经过 24h 的反应可以得到约 70% 的开环产物 145。该 2,3-二羟基-4-氨基腈的酸水解比较困难,还原为醛再到酸也不是一个好的方法。一个理想的试剂是利用氧化剂 Na$_2$O$_2$,产率可达70%~90%。但是,该化合物 146 的水解产物 147 很容易形成内酯化合物 148。

2. 使用催化剂的手性中心控制

在很多有机化学反应中,由于反应的底物没有手性中心,同时在反应过程中,也不能生成有不同能量差异较大的过渡态中间体,因此,这类反应最终得到的是消旋体,如前面提到的在 Na-Hg 催化下的麻黄碱的合成。但在手性催化剂的作用下,这类反应可以具有较好的立体选择性。

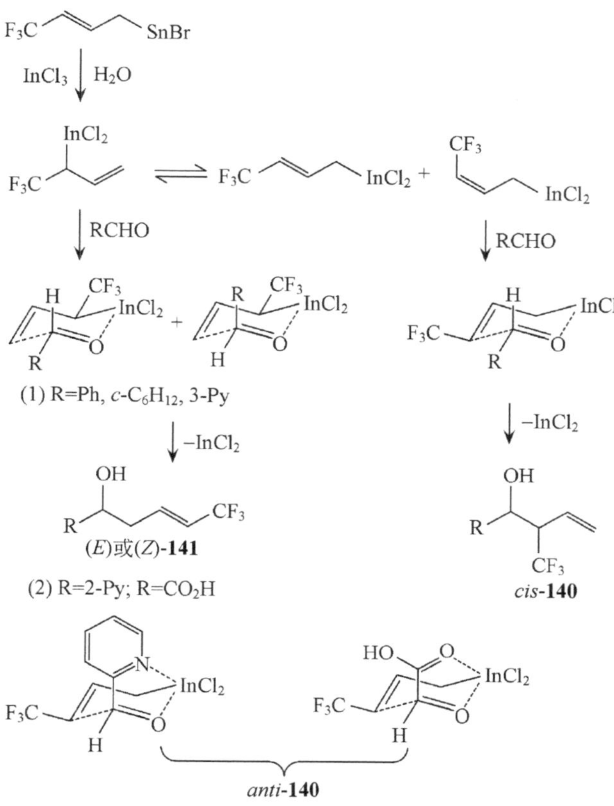

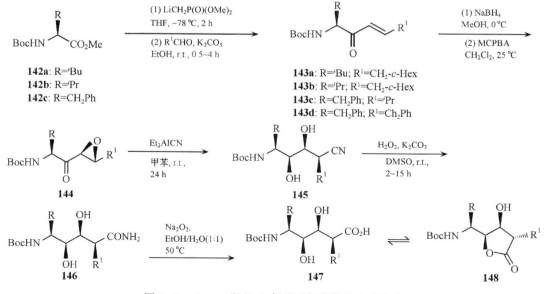

图 3-40　不同底物醛在偶联反应中的区域选择性

图 3-41　2,3-二羟基-4-氨基酸衍生物的合成策略

有关这方面的一个研究例子是 α-取代的顺式 α,β-二氨基酸的不对称合成[式(3-25)]。在研究中[44],使用结构复杂的芳香胺类手性催化剂,得到了 de 值高达 95% 的反应产物。

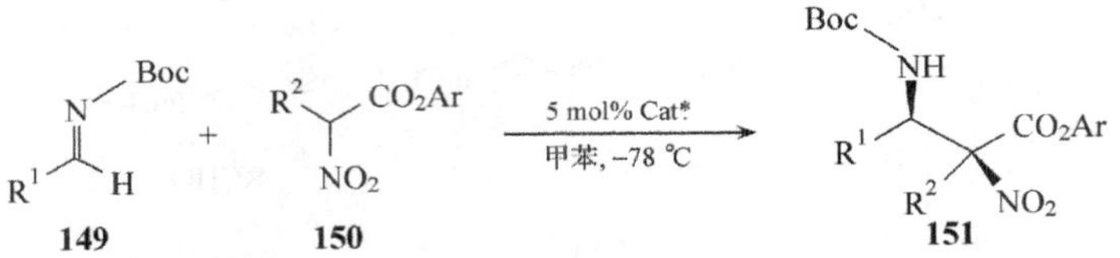

$$(3-25)$$

催化剂的结构如下,实验发现,催化剂 **153b** 的催化效果比其他三个好。这表现在该催化剂有较好的转化效率,以及在反应中较好的立体选择性(dr)和对映选择性(ee)。

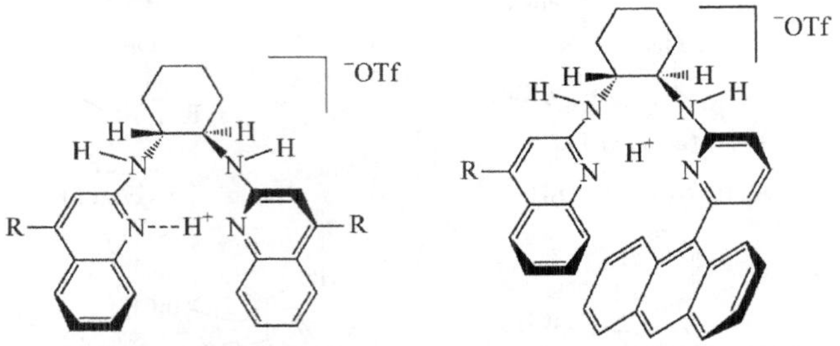

152a: R=H, Quin-BAM-HOTf
152b: R=OMe, ⁴MeOQuin-BAM-HOTf

153a: R=H
153b: R=OMe

在催化过程中发现当式(3-25)中的 Ar 为空间体积小的基团,如 Et 时,该催化反应的 dr 和 ee 值都比较低。而在取代基比较大的底物上,反应的选择性非常高。表 3-19 列出了 Ar 为 $2,6\text{-}^i\text{Pr}_2\text{-Ph}$ 时的相关选择性。

表 3-19　催化剂 153b 对不同底物的催化选择性

序号	R^1	R^2	dr	ee/%	产率/%
1	p-ClPh	Et	>20∶1	98	83
2	p-MeSPh	Et	13∶1		81
3	p-PhSPh	Et	10∶1	98	59
4	p-PhSPh	Et	8∶1	96	83
5	p-MePh	Et	>20∶1	96	61
6	p-MePh	Et	>20∶1	97	80
7	p-MeOPh	Et	12∶1	96	73
8	2-Furyl	Et	5∶1	95	86
9	p-ClPh	Me	12∶1	94	82
10	p-ClPh	nPr	15∶1	99	82
11	p-ClPh	nBu	16∶1	97	88

在研究合成(＋)-manzamine A(**154**)部分关键结构(环 E)的过程中,一个有效催化生成新手性中心的催化剂是含 Rh 的磷配体,**155**[45]。

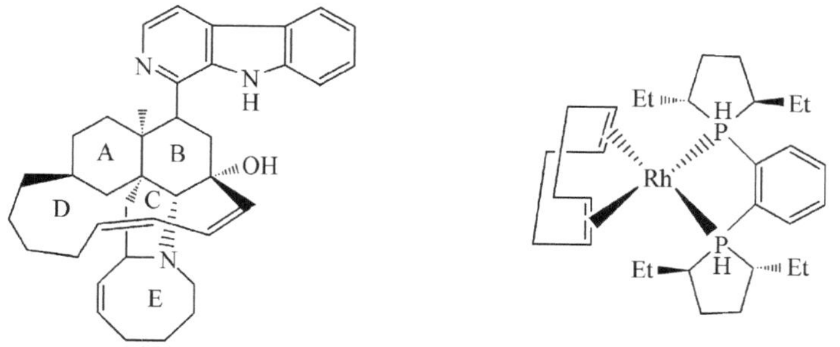

154, (+)-manzamine A   **155**

该催化过程形成一个高对映选择性的中间体,该中间体在接下来的反应中以 $E:Z=1:9$ 的高选择性得到另一个中间体。通过该催化剂,成功合成出了关键的 E 环结构。图 3-42 给出了该合成的部分路线。

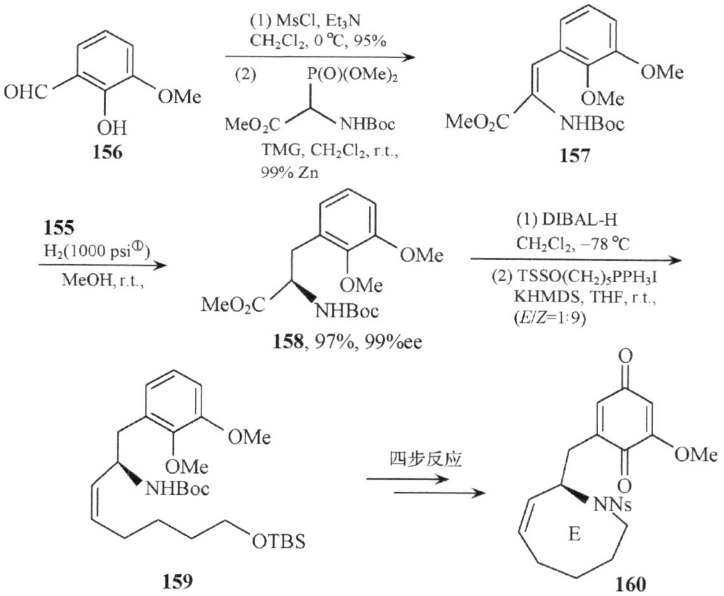

图 3-42 利用手性催化剂构建 manzamine A 分子体系中的关键 E 环

含元素 B 的催化剂,如 **161**,是一类应用广泛的催化剂。通过改用不同的取代基,可以在不同的反应中,很好地控制手性中心的生成。在本例中利用 **161** 在乙烯基锂反应中,成功控制了 α,β-不饱和酮对环烯醚的立体控制性加成(图 3-43)。

---

① 1 psi＝6.89476×10³ Pa。

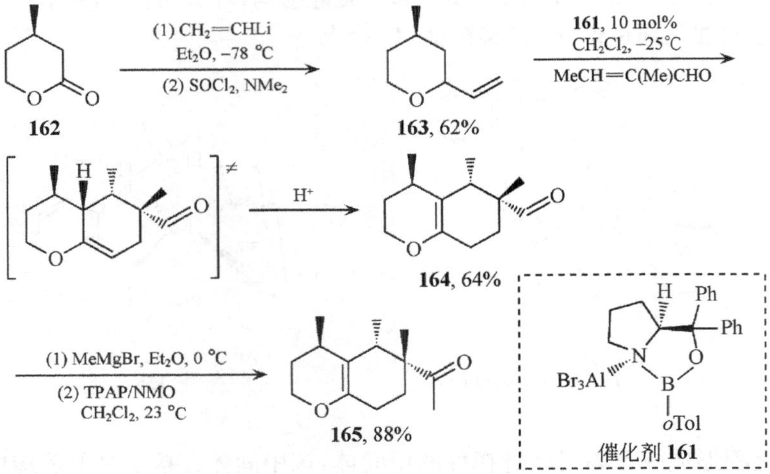

图 3-43　利用催化剂 **161** 在形成环类衍生物中的立体控制

对多种 α-手性酮进行加成反应研究的结果表明,这类非对映选择性常常高达 99∶1,产率也在 90% 左右(图 3-44)[46]。

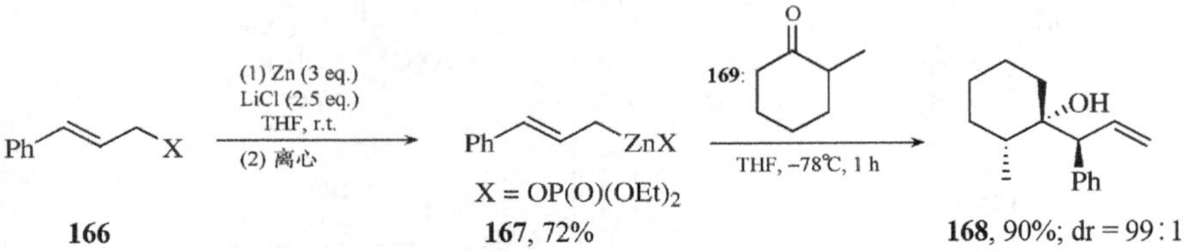

图 3-44　α-手性酮的立体选择性加成反应

3. 二乙基锌试剂的运用

在利用二乙基锌代替活化锌粉进行非对映选择性加成,取得了较好的立体选择性[式 (3-26)][47]。反应的主要产物是生成 (R,R)-构型的产物 **172**。

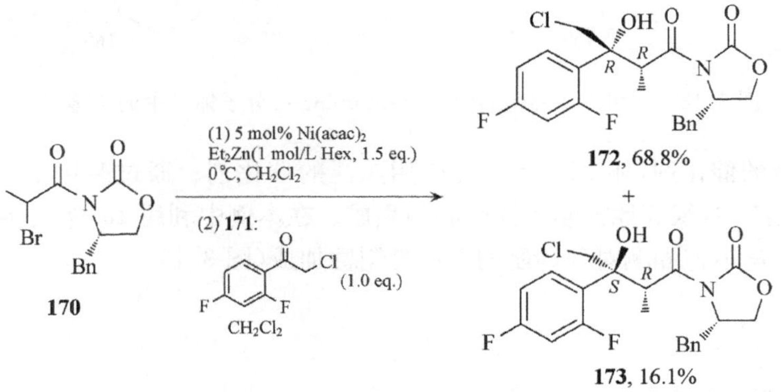

(3-26)

利用烯基锌溴盐对 α- 或 β-烷(芳烃)氧基手性醛的非对映选择性催化加成,选择两个对映体(1R,2S)-**174a** 和 (1S,2R)-**174b** 与 Li 的络合[Li-(1R,2S)-NME和Li(1S,2R)-NME],实现了催化烯基锌溴盐对 α- 或 β-烷氧基手性醛的非对映选择性催化加成,产物顺式/反式比例最高>95∶5 或<5∶95。如果该手性醛的 α- 或 β 位为碱性的芳烃氧基,则该反应产物顺式/反式比例比较恒定,这是因为该反应过程主要由底物之间配对螯合控制[48]。

174a: (1R, 2S)
174b: (1S, 2R)

烯基锌溴盐 **177** 的合成列在式(3-27)。这是一个经典的方法。

175　　　　　　　　　　**176**　　　　　　　　　　**177**

$$(3\text{-}27)$$

两个手性配体催化加成反应[式(3-28)]的立体选择性结果列在表 3-20 中。

178a: R=TBS　　　**179a**: R=TBS　　　**180a**: R=TBS
178b: R=Bn　　　**179b**: R=Bn　　　**180b**: R=Bn

$$(3\text{-}28)$$

表 3-20　乙烯基锌试剂对具(S)构型的醛 178 的加成作用

序号	R	催化剂	产率/%	179∶180[a]
1	TBS(**178a**)	none	74	45∶55
2	TBS(**178a**)	Li-(1R,2S)-NME	70	>90∶10
3	TBS(**178a**)	(1S,2R)-NME	70	<10∶90
4	Bn(**178b**)	无	77	75∶25
5	Bn(**178b**)	Li-(1R,2S)-NME	68	95∶5
6	Bn(**178b**)	(1S,2R)-NME	70	75∶25

a. ^{1}H NMR 积分。

一个有意思的反应是利用二乙基锌的还原性。在许多情况下,一个反应都会生成或多或少的副产物,一般这是人们不希望发生的。但是现在它的这一性质正在被大家利用。如利用 ZnEt$_2$ 的还原性进行羟醛(酮)成环反应,中间体乙基烯醇锌在原位就可以发生分子内非对映选择性环合[式(3-29)],而且 dr 值常常大于 95∶5(表 3-21)[49]。

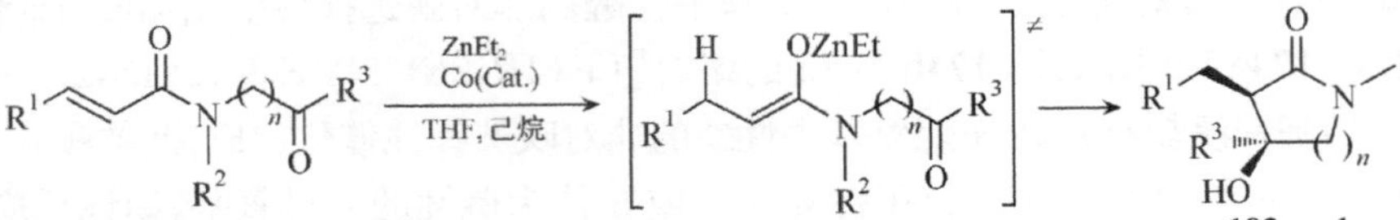

$$
\tag{3-29}
$$

181: $n=1$
182: $n=2$
183: $n=1$
184: $n=2$

表 3-21　金属 Co 盐催化下的还原醇酮缩合成环[a]

序号	底物	R	产物	dr[b]	产率/%[c]
1	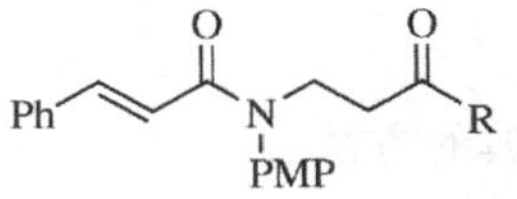	—Me	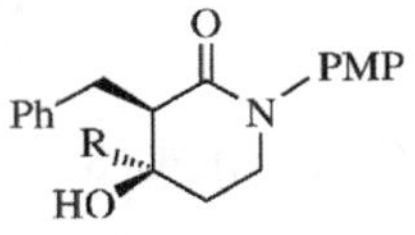	12:1	89
2		—Me		12:1	79
3		—Et		9:1	88
4	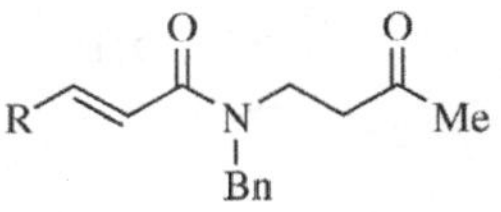	—H	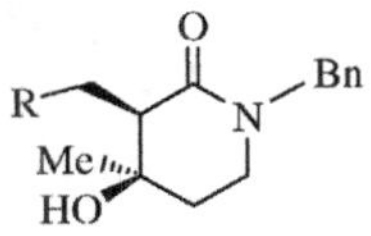	9:1	88
5		—iPr		>19:1	>99
6		—Ph		>19:1	97
7		2-Furyl		>19:1	>99
8	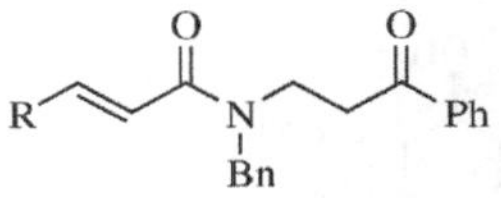	—Me	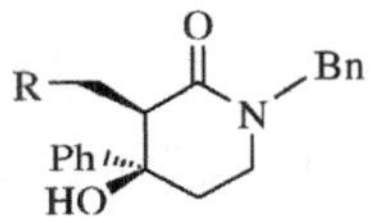	>19:1	94
9		—iBu		>19:1	94
10	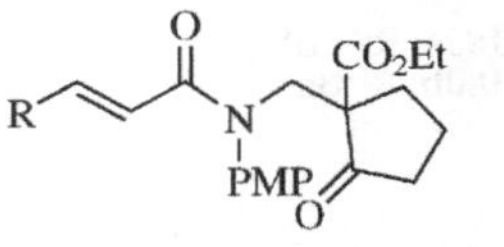	—H	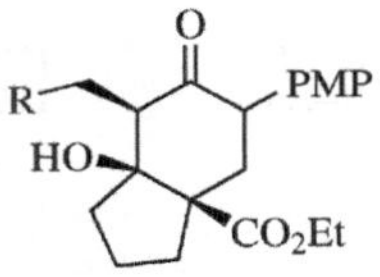	9:1[d]	56
11		—Me		>19:1[d]	80
12		—Ph		>19:1[d]	88
13	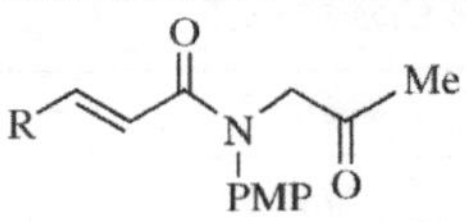	—H	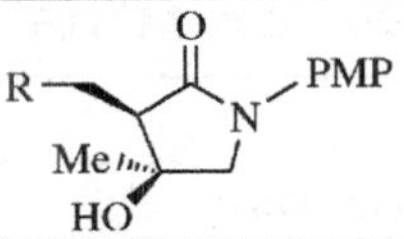	9:1	47
14		—Ph		8:1	56
15		—OMP[e]		14:1	74

a. 反应使用 0.2 mmol 的底物溶解于 THF(1.5 mL)和己烷(0.4 mL)。

b. 使用 ^{1}H NMR 分析。

c. 分离产物。

d. dr＝主要异构体：Σ 其他异构体。

e. OMP＝邻甲氧基苯基(*ortho*-methoxyphenyl)。

　　另一个利用 ZnEt$_2$ 的反应是同时利用 Pd(0)催化的烯环化反应。该方法独特的环化机理和立体选择性被用来合成海洋生物碱(—)-红藻氨酸(kainic acid)(**185**)。中间产物 **188** 的选择性几乎是 100%[50]，见图 3-45。

　　现在经过改良的二乙基锌与二碘甲烷反应制备卡宾锌配合物(zinc carbenoid)的 Simmons-Smith 反应，已广泛应用在现代有机合成中，包括用来合成一些结构较为复杂的天然产物，见下述反应[51]：

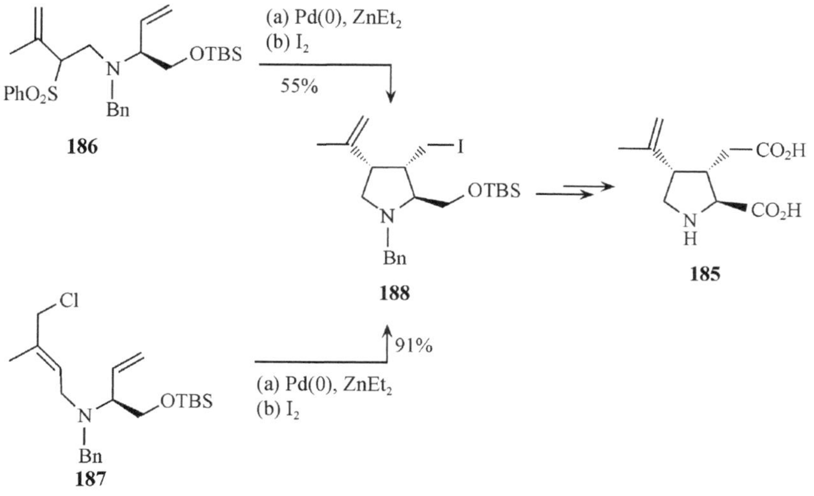

图 3-45　(—)-kainic acid(**185**)关键中间体 **188** 的合成

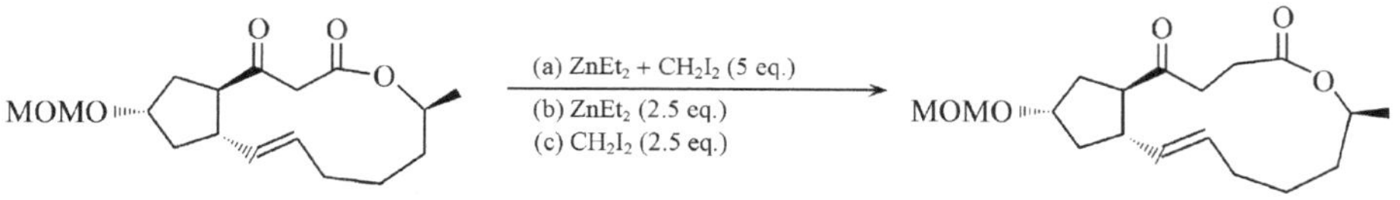

189　**190**, 75%

(3-30)

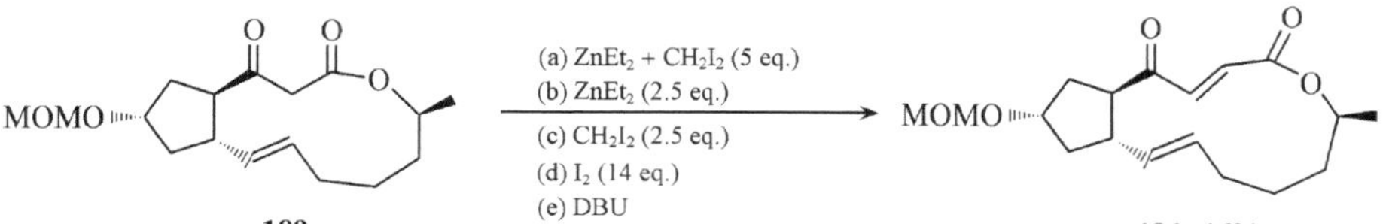

189　**191**, 46%

(3-31)

4. 利用酶的手性中心控制

利用生物酶进行立体化学控制是一个广受关注的课题。这实际上是一个交叉学科。这里不作更多的介绍,有兴趣的读者可以查找相关的资料。作为一个非常廉价而应用广泛的酶——酵母,在有机合成中,可以用于酮类化合物的对映选择性还原。例如,在合成手性氮杂环丁烷类的化合物 **194**～**196** 时,酵母被用于第一步酮的对映选择性还原[52]。这是一类潜在的乙酰辅酶——CoA,即胆固醇乙酰化转移酶的抑制剂。它的功能是阻止肠道内胆固醇的吸收以及降低胆固醇酯在血管壁上的沉积。图 3-46 列出了其合成的部分路线。

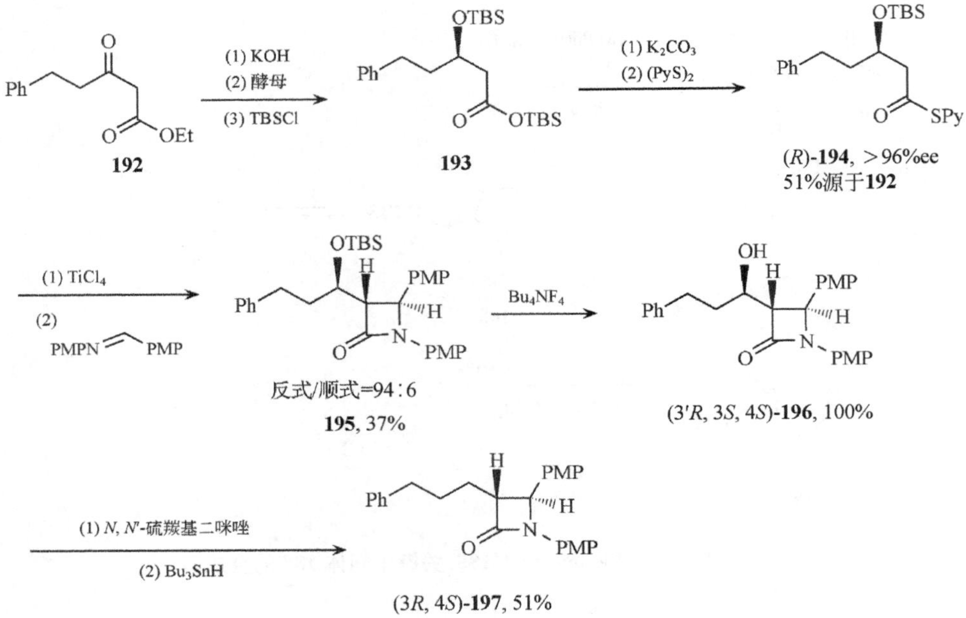

图 3-46　手性氮杂环丁烷类化合物的合成策略

3.8　其他立体选择性的转化

在立体选择性研究中,存在一种比较特别的转化,即顺反(Z/E)异构体的转化。这方面的例子不少。而且,在一定情况下,这种双键的 Z/E 变化可以在一些光学性质的研究中,成为信号的"开关"。例如,在手性组氨酸的配位物[甲基(E)-(2-苯乙烯基噻唑-4-羧基)-1-组氨酸(STH),**198**]中,这也是一种手性自组装系统[53]。在没有金属离子作用时,该化合物只有微弱的荧光(fluorescence,FL),而其圆偏振光(circularly polarized

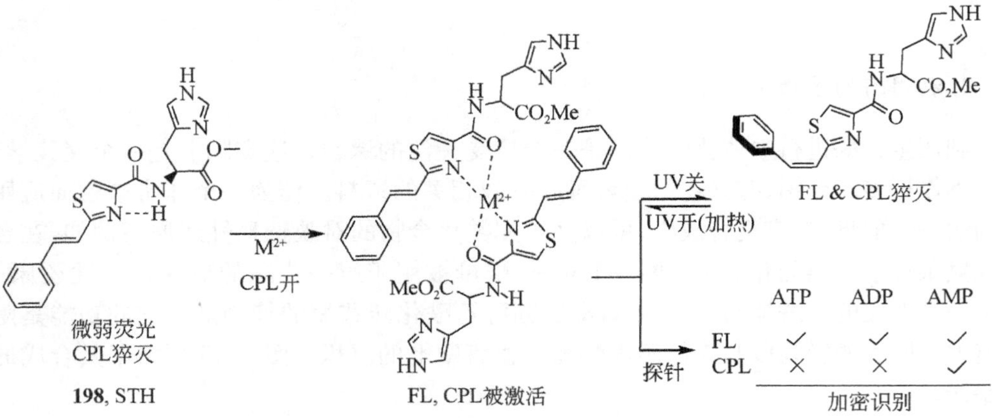

图 3-47　手性组氨酸的配位物(STH,**198**)自组装系统及其 FL 和 CPL 的信号开关响应

luminescence,CPL)则是完全失活状态(图 3-47 左侧)。而当加入碱土金属离子,如 Mg^{2+} 后,其 FL 和 CPL 均被激活(图 3-47,中间)。研究发现,分子中苯乙烯部分在 UV 光的作用下,产生了由 E 到 Z 的光学异构化转化(图 3-47,右侧)。而在三种类型的腺苷(ATP、ADP 和 AMP)与 STH/Mg^{2+} 的相互作用中,发现了 ATP 和 ADP 都会导致 CPL 猝灭,而 AMP-STH 复合物保持 CPL 活性,这样就可以在生理浓度范围内有效识别 AMP,从而可以产生高效的 FL 和 CPL 开关。这显示出了其作为手性生物活性化合物的智能 CPL 探针的前景。这也带来一种新的 AMP 加密选择性识别方法。

另外一个比较特殊的例子是双键的位置移动。例如,β-硝基烯酮可向 β-硝基-β,γ-不饱和酮转化[式(3-32)]。这个转化中的 C=C 的位置也出现了变化。该反应在微波照射下进行,收率和立体选择性都很好(表 3-22)[54]。

$$(3-32)$$

表 3-22 反应式(3-32)中的 E/Z 比例的变化

R	R^1	200 的产率/%	E/Z	时间/h
Ph	Me	76	90 : 10	2
Ph	Et	64	95 : 5	2
Ph	Bu	66	95 : 5	2
4-MeOC$_6$H$_4$	Me	69	90 : 10	2.5
4-MeOC$_6$H$_4$	(CH$_2$)$_3$CN	55	100 : 0	2
4-MeC$_6$H$_4$	CH$_2$=CH(CH$_2$)$_3$	45	95 : 5	2
4-MeC$_6$H$_4$	Ph(CH$_2$)$_2$	54	97 : 3	3
^{t}Bu	Me	55	80 : 20	2.5
Me	Me	71	95 : 5	2.5
2-噻吩基(Thiophene)	Me	75	90 : 10	2.5
2-Naph	Pr	76	90 : 10	2

在对吡啶季铵盐衍生物的研究中,发现使用铜离子可催化季铵盐区域和非对映选择性加成反应。在 C2 和 C4 位上也有加成产物。但是主要加成产物发生在 C6 位上[式(3-33)][55]。其最佳反应条件是在催化剂/活性剂为 CuCl/PPh$_3$ 时,在 ^{n}BuLi 参与下于 THF 中(—78℃)反应。

$$(3-33)$$

有机催化剂和过渡金属催化剂协同双催化的例子也不少。在这类反应中,反应可能具有复杂的机制。药学研究中有一类苯并杂环类药物,可以通过杂环碳烯(**204**)与烯醛(**205**)反应。这里,钯[Pd(0)]作为 Pd-π-烯丙基中间体可以激活乙烯基苯并杂环碳烯类底物的活性。

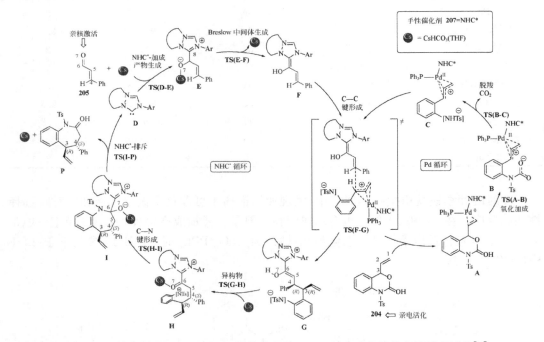

$$(3\text{-}34)$$

其催化过程比较复杂。它涉及两个催化循环。一个是 Pd 催化的循环,另一个是催化剂 **207** 的催化循环(图 3-48)。

图 3-48　催化剂 **207**(即 NHC*)催化机理及 NHC* 和 Pd 在催化中的循环过程[56]

通过 DFT 计算,选用 DFT 中的杂化的 B3LYP-D3 理论,其中对 Pd 和 Ce 原子采用 SDD 基组,其余原子采用 6-31G(d,p)基组。对于在 THF 溶液中的反应,后期使用单点能校正得到吉布斯自由能[SMD(THF)/B3LYP-D3/def2-TZVP//SMD(THF)/B3LYP-D3/6-31G(d,p)]。其中 SDD 用于计算 Pd 和 Cs 原子。

当 **204** 的构型为(S)时,从潜手性 *re* 面反应和从潜手性 *si* 面反应,计算得到在过渡态 TS(A-B)$_{s\text{-}re}$ 的能量,相对于生成它的另一个对映体的能量要低 9.6 kcal/mol,显示该反应的 ee 值会超过 99%。实验上得到的产物的 ee 值为 99%[式(3-34)]。理论与实验吻合得非常好。其反应过程的路线列在图 3-49。

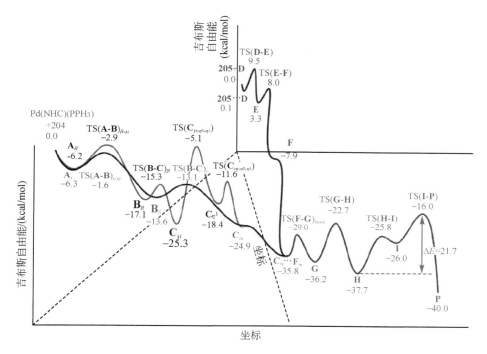

图 3-49 TS 及其中间体的能量变化(单位:kcal/mol)

其中 **A**$_R$ 或者 **A**$_S$ 表示(*R*)-**A** 或者(*S*)-**A** 与 Pd 及手性催化剂生成的中间产物。中间体 **A**~**I** 的结构见图 3-48。

其他符号意义类同

3.9 立体选择性合成中的理论计算

立体选择性合成的一个重要问题是解释或预测相关反应中的选择性问题。目前已有不少研究在探讨这个问题。除在前面提到的[5+2+1]反应外,在其他类型的反应中也有涉及。例如,在催化剂 **208** 催化下的羟醛缩合反应中[式(3-35)],其不同的过渡态能量得到了很好的计算[57]。

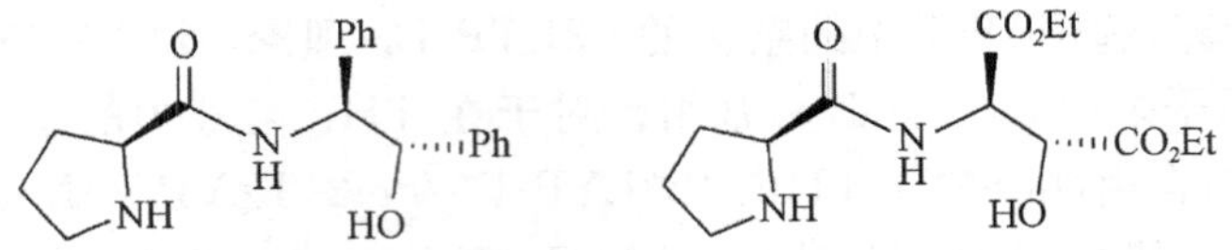

208   212

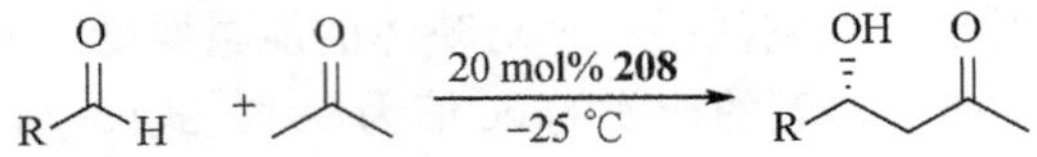

$$\text{R—CHO} + \text{O} \xrightarrow[-25\,^{\circ}\mathrm{C}]{20\ \text{mol}\%\ 208} \text{R—CH(OH)—CH}_2\text{—CO—CH}_3$$

209   210   211

(3-35)

虽然催化剂在大多数情况下的使用量相对较高（20 mol％），但反应过程中的催化活性很高。例如，在 R 为 NO_2 时，产物 211 的产率为 66％，其 ee 值达到 93％。表 3-23 列出了部分实验结果。在催化剂的使用量降到 5 mol％时，使用环己基甲醛的缩合反应的选择性依然可以达到 98％ee（表 3-23，序号 16）。

表 3-23 催化剂 208 催化下的羟醛缩合反应的选择性

序号	R	产率/%[a]	ee/%[b]
1	4-NO$_2$Ph	66	93
2	4-BrPh	77	90
3	4-ClPh	75	93
4	2-ClPh	83	85
5	Ph	51	83
6	α-Naph	76	81
7	β-Naph	93	84
8	4-MePh	48	84
9	3-NO$_2$Ph	63	87
10	c-C$_6$H$_{11}$	85	97
11	^{i}Pr	43	98
12	^{t}Bu	51	99
13	^{n}Pr	17	87[c]
14	^{n}Bu	12	86[c]
15	c-C$_6$H$_{11}$	77	98[d]
16	c-C$_6$H$_{11}$	48	98[e]

a. 分离得到的产率。

b. HPLC 测量。

c. GC 测量。

d. 催化剂 208 的使用量为 10 mol％。

e. 催化剂 208 的使用量为 5 mol％。

针对反应中出现的高选择性，通过计算反应的过渡态能量，对实验结果进行了很好的解释。图 3-50 画出了反应的过渡态结构，计算中使用的催化剂结构为 208。相关的反应过渡态能量列在下面。所有的计算在 HF/6-31G(d) 条件下进行。最后的能量校正在 B3LYP/6-31G(d,p) 条件下计算得到(在括号内)。

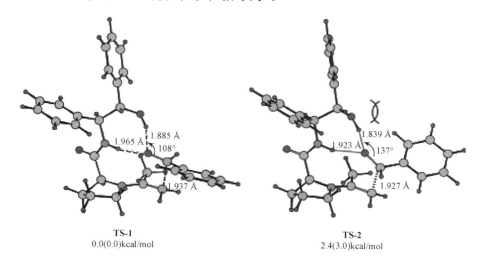

TS-1
0.0(0.0)kcal/mol

TS-2
2.4(3.0)kcal/mol

图 3-50　两种过渡态结构的能量

这里,**TS-1** 生成主要的实验反应产物,另外的反应产物的过渡态能量较之高出 2.4 或 3.0 kcal/mol。这个能量表明,该反应生成过渡态 **TS-2** 的可能性非常低,大约为 1.7% (按 2.4 kcal/mol 计算),反应产物的选择性为 96% 左右。

在类似催化剂 **212** 催化下,羟醛缩合反应[式(3-36)]中产生两个立体异构体 **215** 和 **216**[58]。

$$(3-36)$$

当 R 为 NO_2 时,反应产物 **215** 的产率可达 56%,产物的 ee 值为 98%。另一个产物 **216**,其产率为 42%,顺/反异构体的比例高达 99:1,且主要反式产物的 ee 值达到 99%。 当 R 为 Cl 或 CN 时,同样获得了很高的选择性。

计算模型如图 3-51 所示,所用的催化剂为 **212**。计算针对生成的产物 **216** 进行解释。 计算是在 HF 以及 B3LYP 理论下使用 6-31G(d) 基组。最后使用 6-311+G(d,p) 基组对 所得到的结构进行能量校正计算,也考虑了溶剂化效应。

计算表明,在相对能量的比较中,生成(3*S*,4*R*)的立体构型的能量最低,其他立体构 型产物的生成能量都比较高,至少达到 17.4 kJ/mol。考虑到在丙酮溶剂中溶剂化效应 (图中括号内数据,计算在 HF/6-31G(d) 条件下使用 CPCM/UAKS 模型),这些过渡态的 能量依然很高。显然,如此高的能量表明,该反应条件下,反应产物将以(3*S*,4*R*)产物为 主(>99%ee)。

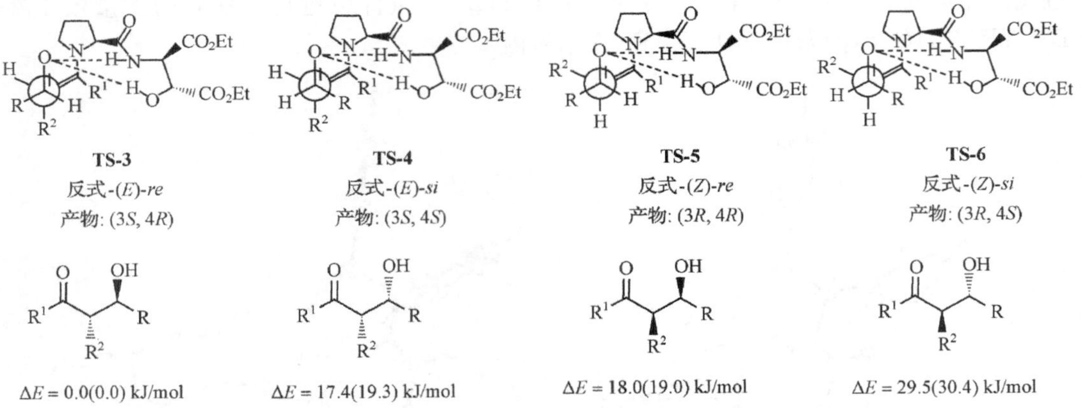

TS-3	**TS-4**	**TS-5**	**TS-6**
反式-(E)-re	反式-(E)-si	反式-(Z)-re	反式-(Z)-si
产物: (3S, 4R)	产物: (3S, 4S)	产物: (3R, 4R)	产物: (3R, 4S)
$\Delta E = 0.0(0.0) \text{ kJ/mol}$	$\Delta E = 17.4(19.3) \text{ kJ/mol}$	$\Delta E = 18.0(19.0) \text{ kJ/mol}$	$\Delta E = 29.5(30.4) \text{ kJ/mol}$

图 3-51　计算得到的四个过渡态结构以及它们的相对能量

3.10　天然产物研究中的机理研究

　　现代有机立体化学研究中的内容,随着理论研究的发展愈加丰富。许多以前为一种泛泛而谈的理论,已转化为深入细致的量子化学计算。将理论分析与实验结合的综合性研究,将会是下一个研究的热点和重点。在有机立体化学研究中的一个重要研究内容是对分离得到并鉴定出的天然产物之间建立相应的"亲缘"关系。而这一点,在量子计算化学进入到实用化之前,几乎没有有效的办法进行理论上的研究。

　　下面用一个例子,具体详细地研究在药用五味子中分离得到几个结构比较类似的化合物 **217** 与 **218** 之间的关系[59]。这两个化合物具有十分类似的结构,但生成的环系结构完全不同,这在机理研究中具有十分重要的价值。

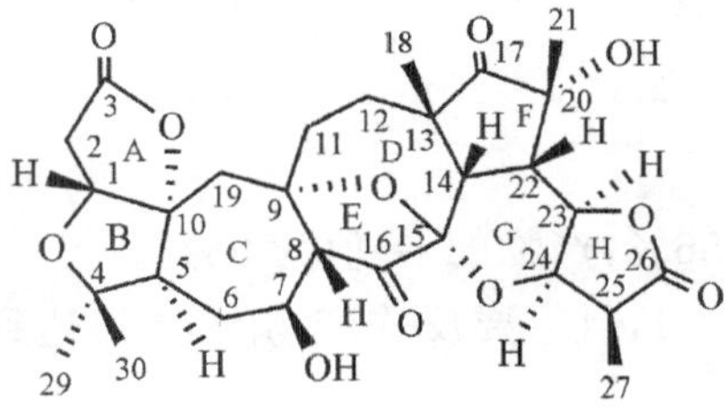

217 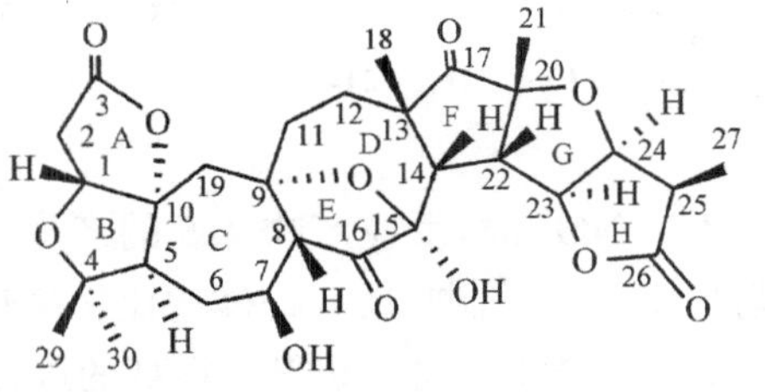　　　　　　　　　**218**

　　在解释 **217** 中 G 环的生物合成时,化合物 micrandilactone B (**219**) 被认为是其前体化合物[60]。原来具体的路线简化以后列在图 3-52 中。

　　但是,从 **221** 到 **222** 的过程,由于受到化学反应过程中的能量影响,从 **221** 反应应该得到 **222a** 的立体结构,得不到 **222** 的立体结构,即加成反应产物应该是反式加成产物。

　　另外,从结构上看,**217** 与 **218** 非常类似,但成环方式完全不同。在相同的植物中得到的系列化合物,在生源上讲应该是有共性的。同样,如果按照 **217** 的成环方式,**218** 的成环反应也有可能像图 3-52 所示的那样。但问题也同样出现,那就是 **218** 中 C24 的立体

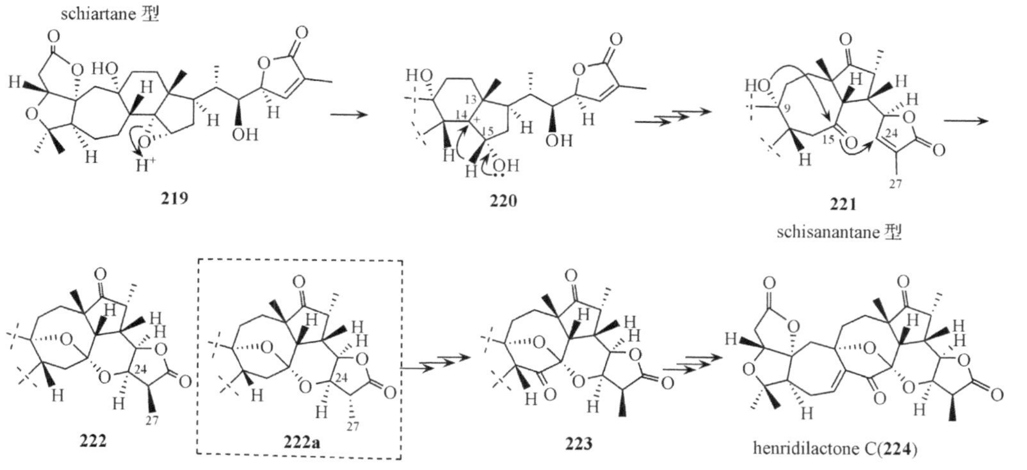

图 3-52　原始报道中的生源合成路线中关键步骤

构型问题。另外，如果的确如图 3-52 所示的那样，由于—OH 进攻 $\diagdown C = C \diagup$ 的能量要求高，通常需要使用金属离子催化剂。例如，计算显示，在下列模型反应中，反应的过渡态能量非常高。图 3-53 列出了以分子 **225** 为模型，通过分子内—OH 的直接加成反应来研究可能的生成产物的立体构型。可以看到，生成产物 **226** 和 **227** 的立体构型和分离得到的完全不同。

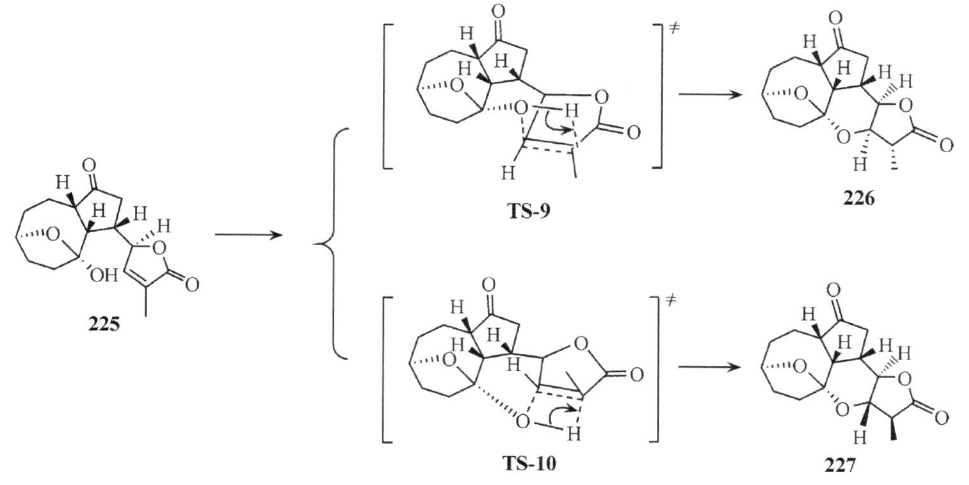

图 3-53　模型分子 **225** 中的—OH 直接对双键 C＝C 进行加成

　　计算在 B3LYP/6-311＋G(d,p)条件下进行。计算得到的 **TS-9** 和 **TS-10** 的过渡态能量非常高。相对而言，**TS-10** 的能垒低一些，约为 55 kcal/mol。表 3-24 列出了不同的计算结果。计算结果支持了实验结果，那就是该类反应十分困难。即使在酸催化下（**TS-9H** 和 **TS-10H**），反应的能垒都非常高，最低的也为 42.5 kcal/mol。同时可以看到，即使反应能进行,得到的产物也是反式产物,也就是 α-甲基与反应中生成的—O—为反式结构。

表 3-24　不同过渡态时的不同过渡态的自由能能量　　（单位：kcal/mol）

序号	过渡态	$\Delta G_1{}^a$	$\Delta G_2{}^b$	$\Delta G_3{}^c$
1	**TS-9**	77.8	76.9	94.1
2	**TS-10**	55.4	58.3	77.6
3	**TS-9H**	64.7	68.1	86.7
4	**TS-10H**	42.5	46.1	61.0

a. 在气相条件下用 B3LYP/6-311+G(d,p)基组计算 TS。

b. 在模拟酶中用 B3LYP/6-311+G(d,p)基组计算 TS。

c. 在模拟酶中利用 B3LYP/66-311+G(d,p)基组计算过渡态结构,再用 MP2/6-311+G(d,p)基组计算单点能。

考虑在水分子的参与下,反应结果可能有所改观。过渡态 **TS-11** 与 **TS-12** 为一个水分子参与下的—OH 转移反应,过渡态 **TS-13** 与 **TS-14** 为两个水分子参与下的—OH 转移反应。其中 **TS-11** 与 **TS-13** 反应的过渡态结构生成反式结构。**TS-12** 与 **TS-14** 反应的过渡态结构生成顺式结构,即与天然产物结构的立体构型一致。因此,如果得到 **TS-12** 与 **TS-14** 反应的过渡态能量低,说明分离得到的天然产物是由水分子参与下完成的。但实际上,计算得到的过渡态能量却是 **TS-11** 和 **TS-13** 这两个结构能量低,也就是说,水分子参与下的成环反应也是得到反式产物,而不是顺式产物。同样,如果在酸作用下,这些过渡态能垒大小的顺序依然没有改变。表 3-25 列出了这些计算的结果,图 3-54 列出了这些过渡态的结构。

表 3-25　计算得到的四个过渡态的能垒大小

序号	过渡态	$\Delta G_1{}^a$	$\Delta G_2{}^b$	$\Delta G_3{}^c$
1	**TS-11**	61.1	49.4	73.1
2	**TS-12**	85.9	69.2	96.0
3	**TS-13**	51.5	43.4	67.3
4	**TS-14**	86.1	71.7	93.2
5	**TS-11H**	37.4	28.1	43.8
6	**TS-12H**	57.5	45.9	61.0
7	**TS-13H**	25.2	17.9	34.3
8	**TS-14H**	58.3	46.9	62.3

a. 在气相条件下用 B3LYP/6-311+G(d,p)基组计算 TS。

b. 在模拟酶中用 B3LYP/6-311+G(d,p)基组计算 TS。

c. 在模拟酶中利用 B3LYP/66-311+G(d,p)基组计算过渡态结构,再用 MP2/6-311+G(d,p)基组计算单点能。

第三种情况是水分子直接与双键 C=C 反应,如果这种情况还不能说明该成环反应方式生成顺式反应产物,那只能说明该关键的成环反应另有原因。过渡态 **TS-15** 和 **TS-16** 显示出双分子水联合参与下的水分子直接与双键 C=C 反应结构。图 3-55 列出了双分子水直接与双键 C=C 反应的过渡态结构。

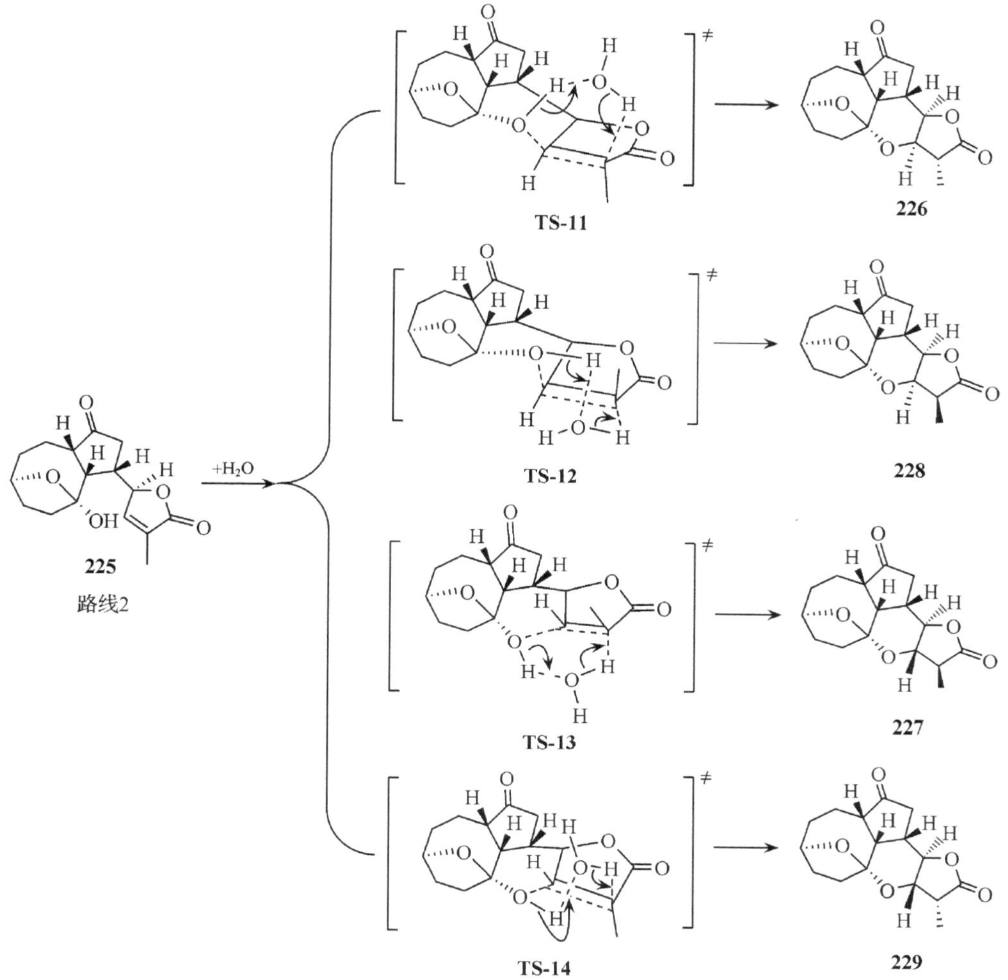

图 3-54　水分子参与下—OH 对 C═C 双键的加成反应结果

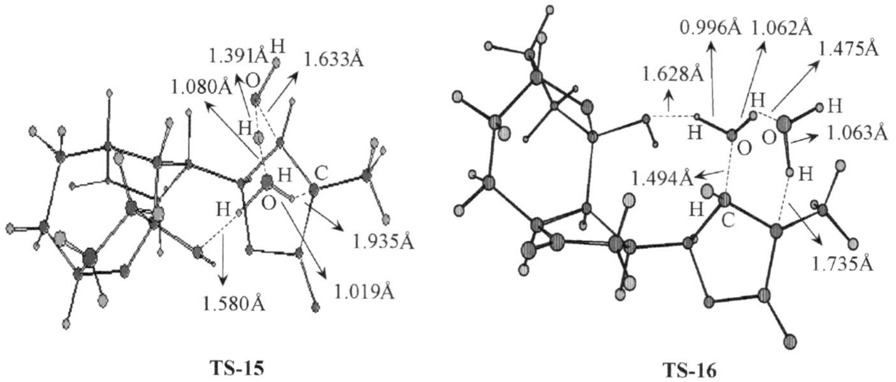

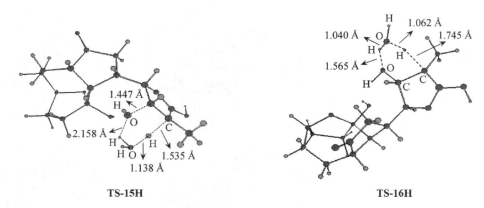

TS-15H　　　　　　　　　　　　　　　**TS-16H**

图 3-55　双分子水直接对双键 C ═C 的加成反应的过渡态结构

TS-15H 和 **TS-16H** 为酸催化的结构

其中 **TS-15** 或 **TS-15H** 为反应生成的反式产物中间体构型，**TS-16** 或 **TS-16H** 为顺式反应产物中间体构型。计算得到的过渡态能量列在表 3-26 中。计算得到的过渡态能量表明，最低的过渡态结构是 **TS-15** 或 **TS-15H**。这表明反应得到的加成产物依然是反式产物。

表 3-26　分子体系内双水分子的加成反应结构　　　　（单位：kcal/mol）

序号	过渡态	ΔG_1[a]	ΔG_2[b]	ΔG_3[c]
1	**TS-15**	57.6	44.9	72.0
2	**TS-16**	90.2	71.5	91.9
3	**TS-15H**	36.9	24.3	39.9
4	**TS-16H**	60.6	50.1	68.4

a. 在气相条件下用 B3LYP/6-311+G(d,p)基组计算 TS。

b. 在模拟酶中用 B3LYP/6-311+G(d,p)基组计算 TS。

c. 在模拟酶中利用 B3LYP/6-311+G(d,p)基组计算计算过渡结构，再用 MP2/6-311+G(d,p)基组计算单点能。

因此，该分离得到的产物中 G 环的构型不是通过化学反应得到。在理论上，生成顺式反应产物的可能性应该是酶催化 C ═C 双键的结果。实际研究工作中，分离得到类似五元环内酯的结构中，该甲基与—OH 为顺式结构的例子很多，也就是说，在形成 G 环前，该五元环内酯上的双键已经在酶的作用下水解成为顺式结构。

问题是，如果的确如此，那么该—OH 有两种反应的可能性。即该五元环内酯上的—OH 与 C15 或 C20 上的—OH 反应。究竟哪一种结构生成分离得到的结构呢？

显然，由于分子内的两个—OH 脱水反应的过渡态能量比较接近，关键是脱水后的产物能量的大小决定了反应产物。因此，对不同中间体的脱水产物的能量进行了计算，计算结果列在图 3-56 中。计算分别在 B3LYP/6-31G(d) 和 B3LYP/6-311+G(d,p)两种条件下进行。在 B3LYP/6-31G(d)时，计算了相关的频率并进行了零点能校正。在 B3LYP/6-311+G(d,p)条件下，没有计算相关的频率。图 3-56 中的前三项数据分别为计算得到的全电子能量差值、零点能差值和自由能差值，最后一项是在 B3LYP/6-311+G(d,p)条件下计算得到的全电子能量差值。

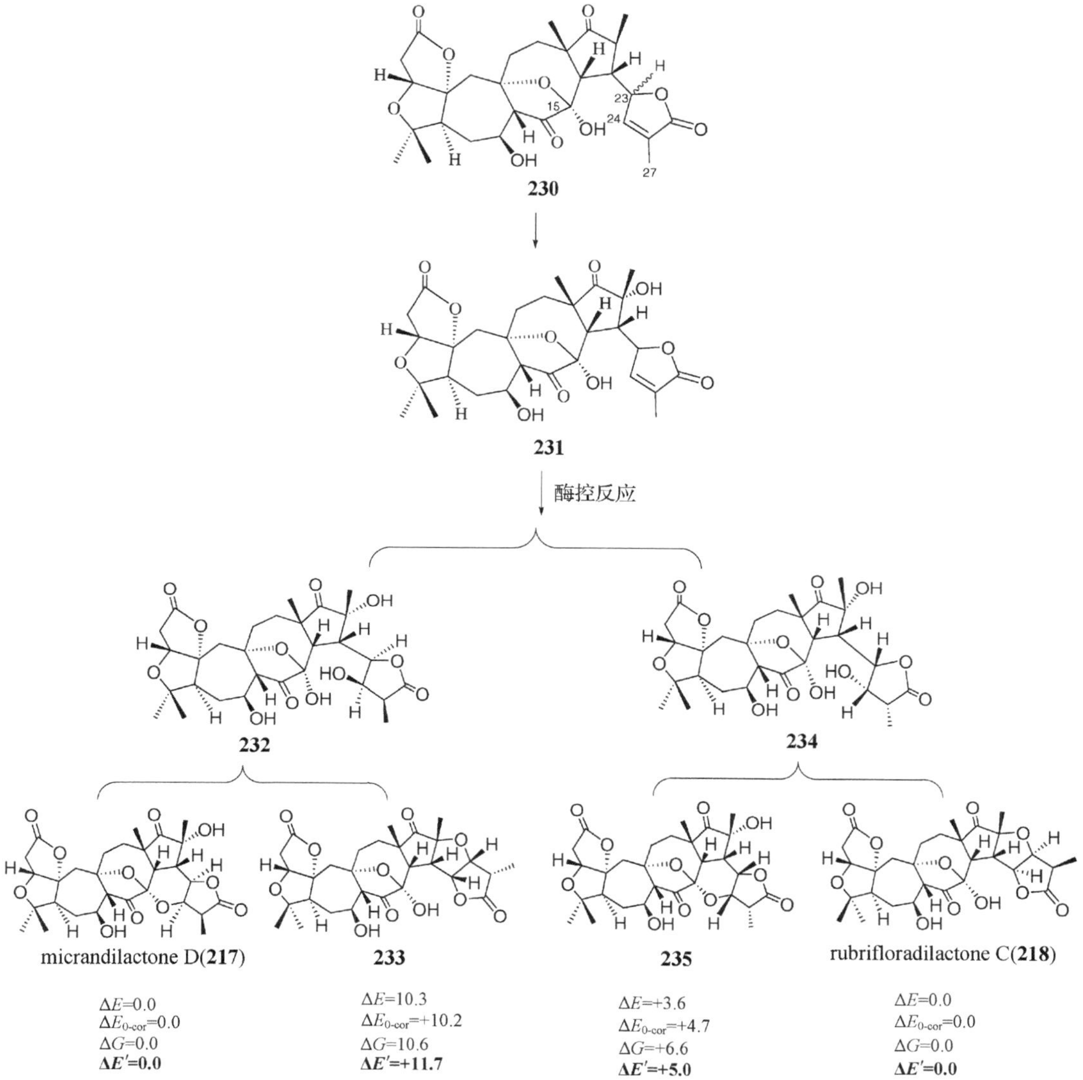

图 3-56　在 B3LYP/6-31G(d)条件下计算得到全电子能量差值、零点能差值和
自由能差值,以及在 B3LYP/6-311+G(d,p)条件下计算得到的全电子能量差值(黑体)
(单位:kcal/mol)

　　该生源路线假设从分离得到的 **230**(lancifodilactone I)出发,在植物体内由酶催化得
到 **232** 或 **234** 后,发生分子内脱水反应。**232** 可能的产物为 **217** 或 **233**,**234** 的脱水产物为
218 或 **235**。在 **217** 与 **233** 之间,能量最低的是 **217**,且能量值低于 10.3 kcal/mol。因此
217 将是该脱水反应的唯一产物。在可能生成的 **218** 与 **235** 之间,同样是 **218** 具有很低的
能量。因此,**218** 也将是该脱水反应的唯一产物。

　　至此,通过系统的分析和计算,我们得出的结论就是,该 G 环的合成不是通过简单

的—OH 对 C═C 双键的加成反应,而是其中的五元环内酯中的 C═C 双键在酶的作用下水解为顺式产物,水解后的不同的顺式产物最终发生分子内脱水反应,分别生成不同的天然产物 **217** 和 **218**。

　　立体选择性反应是现代有机合成中十分重要的研究内容,它涉及多方面的知识结构和研究人员的经验积累。在现代计算化学的影响下,以前局限于一种理论上的定性描述,现在人们更多地借助计算方法来详细研究自己所选择的研究对象。这是一种历史的必然。随着理论计算的普及,可以看到在不远的将来,人们更多地使用各种计算得到的数据来阐明或解释自己的研究成果。

参 考 文 献

[1] Eliel E L. Stereochemistry of Carbon Compounds. New York：Mcgraw- Hill Book Company, Inc, 1962, Chapter 8.

[2] Kagan H B. Organic Stereochemistry. London：Edward Arnold, 1979：59.

[3] Casarini D, Rosini C, Grilli S, Lunazzi L, Mazzanti A. J Org Chem, 2003, 68：1815-1820.

[4] Modarresi- Alam A R, Keykha H, Khamooshi F, Dabbagh H A. Tetrahedron, 2004, 60：1525-1530.

[5] (a) Gunnter H. NMR Spectroscopy. 2nd ed. Wiley：New York, 1995, Chapter 9.

  (b) Oki M. Application of Dynamic NMR Spectroscopy to Organic Chemistry. New York：VCH, 1985.

  (c)Garratt P J, Thom S N, Wrigglesworth R. Tetrahedron, 1994, 50：12219-12234.

  (d) Raban M, Jones F B. J Am Chem Soc,1971, 93：2692-2699.

[6] Gasparrini F, Lunazzi L, Mazzanti A, Pierini M, Pietrusiewicz K M, Villani C. J Am Chem Soc,2000, 122：4776-4780.

[7] (a)Jaramillo C, de Diego J E, Rivera-Sagredo A. Tetrahedron, 2006, 62：12415-12419.

  (b) Gromova M, Beguin C G, Goumont R, Faucher N, Tordeux M, Terrier F. Magn Reson Chem, 2000, 38：655-661.

[8] Luo X D, Wu S H, Wu D G, Ma Y B, Qi S H. Tetrahedron, 2002, 58：6691-6695.

[9] Ren J, Cai X H, Fan H F, Cao J X, Liao T G, Luo X D, Zhu H J. J Mol Struct Theochem, 2008, 870(1-3)：72-76.

[10] Zhu H J, Li S, Jia Y, Jiang J, Hu F, Li L, Cao F, Wang X, Li S, Ouyang G, Tian G, Gong K, Hou G, He W, Zhao Z, Pittman C U Jr, Deng F, Liu M H, Sun K, Tang B Z. Front Chem, 2022, 10：964615.

[11] (a)Mekhalif Z, Laffineur F, Couturier N, Delhalle J. Langmuir, 2003, 19：637-645.

  (b) Wu A, Isaacs L. J Am Chem Soc,2003, 125：4831-4835.

[12] (a) Kagan H B. Stereochesitry, 1977, 1：65-66.

  (b) Christie G H, Kenner J. J Chem Soc, 1922, 121：614.

  (c) Christie G H, Kenner J. J Chem Soc, 1923, 123：779.

  (d) Klyne W, Buckingham J. Atlas of Stereochemistry：Absolute Configurations of Organic Molecules. London：Chapman and Hall, 1978.

[13] Ding K L, Li X, Ji B M, Guo H C, Kitamura M. Cur Org Syn, 2005, 2：499-545.

[14] (a) Barton D H. J Chem Soc, 1953,74(6)：1027.

  (b) Cram D J, Elhafez F A A. J Am Chem Soc,1952, 74：5828.

  (c) Bartlett P A. Tetrahedron, 1980, 36：15.

[15] (a) Zhang Y, Wang Y Q, Dai W M. J Org Chem, 2006, 71：2445-2455.

  其他可供参考的文献有：

  (b) Magnus N, Magnus P. Tetrahedron Lett, 1997, 38：3491-3494.

(c) Linnane P, Magnus N, Magnus P. Nature, 1997, 385：799-801.

(d) Clayden J, Lund A, Vallverdu L, Helliwell M. Nature, 2004, 431：966-971.

[16] (a)Fukuzawa S, Seki K, Tastuzawa M, Mutoh K. J Am Chem Soc,1997, 119：1482-1483.

相关的综述论文有：

(b)Molander G A, Harris C R. Chem Rev, 1996, 96：307-338.

[17] Coumbarides G S, Eames J, Weerasooriya N. Can J Chem, 2000, 78：935-941.

[18] (a) Dai W M, Zhu H J, Hao X J. Tetrahedron：Asymmetry, 1996, 7：1245.

(b) Zhu H J, Zhao B T, Dai W M, Hao X J. Tetrahedron：Asymmetry, 1998, 9：2879.

(c) Dai W M, Zhu H J, Hao X J. Tetrahedron：Asymmetry, 2000, 11：2315.

(d) Zhu H J, Zhao B T, Pittman C U Jr, Dai W M, Hao X J. Tetrahedron：Asymmetry, 2001, 12：2613.

[19] Zhu H J, Jiang J X, Saebo S, Pittman C U Jr. J Org Chem, 2005, 70：261-267.

[20] 希利亚·R. 巴克斯顿, 斯坦利·M. 罗伯茨. 有机立体化学导论. 宋毛平, 等译. 北京：化学工业出版社,2006:48.

[21] 叶秀林. 立体化学. 北京：北京大学出版社,1999.

[22] Cho C W, Krische M. Org Lett, 2006, 8：3873-3876.

[23] Zhou H B, Alper H. J Org Chem, 2003, 68：3439-3445.

[24] Yus M, Gomis J. Eur J Org Chem, 2003, (11)：2043-2048.

[25] Koprowski M, Skowronska A, Glowka M L, Fruzinski A. Tetrahedron, 2007, 63：1211-1228.

[26] Krawczyk E, Owsianik K, Skowronska A. Tetrahedron, 2005, 61：1449-1457.

[27] (a) Li C, Yu R R, Cai S Z, Fang X J. Org Lett, 2023, 25(27)：5128-5133.

(b) Wang J L, Chen H H, Kong L H, Wang F, Lan Y, Li X W. ACS Catal, 2021, 11：9151-9158.

(c) Chen C P, Wang Z J, Wang S, Xu L, Zeng X M. Org Lett, 2023, 25：4241-4246.

(d) Daniel J R, Yi S G, Michael G G, John H R, Christopher J T. ACS Catal, 2017, 7：1053-1056.

(e) Hidenori O, Wakana H, Akira N, Ryunosuke F, Shunichi K, Miwa S, Tatsuya N. Org Process Res Dev, 2022, 26：1002-1009.

(f) Austin D M, Florian L, Áine E M, Hyung Y, Mark L. Angew Chem,2019, 131(15)：5149-5153.

(g) Qiao J H, Zhao W X, Liang Y, Yao Z J, Wang S Z. Chem Eur J, 2021, 27：6308-6314.

(h) Paresh N P, Anju C. Tetrahedron, 2018, 74：204-216.

(i) Upasana B, Anil K S. ChemistrySelect, 2019, 4：11136-11139.

(j) Deng Q, Mu F J, Qiao Y, Wei D H. Chem Asian J, 2021, 16(16)：2346-2350.

(k) Mohinuddin P M K, Ravikrishna D, Abdulrahman I A, Natarajan A, Srinivasarao Y. Tetrahedron Lett, 2019,60(15)：1043-1048.

(l) Manohar P, Sangram G, Kenneth O E, Sundarababu B. Eur J Org Chem, 2023, 26：e202201490.

[28] Chen T T, Che C, Guo Z F, Dong X Q, Wang C. J Org Chem Front,2021, 8：4392.

[29] Hayashi Y, Tomikawa M, Mori N. Org Lett, 2021, 23：5896-5900.

[30] Gudat D, Haghverdi A, Nieger M. Angew Chem Int Ed, 2000, 39：3084-3086.

[31] Zhang G T, Cramer N. Angew Chem Int Ed, 2023, 62：e202301076.

[32] Esposito A, Piras P P, Ramazzotti D, Taddei M. Org Lett, 2001, 3：3273-3275.

[33] Esposite A, Taddei M. J Org Chem, 2000, 65：9245-9248.

[34] Masalov N, Feng W, Cha J K. Org Lett, 2004, 6：2365-2368.

[35] Gating S C, Jackson J E. J Am Chem Soc,1999, 121：8655-8656.

[36] (a) Wang Y Y, Wang J X, Su J C, Huang F, Jiao L, Liang Y, Yang D Z, Zhang S W, Wender P A, Yu Z X. J Am Chem Soc,2007, 129：10060-10061.

(b) Jiao L, Yuan C X, Yu Z X. J Am Chem Soc,2008, 130：4421-4430.

[37] Jiao L, Ye S Y, Yu Z X. J Am Chem Soc,2008, 130：7178-7179.

[38] Hattori K, Yamamoto H. J Org Chem, 1993, 58：5301-5303.

[39] Wiedemann S H, Noda H, Harada S, Matsunaga S, Shibasaki M. Org Lett, 2008, 10: 1661-1664.

[40] Simth D M, Woerpel K A. Org Lett, 2004, 6: 2063-2066.

[41] Liautard V, Desvergnes V, Itoh K, Liu H W, Martin O R. J Org Chem, 2008, 73: 3103-3115.

[42] Loh T P, Li X R. Angew Chem Int Ed Engl, 1997, 36: 980-982.

[43] Benedettti F, Magnan M, Miertus S, Norbedo S, Part D, Tossi A. Bioorg Med Chem Lett, 1999, 9: 3027-3030.

[44] Singh A, Johston J N. J Am Chem Soc, 2008, 130: 5866-5867.

[45] Kita Y, Toma T, Kan T, Fukuyama T. Org Lett, 2008, 16(4):1271.

[46] Dunet G, Mayer P, Knochel P. Org Lett, 2008, 10: 117-120.

[47] Yu L T, Ho M T, Change C Y, Yang T K. Tetrahedron: Asymmetry, 2007, 18: 949-962.

[48] Marshall J A, Eidam P. Org Lett, 2004, 6: 445-448.

[49] Lam H W, Joensuu P M, Murray G J, Fordyce E A F, Prieto O, Luebbers T. Org Lett, 2006, 8: 3729-3732.

[50] Chalker J M, Yang A, Deng K, Cohen T. Org Lett, 2007, 9: 3825-3828.

[51] Lin W M, Zercher C K. J Org Chem, 2007, 72:4390-4395.

[52] Annunziata R, Benaglia M, Cinquini M, Cozzi F. Tetrahedron:Asymmetry, 1999, 10: 4841-4849.

[53] Zhao Y, Niu D, Tan J J, Jiang Y Q, Zhu H J, Ouyang G H, Liu M H. Small Methods, 2020, 4: 2000493.

[54] Chiurchiù E, Xhafa S, Ballini R, Maestri G, Protti S, Palmieri A. Adv Synth Catal, 2020, 362(21): 4680-4686.

[55] Nallagonda R, Karimov R R. ACS Catal, 2021, 11: 248-254.

[56] Athira C, Sreenithya A, Hadad C M, Sunoj R B. ACS Catal, 2023, 13: 1133-1148.

[57] Tang Z, Jiang F, Yu L T, Cui X, Gong L Z, Mi A Q, Jiang Y Z, Wu Y D. J Am Chem Soc, 2003, 125: 5262-5263.

[58] Fu A P, Li H L, Tian F H, Yuan S P, Si H Z, Duan Y B. Tetrahedron: Asymmetry, 2008, 19: 1288-1296.

[59] Xiao W L, Lei C, Ren J, Liao T G, Pu J X, Pittman C U, Lu Y, Zheng Y T, Zhu H J, Sun H D. Chem J Eur, 2008, 14: 11584-11592.

[60] Li R T, Xiao Y W, Shen H, Zhao Q S, Sun H D. Chem Eur J, 2005, 11: 2989-2996.

第4章 化学选择性反应

化学选择性反应是指在某些分子中存在若干个反应位置,通过合适的试剂等反应条件,可以做到选择性地在我们所希望的反应位置上进行反应。这个过程是不通过烦琐的保护基的相互转化等策略实现复杂分子的官能团转化。从纯粹的概念上来讲,化学选择性反应与立体选择性有机合成关系并不大。然而,这一合成方法学上的研究与立体有机合成化学有着千丝万缕的联系。

4.1 选择性还原反应

还原反应的关键是选择合适的还原剂。到目前为止,主要有以下几种常用的方法:

(1)加氢反应:加氢反应主要可用过渡金属如钯、铂、镍、铑和钌等对底物分子进行催化氢化,使用的催化剂是分散度较好的金属或吸附在支持剂如活性炭上。在催化加氢反应中提供分子氢的多是氢气,用环己烯、肼或甲酸铵提供分子氢也有报道[1]。

(2)负氢离子供体试剂的还原反应:氢化铝锂、硼氢化钠以及硼烷是提供负氢离子最常用的试剂。关于这些试剂的研究工作也最多,因为它们的反应活性比较适中。其中在化学选择性还原的研究中,对硼氢化钠的研究较多,主要集中在三个方面:一是研究不同溶剂体系对 $NaBH_4$ 还原能力的影响,如在水、醇或醚类体系等[2];二是对反应条件进行改进,如采用催化剂等[3],从而实现化学选择性还原[4];三是对 $NaBH_4$ 进行修饰,如对其中的一个或多个氢置换[5]或将钠换为其他金属[6]。硼烷与片呐醇制备的 HBpin 试剂,现在也得到了非常广泛的应用[7]。

(3)硅的氢化物经过过渡金属配合物、氟离子或路易斯酸活化后也可提供负氢离子,如由邻苯二酚的锂盐与三氯氢硅烷形成的五价配位的氢硅试剂可在十分缓和的条件下将醛或酮以高收率还原成相应的醇[8]。

(4)氢原子供体的还原:这类反应多是由自由基引发,并为路易斯酸或质子酸催化的反应,如三正丁基氢化锡在自由基引发剂存在下还原卤素。

4.1.1 醛酮的选择性还原反应

在选择性还原反应中,多数情况下是利用不同功能团的不同反应活性来达到目的。这方面的例子很多。醛酮的还原相较其他官能团更易被提供负氢离子的还原剂还原,而醛的反应活性较酮强,同一个分子中醛酮的选择性还原研究文献比较多[9]。比较典型的例子如用硼氢化锌在−10℃的 THF 中选择性地还原分子 **1** 中的醛羰基,而酮羰基不受影响[10][式(4-1)]。

$$（4-1）$$

α,β-不饱和醇的合成在工业上有着广泛的兴趣,因为它们中的大多数都是药物或香料的中间体,化学选择性地还原 α,β-不饱和酮、醛是合成这类化合物的常用方法。十硼烷是比较稳定的硼化合物,可作为温和的还原剂使用,当与吡咯烷和 $CeCl_3 \cdot 7H_2O$ 混合后,在 50℃的甲醇溶液中,对酮的还原选择能力较强,分子中的酯基、芳硝基、卤素不会被还原[11]（表 4-1）。

表 4-1　不同取代基的酮被 $B_{10}H_{14}/CeCl_3 \cdot 7H_2O$/吡咯烷系统选择性还原

序号	底物	产物	时间/h	产率/%
1			4	92
2			>4	96
3			5	98
4			1.5	98
5			2	92

在这些还原反应中,常常加入不同的金属盐,这些不同的金属盐有不同的作用。例如在 $NaBH_4$ 对 α,β-不饱和酮、醛的选择性还原中,在 $CaCl_2$[12]、$CeCl_3$[13] 或 Al_2O_3[14] 存在下可很容易实现。但不同的路易斯酸催化反应得到的结果有较大的差异[式(4-2)～式(4-4)]。还原产物见表 4-2。

$$（4-2）$$

表 4-2 不同的路易斯酸催化反应得到还原产物的比例

序号	无机盐	产率/%	4:5
1	—	—	51:49
2	MgCl$_2$	92	95:05
3	CaCl$_2$	92	97:03
4	SrCl$_2$	91	81:19
5	BaCl$_2$	86	93:07

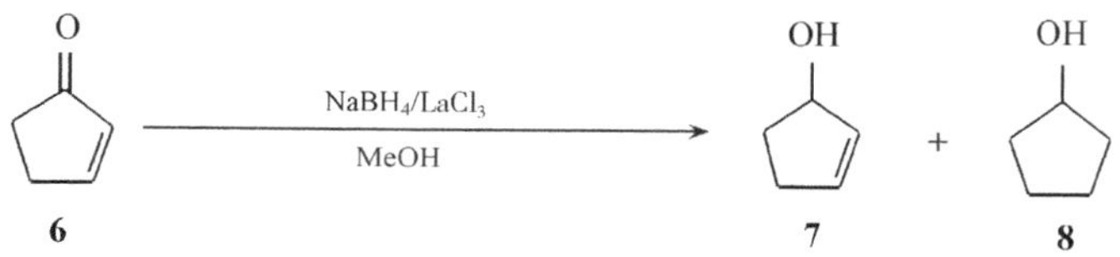

$$\text{（4-3）}$$

在式（4-3）中的反应，当三价离子从 La^{3+} 到 Ce^{3+}、Sm^{3+} 以及 Eu^{3+}，**7** 与 **8** 比例分别为 90:10、97:3、94:6 以及 93:7。而在式（4-4）反应中，借助微波的高效热效应等，在还原反应中，产物 **10** 的产率几乎是定量的。而利用 Zn(OAc)$_2$ 和 HBpin 试剂，也可以在不影响双键的情况下，高产率地得到 **10** 或者其类似物[15]。

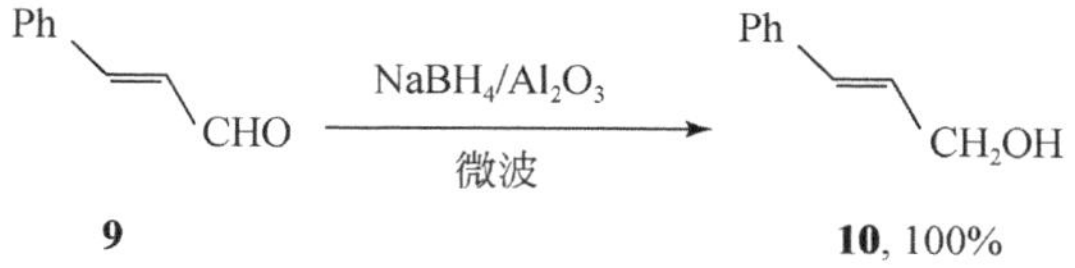

$$\text{（4-4）}$$

利用金属实现官能团的选择性还原，尤其是 α,β 不饱和醛酮的还原，到现在为止，虽然研究的较多[16]，但通用的方法鲜见报道。一个比较好的例子是使用 Ir/H-β（由 H-β 沸石与三乙酰丙酮铱制备）选择性还原了一些 α,β 不饱和醛酮的醛酮基，得到了较高的收率[30%～87%，式（4-5）][17]。

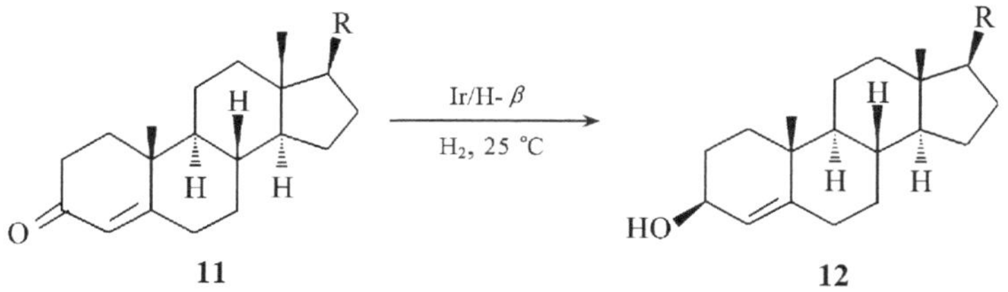

$$\text{（4-5）}$$

将酮羰基还原为亚甲基的反应是一个十分有价值的还原反应。通常利用使用 Clemmensen 方法中剧毒的锌汞齐和黄鸣龙法的高温[18]。要从醛酮还原至亚甲基，使用氢负离子还原试剂，在还原初期形成具有某些结构特点的醇，才能利于消除氧原子，使此种反应发生，如果有一强给电子基团在芳香酮的环上时，这种情况有时会出现[19]。而在三氟乙酸介质中，酮羰基可被 NaBH$_4$ 还原为亚甲基[式（4-6）][20]。

13　　14, 90%

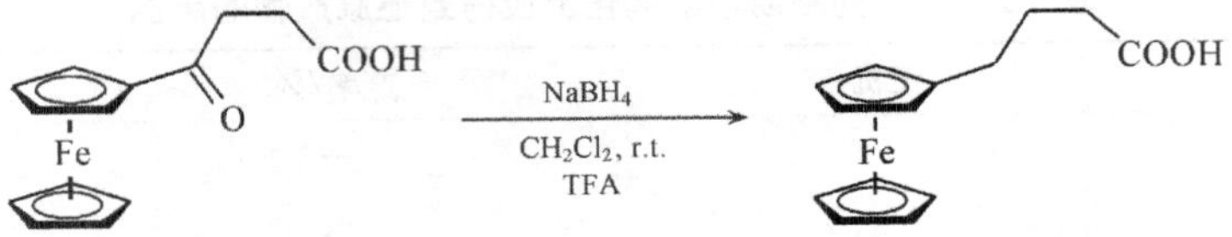

(4-6)

同一个分子中的两个相同基团，由于化学环境的不同，在一定的反应条件也可实现选择性还原，如用铝粉还原二芳基酮 **15** 时发现，当分子中同时存在另一个酮时，二芳基酮优先被还原，并得到了 76％的产率[式(4-7)]。但有意思的是当反应在无水条件下时却不会进行[21]。

15　　**16**, 76%

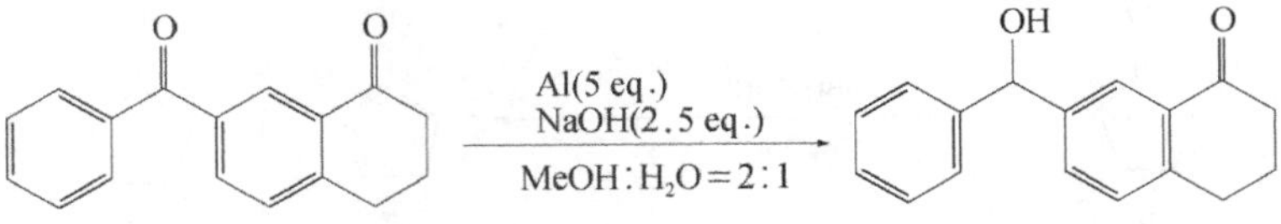

(4-7)

前面所介绍的还原反应中，新生成的手性中心没有任何的选择性。在实际研究工作中，对酮醛的选择性还原还需要对新生成的手性中心进行控制。一个选择性还原反应例子列在下面式(4-8)中[22]。在这个反应中，对于分子 **17** 中存在的两个羰基基团，要考察的是哪一个能发生还原偶联反应。理论上来看，由于甲基的空间位阻比乙基小，因此，可能的还原偶联将主要发生在甲基酮羰基上。实际上，发生还原偶联反应的位置也的确在甲基酮羰基上。还原反应得到的异构体 **18a**∶**18b** 的比例为 18∶1。

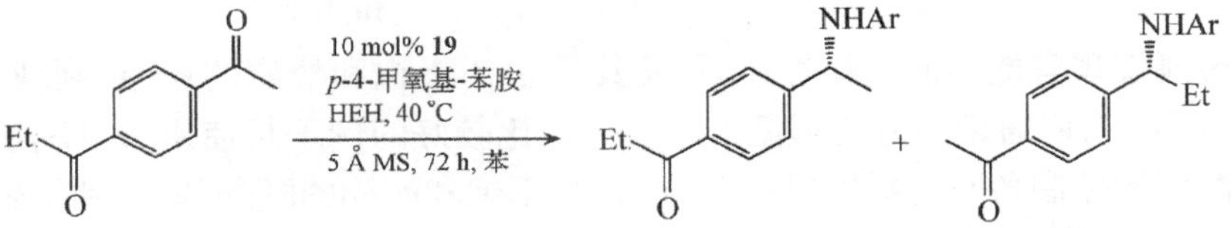

18a　　**18b**

17　　**18a**∶**18b**=**18**∶**1**

(4-8)

最好的一个催化剂 **19** 结构为

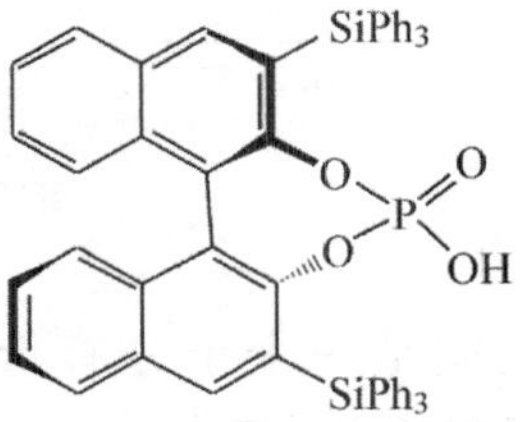

19

有报道 β-选择性还原偶联反应，它是利用路易斯酸/光氧化还原催化烯基吡啶与醛和亚胺的反应[式(4-9)][23]。对于不同底物，该反应的产率可达 60％～80％，少数可达 99％。

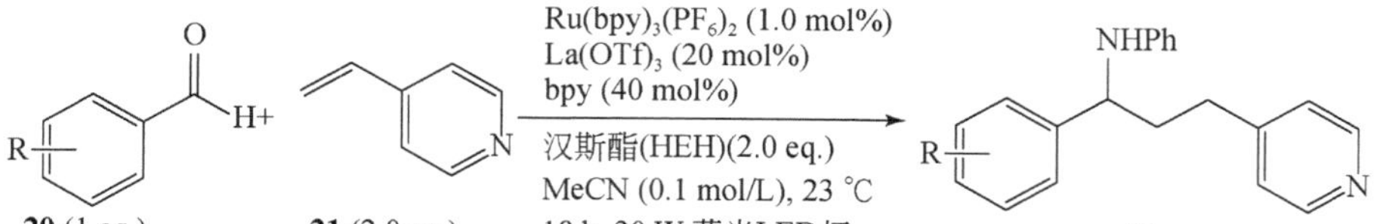

$$(4-9)$$

20 (1 eq.)　　**21** (2.0 eq.)　　　　　　　　　　　**22**

在可见光的催化下,如在 1,3,2-二氮杂膦烯氢化物(DAP-Hs)的作用下,催化有机卤化物还原自由基的环化反应[式(4-10)][24],其中用催化剂 **25**(SPO)来催化该反应。部分产物及其产率列在下面。

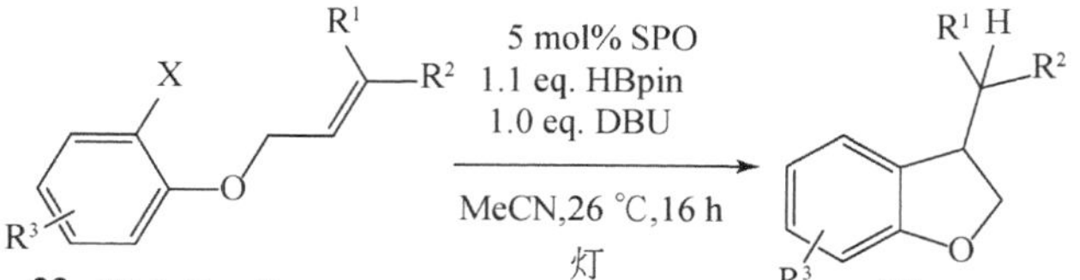

$$(4-10)$$

23 (X=I, Br, Cl)　　　　　　　　　　**24**

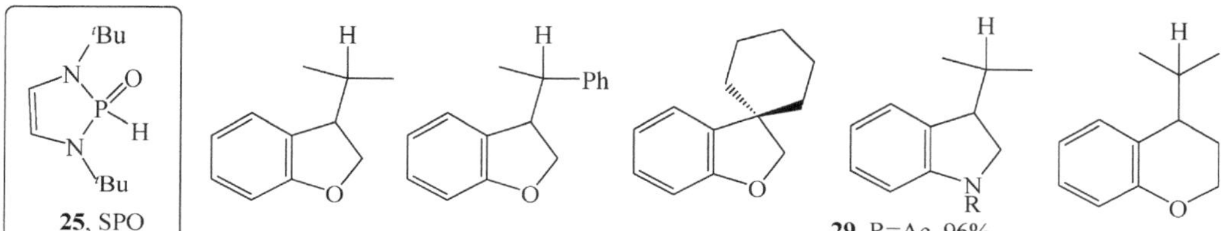

25, SPO　　**26**, 96%　　**27**, 96%　　**28**, 24%　　**29**, R=Ac, 96%　　**31**, 96%
　　　　　　　　　　　　　　　　　　　　　　　　　30, R=Prenyl, 96%

4.1.2 羧酸及酯基的选择性还原反应

对于不少化合物而言,尤其是天然产物,结构中含有羧基。用 LiBH₄ 对于对硝基苯甲酸乙酯在 THF 中加热 15 min 可选择性地还原酯基[式(4-11)],并得到了 90% 的产率[25]。实际上,羧酸等的选择性还原是一个常见的有机合成问题。目前已有不少试剂被开发出来并用于各种羧酸等的选择性还原[26]。

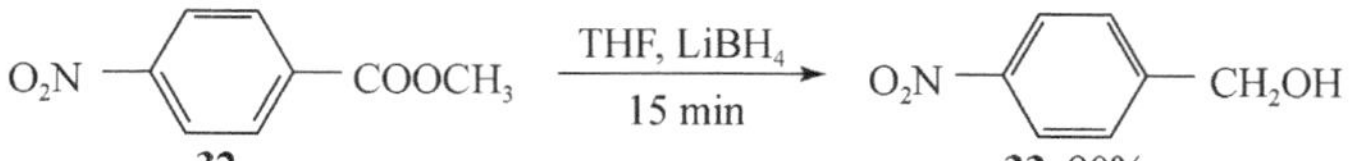

$$(4-11)$$

32　　　　　　　　　　　　　　　　　　　　**33**, 90%

LiBH₄-MeOH-EtOH 体系可以在硝基、氯、羧基、酰胺存在的情况下选择性还原酯基,并能得到 90%～100% 的产率(表 4-3)[27]。

表 4-3 LiBH₄-MeOH-EtOH 体系选择性还原酯基的研究结果

序号	底物(A+B)		时间 /h	产物(C+B)		回收 B /%
	A	B		C	产率/%	
1	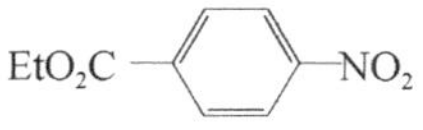 EtO₂C—C₆H₄—NO₂	—	0.5	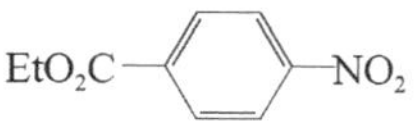 EtO₂C—C₆H₄—NO₂	90	—
2	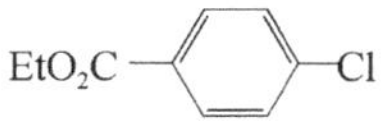 EtO₂C—C₆H₄—Cl	—	0.5	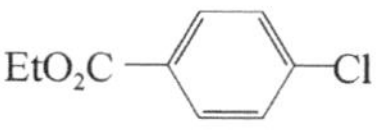 EtO₂C—C₆H₄—Cl	90	—
3	PhCO₂Et	PhCO₂NH₂	2.5	PhCH₂OH	100	89
4	PhCO₂Me	n-C₉H₁₉CO₂H	1.0	PhCH₂OH	92	98

对同一分子中的二酯基选择性还原研究不多。在合成溶血磷脂酸(lysophosphatidic acid)的过程中发现对硝基苯酯在分子中可优先被 $NaBH_4$ 还原[式(4-12)][28]。

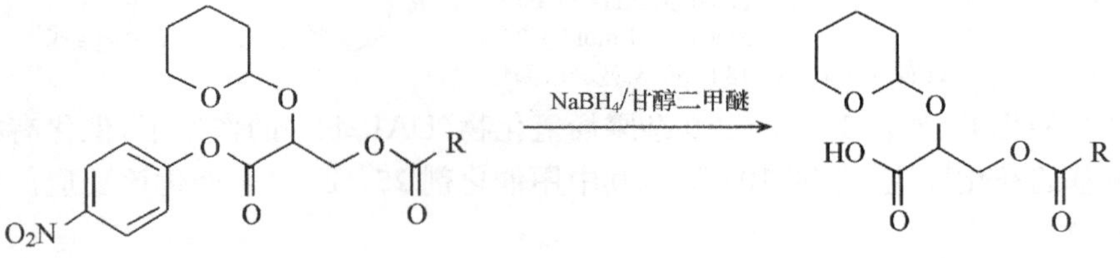

34　　35　　(4-12)

环内酯一般来说比直链酯更容易被还原。但在反应式(4-13)中,当溶剂为 THF,并且在室温下进行时,反应非常缓慢,7 天以后可以得到 85%的直链酯被还原的产物,但如果升高反应温度,只能得到不易分离的混合物。为了减少反应时间,将溶剂改为二氧六环,只需回流 1 h,就可得到 95%的产率。

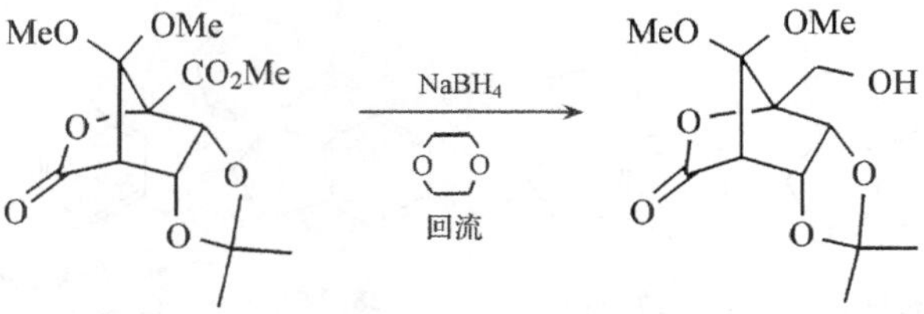

36　　37, 95%　　(4-13)

据报道,使用 BOP-$NaBH_4$ 试剂可将羧酸还原为醇,而分子中的其他功能团如硝基、酯基、腈基、叠氮基则不受影响[式(4-14)和式(4-15)][29]。而用 $NaBH_4$-I_2 试剂也可选择性还原羧酸[式(4-16)][30]。其他试剂也得到了很好的发展[31]。

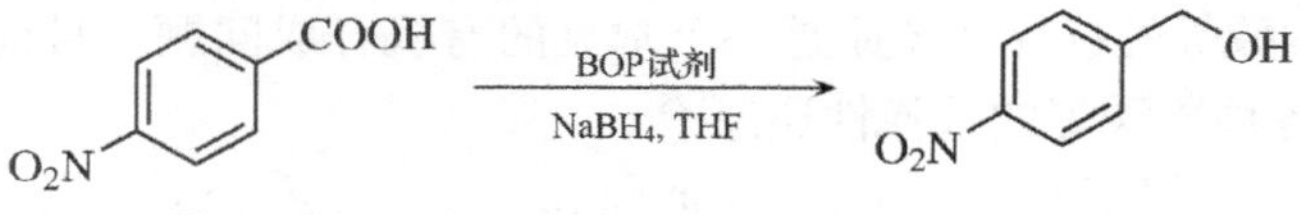

38　　39, 99%　　(4-14)

40　　41, 90%　　(4-15)

42　　43, 82%　　(4-16)

对于氨基酸的还原,$NaBH_4$-I_2 试剂也是一个不错的选择,它不会影响叔丁氧羰基(Boc)或酰基保护的氨基[32]。$NaBH_4$-I_2 系统是一种安全、简单而且廉价的还原方法,同时又非常有效,特别是大量合成手性氨基醇时。

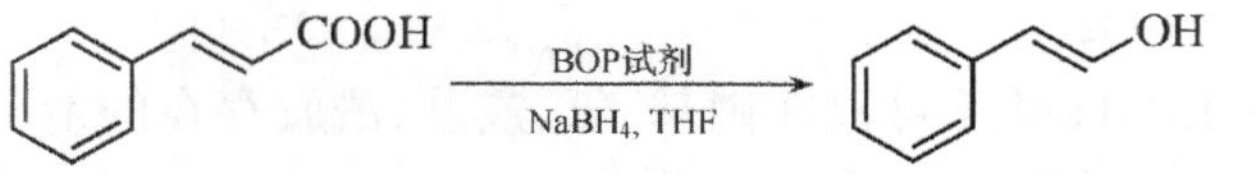

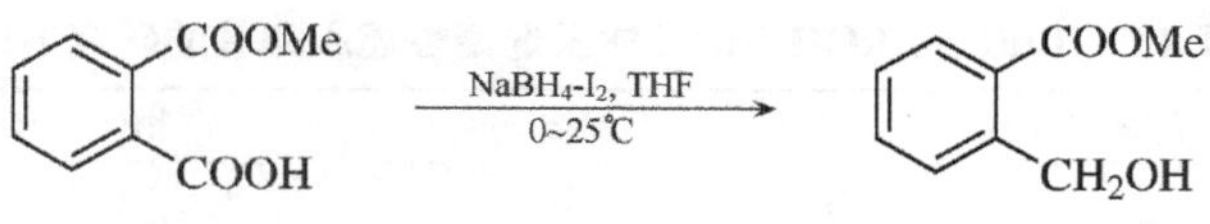

通过在水中加入阳离子胶束,成功地在常温用 $NaBH_4$-水还原具有 6 个碳以上的长链酯为相应的醇,产率最高可达 92%[33]。图 4-1 显示出该还原反应的可能过程。

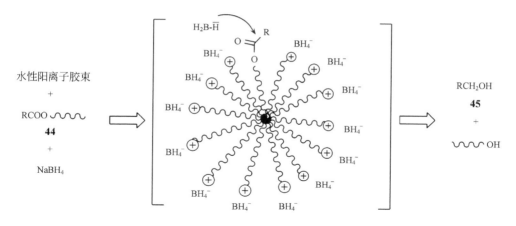

图 4-1　温和条件下的 NaBH₄ 在水中形成的阳离子胶束对羧酸酯的选择性还原

羧酸及其酯的另一个还原产物为酮或醛。DIBAL-H 还原羧酸的 TMS 酯能得到相应的醛,该方法还原不饱和脂肪酸特别有效,并对卤代酸的还原也表现出了很好的选择性[34]。

$$RCOOH \xrightarrow[\text{CH}_2\text{Cl}_2, 0^\circ\text{C}]{\text{TMSCl, Et}_3\text{N}} RCOOTMS \xrightarrow[-78^\circ\text{C}]{\text{DIBAL-H}} RCHO$$

$$\begin{array}{ccc} \textbf{46} & \textbf{47} & \textbf{48} \end{array} \tag{4-17}$$

随着蓝光 LED 灯的应用,采用光催化一步得到相应的醛的研究也取得了很好的进展。如在 2 mol% *fac*-Ir(ppy)₃ 的催化下,使用三(三甲基硅)硅烷(TTMSS)为氢源、二甲基二碳酸酯(DMDC)和磷酸二氢钾,可以很高收率地得到相应的醛类化合物[式(4-18)]。

$$R\text{—C}_6\text{H}_4\text{—COOH} \xrightarrow[\substack{\text{TTMSS, CH}_3\text{CN} \\ \text{蓝光 LED灯, AR, r.t.}}]{\substack{\text{2 mol\% }fac\text{-Ir(ppy)}_3 \\ \text{DMDC, KH}_2\text{PO}_4}} R\text{—C}_6\text{H}_4\text{—CHO}$$

$$\begin{array}{cc} \textbf{49} & \textbf{50} \end{array} \tag{4-18}$$

使用的部分代表性产物的结构及其产率列在下面。

51, 80%　　**52**, 92%　　**53**, 80%　　**54**, 83%　　**55**, 74%　　**56**, 88%

57, 84%　　**58**, 71%　　**59**, 82%

对于不少化合物而言,尤其是天然产物,它们的结构中含有两个或两个以上的羧基。因此,如何选择性地还原其中的一个也是一个化学选择性的问题。由于不可能涉及众多的天然产物结构,因此,利用简化模型来理解并通过实验来验证这些理论研究就十分必要。天然产物结构复杂,类型众多。为此,选择以下模型,开展理论与实验的联合研究[35]。

$$R-\overset{O}{\underset{}{C}}-OMe$$

60: R= — CH_2OH
61: R= — CH(Me)OH
62: R= — CH_2NH_2
63: R= — CH(Me)NH_2
64: R= — CH_2NHMe
65: R= — CHMe_2
66: R = — H

67: R= — CH=CH_2
68: R= — CH_2CH=CH_2
69: R= — Ph
70: R= — CH_2Ph
71: R= — CH_2F
72: R= — CH_2Cl
73: R= — CH_2Br

考虑到天然产物的结构比较复杂,相对分子质量也比较大。因此,起始的计算层次如果太高,可能在后来的应用中受到一定的限制。为此,选择一个适中的计算层次 HF/6-31G(d,p)。计算模型主要为下列结构 **TS-1** 和 **TS-2**。对所有的过渡态都进行了频率计算和 IRC(intrinsic reaction coordinate)计算,所有的计算结果都经过过渡态分析,确认了过渡态的正确存在。

TS-1　　　　　　　　　　　　**TS-2**

X=O, NH

通过计算与实验的交叉验证,证明所选用的计算方法和过渡态结构可靠。在完成溶液中的能量校正后,得到了实际反应的起始反应温度与计算得到的过渡态能量之间的相对关系为:$\Delta E^{\neq}_{THF} = -11383.0/T + 66.6$(相关系数 R^2 为 0.975)(图 4-2)。这样,利用得到的这个关系,可以在天然产物的多酯基的选择性还原反应中,利用同样的计算方法得到相关酯基的过渡态能量,利用该公式可以大致确定反应的温度,从而可以确定这些不同环境下的酯基是否具有不同的反应温度以达到选择性还原的目的。

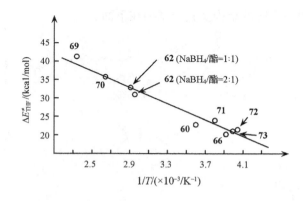

图 4-2　液相(THF)条件下的反应过渡态能量与实验的反应起始温度的关系

在计算卤代酯的还原反应中,由于卤素有可能参与过渡态的结构中,因此有三个反应的过渡态需要仔细讨论,该结构列在下面:

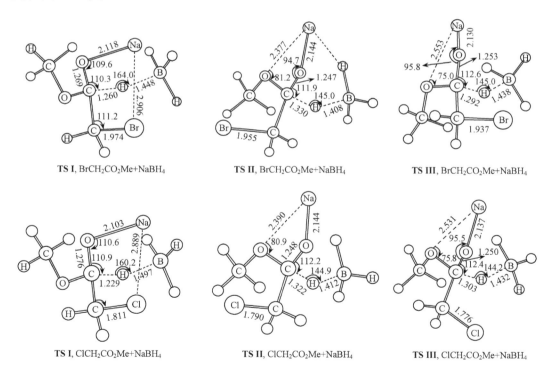

一个有意思的发现是:计算得到的 α-F 代酯的过渡态能量最高。而传统的理论认为,α-取代基的电负性(χ)越大,羰基 C 上受到的诱导效应就越强,从而具有更大的电正性,也意味着氢负离子进攻羰基碳原子的速率应该更快更容易。因此,在这三个卤代酯的还原过程中,α-氟乙酸甲酯(**71**)的过渡态能量应该最低,而 α-溴乙酸甲酯(**73**)的过渡态能量应该最高。但从实际计算结果来看(表 4-4),这样的结果并没有得到,反而得到了相反的顺序。不论是在气相条件下还是在 THF 条件下,对这三个卤代酯的还原过渡态能量的计算都得到了相同的结论。计算结果列在表 4-4 中。计算得到的过渡态结构列在图 4-3 中。

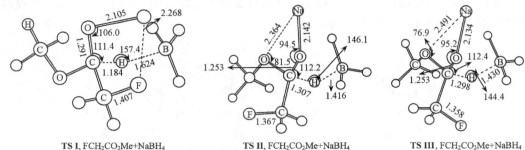

图 4-3　α-卤代酯与 NaBH₄ 的还原反应过渡态构象 Ⅰ、Ⅱ、Ⅲ 的 3D 结构

单位:Å

实验结果证明了理论计算的可靠性。在实际测量得到的 α-卤代酯的大致起始反应温度是 －15℃(α-F 代酯)、－23℃(α-Cl 代酯)和 －26℃(α-Br 代酯)。

酯基等彻底还原为甲基:上面讲到选择性将羧基(酸)等还原为醛基或者醇的试剂不少。但是,如何将羧基直接而彻底地还原为甲基是一个很大的挑战。使用钛催化剂来催化氧化相关的羧基等,可以彻底还原为甲基[式(4-19)][36]。在这个过程中,很多敏感性的基团都能得到保留。最佳反应条件列在反应式中。部分代表性的底物分子列在下面,其相应的产率列在化学结构的下面。可见该反应能很好地将羧基、醛基、内酯和酸酐等还原为相应的甲基。

表 4-4　利用不同模型计算得到的模型分子的过渡态能量

序号	R=	χ (R)[a]	$\Delta E^{\neq b}$ (气相)	$\Delta E^{\neq}$ (THF)	$\Delta(\Delta E^{\neq})$ (气相)[c]	$\Delta(\Delta E^{\neq})$ (THF)	$\overset{O}{\underset{C}{\diagdown}}$---H⁻ (TS)/Å	C=O···Na⁺ (TS)/Å	TS C=O 电荷[d]
1	**60**—CH₂OH	2.59	24.9[e]	23.2[e]	6.5	2.4	1.314	2.134	0.553
2	**61**—CH(Me)OH	2.59	23.4[e]	21.4[e]	5.0	0.6	1.308	2.138	0.563
3	**62**—CH₂NH₂	2.54	31.7, 32.3[e]	33.0, 32.1[e]	13.3, 13.9[e]	12.2, 11.3[e]	1.155, 1.404[e]	2.076, 2.131[e]	0.456, 0.588[e]
4	**63**—CH(Me)NH₂	2.54	—[f],31.2[e]	—,30.8[e]	—,12.8[e]	—,10.0[e]	—,1.416[e]	—,2.132[e]	—,0.615[e]
5	**64**—CH₂NHMe	2.54	31.6, 32.3[e]	32.7, 33.4[e]	13.2, 13.9[e]	11.9, 12.6[e]	1.159, 1.444[e]	2.075, 2.126[e]	0.464, 0.616[e]
6	**65**—CH₂NMe₂	2.54	34.3	36.7	15.9	15.9	1.164	2.082	0.452
7	**66**—H	2.1	18.4	20.8	0.0	0.0	1.275	2.141	0.419
8	**67**—CH=CH₂	2.78	33.6	34.3	15.2	13.5	1.219	2.145	0.496
9	**68**—CH₂CH=CH₂	2.51	30.2	27.8	11.8	7.0	1.235	2.149	0.542
10	**69**—Ph	2.78	44.8	42.1	26.4	21.3	1.129	2.012	0.427
11	**70**—CH₂Ph	2.51	31.8	36.4	13.4	15.6	1.217	2.117	0.547

续表

序号	R=	χ (R)[a]	ΔE^‡[b] (气相)	ΔE^‡ (THF)	Δ(ΔE^‡) (气相)[c]	Δ(ΔE^‡) (THF)	O‖C···H^- (TS)/Å	C=O···Na^+ (TS)/Å	TS C=O 电荷[d]
12	**71**—CH$_2$F	2.64	21.8(Ⅰ) 25.1(Ⅱ) 26.1(Ⅲ)	24.5(Ⅰ) 26.1(Ⅱ) 26.2(Ⅲ)	3.4(Ⅰ) 6.7(Ⅱ) 7.7(Ⅲ)	3.7(Ⅰ) 5.3(Ⅱ) 5.4(Ⅲ)	1.184(Ⅰ) 1.307(Ⅱ) 1.298(Ⅲ)	2.105(Ⅰ) 2.142(Ⅱ) 2.134(Ⅲ)	0.465(Ⅰ) 0.566(Ⅱ) 0.553(Ⅲ)
13	**72**—CH$_2$Cl	2.54	20.0(Ⅰ) 23.2(Ⅱ) 24.7(Ⅲ)	21.8(Ⅰ) 23.8(Ⅱ) 24.5(Ⅲ)	1.6(Ⅰ) 4.8(Ⅰ) 6.3(Ⅲ)	1.0(Ⅰ) 3.0(Ⅱ) 3.7(Ⅲ)	1.230(Ⅰ) 1.322(Ⅱ) 1.303(Ⅲ)	2.103(Ⅰ) 2.144(Ⅱ) 2.137(Ⅲ)	0.693(Ⅰ) 0.601(Ⅱ) 0.582(Ⅲ)
14	**73**—CH$_2$Br	2.50	19.2(Ⅰ) 23.6(Ⅱ) 26.4(Ⅲ)	22.1(Ⅰ) 24.2(Ⅱ) 27.0(Ⅲ)	0.8(Ⅰ) 5.2(Ⅱ) 8.0(Ⅲ)	1.3(Ⅰ) 3.4(Ⅱ) 6.2(Ⅲ)	1.260(Ⅰ) 1.330(Ⅱ) 1.291(Ⅲ)	2.118(Ⅰ) 2.144(Ⅱ) 2.130(Ⅲ)	0.573(Ⅰ) 0.604(Ⅱ) 0.572(Ⅲ)

a. 电负性数据见：Inamoto N，Masuda S. Chem Lett，1982：1003-1006。

b. 单位：kcal/mol。用 **TS-1**，除非标明其他过渡态。

c. 单位：kcal/mol。从序号 1 到 12，最低能垒 19.3 kcal/mol 用于计算气相下的 Δ(ΔE)^‡，最低能垒 22.0 kcal/mol 用于计算在 THF 中的 Δ(ΔE)^‡。

d. 电荷计算在 B3LYP/6-31++G(d,p)基组上得到。

e. 用 **TS-2** 模型。

f. 用 **TS-1** 模型计算没有得到。

$$(4\text{-}19)$$

其可能的催化机理列在图 4-4。

4.1.3　酰胺和 N 杂环的化学选择性还原反应

　　一个历史上存在已久，并在随后的实验中重复出现的实验现象就是三类不同酰胺与 NaBH$_4$ 反应中所表现出来的不同选择性[式(4-20)]。由于这是一个早已存在的历史问题，而且由于一直没有相关的研究来说明这一点，因此，从理论上来理解这个问题，有助于

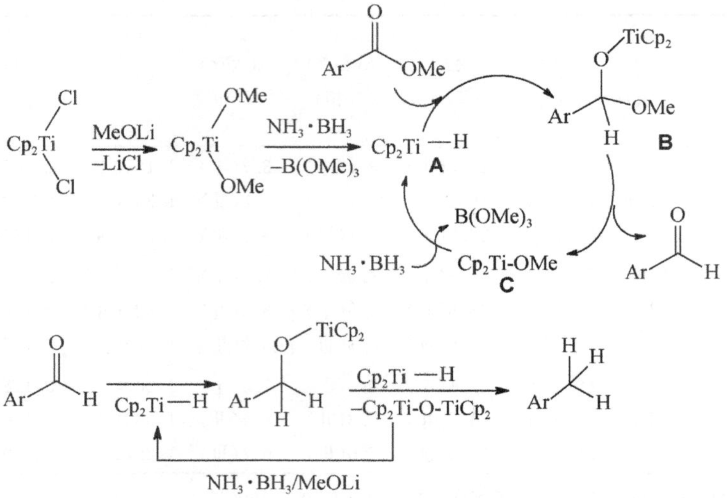

图 4-4　使用 Cp_2TiCl_2 为催化剂的醛、酮、酯等类型化合物的彻底还原

进一步理解化学选择性的科学问题。那就是过渡态的能量决定了反应的进程。虽然所有的教科书都这样教授，但用具体的理论数据进一步理解，更能加深理论与实验结合研究。模型研究是以甲、乙酰胺等为研究对象，通过在 HF/6-31G(d,p) 层次上的计算，完整地揭示出这个反应的选择性[37]。结果列在表 4-5 中。

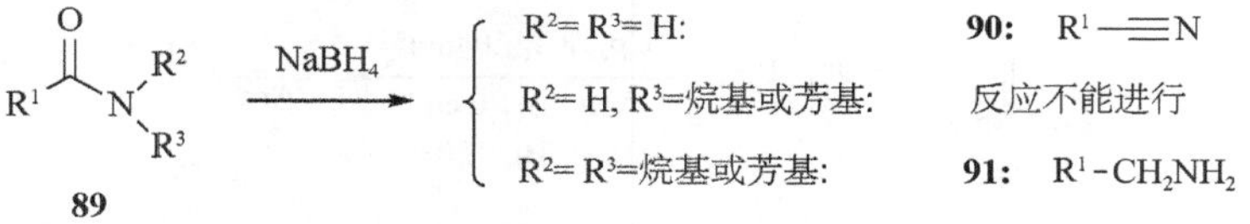

$$(4\text{-}20)$$

NaBH$_4$ 与乙酰胺反应时，首先生成的是 H_2（过渡态能量为 31.3 kcal/mol，**TS-8**），而不是将乙酰胺的羰基被还原（过渡态能量为 38.8 kcal/mol，**TS-3**）。随后的系列反应的过渡态表明，生成腈是唯一的反应途径，具体详细分析在第 6 章讨论。这里我们比较 N-甲基乙酰胺与 N,N-二甲基乙酰胺的不同反应结果。

与乙酰胺反应类似，N-甲基乙酰胺与 NaBH$_4$ 反应首先也生成一分子 H_2。但在随后的还原反应过程中，过渡态结构将与 **TS-16** 类似，但由于其中的 H 被—Me 取代，因此，过渡态能量将比 **TS-16** 的 48.5 kcal/mol 还要高。因此，这一还原反应将会非常困难。如果选择高沸点溶剂（超过 200℃），该还原反应还是有可能的。但大多数情况下，所使用的溶剂沸点都比较低，因此，通常情况下二级酰胺的还原反应几乎不能进行。

在三级酰胺中，如 N,N-二甲基乙酰胺，由于 N 原子上没有活泼质子，因此，氢负离子将直接进攻羰基。N,N-二甲基甲酰胺在反应中的过渡态能量 36.3 kcal/mol（**TS-31**），N,N-二甲基乙酰胺的过渡态能量 42.4 kcal/mol（**TS-29**）。这两个反应在高沸点溶剂，如二乙二醇二甲醚（diglyme）中能基本上被还原。

表 4-5　甲、乙酰胺等与 NaBH₄ 反应过程中所有可能的过渡态结构以及相对能量

TS No.	过渡态结构	ΔE_a /(kcal/mol)	TS No.	过渡态结构	ΔE_a /(kcal/mol)
3	(结构式)	38.8	18	(结构式)	51.6
4	(结构式)	47.0	19	(结构式)	46.0 / 46.4ᵃ
5	(结构式)	46.0	20	(结构式)	42.4
6	(结构式)	30.5	21	(结构式)	58.7
7	(结构式)	40.7	22	(结构式)	91.8
8	(结构式)	31.3 / 34.3ᵃ	23	(结构式)	4.9
9	(结构式)	26.5 / 18.4ᵃ	24	(结构式)	59.8
10	(结构式)	37.4 / 44.6ᵃ	25	(结构式)	41.8 / 15.5ᵃ
11	(结构式)	63.8	26	(结构式)	33.8 / 21.2ᵃ
12	(结构式)	49.6	27	(结构式)	8.1
13	(结构式)	29.4	28	(结构式)	42.2
14	(结构式)	26.3	29	(结构式)	42.4
15	(结构式)	19.7	30	(结构式)	34.2
16	(结构式)	48.5	31	(结构式)	36.3
17	(结构式)	50.5			

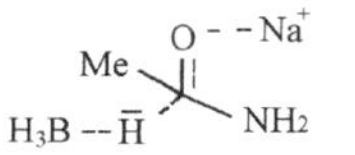

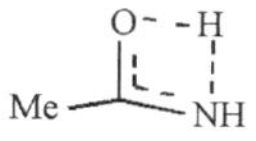

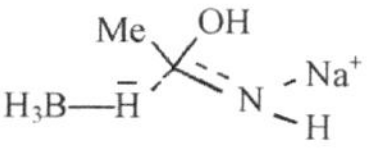

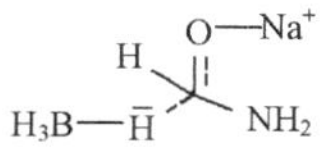

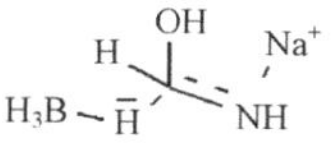

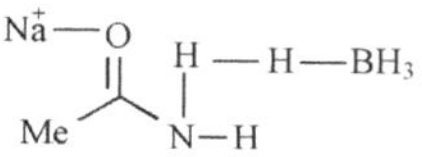

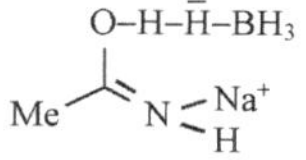

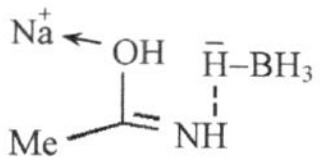

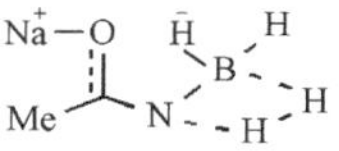

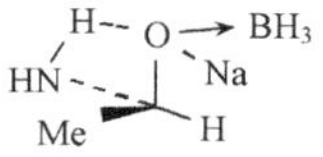

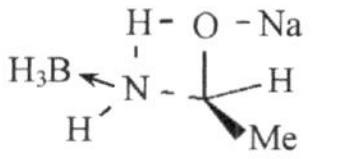

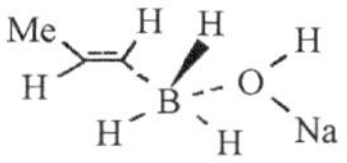

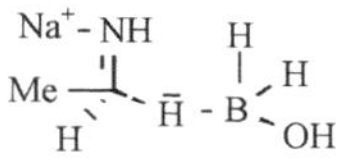

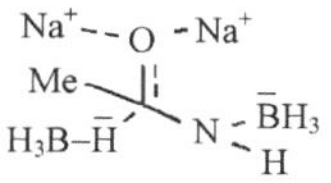

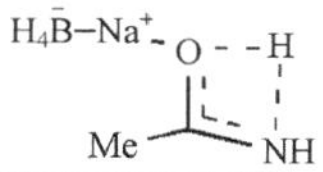

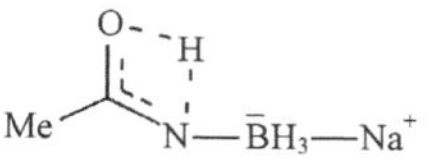

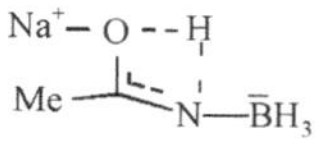

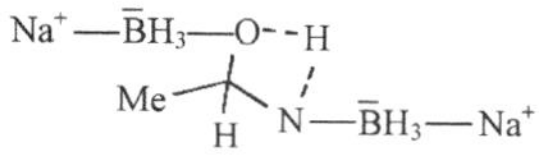

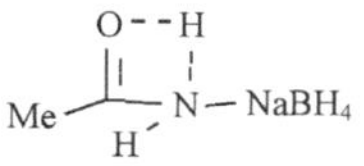

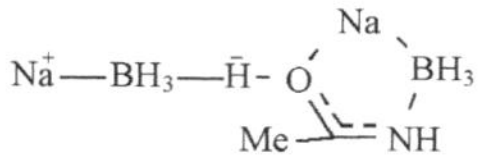

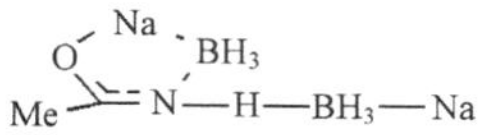

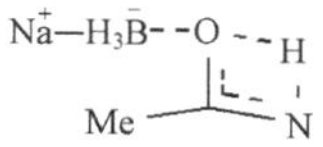

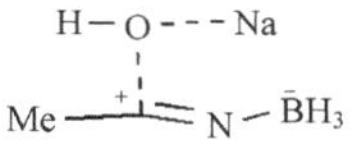

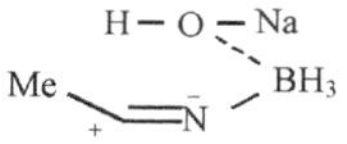

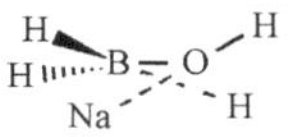

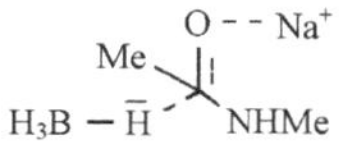

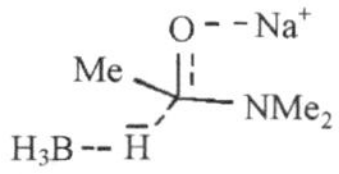

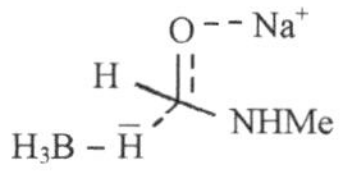

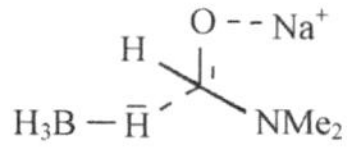

a. 在 THF 中用 PCM 模型在 HF/6-31G(d,p)基组上进行优化得到。

至此，利用量子计算化学手段，完整地解释了不同酰胺在 $NaBH_4$ 中的不同反应结果。虽然这个反应的事实在历史上的时间比较长，但是，从量子化学计算的角度来理解这些事实，更能赋予化学这门古老的实验学科以新的血液。

由于酰胺在温和条件下的还原比较困难，因此，研究人员寻找不同的试剂来实现这个目的。如 $NaBH_4$-TFA 体系可有效地还原酰胺或内酰胺得到相应的胺[38]，比较有意思的应用就是合成 Delphinium 和 Aconitum 生物碱的侧链，$NaBH_4$ 在反应中使三氟乙酰基裂解脱去得到邻氨基苯甲酸酯衍生物[式(4-21)][39]。

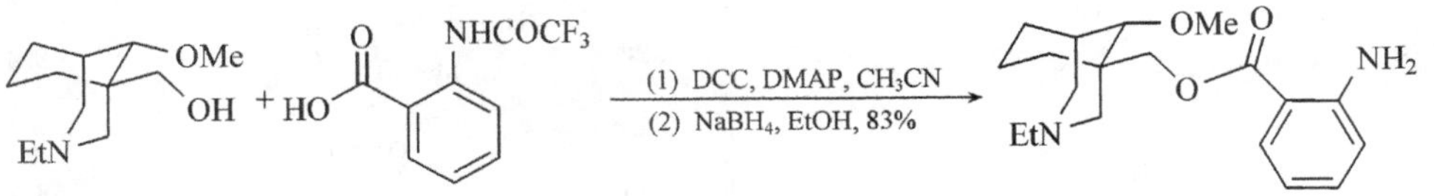

92　　93　　94

(4-21)

用 Ph_2SiH_2 和催化量的 $RhH(CO)(PPh_3)_3$ 可以选择性还原内酰胺，而对分子中的酯基不还原。利用这个方法得到了一类新型的氨基酸，其中选择性还原这一步的产率达到了 94%[40][式(4-22)]。应用该方法也得到了新的哌啶酸衍生物[41]。

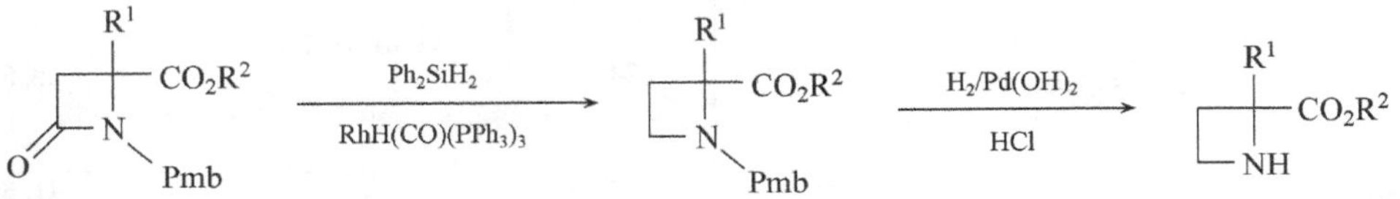

95　　96　　97

(4-22)

嘧啶的还原在合成 β-氨基酸中有很好的应用，$LiAlH_4$ 或 DIBAL-H 在还原嘧啶时，产率较低，仅为 40%左右[42]。利用 BH_3-THF 可以改善这类反应，使产物 **99** 的产率达到了 87%[式(4-23)][43]。

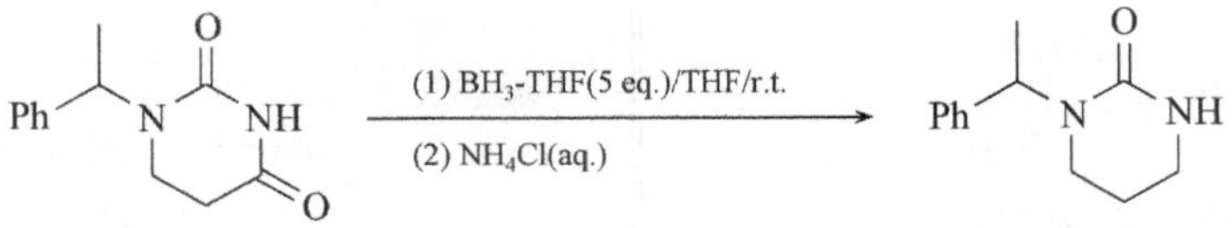

98　　**99**, 87%

(4-23)

采用 BH_3-THF 还原体系，可以在合成 3,4-亚甲基-L-脯氨酸衍生物(**101**)时，选择性地还原前体化合物 **100** 中的内酰胺(64%产率)[44][式(4-24)]。对 *N*-Boc 保护的内酰胺采用 $LiEt_3BH/Et_3SiH/Et_2O$-BF_3 体系时，内酰胺可以被选择性地还原[45]，分子中存在的其他易被还原的基团如酯、双键、氰基等不会受到影响[式(4-25)][46]。

100　　**101**, 64%

(4-24)

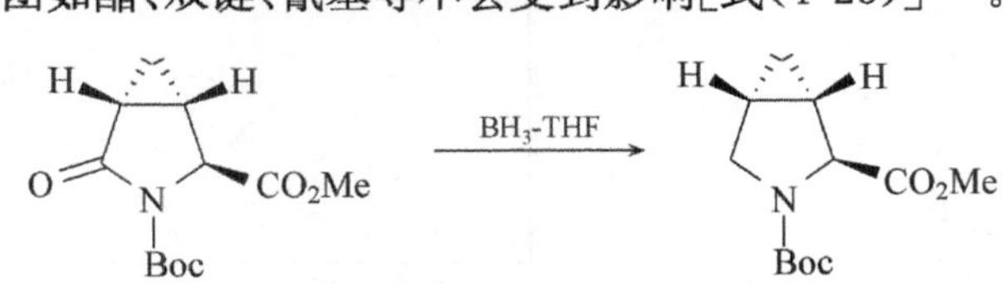

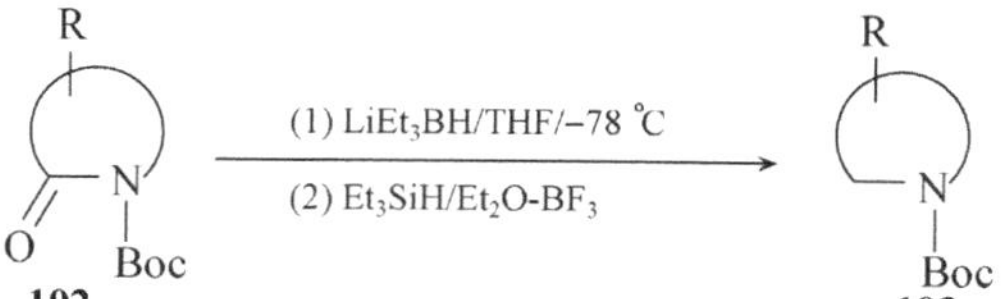

$$（4-25）$$

102

R=CH₂=CH → R=CH_2=CH

R=CN

R=CO₂R¹ → R=CO_2R^1

103

NaBH₄/I₂ 系统也可选择性地还原内酰胺，而对分子中的酯基并不还原，反应在无水 THF 中回流 2～3 h 便可完成[式(4-26)][47]。

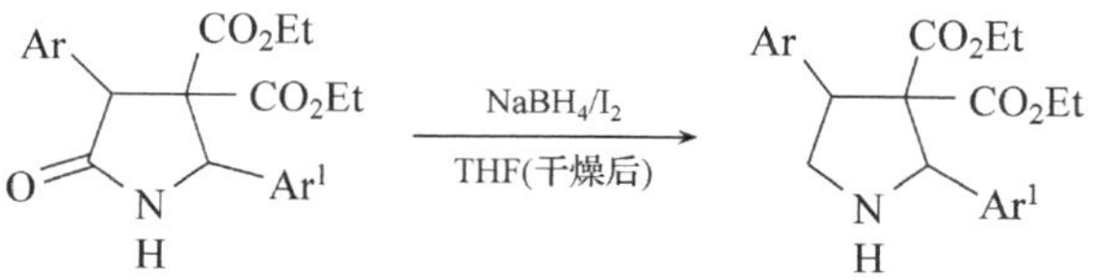

$$（4-26）$$

104　　**105**

吲哚可以用 NaBH₄ 在酸性条件下（TFA 或 AcOH）被还原成二氢吲哚，NaBH₄/AcOH 应用于 3-(2-四氢吡啶)-吲哚的还原时，只能得到二氢吲哚的衍生物[48]。但是对于 3-(4-四氢吡啶)-吲哚的衍生物的合成来说，NaBH₄/AcOH 并不还原吲哚环，而是选择性地还原了四氢吡啶环内的双键，同时，吲哚环的苯环上取代基如卤素、硝基也不会被还原[式(4-27)][49]。

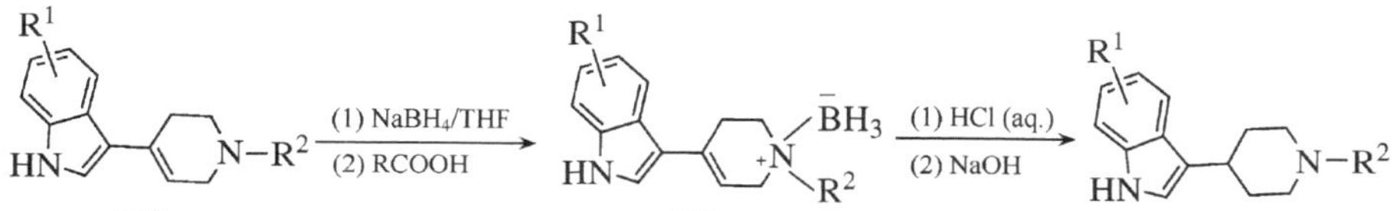

106　　**107**　　**108**

$$（4-27）$$

4.1.4　叠氮以及过氧化合物的化学选择性还原反应

对叠氮化合物的还原也是获得具有生物活性的含氮分子的一个重要途径[50]。现在有大量有效的方法对叠氮化合物的合成进行区域选择性和不对称控制[51]。对叠氮化合物的选择性还原研究主要集中在硼烷这一类还原试剂上，因为 LiAlH₄ 虽然能还原叠氮基团，但化学选择性很差[52]。50 多年前就发现 BH₃-THF 可有效地还原叠氮[53]，但它的选择性不强，有研究人员对 BHCl₂-SMe₂、BH₃-SMe₂ 和 BF₃-OEt₂ 的还原进行了系统研究[54]，报道了 BHCl₂-SMe₂ 的化学选择性还原能力，该含硼化合物在分子中有酮、酯或硝基存在时，可以仅选择性地还原叠氮基团（图 4-5）。

Fe/NiCl₂·6H₂O-THF 可对芳基叠氮基团选择性还原，并得到 80%～90% 的产率（表 4-6）[55]。

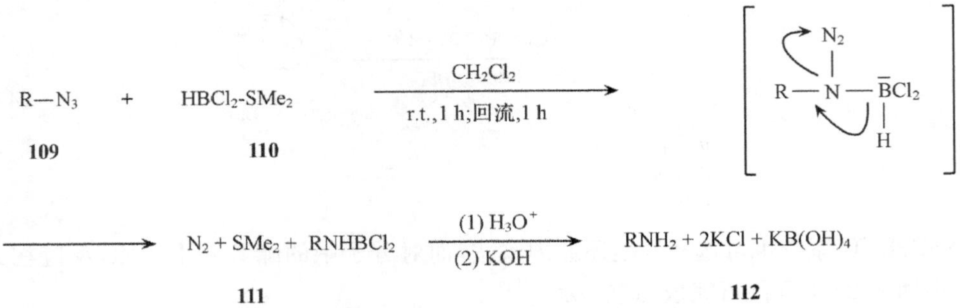

$$R\text{—}N_3 \quad + \quad HBCl_2\text{-}SMe_2 \quad \xrightarrow[\text{r.t.,1 h;回流,1 h}]{CH_2Cl_2} \quad \left[\begin{array}{c} N_2 \\ | \\ R\text{—}N\text{—}\overset{-}{B}Cl_2 \\ | \quad | \\ \quad H \end{array}\right]$$

109 **110**

$$\xrightarrow{} N_2 + SMe_2 + RNHBCl_2 \xrightarrow[(2)\ KOH]{(1)\ H_3O^+} RNH_2 + 2KCl + KB(OH)_4$$

111 **112**

图 4-5　$BHCl_2\text{-}SMe_2$ 的化学选择性

表 4-6　$Fe/NiCl_2\text{-}6H_2O\text{-}THF$ 选择性还原叠氮

序号	底物	产物	时间/min	产率/%
1	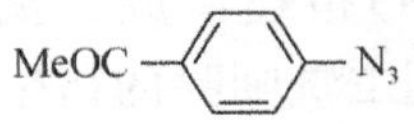 MeOC—⬡—N$_3$	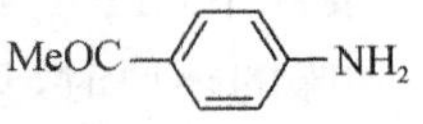 MeOC—⬡—NH$_2$	50	80
2	 Cl—⬡—N$_3$	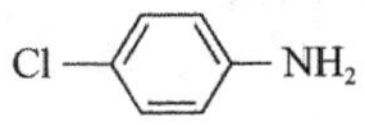 Cl—⬡—NH$_2$	50	85
3	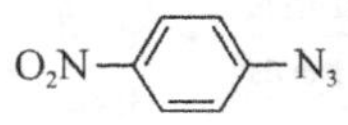 O$_2$N—⬡—N$_3$	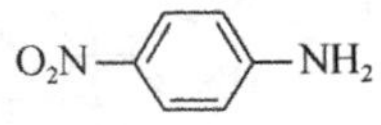 O$_2$N—⬡—NH$_2$	30	85
4	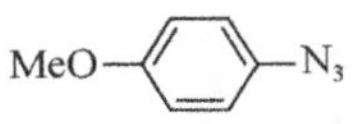 MeO—⬡—N$_3$	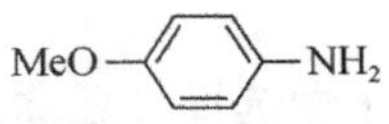 MeO—⬡—NH$_2$	30	90
5	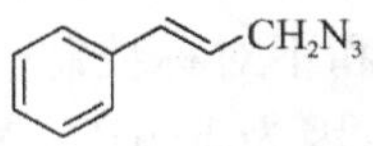 ⬡—CH=CH—CH$_2$N$_3$	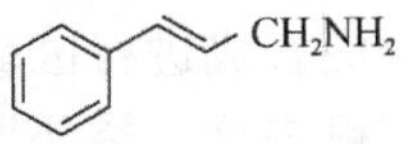 ⬡—CH=CH—CH$_2$NH$_2$	50	78

　　催化转移加氢也可应用于叠氮化合物的还原,芳基叠氮化合物在 Pd/C 和 $HCOONH_4$ 的乙腈溶液中回流,可以温和地还原为相应的 N-甲酰化合物,反应条件非常容易实现,而且产率很高(表 4-7)[56]。

表 4-7　芳基叠氮化合物的 N-甲酰化还原

序号	底物	产物	时间/h	产率/%
1	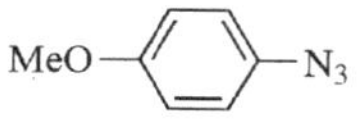 MeO—⬡—N₃	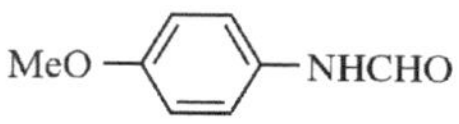 MeO—⬡—NHCHO	7.5	87
2	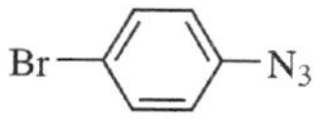 Br—⬡—N₃	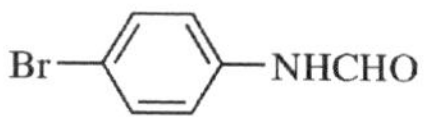 Br—⬡—NHCHO	12	85
3	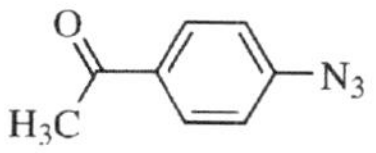 H₃C—CO—⬡—N₃	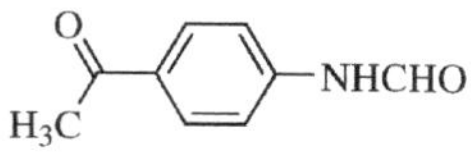 H₃C—CO—⬡—NHCHO	10	58
4	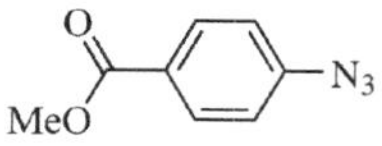 MeO—CO—⬡—N₃	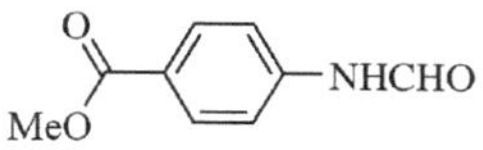 MeO—CO—⬡—NHCHO	10	95
5	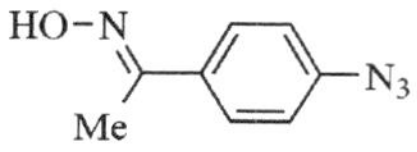 HO—N=C(Me)—⬡—N₃	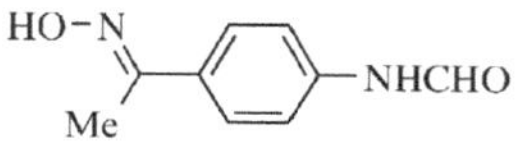 HO—N=C(Me)—⬡—NHCHO	14	89
6	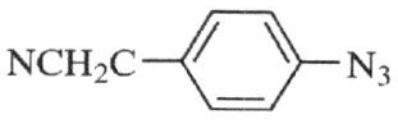 NCH₂C—⬡—N₃	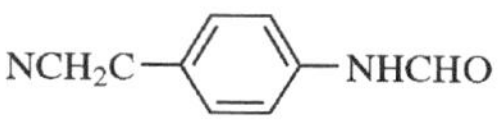 NCH₂C—⬡—NHCHO	15	90

对烷基过氧化合物的还原,传统上采用的试剂如 Me_2S 或 Ph_3P,$Zn/AcOH$ 也有报道[57]。但这类试剂在化学选择性还原使用上并不广泛。研究发现 Mg/MeOH 在还原过氧化合物或臭氧化合物上具有一定的化学选择性[58],见式(4-28)和式(4-29)。

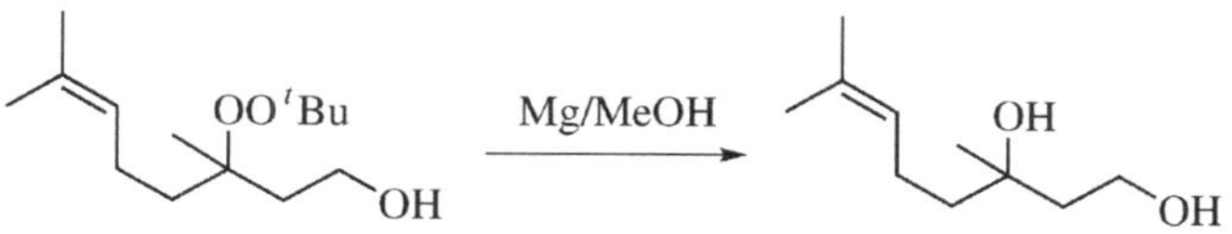

$$\text{113} \xrightarrow{\text{Mg/MeOH}} \text{114, 92\%} \tag{4-28}$$

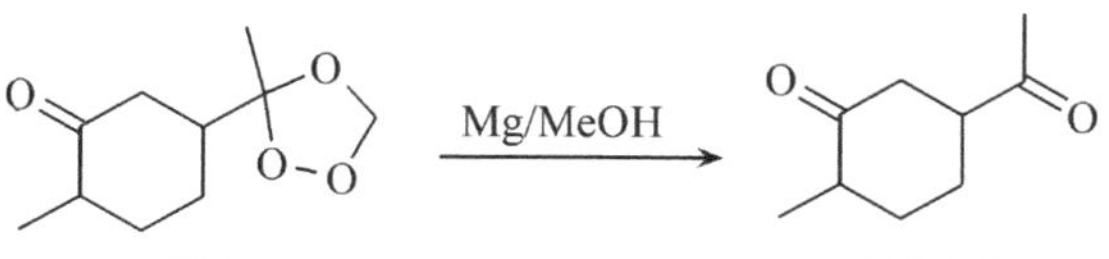

$$\text{115} \xrightarrow{\text{Mg/MeOH}} \text{116, 96\%} \tag{4-29}$$

4.1.5　碳-碳双键或三键的化学选择性还原反应

碳-碳双键或三键的还原,一般采用催化加氢的方法,对它们的化学选择性还原在有机合成上一直以来都比较困难。特别是当分子中存在对催化氢化敏感的基团,如苄基(图 4-6),要完成选择性地加氢,只有使用特别的催化剂,如使用 Pd/fibroin[59](表 4-8)。

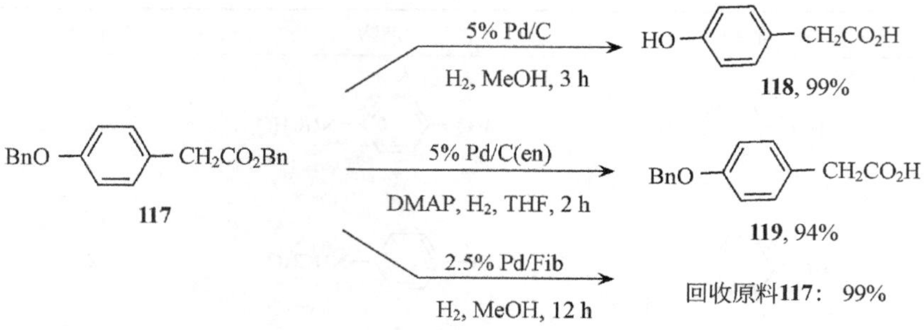

图 4-6　对催化氢化敏感的苄基在还原反应中脱去
en：乙烯基二乙胺（ethylenediamine）；Fib：丝蛋白（Fibroin）

表 4-8　Pd/fibroin 对碳-碳双键的化学选择性还原

序号	底物	产物	时间/h	产率/%
1	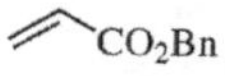	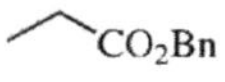	7	91
2	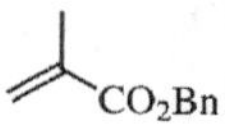	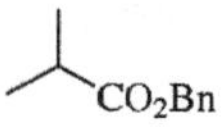	7	93
3	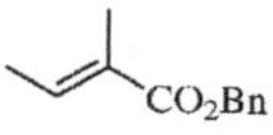	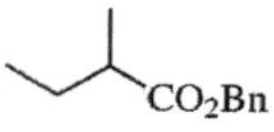	18	77
4	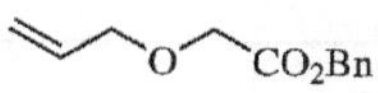	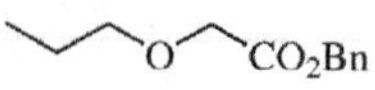	8	99
5	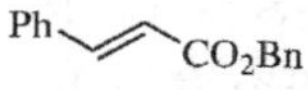	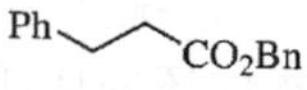	24	98
6	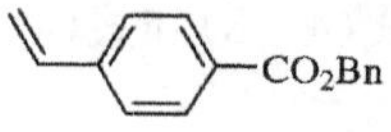	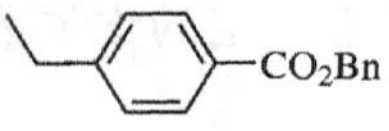	6	97
7	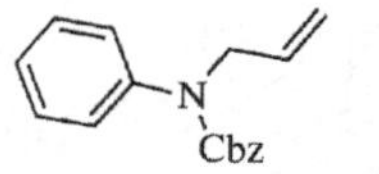	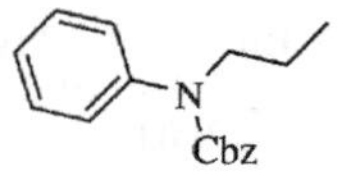	48	97
8	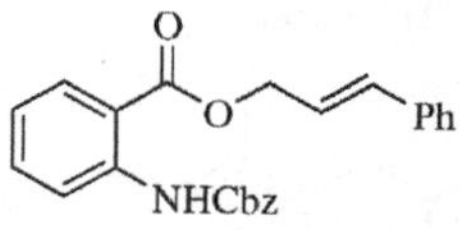	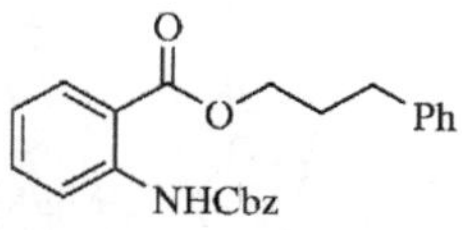	34	99
9	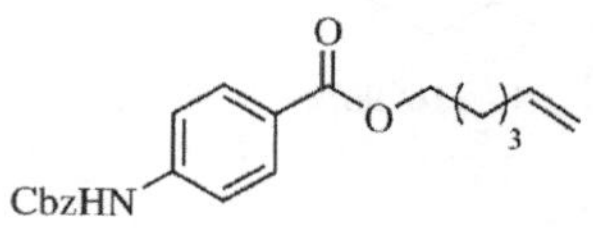	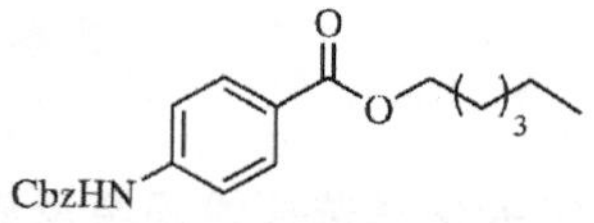	22	100
10	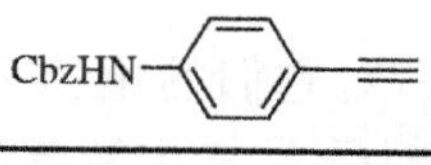	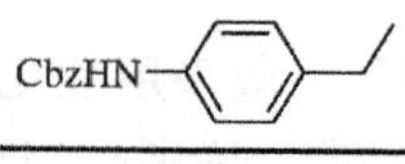	32	92

在 NabH$_4$/InCl$_3$ 还原反应的体系中,碳-碳双键可选择性被还原,而酯和羰基不受影响[式(4-30)][60]。该 NaBH$_4$/InCl$_3$ 体系还能高度选择性地还原 $\alpha,\beta,\gamma,\lambda$-碳-碳双键中的其中一个[式(4-31)][61]。

$$\text{120} \xrightarrow[\text{CH}_3\text{CN, r.t.}]{\text{NaBH}_4/\text{InCl}_3(\text{Cat.})} \text{121} \tag{4-30}$$

$$\text{122} \xrightarrow[\text{CH}_3\text{CN, r.t.}]{\text{NaBH}_4/\text{InCl}_3(\text{Cat.})} \text{123} \tag{4-31}$$

NaBH$_4$/BiCl$_3$ 对 α,β-不饱和酯[62]和 α,β-不饱和酰胺[63]的碳-碳双键还原选择性很高,反应体系中的其他碳-碳双键不受影响,且反应条件温和,操作简便,产率也高[式(4-32)]。

$$\text{124} \xrightarrow[\text{EtOH, r.t.}]{\text{NaBH}_4/\text{BiCl}_3} \text{125} \tag{4-32}$$

SiCl$_4$ 和 NaI 反应可以得到 ITCS 试剂,ITCS 与 α,β-不饱和酮在乙腈溶液中室温下反应 1 h,就能选择性地还原双键得到相应的羰基化合物[式(4-33)],反应过程中并没有副产物生成,ITCS 对内酰胺这类敏感基团也不会影响,反应 30 min 就完成。Co$_2$(CO)$_8$-H$_2$O 体系可选择性地还原 α,β-不饱和酮、醛中的碳-碳双键,可得到较高的产率[式(4-34)][65]。

$$\text{126} \xrightarrow[\text{r.t., 30 min}]{\text{ITCS, CH}_3\text{CN}} \text{127} \tag{4-33}$$

$$\text{128} \xrightarrow[\text{DME, 回流, 2 h}]{\substack{\text{Co}_2(\text{CO})_8(1 \text{ eq.}) \\ \text{H}_2\text{O}(20 \text{ eq.})}} \text{129, 82\%} \tag{4-34}$$

通过 NaBH$_4$/(C$_6$H$_5$Se)$_2$ 对 1,3-丁二炔型化合物的还原可制备乙烯基硒化合物,端基炔优先反应,产物为 Z 型,对称丁二炔型化合物即使(C$_6$H$_5$Se)$_2$ 过量,另一炔键也不会被还原[式(4-35)][66]。

$$\text{H}\!-\!\!\equiv\!\!-\!\!\equiv\!\!-\!\text{R} \xrightarrow[\text{EtOH, 回流}]{(\text{C}_6\text{H}_5\text{Se})_2, \text{NaBH}_4} \text{131} \tag{4-35}$$

利用[Cp*Ru(MeCN)$_3$]PF$_6$ 催化炔键的氢化硅烷化,然后再用 CuI 将其还原,最后高产率地得到了反式烯烃[式(4-36)]，该方法不与分子中同时存在的酯基、酮基和卤素等取代基等反应[67]。

132　　　　133

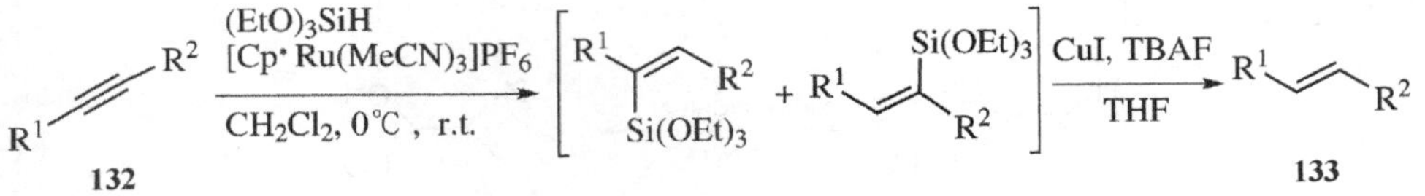

(4-36)

铑催化剂(**134**)可高选择性氢化碳-碳双键，其中的酮基不受其他试剂影响，例如，式(4-37)的反应中，产物产率高达 94%[68]。

135　　　　136, 94%

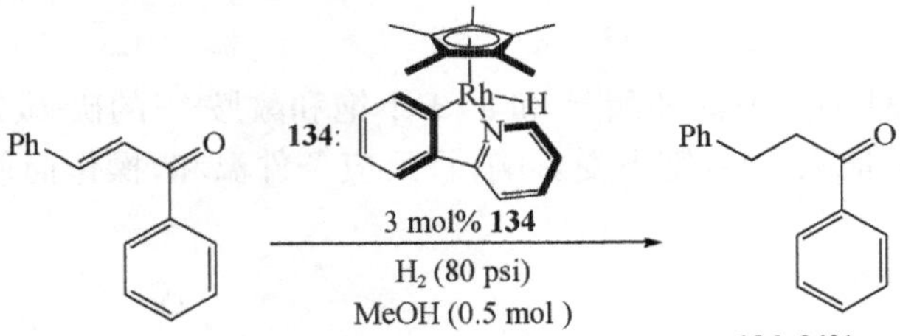

(4-37)

4.1.6 亚胺的化学选择性还原反应

对亚胺基(C═N)的还原研究比较多，还原也相对比较容易，但当分子中含有其他活泼基团如碳-碳双键，或分子由醛酮还原胺化时，常伴有较多的副反应。如果用$Zn(BH_4)_2$[式(4-38)][69]或 $NaBH_4/BiCl_3$[式(4-39)][70]则较好地解决了这一问题，得到的产率较高(80%～85%)。用 $NaBH_4/H_3BO_3$(1∶1)则高度选择性进行了醛酮还原胺化[71](表 4-9)，如果在胺化时添加 $Ti(O^iPr)_4$，再用 $NaBH_4$ 还原，也可达到化学选择性还原的目的，分子中的 *N*-Boc、乙缩醛、缩酮、双键等均不受影响[式(4-40)][72]。而可重复使用的镍纳米颗粒，可从相关的醛类物质出发，在氨的参与下，被催化还原胺化，得到伯胺。该可重复使用的镍纳米颗粒可能为后续的实用化研究奠定一定的基础[式(4-41)][73]。类似的反应也有不少报道[74]。

137　　　　138

(4-38)

139　　　　140, 80%~85%

(4-39)

141　　　　142

(4-40)

143　　　　144

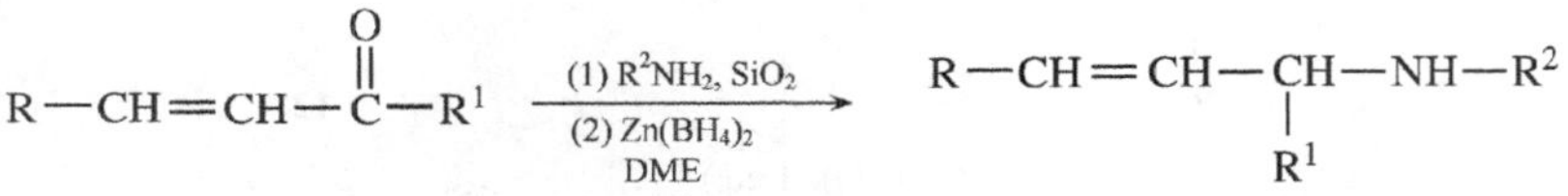

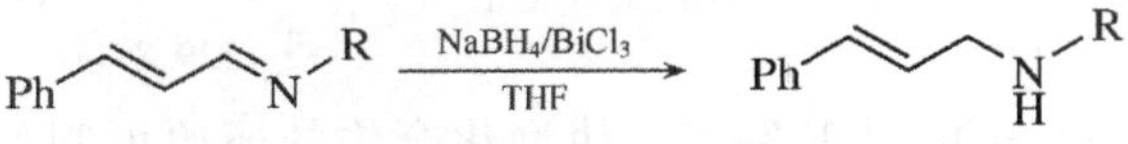

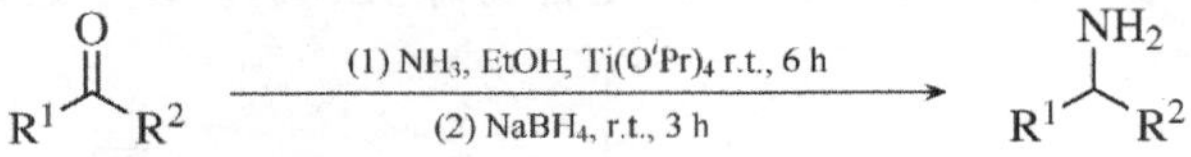

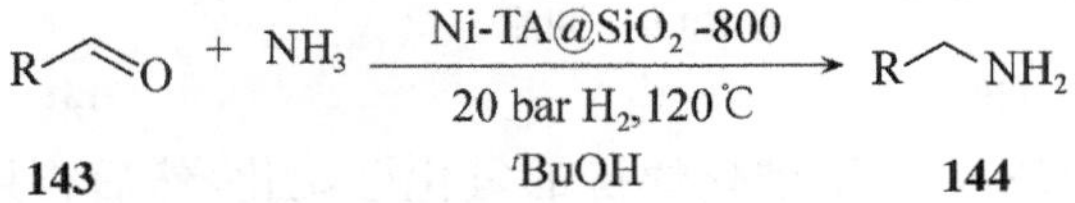

(4-41)

表 4-9　使用 $NaBH_4/H_3BO_3$（1∶1）对醛酮进行的还原胺化反应

序号	反应产物	时间/min	产率/%
1	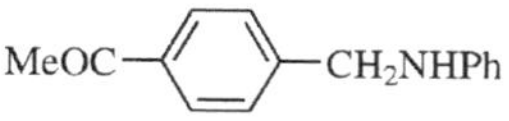 MeOC—⟨⟩—CH₂NHPh	50	81
2	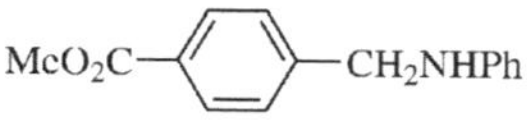 MeO₂C—⟨⟩—CH₂NHPh	30	82
3	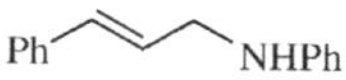 Ph—CH=CH—CH₂—NHPh	30	98
4	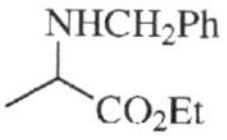 NHCH₂Ph / CO₂Et	15	79
5	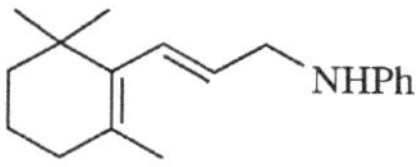 ⟨⟩—CH=CH—CH₂—NHPh	90	25
6	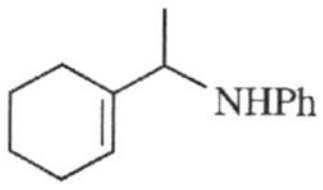 ⟨⟩—CH(CH₃)—NHPh	20	88

　　亚胺的氢化硅烷化是还原亚胺的改进方法，它不需要高压或高温条件，在实验室能很容易实现。反应中一般使用过渡金属如 Rh、Ru、Ti、Ir 等形成复合物等催化反应。在分子中存在如 F、Cl、酯基和硝基基团时，用 $PhSiH_3/MoO_2Cl_2$ 催化还原系统还原亚胺，得到了非常好的化学选择性还原结果（表 4-10）[75]。

表 4-10　使用 $PhSiH_3/MoO_2Cl_2$ 催化还原系统还原亚胺

序号	反应产物胺	时间/h	产率/%
1	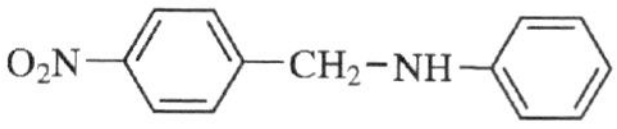 O₂N—⟨⟩—CH₂—NH—⟨⟩	2	97
2	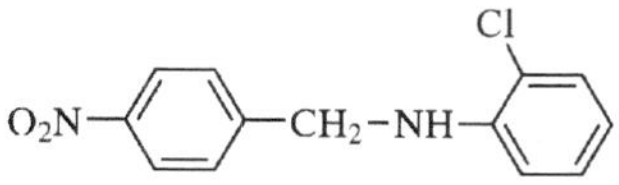 O₂N—⟨⟩—CH₂—NH—⟨⟩Cl	2	97
3	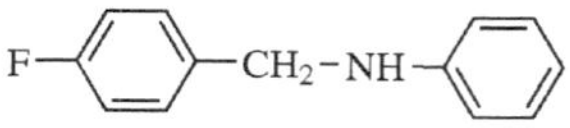 F—⟨⟩—CH₂—NH—⟨⟩	24	96
4	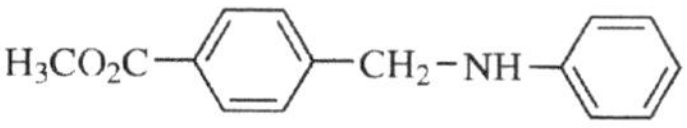 H₃CO₂C—⟨⟩—CH₂—NH—⟨⟩	24	78
5	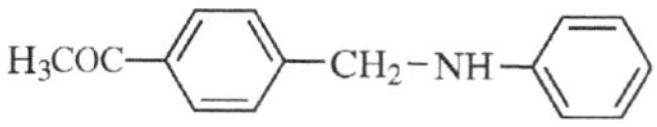 H₃COC—⟨⟩—CH₂—NH—⟨⟩	24	50
6	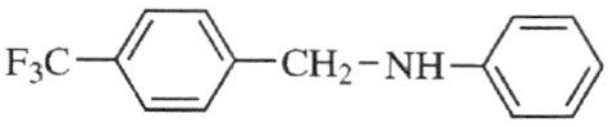 F₃C—⟨⟩—CH₂—NH—⟨⟩	24	86

4.1.7　硝基芳烃化学选择性还原反应

芳氨基化合物由于具有很强的生物活性,在工业上也有很好的应用。利用芳硝基化合物还原成相应的芳氨基化合物在有机合成上是一类非常重要的转化反应。在卟啉/NaBH$_4$ 还原系统、金属卟啉/NaBH$_4$ 还原系统研究后,人们发现 PcFe(Ⅱ)/NaBH$_4$ 可选择性还原对硝基苯甲酸甲酯的硝基,并且体系添加了 2-溴乙醇后,产率得到了提高。在此过程中,如分子中有其他基团如氰基、酰胺基或醚键则不受影响[76]。表 4-11 列出了这些选择性反应的结果。

表 4-11　PcFe(Ⅱ)/NaBH$_4$/2-溴乙醇系统对芳硝基化合物的选择性还原

序号	底物	产物	时间/h	产率/%
1	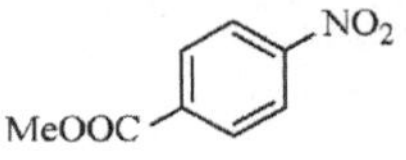	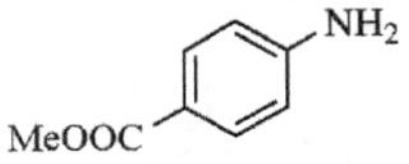	20	75
2	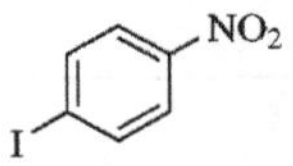	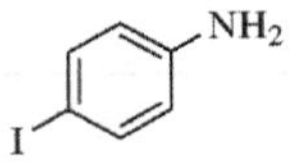	16	81
3	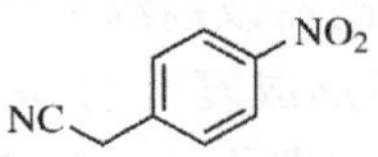	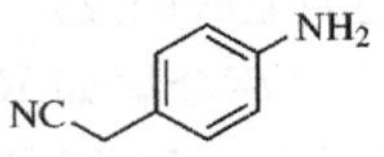	0.25	98
4	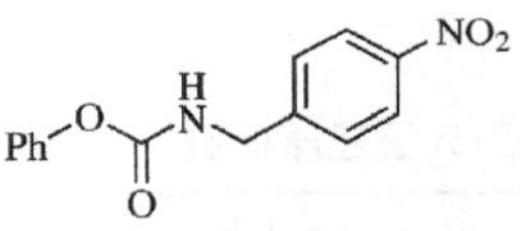	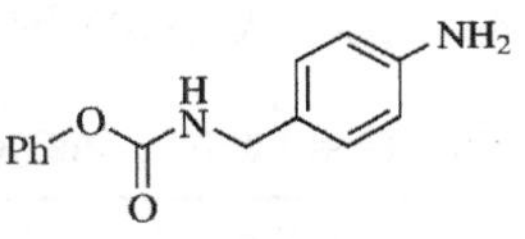	0.5	87
5	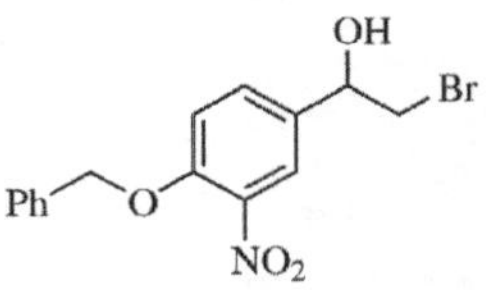	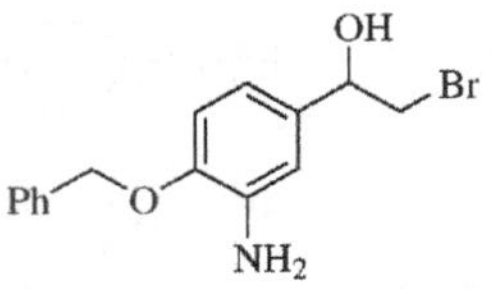	0.5	67

在 Rh/C 和 Ni(NO$_3$)$_2$-6H$_2$O 或 Fe(OAc)$_2$ 催化体系中,芳硝基化合物可以选择性还原成相应的氨基,分子中的其他官能团如卤素和醚键则不受影响(表 4-12)[77]。

表 4-12　芳硝基化合物在 FeSO$_4$-7H$_2$O/Fe EDTANa$_2$(1∶5)体系中的选择性还原反应

序号	底物	产物	时间/h	产率/%
1	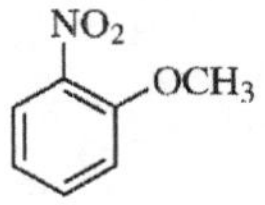	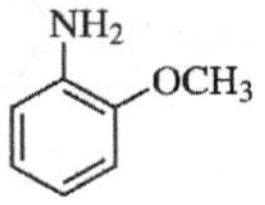	2	89.2
2	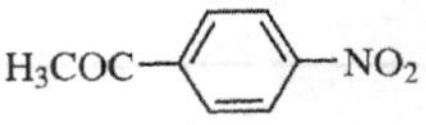	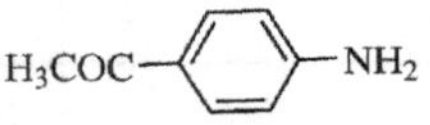	4	99.0

序号	底物	产物	时间/h	产率/%
3	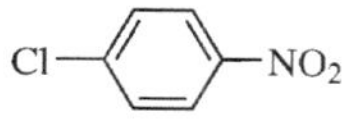 Cl—⟨⟩—NO₂	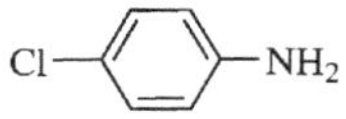 Cl—⟨⟩—NH₂	2	96.2
4	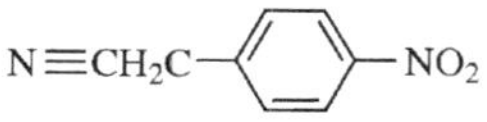 N≡CH₂C—⟨⟩—NO₂	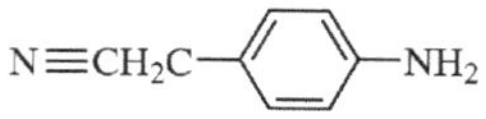 N≡CH₂C—⟨⟩—NH₂	8.5	90.1
5	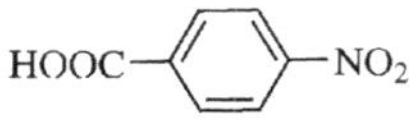 HOOC—⟨⟩—NO₂	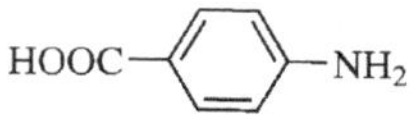 HOOC—⟨⟩—NH₂	2.1	85.8

在 Me_3N-BH_3 的甲醇溶液中,$Pd(OH)_2/C$ 催化的转移氢化反应对芳硝基表现出一定的化学选择性,可保留分子中的酯基和—F 取代基,产率大于 99%[式(4-42)][78]。利用酵母等[79]对硝基芳烃的还原进行研究,结果表明分子中硝基还原为羟氨基,而羰基和氰基不受影响(表 4-13)[80]。

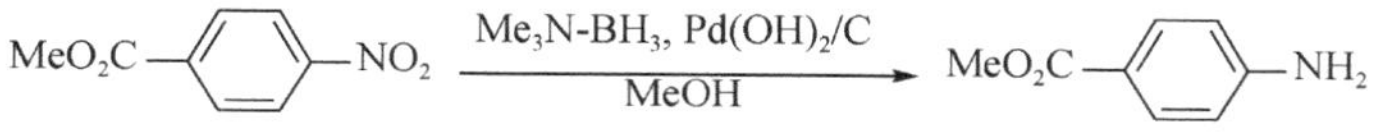

$$MeO_2C—⟨\ ⟩—NO_2 \xrightarrow[MeOH]{Me_3N-BH_3,\ Pd(OH)_2/C} MeO_2C—⟨\ ⟩—NH_2 \qquad (4\text{-}42)$$

145 　　　　　　　　　　　　　　　　　　　　　　**146**

表 4-13　利用面包酵母还原硝基芳烃

序号	底物	产物	时间/h	转化率/%	产率/%
1	 O₂N—⟨⟩—NO₂	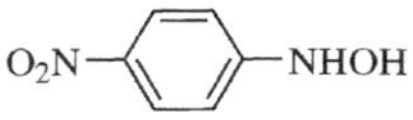 O₂N—⟨⟩—NHOH	0.5	100	95
2	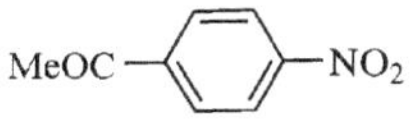 MeOC—⟨⟩—NO₂	 MeOC—⟨⟩—NHOH	2	87	75
3	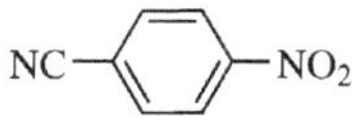 NC—⟨⟩—NO₂	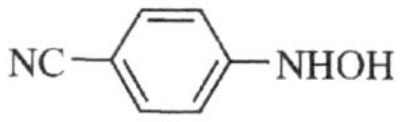 NC—⟨⟩—NHOH	6	88	77
4	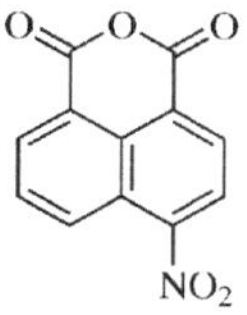 (萘二甲酸酐-NO₂)	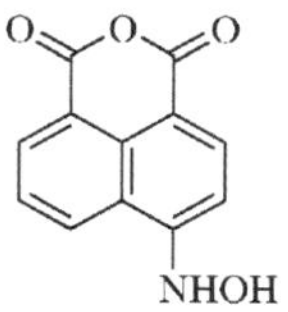 (萘二甲酸酐-NHOH)	3	91	90
5	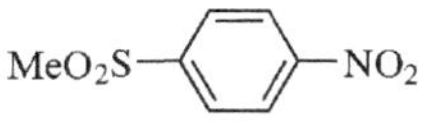 MeO₂S—⟨⟩—NO₂	 MeO₂S—⟨⟩—NHOH	2	90	71

芳硝基化合物用 Zn/NH_4Cl 在离子溶剂[bmim][PF₆]或 Zn/HCO_2NH_4 在离子溶剂[bmim][BF₄]中可以选择性还原成氨基,分子中的羰基和卤素不受影响,这类反应由于在离子溶剂中进行,对反应物的溶解性非常好,反应可在室温下进行,避免了单纯利用如 Zn 等金属试剂催化时,由于溶解性的问题需要的高温和反应的延时[81]。

应用稳定的转移加氢试剂 PSF(polymer-supported formate)，在 Pd 催化下选择性地还原芳硝基化合物，而且对分子中同时存在的酯基、醛基和卤素取代并不影响，产率达到了 66%～90%，该反应的缺点在于芳硝基化合物需要在 DMF 中加热至 100～120℃，反应 8～12 h 才可完成[82]。

氢碘酸早在 1947 年就被发现可以还原嘧啶中的硝基[83]，但一直以来并未受到重视，直到 2001 年对此进行了系统的研究[84]，用 57% 的氢碘酸在 90℃反应 2～4 h 很方便地还原芳硝基化合物的硝基为氨基，分子中的酯基、咪唑基、磺胺基和卤素不受影响。

芳硝基化合物的硝基在甲醇中利用十硼烷还原，在 10% Pd/C 和 2 滴乙酸催化条件下回流可高产率地被还原成相应的芳氨基化合物，对分子中同时存在的酯基、卤素取代并不影响，产率达到了 81%～97%[式(4-43)][85]。其他的一些硼试剂，如 HBpin 试剂或者方法也得到了很好的发展[86]。

$$R \overset{}{\underset{\textbf{147}}{\diamondsuit}} NO_2 \xrightarrow[\substack{2滴AcOH \\ MeOH, 回流}]{B_{10}H_{14}, Pd/C} R \overset{}{\underset{\textbf{148}}{\diamondsuit}} NH_2 \tag{4-43}$$

一些复合物，过渡金属单原子催化(transition metal single atom catalysts, SACs)，如 Co_1/NPC^* 位点对硝基芳烃的氢化具有较好的高活性和选择性[87]。在如下的反应中[式(4-44)]，分子中的 $\underset{}{\overset{}{C=C}}$，四个卤素基团(F、Cl、Br 和 I)、醛基、酮基、氰基、羧基等基团不受影响。三个例子列在下面。

$$R \overset{}{\underset{\textbf{149}}{\diamondsuit}} NO_2 \xrightarrow[\substack{110℃}]{\substack{Co_1/NPC \\ H_2(30\ bar)}} R \overset{}{\underset{\textbf{150}}{\diamondsuit}} NH_2 \tag{4-44}$$

151, >99%　　**152**, >99%　　**153**, >99%　　**154**, >99%　　**155**, >99%

这个可能的催化途径列在图 4-7 中。

4.1.8　其他基团的选择性还原反应

EPHP(1-ethylpiperidine hypophosphite)/AIBN 系统可以选择性地还原化合物中的碘取代基[88]，分子中的其他卤素和酯基不受影响[式(4-45)]。

---

* 制备 Co_1/NPC 方法(摘自该文献)：将 $Co(NO_3)_2 \cdot 6H_2O$(6.5 mg)、单宁酸(500 mg)和(2-氨基乙基)膦酸(AePA, 126 mg)在 100℃下溶解在 30 mL DI 水中(标记为溶液 A)。用超声波将 $g-C_3N_4$ 纳米片(1 g)充分分散在 100 mL DI 水中(标记为溶液 B)。然后，在 100℃的强烈搅拌下，将溶液 A 滴加到溶液 B 中，直到混合系统产生浆液。随后，将冷冻干燥后获得的粉末在 Ar 气氛下，在 900℃下热解 2 h。最后，所制备的材料在没有进一步处理的情况下直接使用，表示为 Co_1/NPC。Co_1/NC 的合成过程与 Co_1/NPC 的合成过程相同，只是没有添加 AePA。

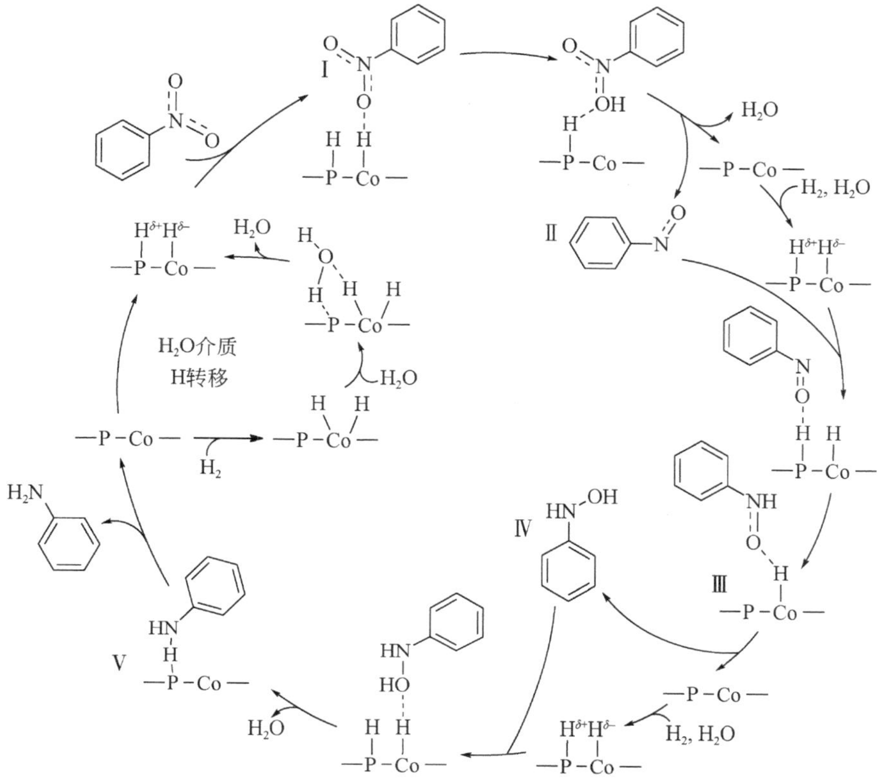

图 4-7　过渡金属单原子(Co_1/NPC)位点对硝基芳烃的氢化可能机理

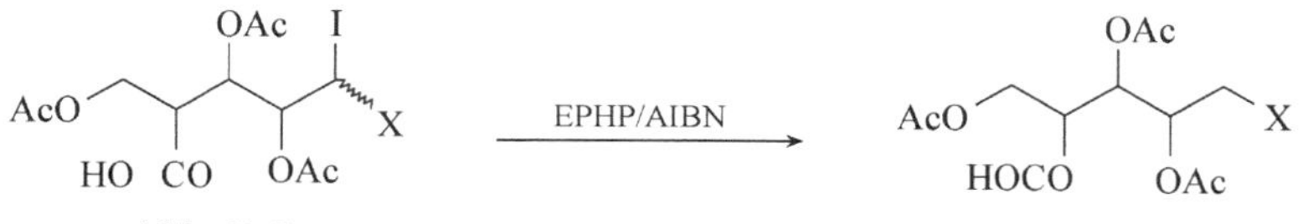

156a: X=F
156b: X=Cl
156c: X=Br

157

(4-45)

将亚砜或 *N*-氧化物还原成相应的硫化物或胺基化合物，在有机或生物化学反应上具有重要的应用。长期以来，众多研究人员研究了一些还原方法，但是许多方法在应用上受到限制，如有副反应、产率低、反应条件苛刻、没有化学选择性等[89]。其中，钼金属复合物在历史上吸引了较多的注意力，因为在一些具有去氧化作用的酶中研究发现了钼金属的存在。一系列的研究表明 Mo(Ⅵ)O_2 复合物可以催化亚砜或 *N*-氧化物的氧原子从 S 或 N 上发生转移反应[90]。高价的钼金属复合物 MoO_2Cl_2 被发现具有高效的催化还原活性[91]。$PhSiH_3$/MoO_2Cl_2 体系经过探索，已经完全可以完成对亚砜或 *N*-氧化物进行选择性还原，分子中的其他官能团，如双键、酯基、卤素等不会被还原。表 4-14 列出了这些反应的结果。

表 4-14　$PhSiH_3/MoO_2Cl_2$ 体系还原亚砜

序号	底物	产物	时间/h	产率/%
1	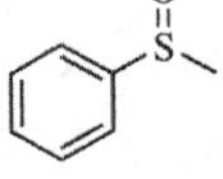	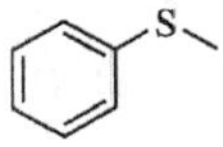	2	97
2	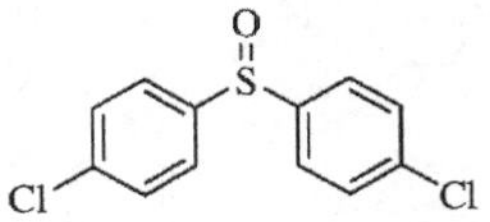	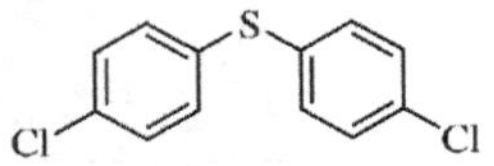	2	96
3	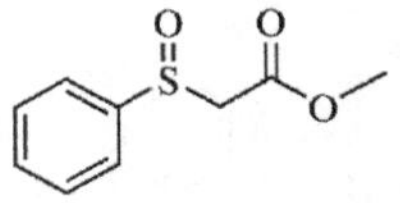	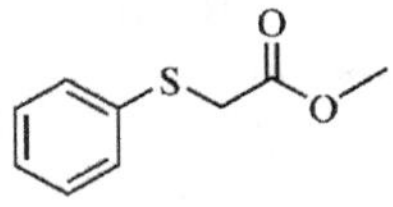	2.5	96
4	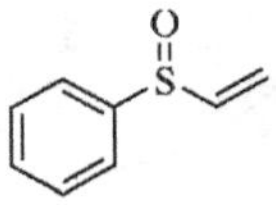	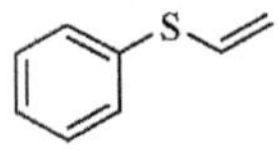	2	92

在合成 peripentadenia 生物碱的研究过程中，使用镍铝合金在碱性的乙醇中选择性还原了腈[92]，反应生成了不稳定的胺，产率可到 94%以上(图 4-8)。当使用其他的还原试剂，如 BH_3-SMe_2 或 $LiAlH_4$ 时，只能得到不易分离的混合物。

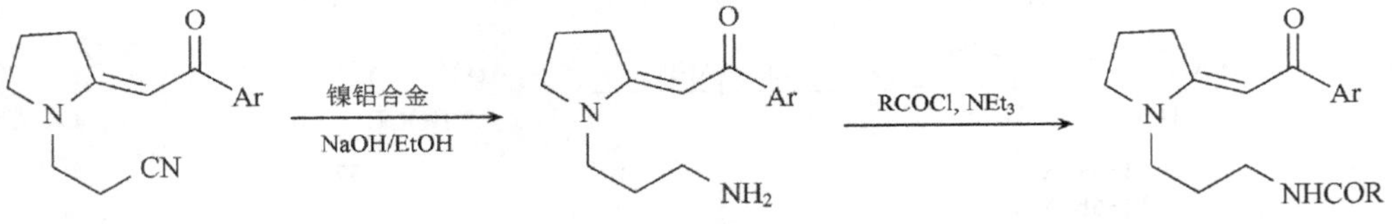

158　　**159**　　**160**

图 4-8　镍铝合金在碱性的乙醇中选择性还原腈

在研究取代的氢化锡化合物 $^nBu_2SnIH$ 的还原性时发现，即使分子中存在醛基，$^nBu_2SnIH$ 还是会选择性地还原分子中烯酮的双键(图 4-9)[93]。

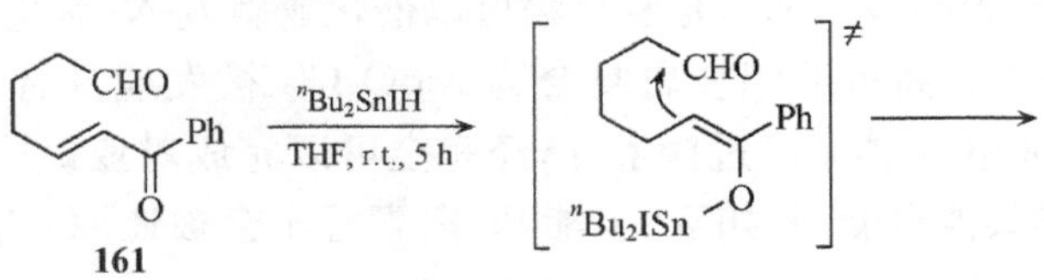

161

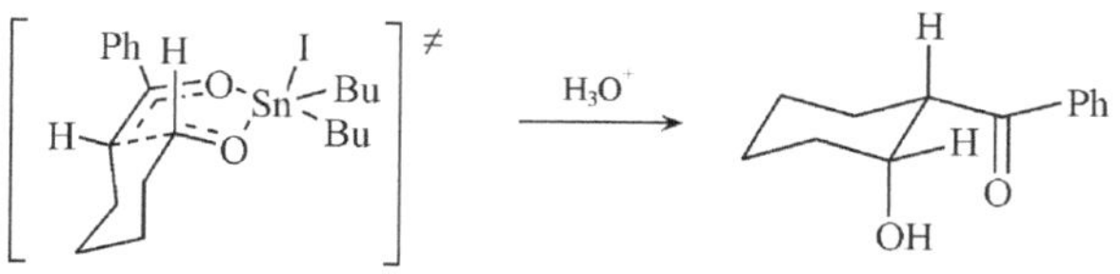

图 4-9　$^nBu_2SnIH$ 选择性地还原分子中的烯酮的双键并成环

4.2　化学选择性加成反应

化学选择性加成反应的研究没有化学选择性还原反应那么普遍,原因在于能用于加成反应的官能团有限,主要是醛、酮、酸(酐)、酯和双键等。由于醛的活性最好,在含醛等多功能基团的分子中选择性对醛的加成反应十分容易。酮的选择性加成反应也比较容易。比较困难的是选择性对酸(酐)、酯的选择性加成。

4.2.1　化学选择性羰基的加成反应

近年来,二烃基锌对酸酐的选择性加成研究已取得长足进展[94]。由于反应产物含两个很活泼的官能团且不影响手性中心,因此这一反应有较好的应用前景。在活化剂作用下,Ni 和 Rh 的多种二烃基锌、烃基锌盐和原位产生的烃基锌盐对多种含丁二酸酐结构单元化合物进行了选择性加成开环反应,详细情况见表 4-15[95]。结果证明该反应有很好的通用性,且产率较高。

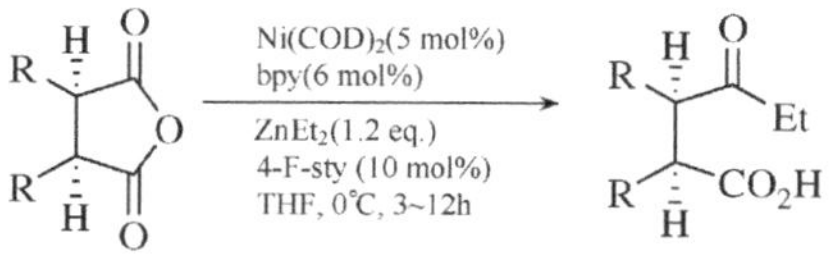

$$(4\text{-}46)$$

表 4-15　二乙基锌在 Ni 协同作用下对酸酐的加成反应

序号[a]	酸酐	产物	产率/%
1[b,c]	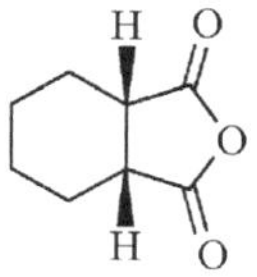	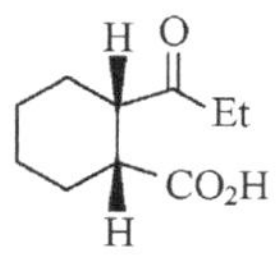	95
2	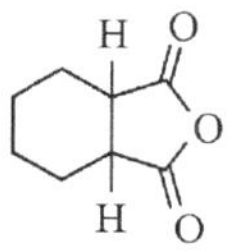 (反式)	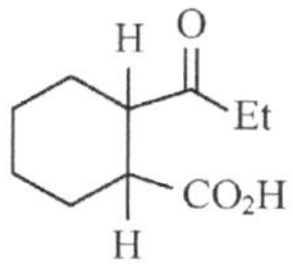 (反式)	87

序号[a]	酸酐	产物	产率/%
3[b,c]	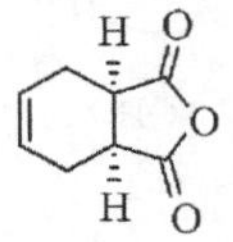	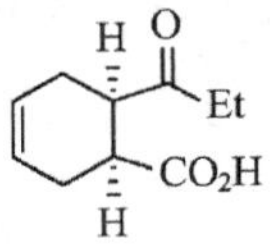	95
4	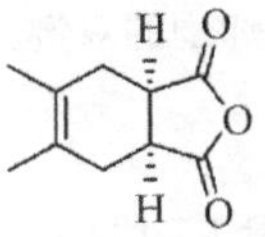	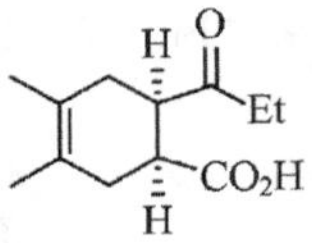	90
5[d]	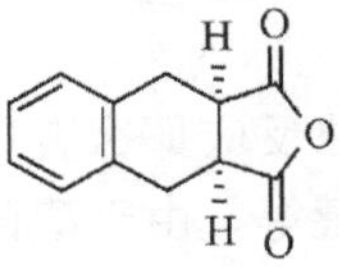	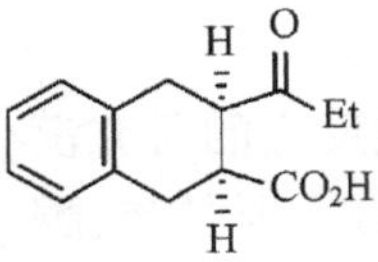	90
6[d]	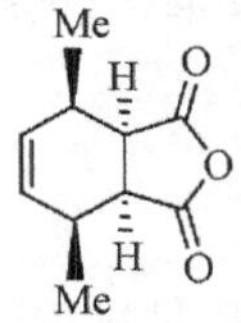	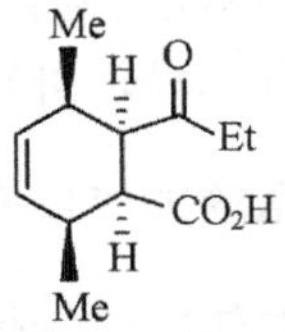	61
7[b,c,d]	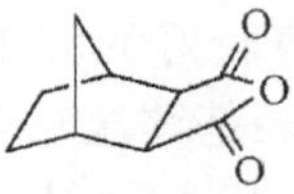	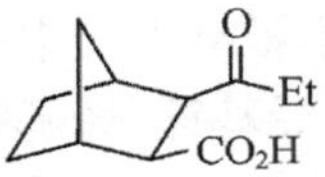	79
8[b,c]	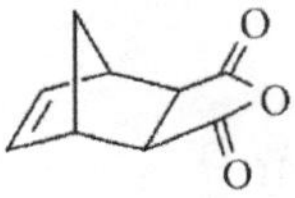	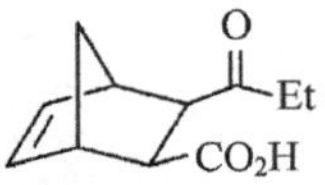	91
9[b,c]	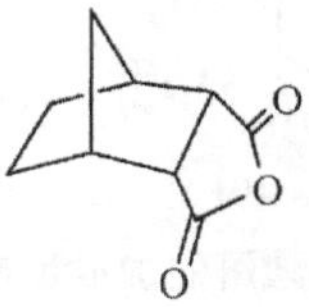	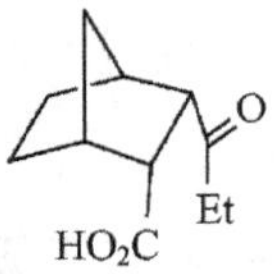	88
10[b,c]	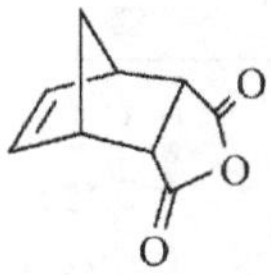	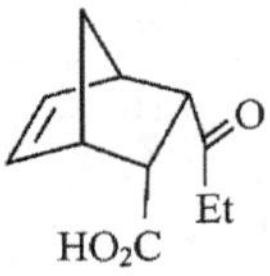	96
11	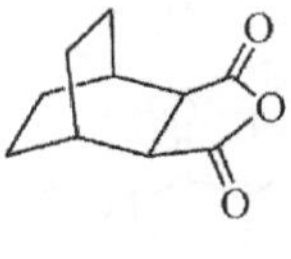	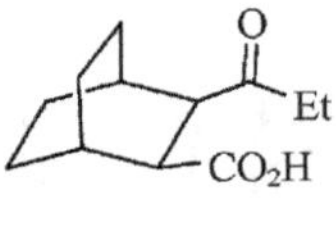	91
12	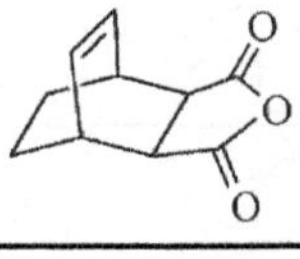	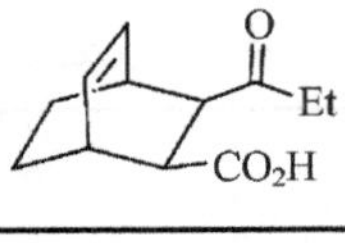	84

续表

序号[a]	酸酐	产物	产率/%
13[b,d]	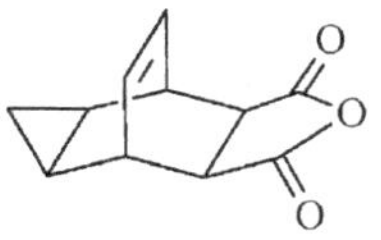	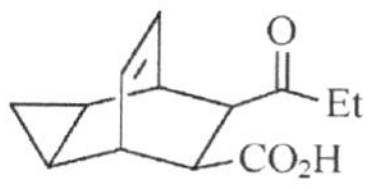	68
14[d]	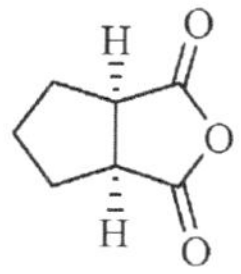	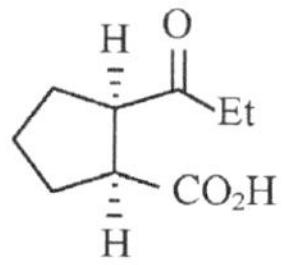	71
15[b,c]	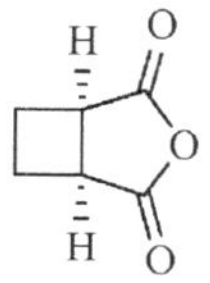	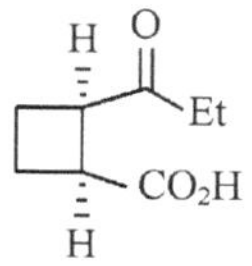	61
16[b,c]	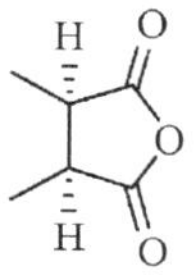	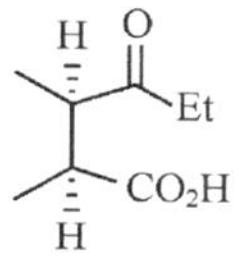	93
17	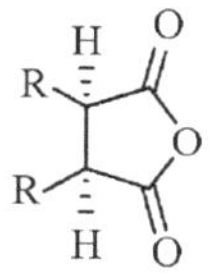 R=(CH_2)_3CO_2Et	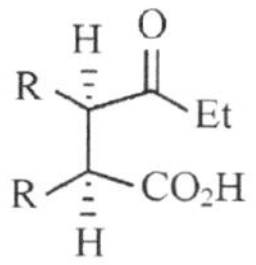 R=(CH_2)_3CO_2Et	75

a. 用 Ni(COD)_2(5 mol%)、bpy(6 mol%)、4-F-sty(10 mol%)和 ZnEt_2(1.2 eq.)于 0℃下反应。特殊注明者除外。

b. 用 Ni(COD)_2(10 mol%)、bpy(12 mol%)以及 4-F-sty(20 mol%)反应。

c. 4-CF_3-sty 用作促进剂。

d. 分离得到相应的甲酯。

在对戊二酸酐结构单元的酸酐的选择性加成研究中,同样发现这种选择性加成的规律。式(4-47)列出了主要的反应产物。

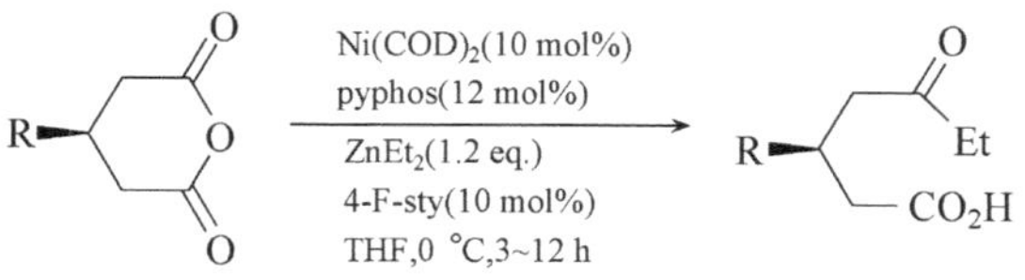

$$\text{(4-47)}$$

Ni(COD)_2(10 mol%)
pyphos(12 mol%)
ZnEt_2(1.2 eq.)
4-F-sty(10 mol%)
THF,0 ℃,3~12 h

165   **166**

对于不同的取代基,反应的产物均以一种产物为主。表 4-16 列出了这些反应结果。反应过程中,手性中心的构型没有变化。

表 4-16　二乙基锌在 Ni 协同作用下对戊二酸酐的加成反应

序号[a]	酸酐	产物	产率/%
1	R＝Me	R＝Me	81
2	R＝Ph	R＝Ph	77
3	R＝OBn	R＝OBn	52
4[b]	R＝NHTs	R＝NHTs	57
5	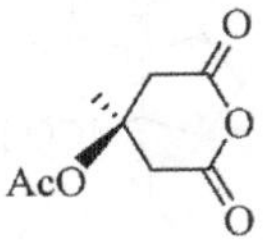	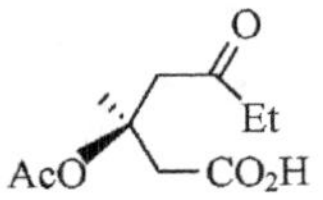	75
6	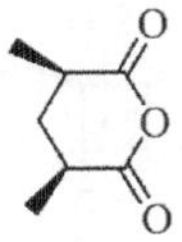	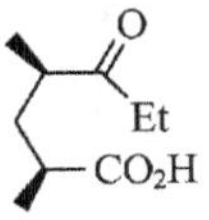	85
7[b]	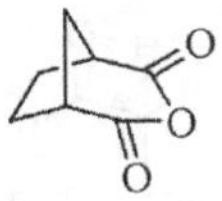	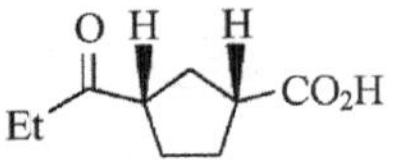	90
8[b]	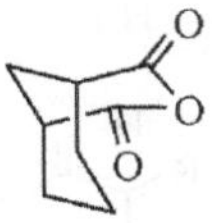	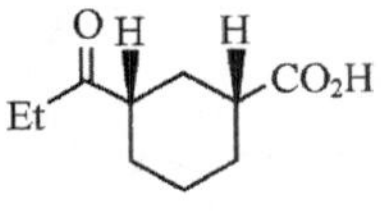	88
9	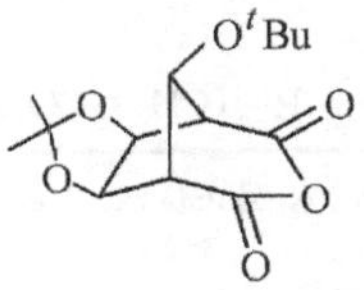	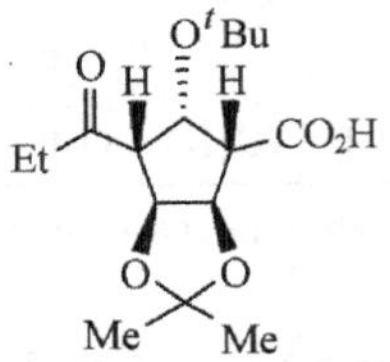	88

a. 反应中加有 Ni(COD)$_2$(10 mol%)、pyphos(12 mol%)和 ZnEt$_2$(1.2 eq.),于 0℃进行。特殊注明者除外。

b. 反应中加有 Ni(COD)$_2$(5 mol%)、pyphos(6 mol%)和 4-F-sty(10 mol%)。

　　在酮的选择性加成反应中,一个可供利用的例子是加成-环化反应同时进行。在这个例子里,氰基的 α-H 在碱性条件下进攻酮羰基,最后因生成的—OH 脱去一个水分子而得到环状分子[式(4-48)][96]。

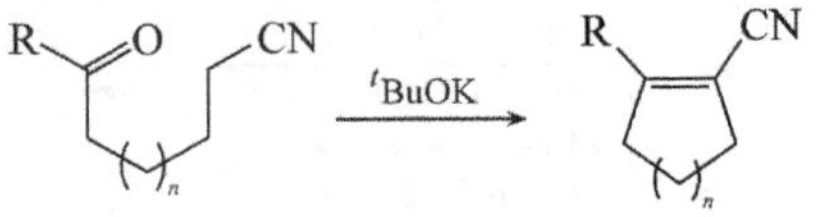

$$\text{167} \xrightarrow{^{t}\text{BuOK}} \text{168} \tag{4-48}$$

　　这是一个很好的合成 α,β-不饱和腈的方法。在一系列的底物反应中,产率可达 80%。表 4-17 列出了这些反应的结果。同时,由于氰基可以在一定条件下水解,因此,这些中间体可以方便地转化为相应的 α,β-不饱和酰胺或酯。

表 4-17　不同底物在碱性 'BuOK 条件下的加成反应结果

序号	底物	产物	产率/%
1	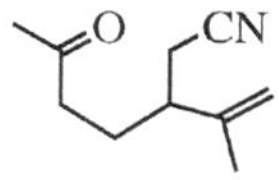	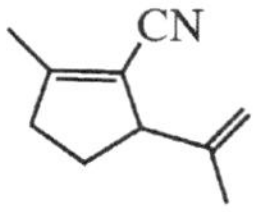	60
2	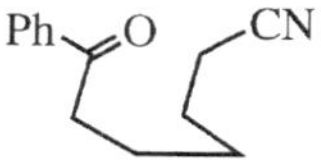	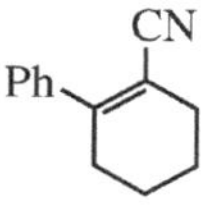	66
3	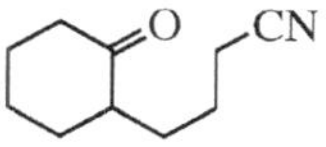	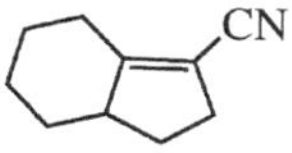	79
4	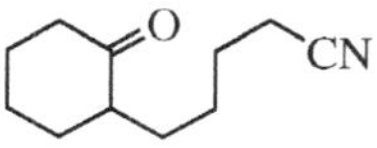	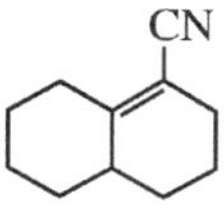	67
5	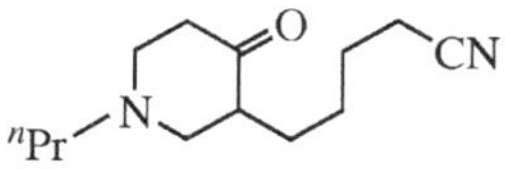	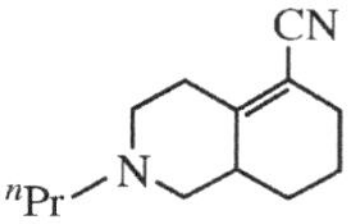	61
6	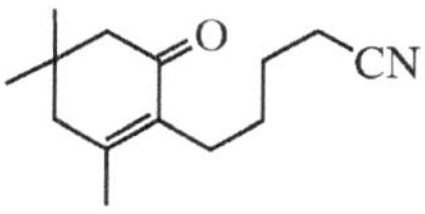	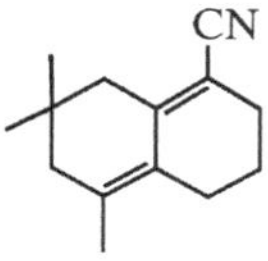	61
7	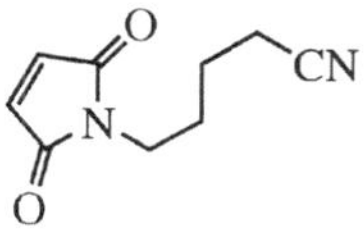	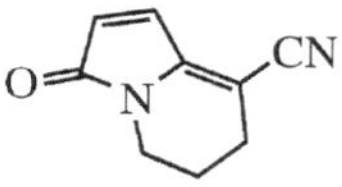	62
8	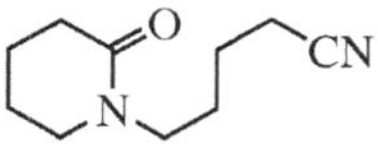	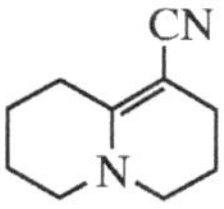	60

一个利用醛与一级胺的反应,在 Me$_2$Zn 或 Et$_3$B 的作用下,可以生成不同的反应产物(图 4-10)[97]。

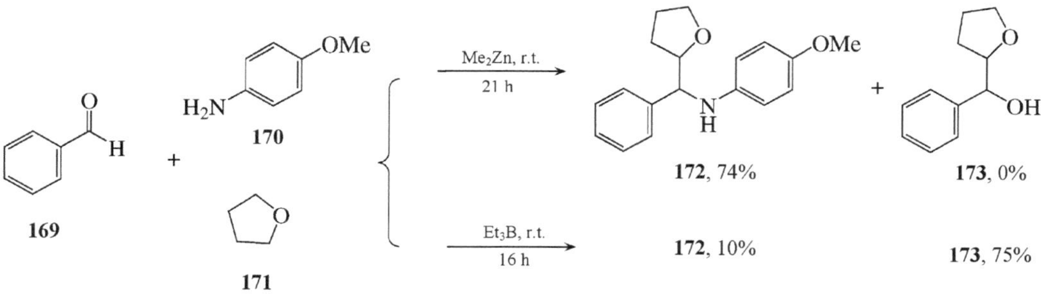

图 4-10　醛与一级胺在 Me$_2$Zn 或 Et$_3$B 的作用下的选择性反应

在一个亲核加成/Birch 还原反应的过程中，—CON—OMe 类化合物可以生成酮类化合物。这是一个十分有意义的选择性转化反应［式（4-49）］[98]。表 4-18 列出了不同 N-OMe 酰胺的反应结果。

$$
\begin{array}{c}
\underset{\textbf{174}}{\text{R}\overset{\text{OR}^2}{\underset{\text{R}^1}{\big|}}\overset{\text{O}}{\underset{n}{\big\|}}\text{N}\underset{\text{Me}}{\text{OMe}}} \quad
\xrightarrow[\substack{\text{(2) Li, NH}_3\text{(l)}\\ \text{THF/}^t\text{BuOH, }-78℃\text{, 5min}}]{\text{(1) }^n\text{BuLi, THF, }-78℃}
\quad \underset{\textbf{175}}{\text{R}\overset{\text{OH}}{\underset{\text{R}^1}{\big|}}\overset{\text{O}}{\underset{n}{\big\|}}\text{Bu}}
\end{array}
\qquad (4\text{-}49)
$$

表 4-18　不同—CON—OMe 酰胺类化合物的亲核加成/Birch 还原反应

序号	底物	产物	产率/%
1	OBn ～～～C(O)N(OMe)(Me)	OH ～～～C(O)Bu	72
2	OBn/CH—C(O)N(OMe)(Me)	OH/CH—C(O)Bu	59
3	OBn ～C(O)N(OMe)(Me)	OH ～C(O)Bu	58
4	OBn C(Me)₂～～C(O)N(OMe)(Me)	OH C(Me)₂～～C(O)Bu	16
		OH C(Me)₂～～ OH CH Bu	51
5[a]	OBn C(Me)₂～～～C(O)N(OMe)(Me)	OH C(Me)₂～～～C(O)Bu	92
6[b]	OPMB C₆H₁₃CH～～C(O)N(OMe)(Me)	OH C₆H₁₃CH～～C(O)Bu	74
7[c]	OTr ～～C(O)N(OMe)(Me)	OH ～～C(O)Bu	70

a. 脱苯基时没有使用 ^{t}BuOH。

b. PMB＝4-MeO—PhCH₂—。

c. Tr＝Ph₃C—。

4.2.2　其他化学选择性加成反应

在第 2 章中讨论的 1,2-和 1,4-对映选择性加成反应，二者实际上属于化学选择性反应。大家对此都习以为常，也没有深究。但是，在讨论化学选择性反应时，这一点还是需要加以明确。在 α,β-乙硝基烯的对映加成反应中，我们曾将其列入 1,4-对映选择性加成反应的范围，由于这些—NO_2 结构的性质决定了它们很难进行其他反应。这实际上都是由于其基团本身化学性质的差异而形成的选择性。我们在这里再讨论相关的研究。

在 4.2.1 节所讨论的选择性化学反应时，新生成的手性中心均没有选择性。在现代有机合成中，这是一个很值得深入研究的问题。通过加入手性催化剂，就有可能在这些新生成的手性中心中产生手性选择性。例如，在乙烯基砜的加成反应中，二乙基锌能选择性对 O═S═O 基团的 α,β-位的 C═C 双键进行加成而不影响 O═S═O 基团[式(4-50)]。

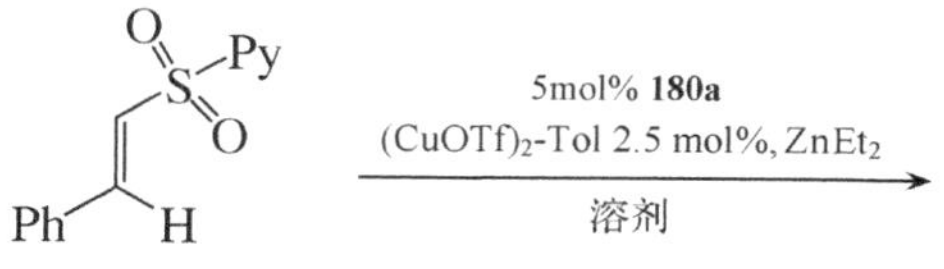

(4-50)

178　179　180a: R = Ph　180b: R = p-Tol　181

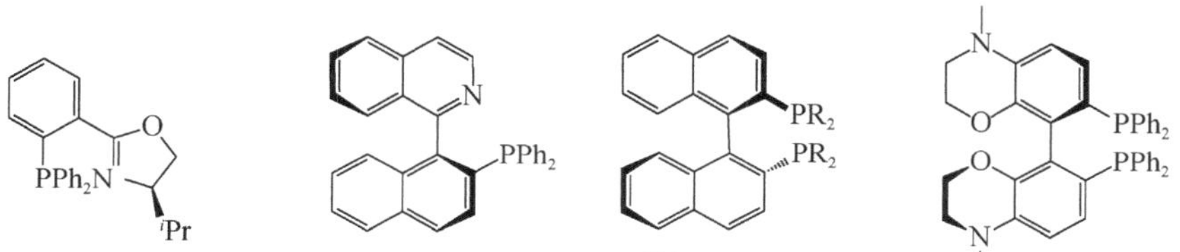

在手性催化剂 **178**～**181** 催化作用下，**176** 在加成反应中产生新的手性中心。其中 **180a** 能高选择性地催化乙烯基砜 **176** 的加成反应，反应产物的对映选择性可达 98%ee[99]。

在 β-羰基亚胺 **182** 与丙烯基硅烷(**183**)的反应中，反应产物以氧化加成产物 **184** 或 **185** 为主[式(4-51)]。表 4-19 列出了不同底物以及不同反应条件对反应结果的影响。

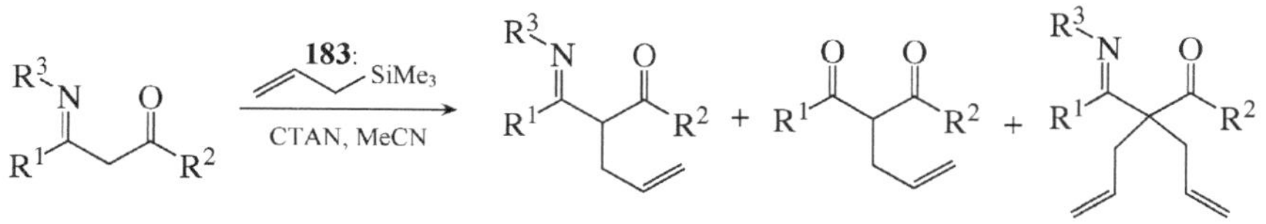

(4-51)

182　184　185　186

表 4-19　不同底物以及不同反应条件对氧化加成反应结果的影响

序号	底物(R^1,R^2,R^3)	方法	产物	产率/%
1	**182a**:R^1═R^2═Me,R^3═—CH_2Ph	A	**185a**	62
2	**182a**	B	**184a**,**185a**	52,15

续表

序号	底物(R^1,R^2,R^3)	方法	产物	产率/%
3	**182b**:R^1=R^2=Ph,R^3=—CH_2Ph	B	**184b**	73
4	**182c**:R^1=Me,R^2=—OMe,R^3=—CH_2Ph	A	**184c,185c**	10,56
5	**182c**	B	**184c,185c**	70,8
6	**182d**:R^1=Me,R^2=—OMe,R^3=—CH_2Ph	B	**184d,185d**	71,5
7	**182e**:R^1=Me,R^2=—OMe,R^3=—CH(Ph)(CO_2Me)	B	**185e**	44
8	**182e**:R^1=Me,R^2=—OMe,R^3=—CH(Ph)(CO_2Me)	C	**184e,186e**	56,12
9	**182f**:R^1=Me,R^2=—OEt,R^3=—CH_2Ph	B	**184f,185f**	65,7
10	**182g**:R^1=Me,R^2=—O^tBu,R^3=—CH_2Ph	B	**184g,185g**	54,10
11	**182h**:R^1+R^2=—$CH_2CH_2CH_2$—,R^3=—CH_2Ph	B	**184h,185h**	37,9
12	**182i**:R^1+R^2=—$CH_2CH_2CH_2$—,R^3=—*n*-Pr	C	**184i,185i,186i**	46,11,16

方法 A:2 eq. CTAN/CH_3CN,4 h,r. t. 。

方法 B:2 eq. CTAN/CH_3CN,4 h,Et_3N,r. t. 。

方法 C:4 eq. CTAN/CH_3CN,4 h,Et_3N,r. t. 。

在这些化学选择性反应中,其中关键的因素在于相互之间的竞争性反应的强弱。竞争能力强的,也就是意味着反应的过渡态能量低,将在反应中占据优势产物。例如,在三元环氧与胺的反应中,由于脂肪族胺的活性比芳香组胺的活性强,因此在反应中将占据优势[式(4-52)][100]。

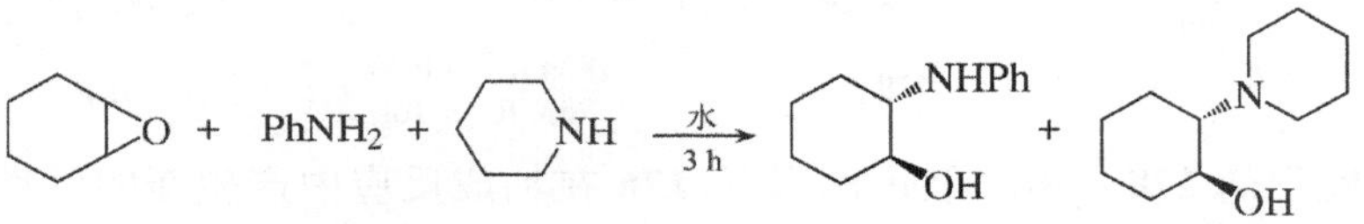

187 **188** **189** **190**, 0% **191**, 100% (4-52)

在上述反应中,反应产物以反式产物为主。在不对称环氧 **192** 与胺的反应中,将会由于空间位阻的差异,生成的加成产物也有一定的数量上的差异。不对称环氧上的不对称因素越大,产物数量的差异也大。如环氧丙烷与胺的反应,主要产物是 **194**。而在苯基环氧乙烷的反应中,反应的主要产物又将随胺结构的不同而分别生成不同的主要产物。为方便比较,我们用图 4-11,而不是用表列出了部分反应结果。

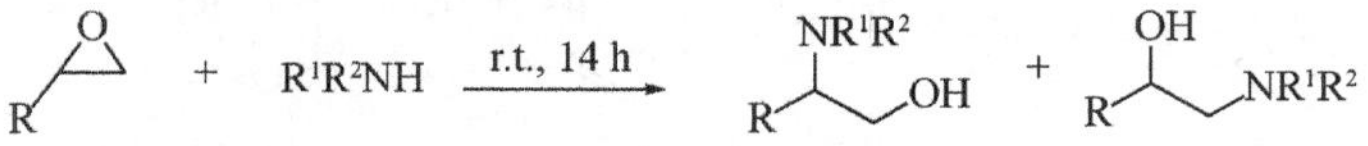

192 **193** **194**

192a: R = Me　**189**　**193a**: 0%　**194a**: 96%

192b: R = Et　**189**　**193b**: 0%　**194b**: 97%

192c: R= –CH_2OPh　**189**　**193c**: 0%　**194c**: 97%

192d: R = Me　^{t}BuNH_2　**193d**: 0 %　**194d**: 89%

192e: R = Ph　**189**　**193e**: **194e**= 96∶4 97%

192f, R = Ph　^{t}BuNH_2　**193f**: **194f**= 8∶92 92%

图 4-11　不同结构的环氧与不同胺的选择性加成反应结果

在对醛的加成反应中,一个特别的例子是利用酰氯与醛的加成反应。它生成一个手性中心。该反应是酰氯 **195** 通过交换反应生成含硫化合物 **196**,该中间体与另外一个分子 PhSLi 反应生成另外一个中间体 **197**,在与醛的反应中,如苯甲醛 **198** 反应,生成加成产物 **199**,产率可达 88％(图 4-12)[101]。

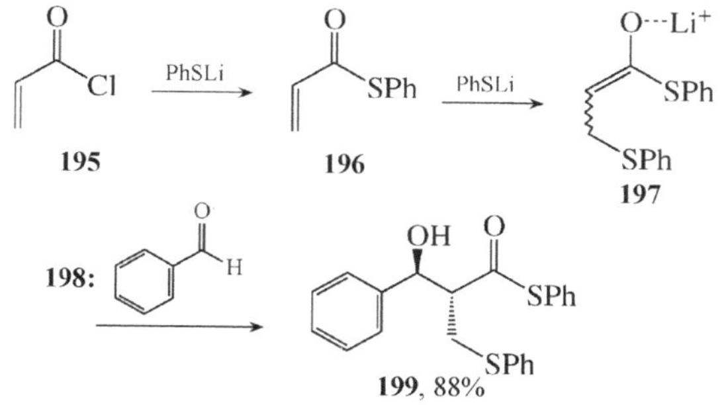

反式 : 顺式 = 13 : 1

图 4-12　酰氯与醛在苯硫锂作用下的选择性加成反应

4.3　化学选择性氧化反应

4.3.1　醇的氧化反应

目前在这方面的研究中,主要是选择性地将醇氧化成为醛或酮。早期研究中使用如 Cr_2O_3、SeO_2 以及 MnO_2 等无机试剂可以比较方便地达到目的。但由于这些反应是两相反应,依然有较大的局限性。因此,使用这些试剂的有机复合物是一个十分有益的尝试。另外,使用有机试剂的反应有 Swern 氧化反应[102],但是其化学选择性并不太好,且副产物为硫醚,反应的后处理比较麻烦。另一个是 Dess-Martin 反应[103],其应用比较广泛。另外,使用便宜的氧化试剂,如 H_2O_2、^tBuOOH(TBHP)等仍然不失为一个有价值的尝试。

有人在利用 Cr(Ⅲ)与有机分子(如 Salen)进行配位得到复合物,在催化氧化不同醇的反应中,得到了高产率的酮,所用的氧化剂为 $PhI(OAc)_2$[104]。反应在二氯甲烷中于 20℃进行,氧化剂的量为底物的 1.15 倍左右,而用于催化的 Cr(Ⅲ)复合物仅需底物的 1/10。表 4-20 列出了不同底物的反应结果。

表 4-20　不同结构的二级醇在 $PhI(OAc)_2$ 氧化下的反应结果

序号	底物	产物	时间/h	转化率/%	产率/%
1	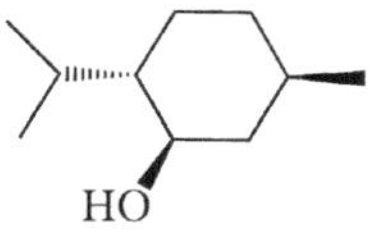	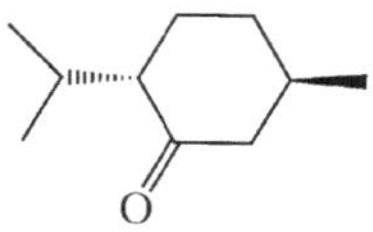	24	48	96

序号	底物	产物	时间/h	转化率/%	产率/%
2	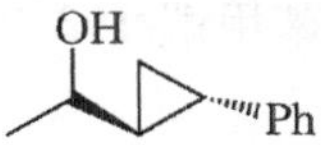	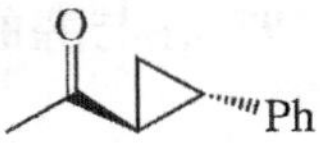	21	60	92
3	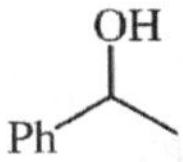	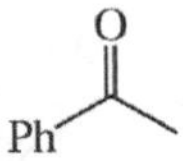	67	60	99
4	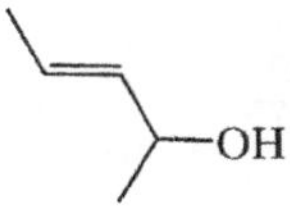	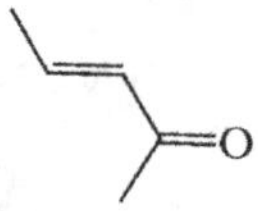	6	92	77
5	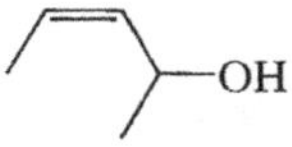	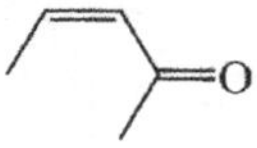	4	56	69 (92 : 8)
6	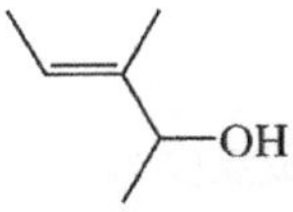	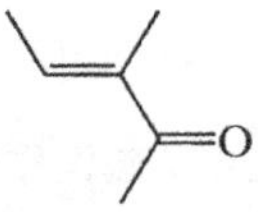	6	92	67
7	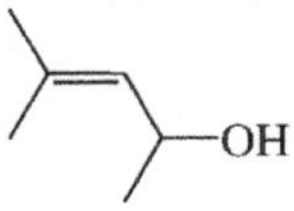	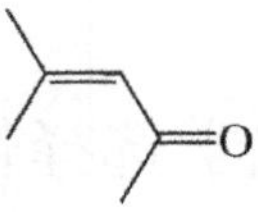	6	85	66
8	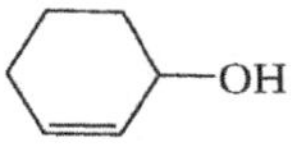	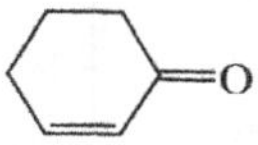	5	95	96
9	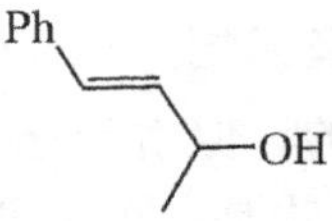	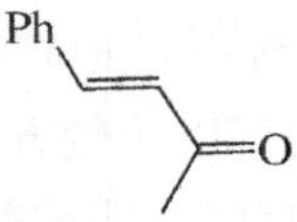	4	86	90
10	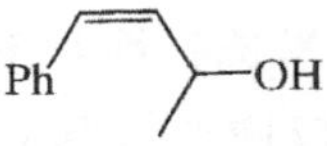	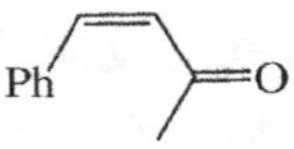	4	48	82 (91 : 9)
11	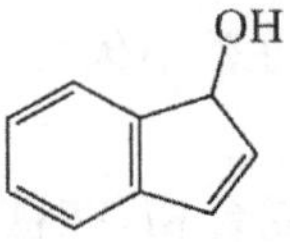	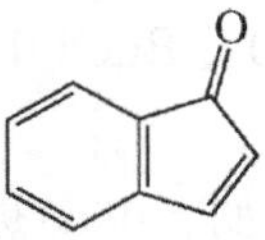	5	95	93
12	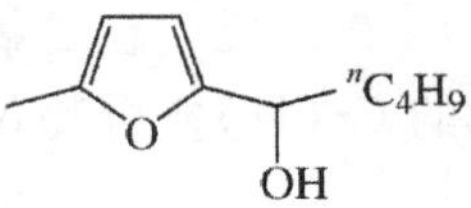	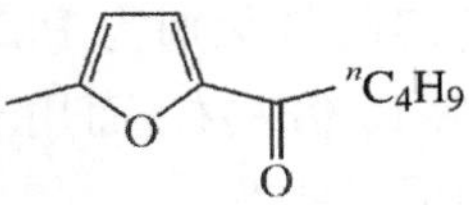	6	94	69
13	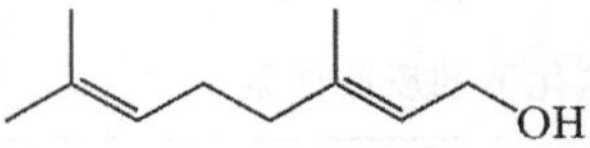	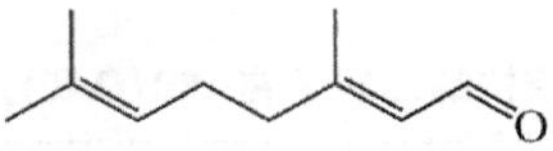	4	92	82
14	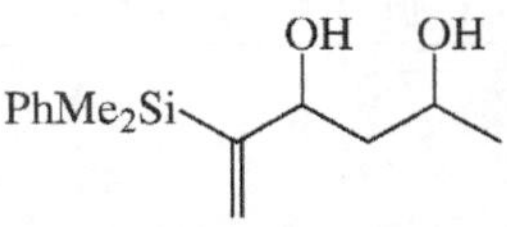	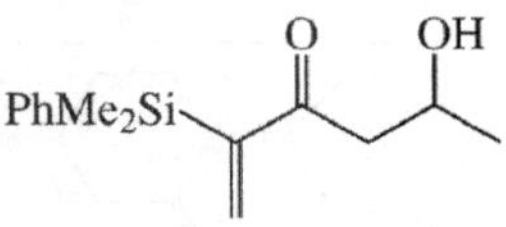			

续表

序号	底物	产物	时间/h	转化率/%	产率/%
15	 THPO——OH	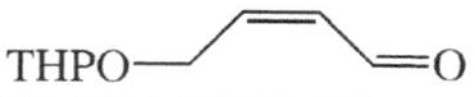 THPO——=O	5	83	93

如果利用 **200** 和 **201**（TEMPO）为氧化反应体系,在很多不同的反应中均取得了非常好的成绩[105]。

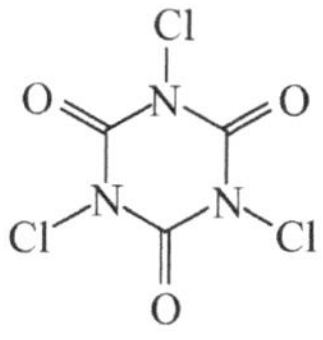

200 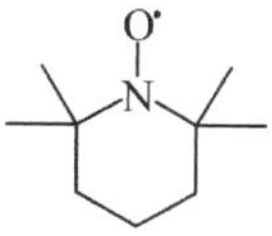　　　　　　　　**201**

反应在室温下和二氯甲烷中进行,在大约 20 min 内,对大多数一级醇而言,转化率可达 90% 以上。反应中 **200** 与底物为同物质的量,而 **201** 的用量约为 0.01 mol%。表 4-21 列出了部分报道的结果。

表 4-21　在 200、201 联合催化下的选择性氧化反应结果

序号	底物	产物	转化率/%
1	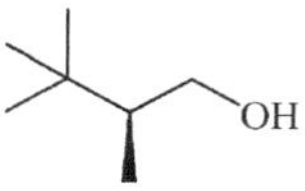		96
2	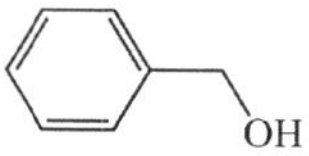	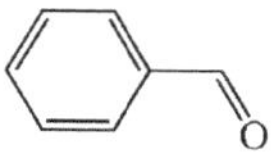	98
3	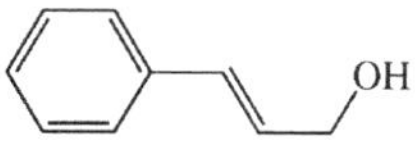	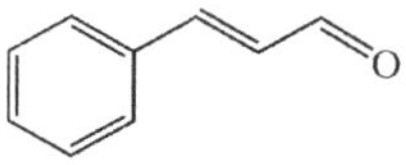	90
4	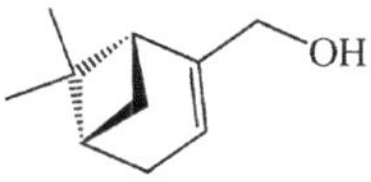	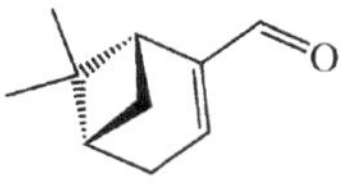	99
5	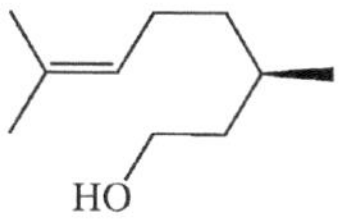	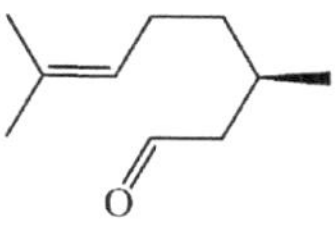	90
6	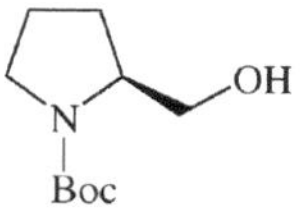	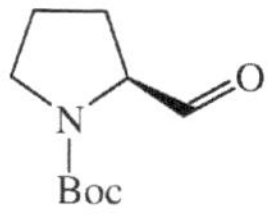	70
7	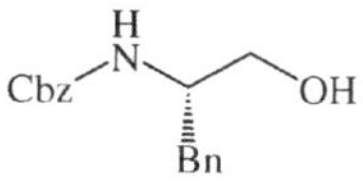	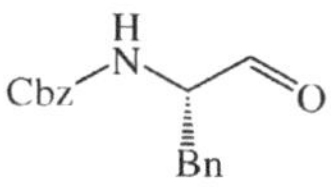	70

序号	底物	产物	转化率/%
8	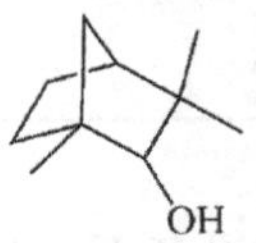	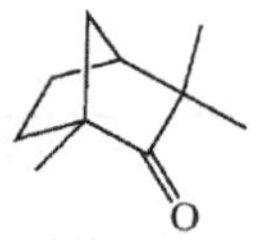	75
9	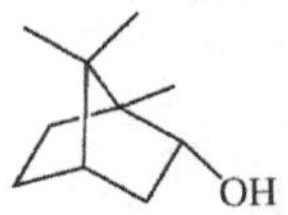	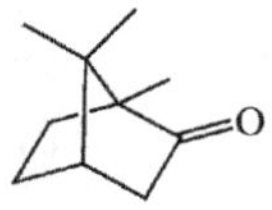	78
10	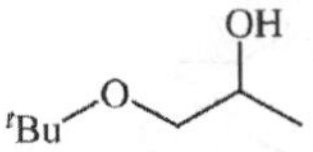	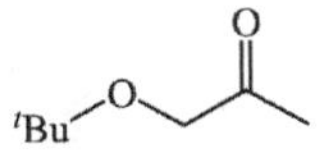	95
11	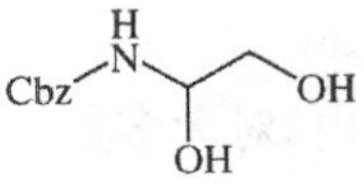	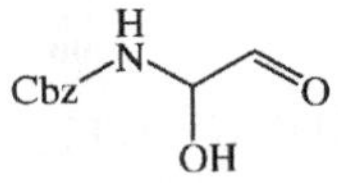	95
12	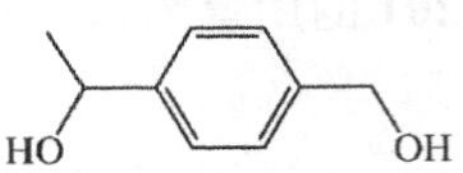	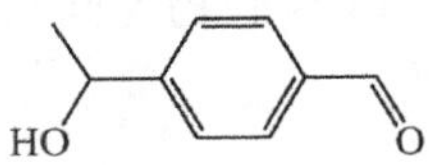	98
13	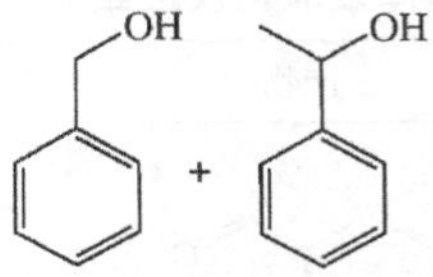	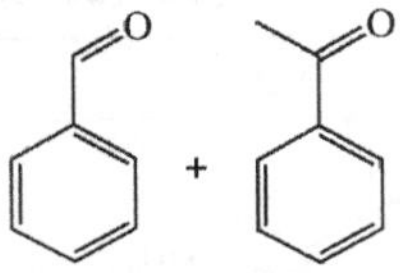	96+4

从表 4-21 中可以看出，该氧化体系具有很好的氧化选择性。

如使用有机 Ru 的复合物，也可以很方便地利用廉价的叔丁基过氧化氢（TBHP）将醇氧化成为醛或酮[式(4-53)][106]。

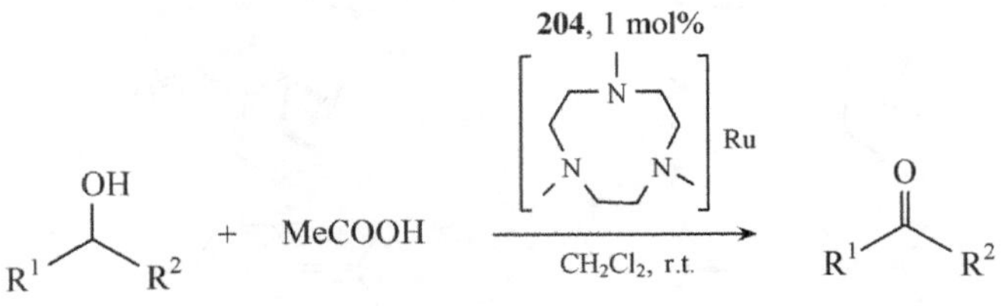

$$\text{(4-53)}$$

反应时，催化剂 **204** 溶解在少量 CH_2Cl_2 中，氧化剂 TBHP 为 $1\sim1.2$ eq.。表 4-22 列出了相关的醇的氧化结果。

表 4-22　部分一级醇和二级醇的选择性氧化反应

序号	底物	产物	转化率/%	产率/%
1	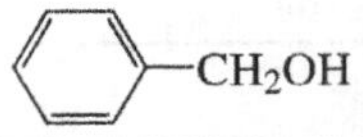	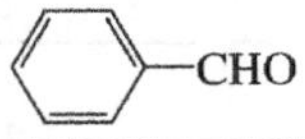	70	88

续表

序号	底物	产物	转化率/%	产率/%
2	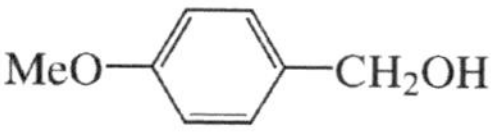 MeO—⟨⟩—CH₂OH	 MeO—⟨⟩—CHO	75	86
3	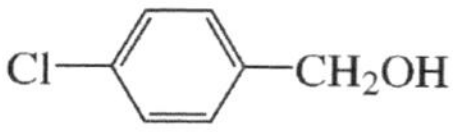 Cl—⟨⟩—CH₂OH	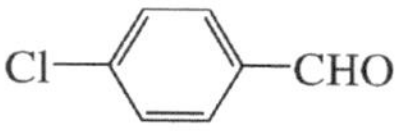 Cl—⟨⟩—CHO	72	83
4	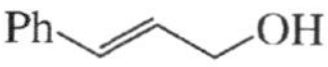 Ph⌇OH	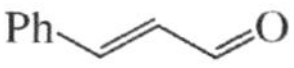 Ph⌇O	75	89
5	 ⌇OH	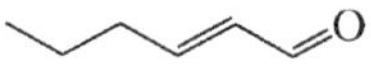 ⌇O	67	90
6	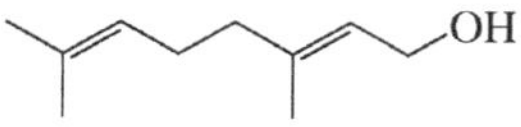 ⌇OH	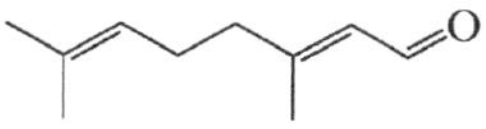 ⌇O	97	84
7	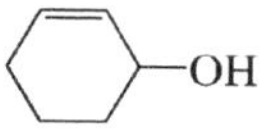 ⬡OH	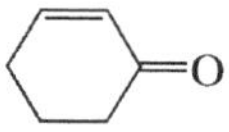 ⬡O	100	89
8	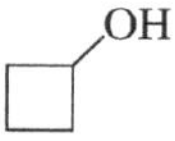 ▢OH	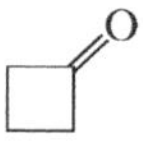 ▢O	64	89
9	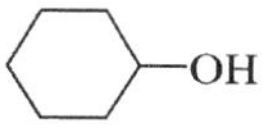 ⬡OH	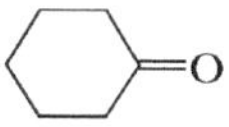 ⬡O	62	87
10	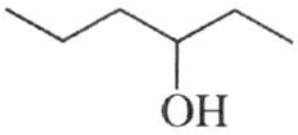 OH	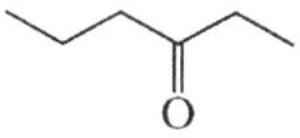 O	47	93

利用二乙酰基碘苯(BAIB)和 TEMPO(**201**)可以选择性地氧化一级醇为酸,但是二级醇却不会被氧化为酮。这是一个合成内酯的好反应[式(4-54)][107]。

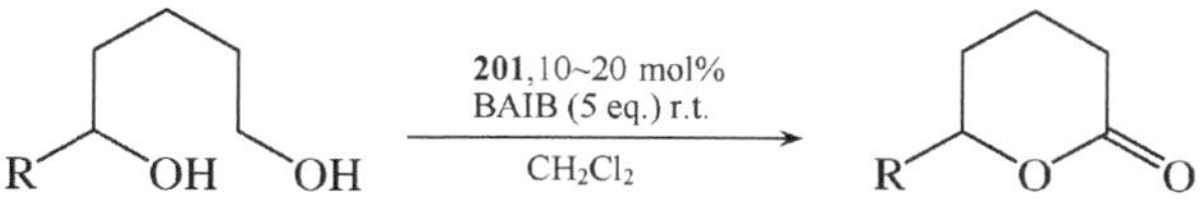

$$\text{206} \xrightarrow[\text{CH}_2\text{Cl}_2]{\substack{\textbf{201},10\sim20\ \text{mol\%}\\ \text{BAIB (5 eq.) r.t.}}} \text{207} \qquad (4\text{-}54)$$

在这个反应中,**201** 用于催化反应,反应时间基本在 20 h 之内,反应产物的产率也非常高,可以达到 94%。表 4-23 列出了这个氧化环化反应结果。

表 4-23　BAIB-TEMPO 联合催化氧化下的 1,5-二醇的氧化成环反应结果

序号	底物	产物	时间/h	产率/%ᵃ
1	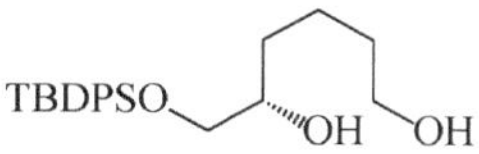 TBDPSO⌇OH⌇OH	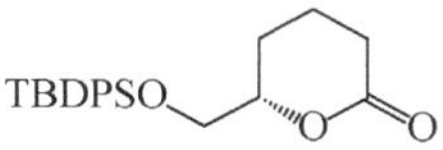 TBDPSO⌇O⌇O	20	94
2	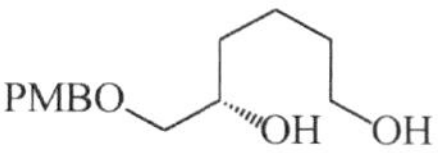 PMBO⌇OH⌇OH	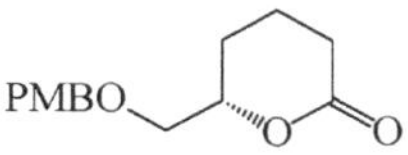 PMBO⌇O⌇O	16	77

序号	底物	产物	时间/h	产率/%[a]
3	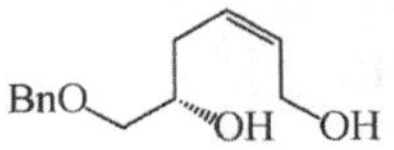	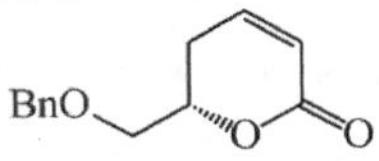	1.5	96
4	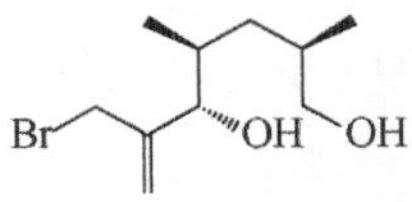	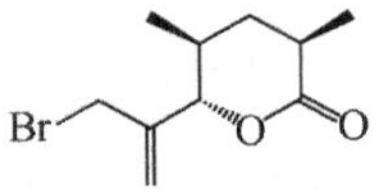	3.5	87
5	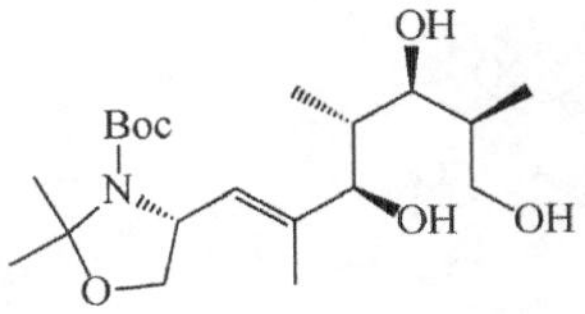	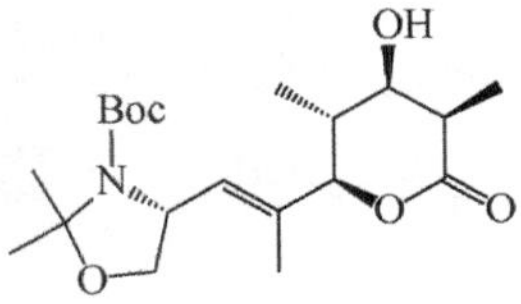	3.5	95
6	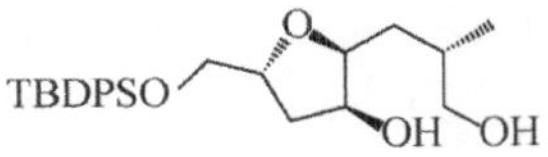	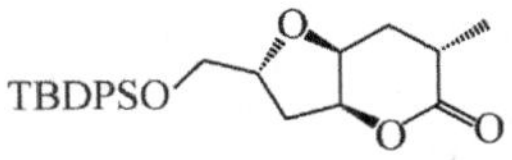	4	78
7	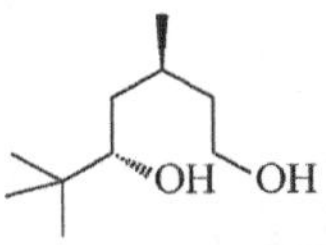	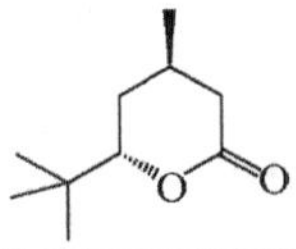	3.5	85

a. 柱色谱分离得到的产率。

将烯丙基位置上的次甲基（CH₂）氧化成为酮是一个经典的化学转化。锰催化剂（208）对官能化苄基化合物能做到化学选择性氧化[108]。例如，在底物为 4-苄基丁酸时，使用 2 mol%的催化剂（208）在双氧水的作用下可以高产率得到相应的酮酸[式(4-55)]。而使用胺类基团时，可以成环[式(4-56)]。

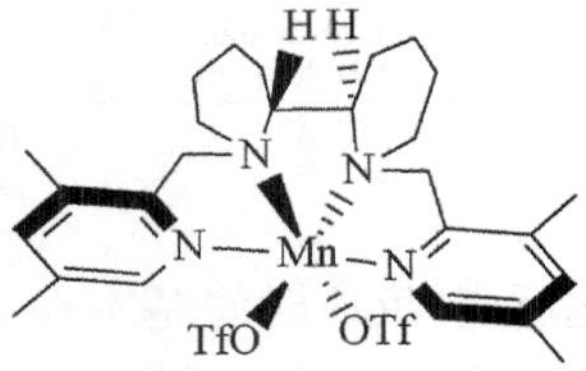

208

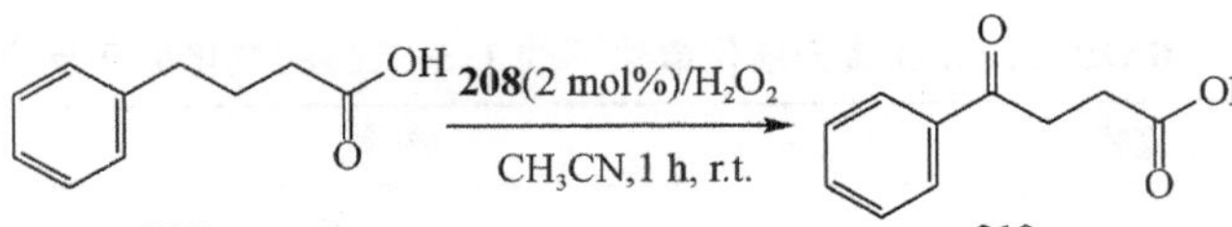

(4-55)

209   210

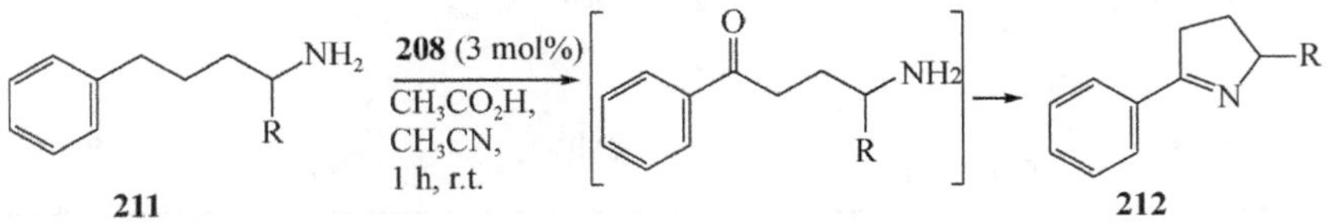

(4-56)

211   212

这个反应的一个潜在的设计应用是当端基为胺类物质时，最终的产物会由于该酮基的生成而与该胺基反应，最后得到环亚胺类化合物。

4.3.2　硫醚的氧化反应

硫醚作为重要的中间体,在药物合成中具有不可替代的作用。在硫醚的氧化反应中,可以使用廉价的 H_2O_2 和一些无机盐来共同完成氧化反应。这里,无机盐用来催化氧化反应。反应产物为亚砜,砜作为一个副产物也有少量生成[式(4-57)][109]。

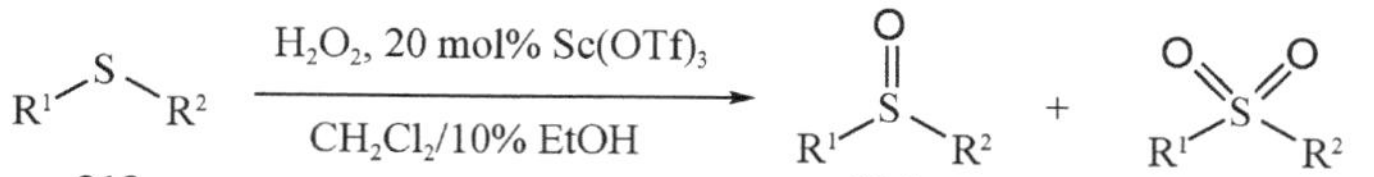

$$
\underset{\textbf{213}}{R^1\diagdown S\diagup R^2} \xrightarrow[\text{CH}_2\text{Cl}_2/10\% \text{ EtOH}]{\text{H}_2\text{O}_2,\ 20 \text{ mol\% Sc(OTf)}_3} \underset{\textbf{214}}{R^1\diagdown \overset{O}{S}\diagup R^2} + \underset{\textbf{215}}{R^1\diagdown \overset{O}{\underset{O}{S}}\diagup R^2} \tag{4-57}
$$

这个氧化反应在室温下就可以进行,反应中可以非常高的选择性得到 **214**。表 4-24 列出了几个不同底物的氧化反应结果。

表 4-24　四个不同底物的氧化反应结果

序号	底物	$H_2O_2^a$/eq.	时间/h	产物/%[b]	
				214	215
1	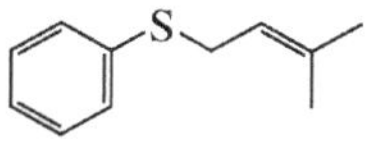	1.2	5	95	3
2	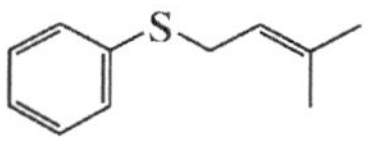	5	2	98	2
3	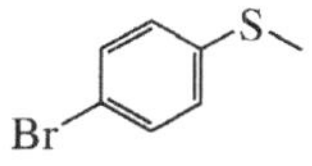	1.2	5.5	94	2
4	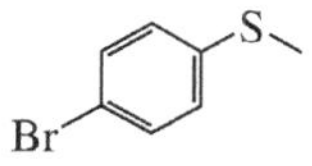	5	3	98	2
5	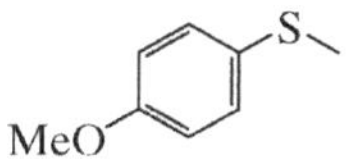	1.2	2.3	98	2
6	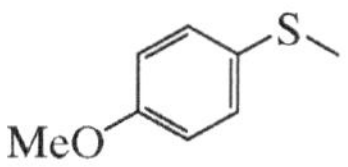	5	1.3	98	2
7	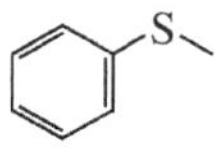	1.2	6	97	2
8	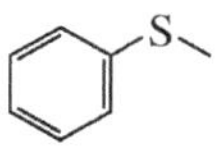	5	3	94	4

a. H_2O_2 为 60% 的水溶液。

b. 使用 ^{1}H NMR 测定比例。

另一个利用 *N*-特丁基-*N*-氯氨基氰(**217**)和乙腈与水的混合溶剂来氧化硫醚,也取得了很好的选择性[式(4-58)][110]。

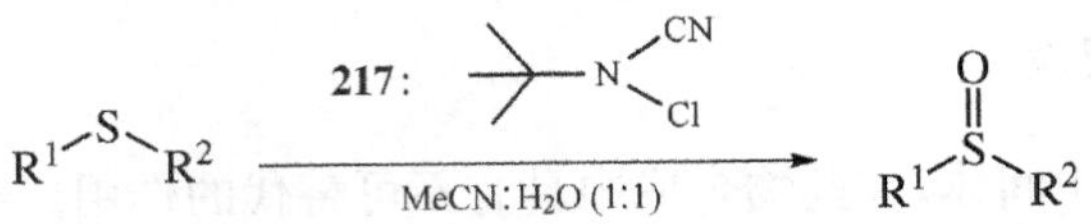

$$R^1 \stackrel{S}{\diagdown} R^2 \xrightarrow[\text{MeCN} : H_2O \ (1:1)]{217:} R^1 \stackrel{\displaystyle O}{\underset{\displaystyle \|}{S}} R^2 \tag{4-58}$$

216　　　　　　　　　　　　　　　　　　　　　　　　**218**

这个反应在室温下进行,反应条件温和,产率非常高。表 4-25 列出了这个反应的结果。

表 4-25　利用 217 在乙腈与水的混合物中进行氧化反应

序号	底物	产物	产率/%
1	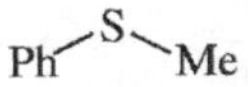 Ph—S—Me	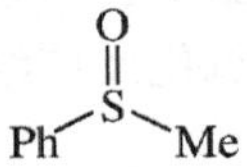 Ph—S(=O)—Me	94
2	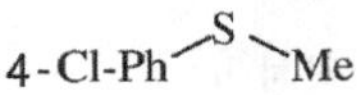 4-Cl-Ph—S—Me	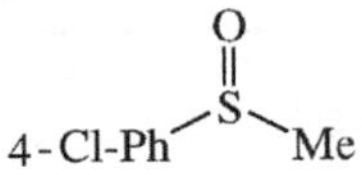 4-Cl-Ph—S(=O)—Me	95
3	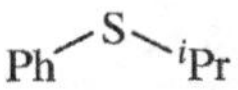 Ph—S—^{i}Pr	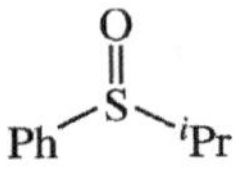 Ph—S(=O)—^{i}Pr	95
4	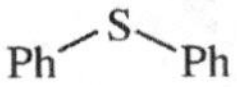 Ph—S—Ph	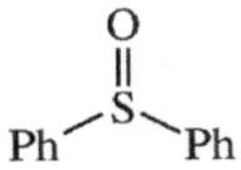 Ph—S(=O)—Ph	96
5	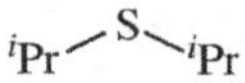 ^{i}Pr—S—^{i}Pr	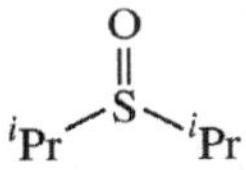 ^{i}Pr—S(=O)—^{i}Pr	94
6	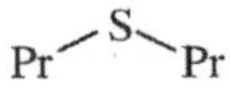 Pr—S—Pr	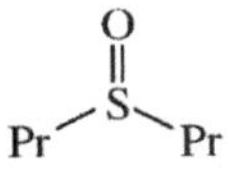 Pr—S(=O)—Pr	96
7	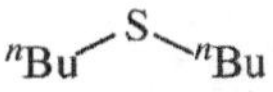 ^{n}Bu—S—^{n}Bu	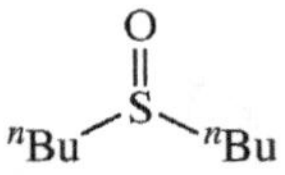 ^{n}Bu—S(=O)—^{n}Bu	96
8	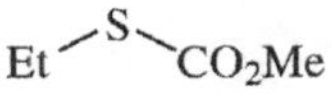 Et—S—CO$_2$Me	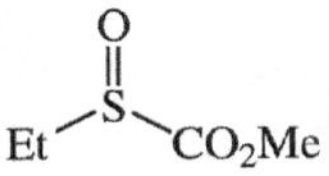 Et—S(=O)—CO$_2$Me	95
9	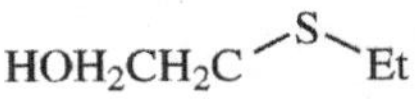 HOH$_2$CH$_2$C—S—Et	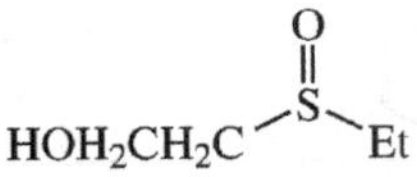 HOH$_2$CH$_2$C—S(=O)—Et	94
10	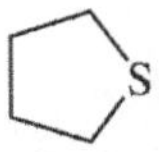 (四氢噻吩) S	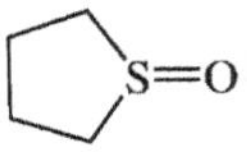 (四氢噻吩) S=O	90

将硫醚氧化为亚砜的反应还不少,读者可以根据需要自行查阅一些相关的资料。由于篇幅所限,这里不再赘述。

4.4　其他选择性反应

这里先介绍化学选择性加成-消除反应。醛与 α,β-不饱和炔酯（**220**）发生加成反应，在金属催化下，再发生消除反应得到化学上不稳定的丙二烯结构［式(4-59)］[111]。

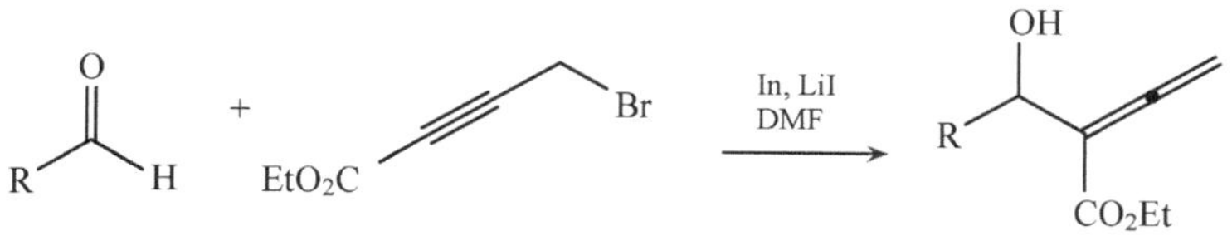

$$(4\text{-}59)$$

研究发现，镧系金属元素具有较好的催化脱卤效果。在系列醛与 **220** 的反应中，在2～20 h 的反应时间内，可以高效地生成丙二烯产物 **221**。表 4-26 列出了这些反应的结果。

表 4-26　不同醛与 220 反应的结果

序号	R	时间/h	产率/%
1	H	10	82
2	^nPr	7	83
3	$PhCH_2CH_2$	7	79
4	$c\text{-}C_6H_{11}$	7	82
5	Ph	5	86
6	4-MePh	5	88
7	$2,4,6\text{-}Me_3Ph$	10	85
8	3-MeOPh	10	80
9	4-MeOPh	20	89
10	$3,5\text{-}(MeO)_2Ph$	12	70
11	$3,4\text{-}(OCH_2O)_2Ph$	14	93
12	$3,4,5\text{-}(MeO)_3Ph$	12	71
13	3-OHPh	5	65
14	$3,5\text{-}(OH)_2Ph$	8	68
15	4-AcPh	2	84
16	$4\text{-}MeO_2CPh$	2	87
17	$4\text{-}NO_2Ph$	3	80
18	4-ClPh	5	84
19	2-IPh	5	69

由于丙二烯类化合物不稳定，同时，这一类化合物也是有机合成中重要的中间体原料，因此，高效合成这一类丙二烯类化合物具有很高的价值。例如，在 AuL_n 的催化下，

221j(序号 10)发生环合反应产物 **222**。图 4-13 显示出这一过程的可能机理。

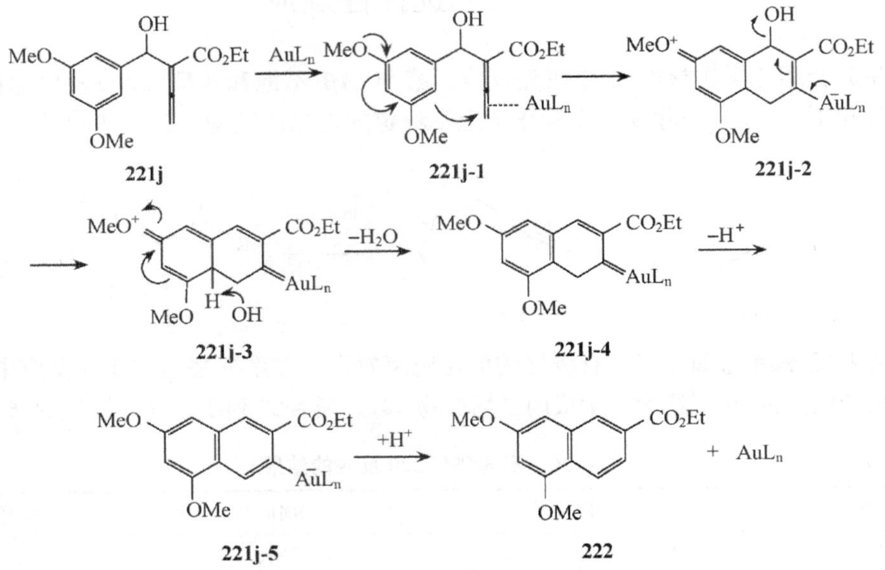

图 4-13　丙二烯的参与下的环化过程

化学选择性交换反应是一个很有意义的反应。如目前工业上将油脂甘油酯转化为甲酯的反应就是一个很好的例子。通常意义上来讲,由于反应产物的相对能量比起始物的能量低,在一定程度上有助于这种转化反应,但这并不绝对。例如,在 $SOCl_2$ 的甲醇溶液中,一级酰胺可以转化为相应的甲酯,而二级或三级酰胺则不能转化为相应的甲酯[式(4-60)][112]。

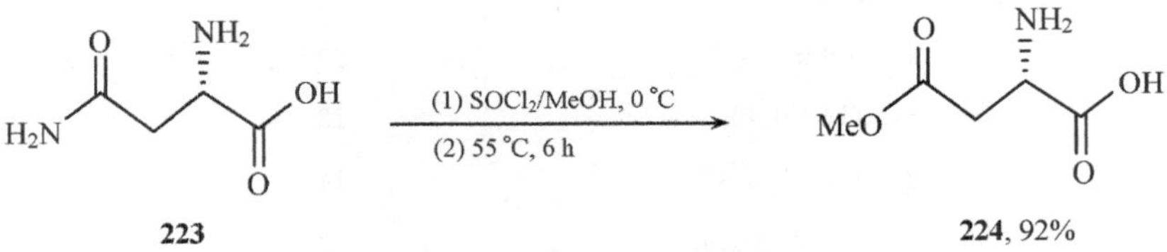

$$(4-60)$$

这个反应的机理可能涉及 $SOCl_2$ 在甲醇中部分分解生成的 HCl 催化的交换反应,如图 4-14 所示。

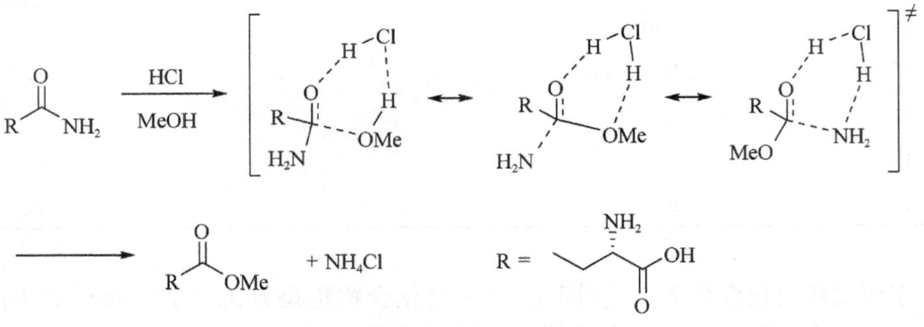

图 4-14　HCl 催化下的一级酰胺的转化反应机理

但实际上,将 HCl 加入到反应体系而不是 SOCl₂ 时,反应并不能进行。显然,这个选择性转化反应并不是简单的酸催化反应。它涉及 SOCl₂ 在反应中的系列反应中间体。图 4-15 列出了整个反应转化的过程。

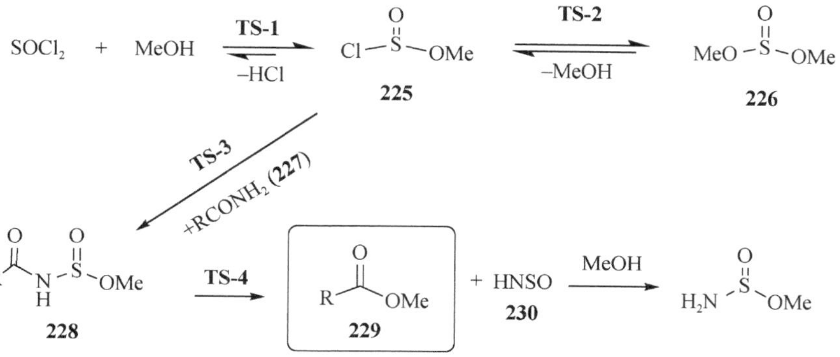

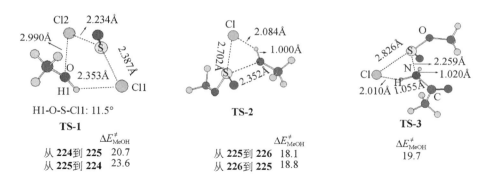

图 4-15 一级酰胺在 SOCl₂ 作用下的转化反应机理

以 MeCONH₂ 为模型分子,在 B3LYP/6-31++G(d, p) 上进行量子化学计算,得到整个过程的过渡态能量。计算得到的 **TS-1** 到 **TS-3** 的结构列在图 4-16 中。

图 4-16 计算得到的三个过渡态结构(**TS-1** ~ **TS-3**)及其在甲醇中的能量(kcal/mol)

计算表明,SOCl₂ 在甲醇中很快生成 **225**,随后,**225** 与 **226** 共存于甲醇溶液中。同时,**225** 与酰胺 **227** 反应,得到中间体 **228**。该中间体通过下述的四个可能的过渡态结构(Ⅰ~Ⅳ)生成交换产物 **229**。

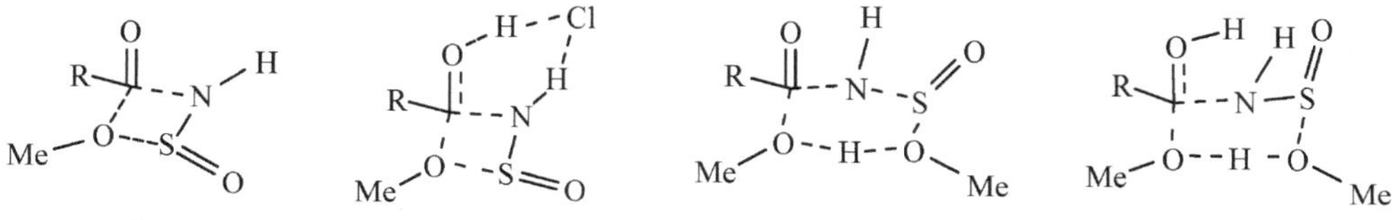

计算得到的上述四个过渡态结构（**TS-4-1**～**TS-4-4**）列在下面。计算表明，过渡态能量最低的是 **TS-4-2**，为 21.6 kcal/mol。其次是 **TS-4-4**，能量为 24.7 kcal/mol（图 4-17）。这似乎是通过过渡态 **TS-4-2** 来进行。

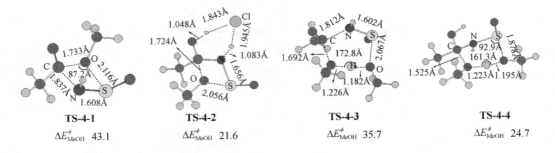

图 4-17   四个模型（Ⅰ～Ⅳ）计算后的 3D 结构和在甲醇中的能量（kcal/mol）

然而，当在计算中将乙酰胺换成苯甲酰胺时，再用同样的计算模型（Ⅱ和Ⅳ）来计算相关过渡态的能量。计算表明，在计算模型Ⅱ中，苯甲酰胺的过渡态能量高达 37.9 kcal/mol，这个能量比乙酰胺的（**TS-4-2**）高出 16.3 kcal/mol。而在模型Ⅳ中，过渡态能量仅为 26.4 kcal/mol。这个能量仅比 **TS-4-4** 的能量高 1.7 kcal/mol。显然，模型Ⅱ的结构不合理。计算得到的结构列在图 4-18 中。

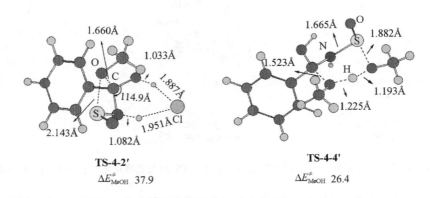

图 4-18   模型Ⅱ与Ⅳ在苯甲酰胺与甲醇反应中的 3D 结构和过渡态能量（kcal/mol）

在这个反应中，由于存在系列的平衡。因此，当产物不停地生成时，平衡被打破，新的平衡朝着有利于产物的方向移动。最后，反应的原料大部分被转化成为产物。

在交换反应中，另外一类反应是利用卤素参与。其中元素碘的反应能力比较强。例如，在碘代苯化合物 **231** 中，如果利用有机锌进行选择性取代，可以得到系列有价值的衍生物。分子中有其他活泼质子不影响该反应的进行。图 4-19 列出了相关反应的结果[113]。

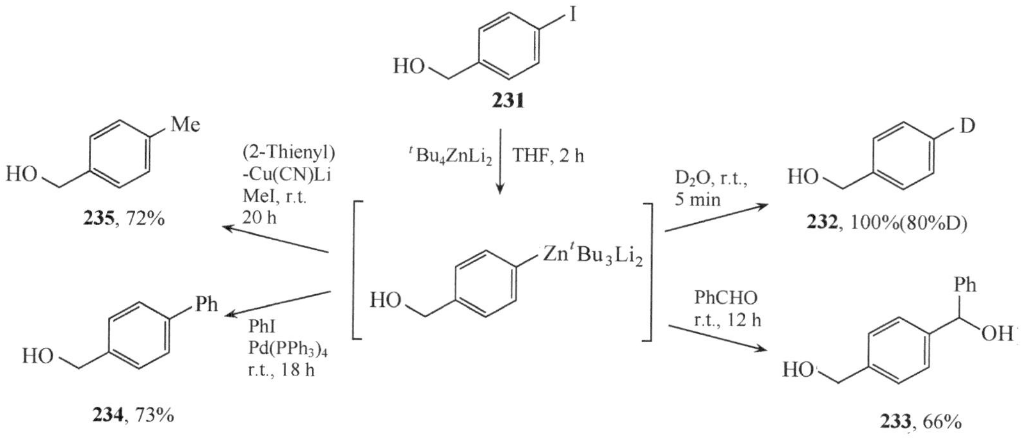

图 4-19　碘代苯化合物在 $^tBu_4ZnLi_2$ 参与下的选择性交换反应

当 I 换成 Br 时,反应也可以进行。但没有见到用 Cl 时发生交换反应的报道。同时,除用有机锌盐以外,还有用有机锂试剂,如 **236** [式(4-61)][114]。

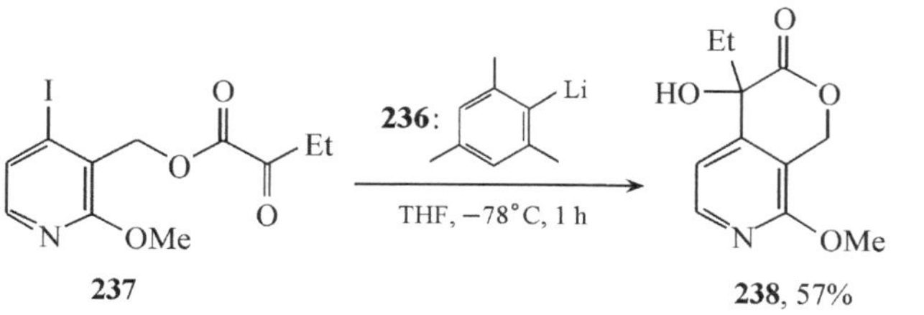

$$(4\text{-}61)$$

这个反应产物 **238** 可以看成是抗癌药物喜树碱的前体化合物。

化学选择性反应虽然不是有机立体合成中的主流,但在有机立体化学研究中不可缺少。在很多立体选择性合成中,都会用到化学选择性反应。

使用 Schwartz 试剂 $Cp_2Zr(H)Cl$(**240**)催化仲酰胺还原为亚胺[115]。该反应的产率通常在 70% 以上[式(4-62)]。部分底物的产率可达 90%。但是,如果氨基处于一个大位阻取代基旁边,那么这个反应产物的产率急剧下降,如 **245** 和 **246** 的产率<10%。

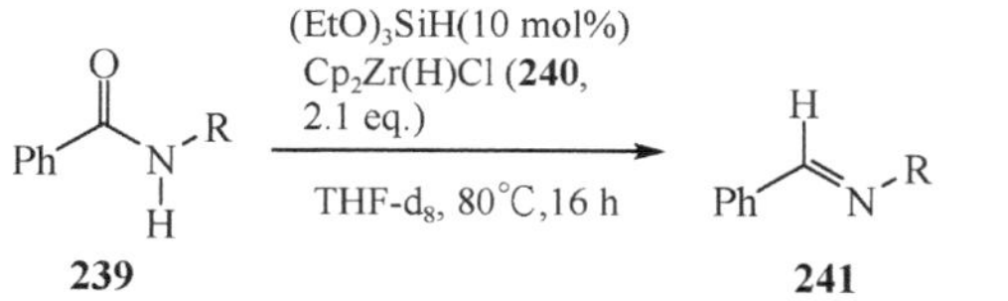

$$(4\text{-}62)$$

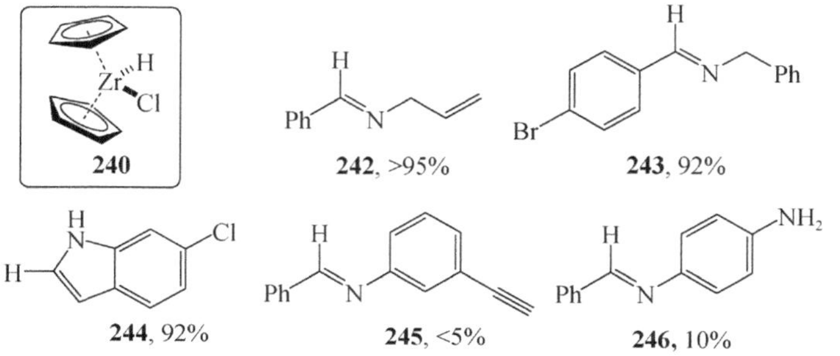

在对吡啶季铵盐衍生物的研究中,发现使用铜离子可催化季铵盐区域加成反应。主要加成产物发生在 C6 位上,在 C2 和 C4 位上也有加成产物[式(4-63)][116]。

条件实验的优化结果见表 4-27。其最佳反应条件是 CuCl/PPh$_3$ 与 ^{n}BuLi 在 THF 中(-78℃)反应(表 4-27,序号 11)。

表 4-27　铜盐催化的区域和非对映选择性加成不同反应条件的反应结果

序号	催化剂/配体	活化剂	溶剂及温度/℃	产率	249：C2：C4
1	CuCl/PPh$_3$	^{t}BuOLi	二氧六烷-50	<5%(ND)	ND
2	CuCl/PPh$_3$	^{t}BuONa	THF-50	35%(dr 7：1)	10：2：1
3	CuCl/PPh$_3$	^{t}BuOK	二氧六烷-23	36%(dr 4：1)	7：2：1
4	CuCl/PPh$_3$	MeONa	二氧六烷-23	7%(dr 10：1)	10：1：1
5	CuCl/Xantphos	^{t}BuOK	二氧六烷-23	27%(dr 1：1)	5：3：1
6	CuCl/dppbenz	^{t}BuOK	二氧六烷-23	20%(dr 2：1)	5：5：1
7	CuCl/X-Phos	^{t}BuOK	二氧六烷-23	26%(dr 2：1)	6：3：1
8	CuCl/dppe	^{t}BuOK	二氧六烷-23	30%(dr 7：1)	9：3：1
9	无	^{n}BuLi	THF-23	28%(dr 1：1)	4：4：1
10	AgOAc	^{n}BuLi	THF-78	48%(dr 9：1)	10：5：1
11	CuCl/PPh$_3$	^{n}BuLi	THF-78	85%(dr>20：1)	20：1：1

在 C3 上的取代基不变,而 C5 上有其他取代基时,虽然空间位阻增大,但主要产物依然是 C6 位上的加成反应产物。吡啶 N 原子上的取代基,除了苄基外,其他的取代基,如 CH$_2$＝CHCH$_2$CH$_2$—时,产物依然是 C6 上的加成产物为主。

参 考 文 献

[1] 岳保珍,李润涛. 有机合成基础. 北京:北京医科大学出版社,2000:107-124.
[2] Brown H C, Ichikawa K. J Am Chem Soc,1961, 83：4372.
[3] (a)Liu W Y, Xu Q H, Ma Y X. Org Prep Proced Int, 2000, 32：596.
　　(b)Akisanya J, Danks T N, Oarman R N. J Organomet Chem, 2000, 603：240.
[4] Wilkinson H S, Tanoury G J, Wald S A. Tetrahedron Lett, 2001, 42：167-170.
[5] Chary K P, Mohan G H, Iyengar D S. Chem Lett,1999, 28：1339.
[6] Brown H C, Choi Y M, Narasimhan S. Inorg Chem, 1981, 20：4454.
[7] (a) Winder V L, Barger C J, Delferro M, Lohr T L, Marks T J. ACS Catal, 2017, 7：1244-1247.
　　(b) Barger C J, Motta A, Weidner V L, Lohr T L, Marks T J. ACS Catal, 2019, 9：9015-9024.
　　(c) Han B, Zhang J, Jiao H, Wu L. Chin J Catal, 2021, 42：2059-2067.

[8] (a)黄宪,王彦,陈振初. 新编有机合成化学. 北京:化学工业出版社,2003:177.

(b) Lortie J L, Dudding T, Gabidullin B M, Nikonov G I. ACS Catal, 2017, 7: 8454-8459.

[9] (a) Chaikin S W, Brown W G. J Am Chem Soc,1949, 71: 122-125.

(b) Schlesinger H I, Brown H C, Hoekstra H R, Rapp L R. J Am Chem Soc,1953, 75:199-204.

[10] Ranu B C, Chakraborty R. Tetrahedron Lett, 1990, 31: 7663.

[11] Bae J W, Lee S H, Jung Y J, Yoon C M, Yoon C M. Tetrahedron Lett, 2001, 42(11): 2137-2139.

[12] Fujii H, Oshima K, Utimoto K. Chem Lett,1991: 1847.

[13] (a) Luche J L. J Am Chem Soc,1978, 100: 2226.

(b) Luche J L, Gemal A L. J Am Chem Soc, 1979, 101: 5848.

[14] Varma R S, Saini R K. Tetrahedron Lett, 1997, 38: 4337.

[15] Zhang M, Jiao H, Ma H, Li R, Han B, Zhang Y, Wang J. Int J Mol Sci, 2022, 23: 12679.

[16] (a)Milone C, Ingoglia R, Tropeano M L, Neri G, Galvagno S. Chem Commun, 2003,21(8): 868-869.

(b)Corma A, Martinez A, Martinez-Soria V. J Catal, 1997, 169: 480-489.

(c) Luche J L, Rodriguez-Hahn L, Crabb N P. J Chem Soc, Chem Commun, 1978,(14): 601-602.

(d)Ohkuma T, Ikehira H, Ikariya T, Noyori R. Synlett, 1997: 467-469.

(e)von Arx M, Mallat T, Baiker A. J Mol Catal A: Chem, 1999, 148: 275-283.

[17] Bruyn M D, Coman S, Bota R, Parvulescu V I, Vos D E D, Jacobs P A. Angew Chem Int Ed, 2003, 42: 5333-5336.

[18] 邢其毅,徐瑞秋,周政. 基础有机化学. 北京:高等教育出版社,1989:364-494.

[19] 凯里 F A,森德伯格 R J. 高等有机化学(B卷). 王积涛,译.北京:高等教育出版社,1986:101.

[20] Bhattacharyya S. J Chem Soc, Perkin Trans 1, 1996,(12): 1381.

[21] Bhar S, Guha S. Tetrahedron Lett, 2004, 45: 3775-3777.

[22] Storer R I, Carrera D E, Ni Y, MacMillan D W C. J Am Chem Soc,2006, 128: 84-86.

[23] Lee K N, Lei Z, Ngai M Y. J Am Chem Soc,2017, 139: 5003-5006.

[24] Klett J, Woniak U, Cramer N. Angew Chem Int Ed, 2022, 61: e202202306.

[25] Brown H C, Narasimhen S, Choi Y M. J Org Chem, 1982, 47: 4702-4708.

[26] Lunic D, Sanosa N, Funes-Ardoiz I, Teskey C J. Angew Chem Int Ed, 2022, 61: e202207647.

[27] Soai K, Ookawa A. J Org Chem, 1986, 51: 4000.

[28] Rosseto R, Bibak N, Hajdu J. Tetrahedron Lett, 2004, 45: 7371-7373.

[29] McGeary R P. Tetrahedron Lett, 1998, 39: 3319.

[30] Kanth J V B, Periasamy M. J Org Chem, 1991, 56: 5964.

[31] Lunic D, Sanosa N, Funes-Ardoiz I, Teskey C J. Angew Chem Int Ed, 2022, 61: e202207647.

[32] Naqvi T, Bhattacharya M, Haq W. J Chem Res, 1999,(7): 424.

[33] Das D, Roy S, Das P K. Org Lett, 2004, 6: 4133-4136.

[34] Chandrasdkhar S, Kumar M S, Muralidhar B. Tetrahedron Lett, 1998, 39:909-910.

[35] Li L C, Jiang J X, Ren J, Ren Y, Pittman C U, Zhu H J. Eur J Org Chem, 2006,(8): 1981.

[36] Han B, Ren C, Jiang M, Wu L. Angew Chem Int Ed Engl, 2022,61:e202209232.

[37] Ren J, Li L C, Liu J K, Zhu H J, Pittman C U Jr. Eur J Org Chem, 2006,(8):1991.

[38] (a) Umino N, Iwakuma T, Itoh M. Tetrahedron Lett, 1976, 17: 763-766.

(b) Padwa A, Harring S. R, Semones M A. J Org Chem, 1998, 63: 44-54.

[39] Barker D, Mcleod M D, Brimble M A. Tetrahedron Lett, 2001, 42:1785-1788.

[40] Gerona-Navarro G, Bonache M A, Alias M, Vega M J P D, Garca-Lopez M T, Lopez P, Cativielab C, Gonzalez-Muniz R. Tetrahedron Lett, 2004, 45: 2193-2196.

[41] Casabona D, Cativiela C. Tetrahedron 2006, 62: 10000-10004.

[42] (a)Kurtev B J, Lyapova M J, Mishev S M, Nakova O G, Orahovatz A S, Pojarlieff I G. Org Magn Reson,

1983, 21: 334-338.

　　(b) Kascheres A, Kascheres C, Augusto J. Synth Commun, 1984, 14: 905-913.

[43] Agami C, Dechoux L, Melaimi M. Tetrahedron Lett, 2001, 42: 8629-8631.

[44] Oba M, Nishiyama N, Nishiyama K. Tetrahedron, 2005, 61: 8456-8464.

[45] Pedregal C, Ezquerra J, Escribano A, Carreño M C, Ruano J L G. Tetrahedron Lett, 1994, 35: 2053-2056.

[46] Meng W H, Wu, T J, Zhang, H K, Huang, P Q. Tetrahedron: Asymmetry, 2004, 15: 3899-3910.

[47] Haldar P, Ray J K. Tetrahedron Lett, 2003, 44: 8229-8231.

[48] (a) Gribble G W, Hoffman J H. Synthesis, 1977: 859-860.

　　(b) Maryanoff B E, McComsey D F, Nortey S O. J Org Chem, 1981, 46: 355-360.

　　(c) Gribble G W, Lord P D, Skotnicki J, Stephen F, Eaton J T, Johnson J L. J Am Chem Soc, 1974, 96: 7812-7814.

　　(d) Berger J G, Teller S R, Adams C D, Guggenberger L J. Tetrahedron Lett, 1975, 16: 1807-1810.

　　(e) Elliot A J, Guzik H. Tetrahedron Lett, 1982, 23: 1983-1984.

[49] Borghese A, Antoinea L, Stephenson G. Tetrahedron Lett, 2002, 43: 8087-8090.

[50] (a) Scriven E F V, Turnbull K. Chem Rev, 1988, 88: 297-368.

　　(b) Kamal A, Laxman E, Arifuddin M. Tetrahedron Lett, 2000, 41: 7743-7746.

　　(c) Lee J W, Fuchs P L. Org Lett, 1999, 1: 179-182.

[51] (a) Blandy C, Choukroun R, Gervais D. Tetrahedron Lett, 1983, 24: 4189-4192.

　　(b) Caron M, Sharpless K B. J Org Chem, 1985, 50: 1557-1560.

　　(c) Chong J M, Sharpless K B. J Org Chem, 1985, 50: 1560-1565.

　　(d) Onak M, Sugita K, Izumi Y. Chem Lett, 1986, 15(8): 1327-1328.

　　(e) Sinou D, Emziane M. Tetrahedron Lett, 1986, 27: 4423-4426.

　　(f) Thompson A S, Hymphrey G R, DeMarco A M, Mathre D J, Grabowski E J J. J Org Chem, 1993, 58: 5886-5888.

[52] (a) Boyer J H. J Am Chem Soc, 1951, 73: 5865.

　　(b) Boyer J H, Canter F C. Chem Rev, 1954, 54: 1.

　　(c) Hojo H, Kobayashi S, Soai J, Ikeda S, Mukaiyama T. Chem Lett, 1977, 6(6): 635-636.

　　(d) Kyba E P, John A M. Tetrahedron Lett, 1977, 18: 2737-2740.

　　(e) Corey E J, Nicolaou K C, Balanson R D, Machida Y. Synthesis, 1975: 590.

[53] Fowler F W, Hassner A, Levy L A. J Am Chem Soc, 1967, 89: 2077-2082.

[54] Salunkhe A M, Ramachandran P V, Brown H C. Tetrahedron, 2002, 58: 10059-10064.

[55] Baruah M, Boruah A, Prajapati D, Sandhu J S, Ghosh A C. Tetrahedron Lett, 1996, 37: 4559-4560.

[56] Reddy P G, Baskaran S. Tetrahedron Lett, 2002, 43: 1919-1922.

[57] Kropf H. In Houben-Weyl Methoden der Organischen Chemie, Peroxo-Verbindungen. Kropf H. Thieme: Stuttgart, 1988: 1102-1116.

[58] Dai P, Dussault P H, Trullinger T K. J Org Chem, 2004, 69: 2851-2852.

[59] Sajiki H, Ikawa T, Hirota K. Tetrahedron Lett, 2003, 44: 8437-8439.

[60] Ranu B C, Samanta S. Tetrahedron Lett, 2002, 43: 7405.

[61] Ranu B C, Samanta S. J Org Chem, 2003, 68: 7130.

[62] Ren P D, Pan S F, Dong T W. Synth Commun, 1995, 25: 3395.

[63] Ren P D, Pan S F, Dong T W. Chin Chem Lett, 1996, 7: 788.

[64] Elmorsy S S, El-Ahl A A S, Soliman H, Amer F A. Tetrahedron Lett, 1996, 37: 2297-2298.

[65] Lee H Y, An M. Tetrahedron Lett, 2003, 44, 2775-2778.

[66] Dabdoub M J, Baroni A C M, Lenardao E J. Tetrahedron, 2001, 57: 4271-4276.

[67] Trost B M, Ball Z T, Ge T J. J Am Chem Soc, 2002, 124: 7922-7923.

［68］Gu Y, Norton J R, Salahi F, Lisnyak V G, Zhou Z, Snyder S A. J Am Chem Soc, 2021, 143：9657-9663.

［69］Ranu B C, Majee A, Sarkar A. J Org Chem, 1998, 63：370-373.

［70］Borah H N, Prajapati D, Sandhu J S. J Chem Res, 1994,36(37)：228.

［71］Cho B T, Kang S K. Tetrahedron, 2005, 61：5725-5734.

［72］Miriyala B, Bhattacharyya S, Williamson J S. Tetrahedron, 2004, 60：1463-1471.

［73］Murugesan K, Beller M, Jagadeesh R V. Angew Chem Int Ed Engl, 2019, 58：5064-5068.

［74］Qi H, Yang J, Liu F, Zhang L, Yang J, Liu X, Li L, Su Y, Liu Y, Hao R, Wang A, Zhang T. Nat Commun, 2021, 12：3295.

［75］Fernandes A C, Romao C C. Tetrahedron Lett, 2005, 46：8881-8883.

［76］Wilkinson H S, Tanoury G J, Wald S A, Senanayake C H. Tetrahedron Lett, 2001, 42：167-170.

［77］Akao A, Sato K, Nonoyama N, Masea T, Yasudab N. Tetrahedron Lett, 2006, 47：969-972.

［78］Couturier M, Tucker J L, Andresen B M, Dube P, Brenek S J, Negri J T. Tetrahedron Lett, 2001, 42：2285-2288.

［79］Li F, Cui J, Qian X, Zhang R, Xiao Y. Chem Commun, 2005(14)：1901-1903.

［80］Li F, Cui J, Qian X, Zhang R. Chem Commun, 2004：2038-2039.

［81］Khan F A, Dash J, Sudheer C, Gupta R K. Tetrahedron Lett, 2003, 44：7783-7787.

［82］Basu B, Das P, Das S. Mol Divers, 2005, 9：259-262.

［83］Bruce W F, Perez-Medina L A. J Am Chem Soc,1947, 69：2571-2574.

［84］Kumar J S D, Ho M M, Toyokuni T. Tetrahedron Lett, 2001, 42：5601-5603.

［85］Bae J W, Cho Y J, Lee S H, Yoon C M. Tetrahedron Lett, 2000, 41：175-177.

［86］Zhao L X, Hu C. Y, Cong X F, Deng G D, Liu L L, Luo M M, Zeng X M. J Am Chem Soc,2021, 143：1618-1629.

［87］Jin H Q, Li P P, Cui P X, Shi J N, Zhou W, Yu X H, Song W G, Cao C Y. Nat Commum, 2022, 13：723.

［88］Francisco C G, Gonza'lez C N. C, Herrera A J, Paz N R, Suarez E. Tetrahedron Lett, 2006, 47：9057-9060.

［89］(a) Kukushkin V Y. Coord Chem Rev, 1995, 139：375.

　　(b) Espenson J H. Coord Chem Rev, 2005, 249：329-341.

　　(c) Raju B R, Devi G, Nongpluh Y S, Saikia A K. Synlett, 2005,(2)：358-360.

　　(d) Sanz R, Escribano J, Fernandez Y, Aguado R, Pedrosa M R, Arnaiz F J. Synthesis, 2004,35：1629.

　　(e) Harrison D J, Tam N C, Vogels C M, Langler R F, Baker R T, Decken A, Westcott S A. Tetrahedron Lett, 2004, 45：8493.

　　(f) Yoo B W, Choi K H, Kim D Y, Choi K I, Kim J H. Synth Commun, 2003, 33：53.

　　(g) Yoo B W, Choi J W, Yoon C M. Tetrahedron Lett, 2006, 47, 125.

　　(h) Sanz R, Escribano J, Fernandez Y, Aguado R, Pedrosa M R, Arnaiz F J. Synlett, 2005,35(45)：1389.

　　(i) Kumar S, Saini A, Sandhu J S. Tetrahedron Lett, 2005, 46：8737-8739.

［90］(a)Most K, Hoβbach J, Vidovič D, Magull J, Mösch-Zanetti N C. Adv Synth Catal, 2005, 347：463-472.

　　(b) Arnáiz F J, Agudo R, Pedrosa M R, De Cian A. Inorg Chim Acta, 2003, 347：33.

　　(c)Enemark J H, Cooney J J A, Wang J J, Holm R H. Chem Rev, 2004, 104：1175.

［91］Fernandes A C, Romao C C. Tetrahedron, 2006, 62：9650-9654.

［92］Michael J P, Parsons A S. Tetrahedron, 1996, 52：2199-2216.

［93］Suwa T, Nishino K, Miyatake M, Shibata I, Baba A. Tetrahedron Lett, 2000, 41：3403-3406.

［94］Atodiresei I, Schiffers I, Bolm C. Chem Rev, 2007, 107：5683-5712.

［95］(a) Bercot E A, Rovis T. J Am Chem Soc,2005, 127：247-254.

　　(b) Cook M J, Rovis T. J Am Chem Soc,2007, 129：9302-9303.

　　(c) Johnson J B, Bercot E A, Rowley J M, Coates G W, Rovis T. J Am Chem Soc,2007, 129：2718-2725.

［96］Fleming F F, Funk L A, Altundas R, Sharief V. J Org Chem, 2002, 67：9414-9416.

[97] Yamada K I, Yamamoto Y, Tomioka K. Org Lett, 2003, 5: 1797-1799.

[98] Taillier C, Bellosta V, Meyer C, Cossy J. Org Lett, 2004, 6:2145-2147.

[99] Desrosiers J N, Bechara W S,Charette A B. Org Lett, 2008, 10: 2315-2318.

[100] Azizi N, Saidi M R. Org Lett, 2005, 7: 3649-3651.

[101] Zhou G, Yost J M, Sauer S J, Coltart D M. Org Lett, 2007, 9: 4663-4665.

[102] Lee T V. Comprehensive Organic Synthesis. In:Trost B M, Fleming I. Oxford: Pergamon, 1991:291.

[103] Dess D B, Martin J C. J Org Chem, 1983, 48: 4155.

[104] Adam W, Hajra S, Herderich M, Saha-Mo1ller C R. Org Lett, 2000, 2: 2773-2776.

[105] Luca L D, Giacomelli G, Porcheddu A. Org Lett, 2001, 3:3041-3043.

[106] Fung W H, Yu W Y, Che C M. J Org Chem, 1998, 63:2873-2877.

[107] Hansen T M, Florence G J, Lugo-Mas P, Chen J, Abrams J N, Forsyth C J. Tetrahedron Lett, 2003, 44: 57-59.

[108] Zhou J, Jia M, Song M, Huang Z, Steiner A, An Q, Ma J, Guo Z, Zhang Q, Sun H, Robertson C, Bacsa J, Xiao J, Li C. Angew Chem Int Ed Engl, 2022, 61: e202205983.

[109] Matteucci M, Bhalay G, Bradley M. Org Lett, 2003, 5: 235-237.

[110] Kumar V, Kaushik M P. Chem Lett,2005, 34: 1230-1231.

[111] Park C, Lee P H. Org Lett, 2008, 10: 3359-3362.

[112] Li L C, Ren J, Jiang J X, Zhu H J. Eur J Org Chem, 2007: 1026-1030.

[113] Uchiyama M, Furuyama T, Kobayashi M, Matsumoto Y, Tanaka K. J Am Chem Soc,2006, 128: 8404-8405.

[114] Kondo Y, Asai M, Miura T, Uchiyama M, Sakamoto T. Org Lett, 2001, 3: 13-15.

[115] Donnelly L J, Berthet J C, Cantat T. Angew Chem, 2022, 134: e202206170.

[116] Nallagonda R, Karimov R R. ACS Catal, 2021, 11: 248-254.

第5章　天然产物的立体合成与计算

天然产物的立体构型研究以及不对称合成研究是现代有机化学研究的重要内容。天然产物分子的立体构型的鉴定是后续有机合成的基础。没有可靠的立体结构,就没有有机合成今天的成就。历史上,正是为了确定天然产物的立体结构等,才发展出众多的有机合成的方法与手段,最终形成了有机化学这一庞大的研究体系,并渐渐与天然产物化学研究形成两个独立的研究体系,但二者之间的联系依然千丝万缕。时至今日,利用各种分析仪器,如 2D NMR 技术和计算的方法已能胜任绝大多数的复杂天然产物的构型鉴定,但有时仍然需要通过有机合成的手段来进一步验证这些结果。同时,对于具有很好活性的天然产物,有机合成化学家依然在兢兢业业地进行相关的全合成研究,而这已成为一门有机合成的"艺术"。在本章中,我们不再把对映选择性合成与相关的不对称合成截然分开,而是把它们统一在一起介绍。

5.1　有机合成中的逆向合成

天然产物研究人员分离得到的活性化合物常常是有机合成工作者的研究对象。二者通过相互的数据印证,为天然产物研究和有机合成研究提供了强大的研究动力。在合成研究中,最重要的工作是将目标分子(target molecule,TM)通过"切割"化学键来"分解"这个目标分子,得到比目标分子小得多的相关碎片分子,且这些碎片分子简单易得,是最初合成的原料分子。这种对目标分子进行"分解"的过程就是有机合成的逆向合成(retrosynthesis)分析,也是合成该分子成败的关键。合理和有效的逆向分析,将会得到若干理想的碎片分子。从这些简单分子出发,通过系列的合成就可以得到目标分子。因此,简洁而高效的逆向分析可以达到事半功倍的效果。例如,在竹珊瑚(*Isis hippuris*)中发现的两个新倍半萜类化合物[1]:Isishippuric acids A(**1**)、B(**2**)。化合物 **2** 对 P-388(ED$_{50}$<0.1 μg/mL)和 A549 以及 HT-29 有很好的活性。

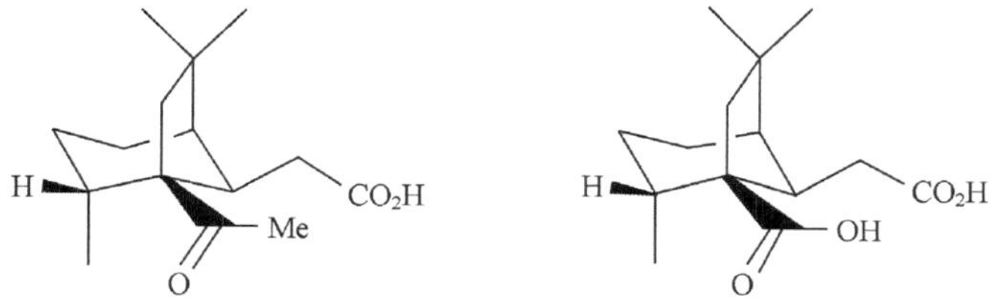

1　　　　　　　　　　　　**2**

这引起了相关研究人员的注意[2]。从合成策略上看,化合物 **2** 可以从如下几个有机前体分子出发(图 5-1)。

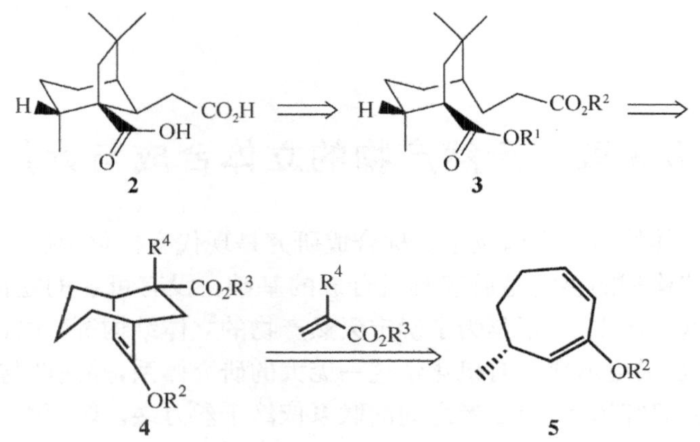

图 5-1　目标分子的逆向分解

　　显然,构建七元环结构 **5** 将是其中的一个合成关键。该反应利用天然的香茅醛的手性中心,经过三步反应得到相关的七元环中间体结构 **9**(图 5-2)。

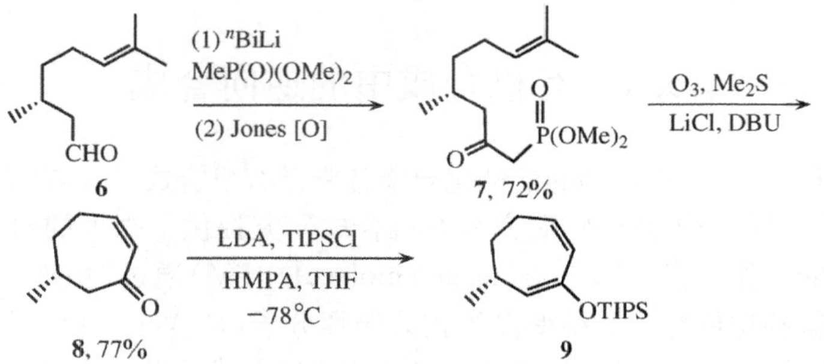

图 5-2　中间体七元环结构 **9** 的合成

　　在这个过程中,中间体 **8** 的合成也可以利用其他的合成路线[3]。但相比较而言,利用香茅醛为起始反应原料比较经济。利用中间体 **9** 的双键结构与丙烯酸甲酯进行 Diels-Alder 反应可以构建下一个中间体结构 **15**,并利用该结构通过加成反应得到产物 **2**。图 5-3 给出了相关的反应路线。

　　通过合成得到的化合物的波谱数据与从植物中分离得到的化合物 **2** 完全一致。另外,旋光数据更直接证明二者是一致的结构。实验得到的旋光值为 −104°,与分离得到的基本一致(−115°)。

　　显然,合成任何一个天然产物,都必须将该天然产物进行必要的"分解"。分析方法的对错与好坏,直接决定了合成的成功与否。对于复杂分子而言,全面而有效的逆向合成分析不是一件简单的事情。对此方面的研究,曾被人形象地称为合成艺术。例如,对于分离得到的 terpestacin(**18**)以及衍生物 **19**,其立体结构经多方实验结果得到了证实,它具有抗病毒活性[4]。在早期的合成研究中,研究人员用了大约 38 步的合成步骤得到了这个化合物[5]。但在 2002 年的报道中,该化合物的对映选择性合成仅用了 19 步,其总收率为 5.8%[6]。显然,这种"艺术"是建立在多种实验的综合研究基础上。

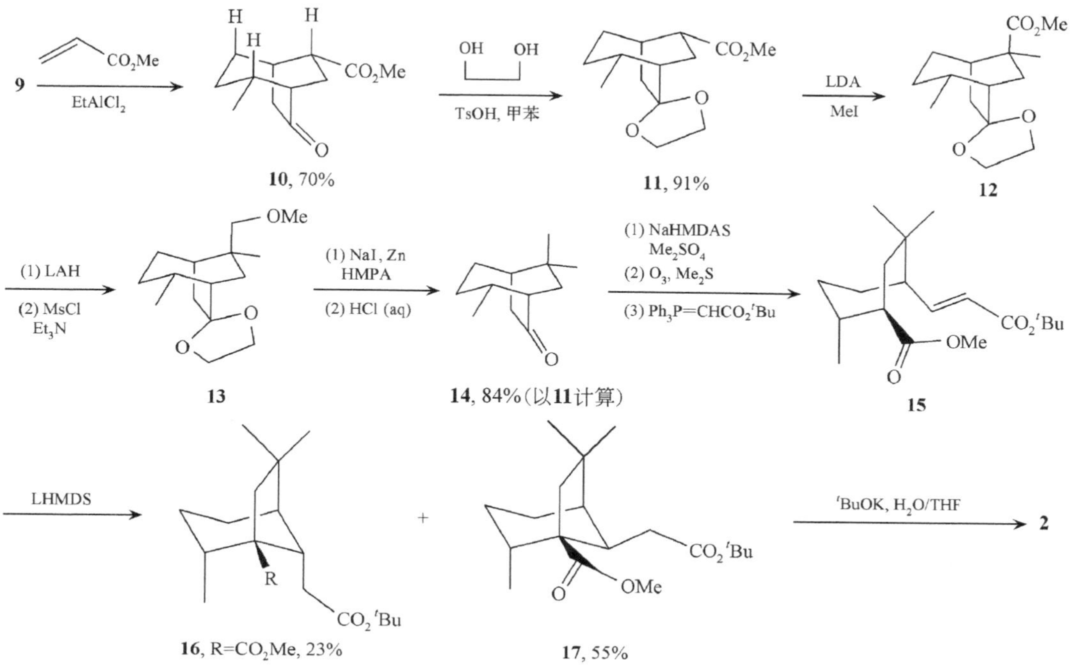

图 5-3 利用中间体 9 来合成得到最终的反应产物 2

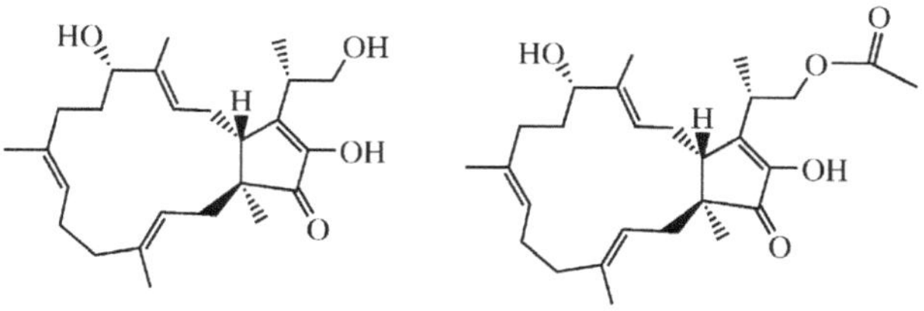

该合成设计从 (R,R)-伪麻黄碱丙酰胺衍生物出发,得到手性中间体 **20**,产率可达 93%,其 de 值达 99%(图 5-4)。**20** 通过碘取代后,得到顺反异构为 1:12 的混合物。该混合物在通过柱色谱后,得到 86% 的纯反式化合物。这里,碘代反应起到两个作用,一是断开酰胺键;二是双键断裂后新的手性中心的生成。

22 与 **24** 的反应在 **24**:**22** 为 1.5:1 和 −78℃ 的条件下进行。反式立体异构体 **25** 的产率约为 86% 左右。**25** 的开环产物 **26** 通过悬浮在 DMF 中与 NaH 反应,并最终以 81% 的产率环化生成 **27**。但 **27** 通过二异丁基铝氢(DIBAL-H)的还原反应,得到 1:1 的立体异构体。而 CH₃Li 的加入,在最后消除水分子以后,得到单一的环化产物 **28**。这个反应很方便地将羰基的转化与分子中立体构型的保持很好地统一起来。

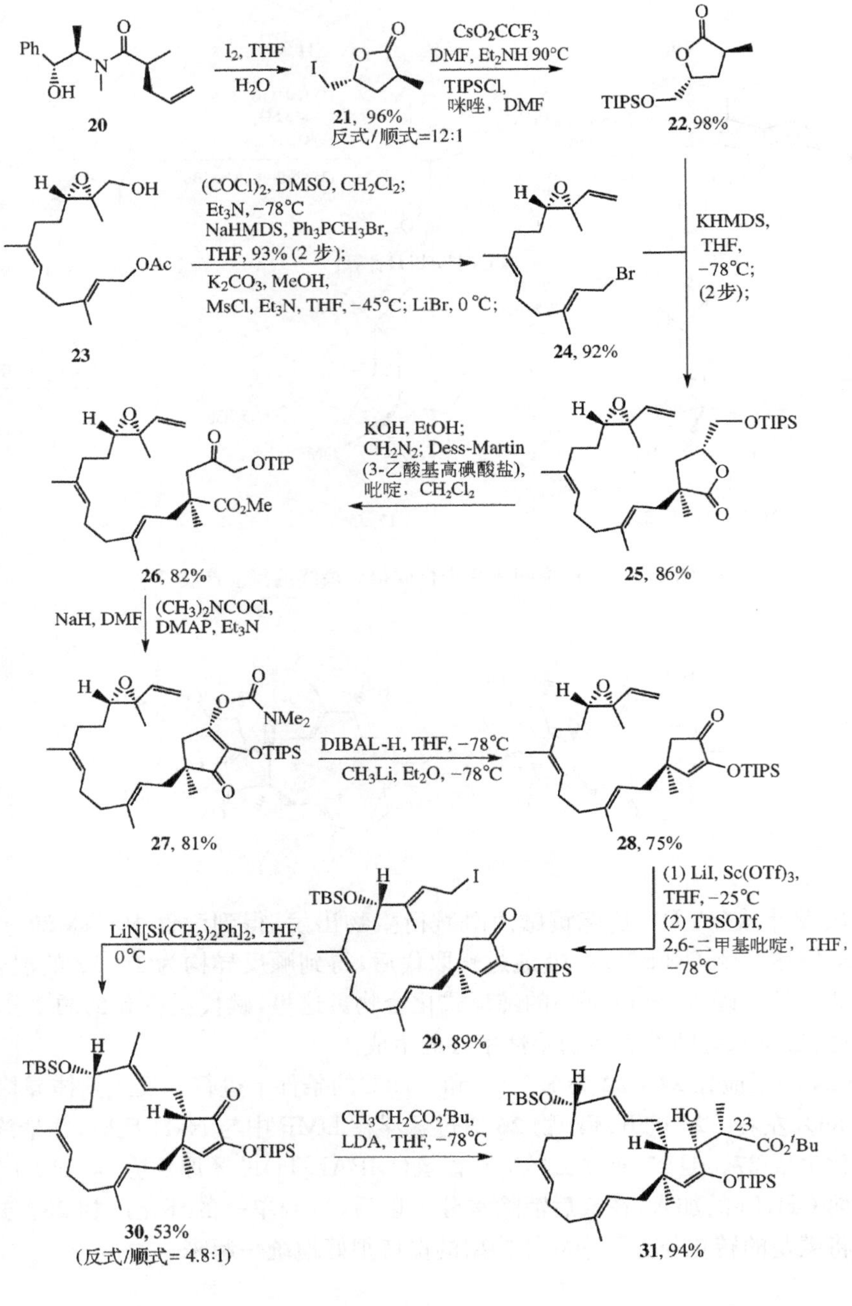

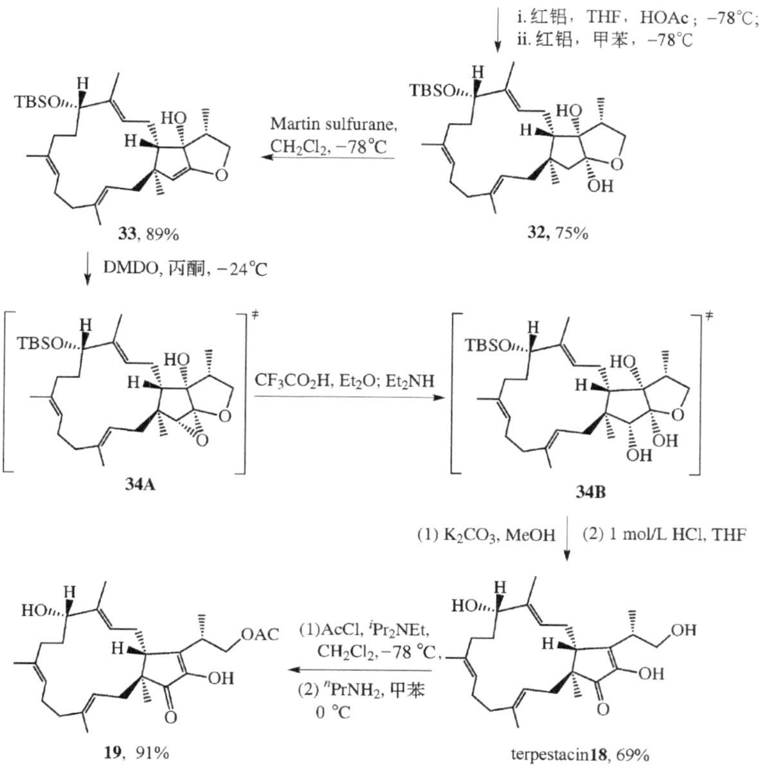

图 5-4　目标分子 **18** 和 **19** 的全合成路线

　　将 **28** 与五倍量的 LiI 混合，并在 Sc(OTf)$_3$ 参与下，可以将其在低温（−78～−25℃）下转化为 **29**。将 **29** 环化成为 **30** 是一个挑战。它需要在非常稀的溶液中（如 0.002mol/L）进行，而且反应的温度需维持在 0℃ 左右。所用的碱为双（二甲基苯基硅）胺锂。这一步的产率仅为 53% 左右，顺反异构体的比例为 1∶4.8。在成功得到中间体 **30** 后，第一个比较容易实现的是在二异丙基胺锂作用下，将 **30** 与特丁基丙酯通过 1,2-加成反应生成羟基酯 **31**。如图 5-4 所显示的那样，在 **31** 的 β-面发生加成。该加成产物 **32** 的 NOE 数据支撑了这种加成方式。在这里，重要的是 C23 的立体化学结构。通过将 **32** 转化到 **18** 支持了该 C23 的立体构型。

　　在 **32** 结构中构建一个新的四氢呋喃环结构涉及两步反应。第一步是还原，可以利用红铝试剂；第二步是三异丙基硅基烯醇（OTIPS）基团的离去。该基团的离去将使得该烯醇还原为酮式结构。这个酮羰基再与被还原的羟基发生缩合反应成环生成 **32**。

　　随后的反应比较简单，半缩酮结构 **32** 可以很方便地脱水生成环烯醚结构 **33**。将 **33** 与二甲基二氧烷在丙酮中于 −24℃ 时搅拌，可以得到不稳定的环氧中间体结构 **34A**，它在 TFA 中开环，并在过量的 Et$_2$NH 中形成中间体 **34B**。

　　中间体 **34B** 在用 K$_2$CO$_3$ 脱去质子后，并用酸来裂解特丁基二甲基硅基后，就得到所需要的天然结构 **18**。在经过乙酰化反应后生成另一个衍生物 **19**。

在有机合成研究中,螺环的合成是一件不容易的工作。含螺环结构 reveromycin B (**35**)[7],可能代表了一类新的抗肿瘤药结构[8]。

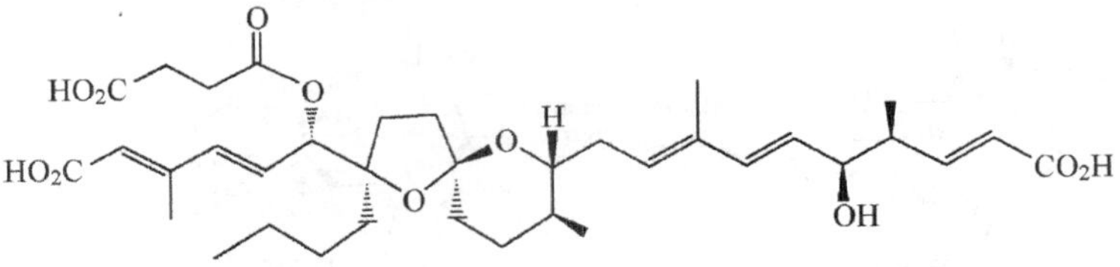

35

有人在研究 reveromycin B(**35**)的合成过程中[9],将其分解为 6 个片段,见图 5-5。在这个逆向合成分析中,可以考虑如下几个因素:①C2 与 C3,C8 与 C9 处,可以利用合适的叶立德试剂通过 Wittig 反应来构建;②在 C21 与 C22 处,可以利用 Pd(0)催化下的交联反应来获得;③在 C4 与 C5 的构建中,利用不对称的顺式羟醛缩合反应来得到。在 C19 处的酯化反应是一个很经典的反应。这样,整个分子在分解成六个大的部分以后,所需要的是合成关键的碎片分子 **36**。

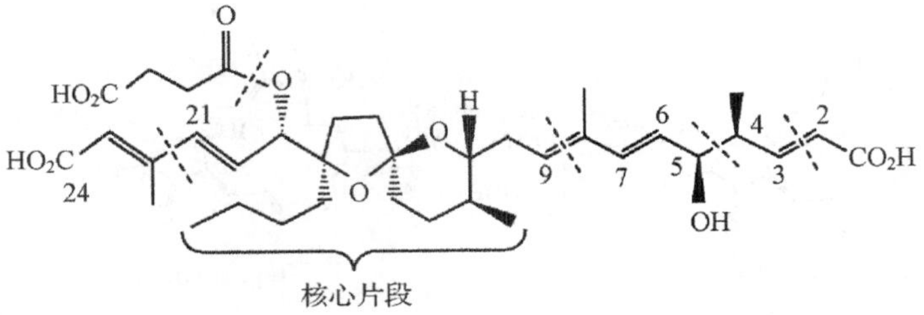

图 5-5　化合物 **35** 的逆向合成分析

这个分解后的关键分子碎片结构可以表示为如下 **36** 的结构。

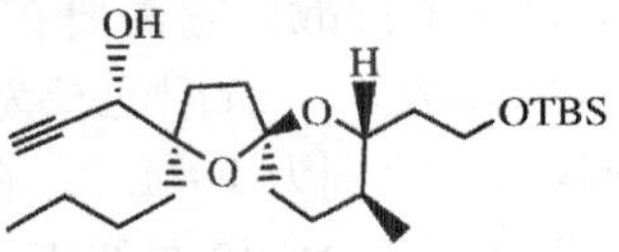

36

因此,合成关键碎片分子 **36** 将是决定合成的关键步骤。有人利用 **37** 为起始原料,在[4+2]的环加成反应中得到分子 **38**。这个反应能在 110℃的条件下进行。环加成过程中立体构型的控制动力来自底物分子已有的两个手性中心的端基效应。**38** 的环氧化反应发生在手性螺环结构氧原子的反面而得到 **39**。该环氧化合物在手性樟脑磺酸的催化作用下,经过两步重排反应得到中间体 **42**。图 5-6 列出了相关的合成方法。

从 **42** 出发,经过与三甲基硅乙炔锂反应得到立体控制的产物 **43**(图 5-7)。但该产物的 C19 的立体构型与天然产物不一致。因此,通过先利用 Dess-Martin 氧化[10],再还原得到主要与天然产物构型一致的化合物 **43**(90%为所需结构)。最后经脱保护基等反应得到中间体 **44**。

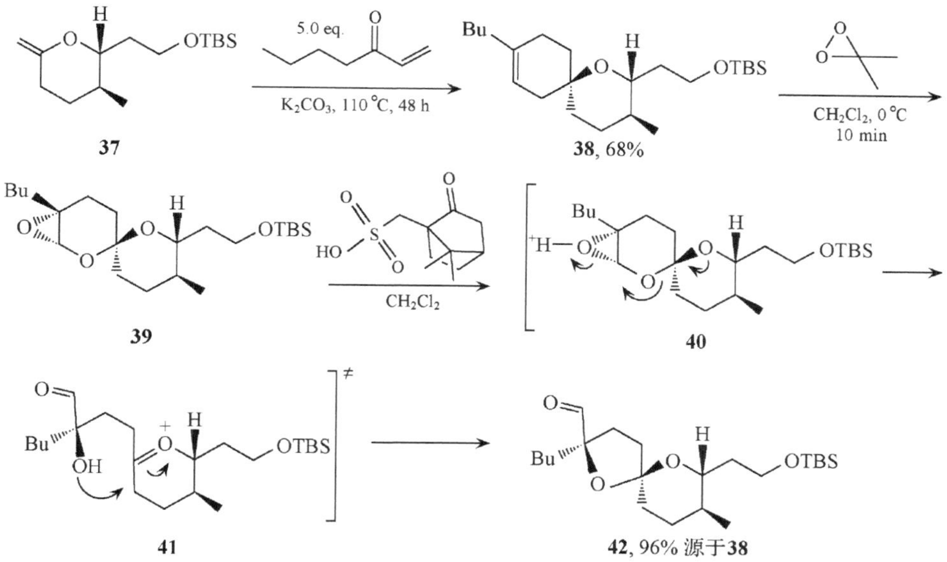

图 5-6　中间体 **42** 的合成路线

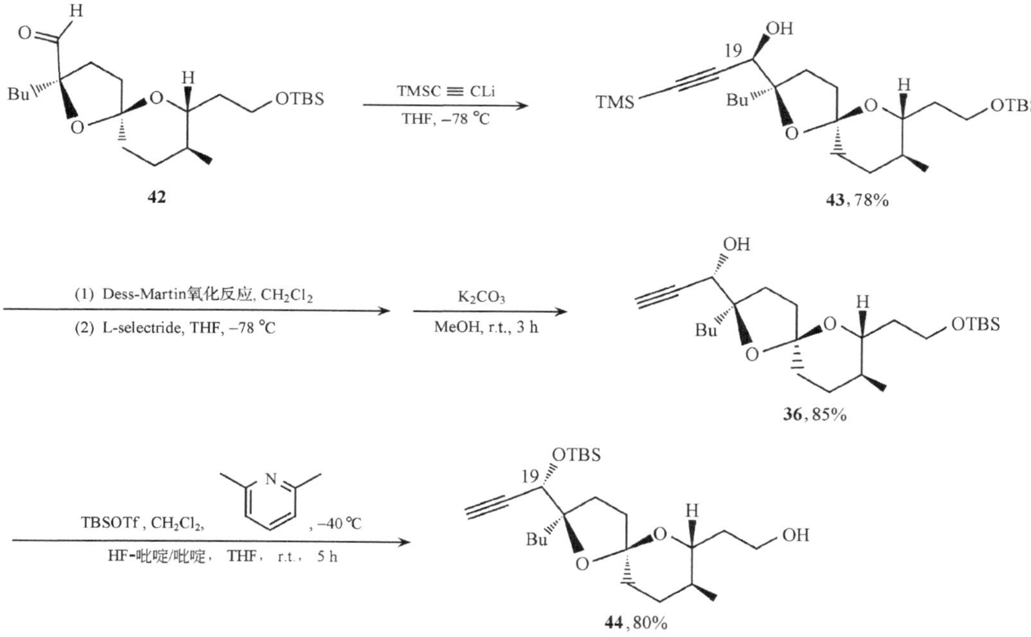

图 5-7　中间体 **44** 的合成路线

　　将 **44** 氧化后与 Wittig 试剂等三步反应以比较高的产率得到 **45**。在用 DIBAL-H 还原并氧化得到醛 **46** 后,即可用来进行羟醛缩合反应。在这个缩合反应中,手性助剂 **47** 被用来进行手性中心的控制。再去掉 **48** 中含 **47** 结构的取代基,得到用于下一步反应的中

间体 **49**(图 5-8)。

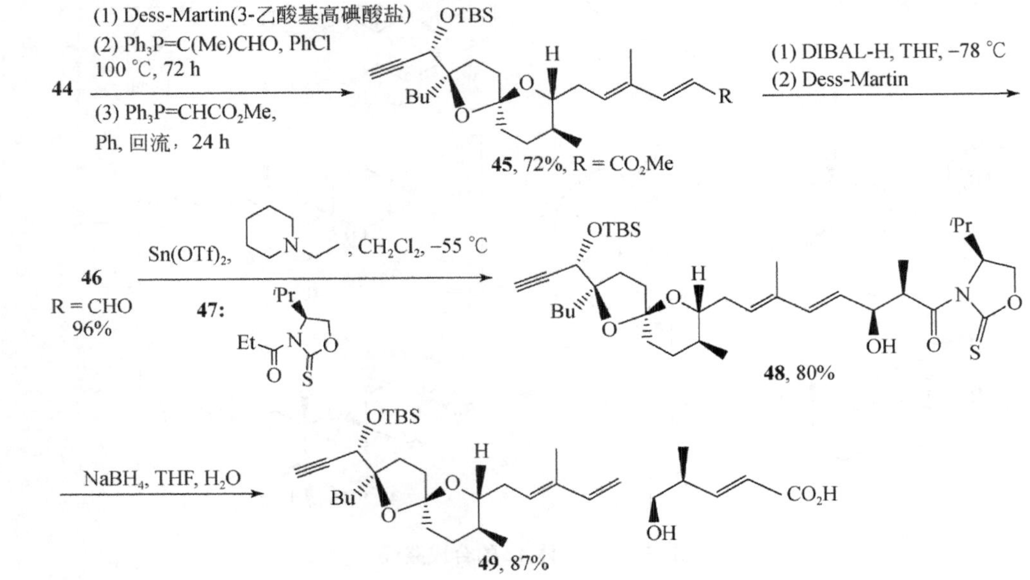

图 5-8　中间体 **49** 的合成路线

利用 **49**,可以用 Pd(0)来构建 C21 与 C22 的连接。随后,将二醇 **50** 放在热的 THF 中与 TBFA 作用转化为 **51** 后,立即与乙烯基碘 **52** 反应得到 **53**。再在 TBSCl 等参与下共同反应得到中间体 **54**(图 5-9)。

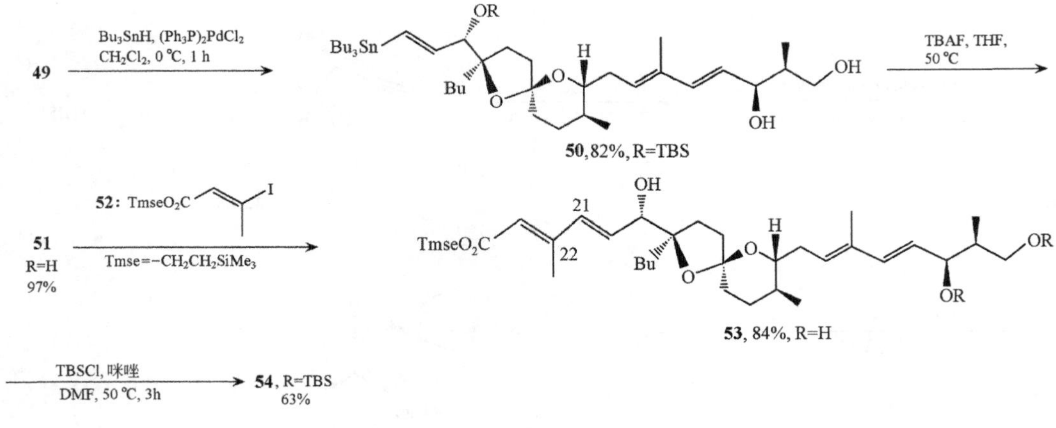

图 5-9　中间产物 **54** 的合成路线

在得到关键的中间体 **54** 后,利用相关的几步比较简单的反应即得到天然产物 **35**,如图 5-10 所示。

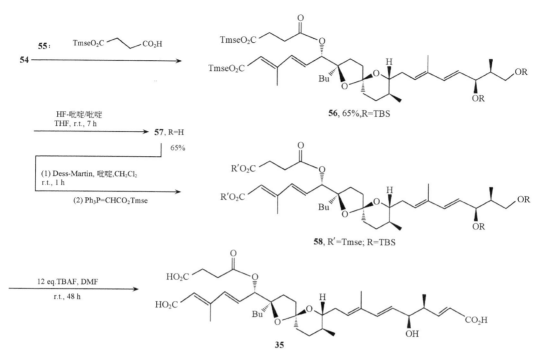

图 5-10　最终产物 **35** 的合成路线

5.2　天然产物的合成实例

5.2.1　FR901464 的全合成

正如前面提到的那样,合成是一门艺术。对目标分子分解的好坏,不但决定了合成路线的长短,也决定了合成的成功与否。例如,分子 FR901464(**59**)是一个有潜力的抗癌药物[11]。在对 A549 细胞、SW480 以及 HCT116 等的癌细胞系列研究中,表现出了很高的生理活性。对它的逆向分解,可以分解为若干关键的前体化合物结构 **60** ～**67**(图 5-11)[12]。尽管这个合成路线最终失败,但是整个合成的思路和反应条件的选择对合成研究依然有很好的参考价值。

因此,按照这个合成思路开展系列研究。首先合成碎片分子 **61**。在这个过程中,一个从 **73** 到 **74** 的构型转化反应提高了最终 **61** 的产率(图 5-12),反应过程中用 OsO₄ 作为氧化剂。

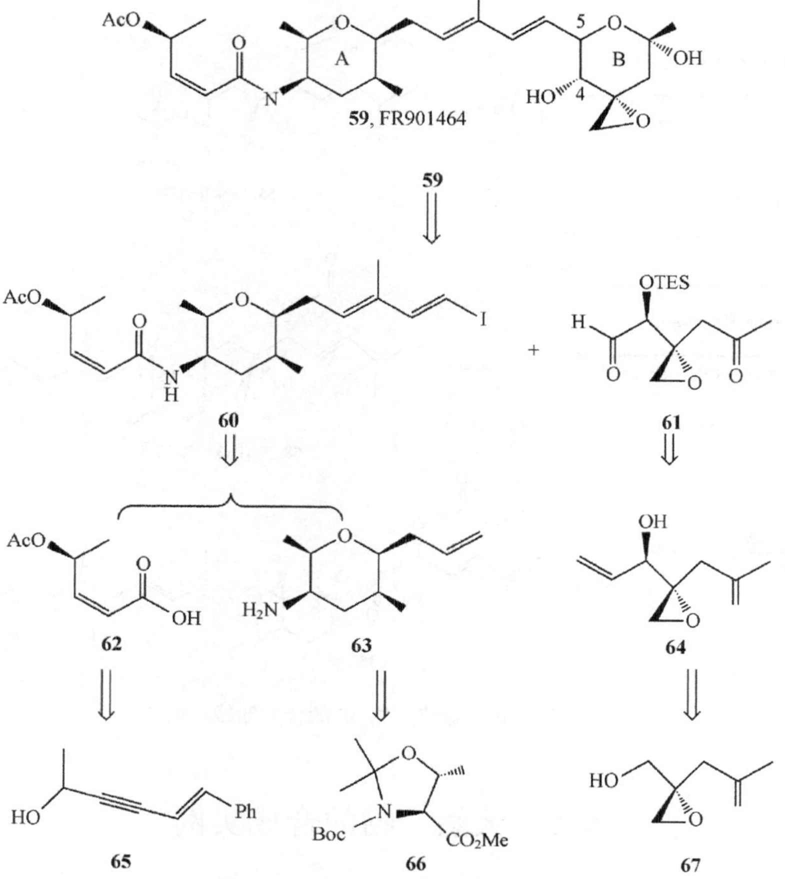

图 5-11　FR901464 的逆向合成分解分析

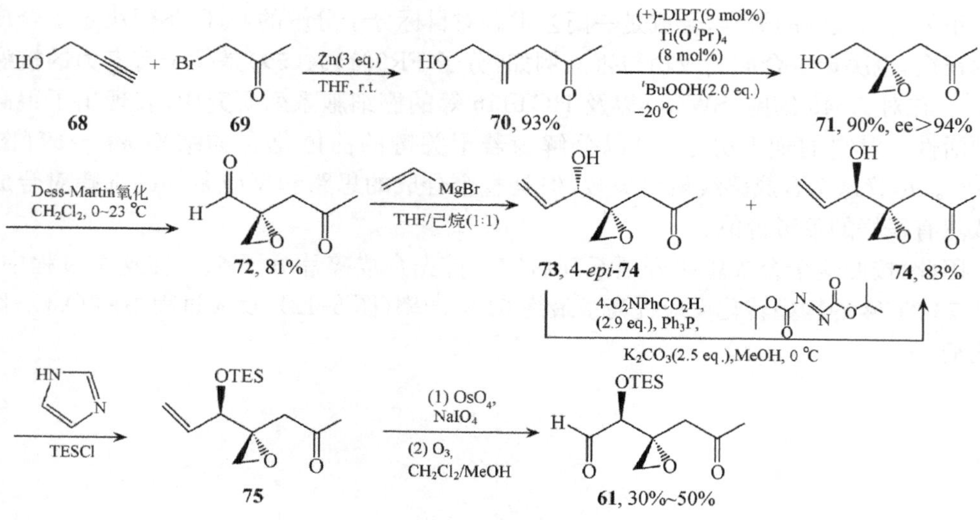

图 5-12　碎片分子 **61** 的合成路线

碎片分子 **62** 的合成路线如图 5-13 所示。

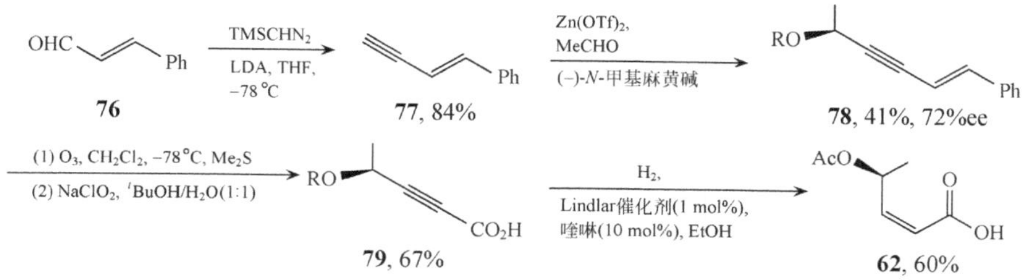

图 5-13　碎片分子 **62** 的合成路线

A 环的合成相对比较复杂。图 5-14 给出了具体的合成方案。该方案中在从 **84** 到 **85** 的转化反应中，用到了双烯 Metathesis 反应。Metathesis 反应是一类得到广泛应用的反应，相关的研究人员因此获得过诺贝尔化学奖。在 PtO$_2$ 催化下 **86** 到 **87** 的过程中，由于在环上已有两个手性中心，因此，受到这些影响，在还原反应中，得到的主要产物结构为 **87**（100%）。从半缩醛 **88** 到吡喃 **89** 的反应是有机合成转化反应中有意义的一个反应。

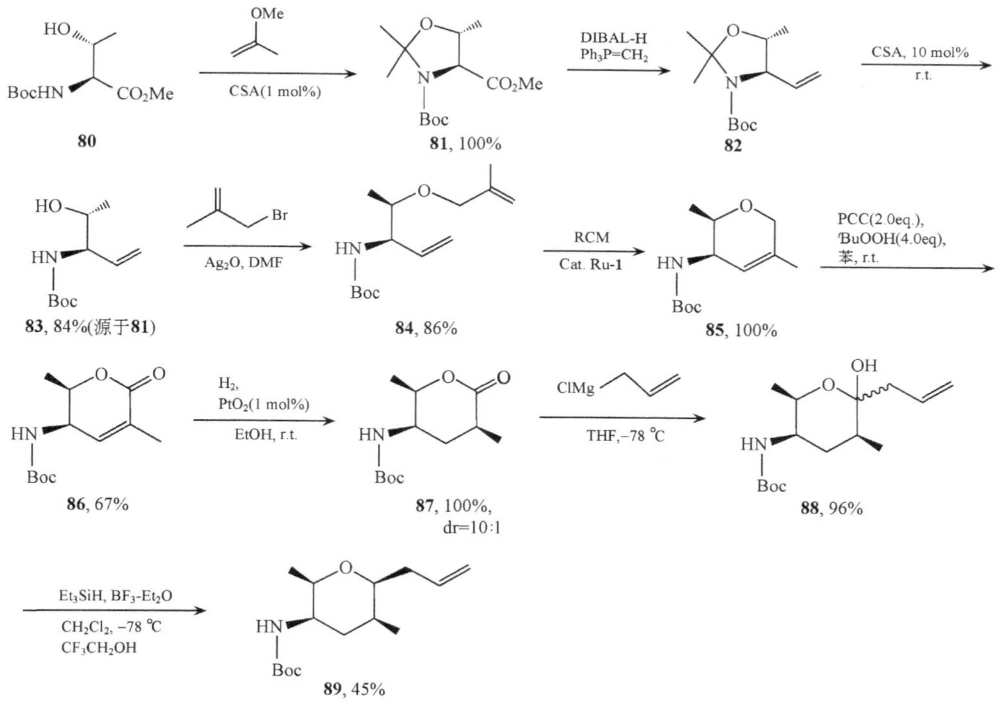

图 5-14　环结构 A 部分的合成

上述 Metathesis 反应中要用到催化剂，这些催化剂结构（**90 ～92**）列在下面。有关该反应的报道已经非常普遍，读者可以自己去寻找相关的文献。

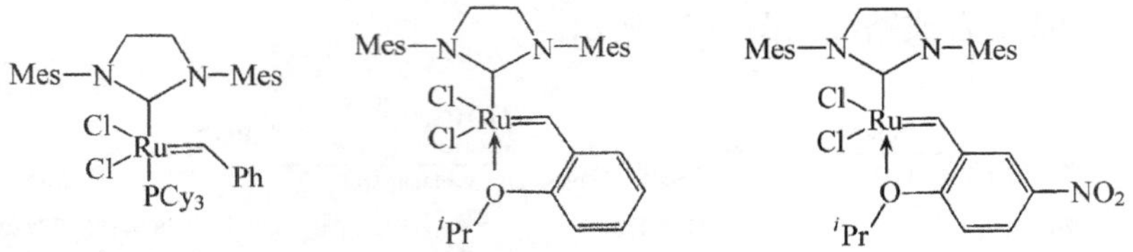

90, Ru-1　　　　**91**, Ru-2　　　　**92**, Ru-3

利用中间体 **89** 再次与大大过量的丙烯醛发生 Metathesis 反应得到 **93**。但在经过系列反应后，在 **95** 中加入中间体 **61**，并没有生成预期的产物，相反，得到的是 **61** 的分解产物和 **95** 的脱碘产物 **96**。图 5-15 给出了反应路线。

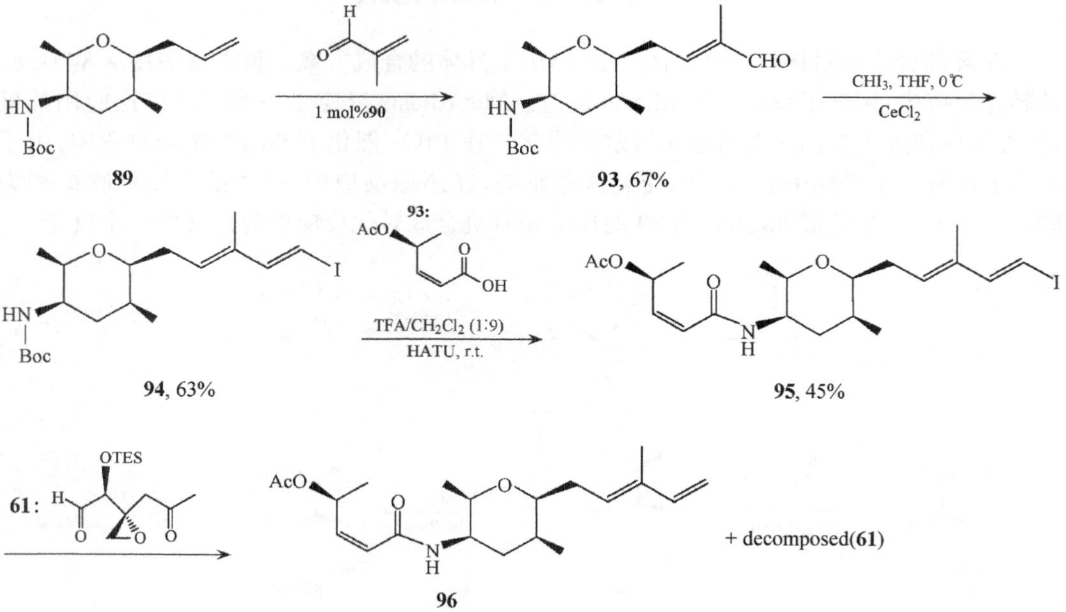

图 5-15　目标产物的失败合成

其实，即使对于熟练的有机合成研究人员，出现上面的设计失败的情况并不少见。这个实验的设计初衷并不被人认为失败。问题的关键是有机化学是一门实验科学，设计得再好，最终能被证实的才是可靠的。显然，在这个反应中，希望通过偶联反应来构建这个分子行不通。

由于上面提到的偶联反应不能形成相关的多烯结构，而在实际工作中，Metathesis 反应可以在双烯分子间（或分子内的双烯结构）形成一个新的单烯结构，因此，在这个逆向分解过程中，Metathesis 反应再一次被用来构建含多烯的链状结构。为此，重新设计路线，在新的设计过程中，将目标分子分解为下面的几个部分。

图 5-16 给出了新的逆向分析。在这个新的路线中，前面合成得到的碎片分子 **97** 依然在新的设计路线中，只是在另外的碎片分子中设计为 **98** 或 **99**。

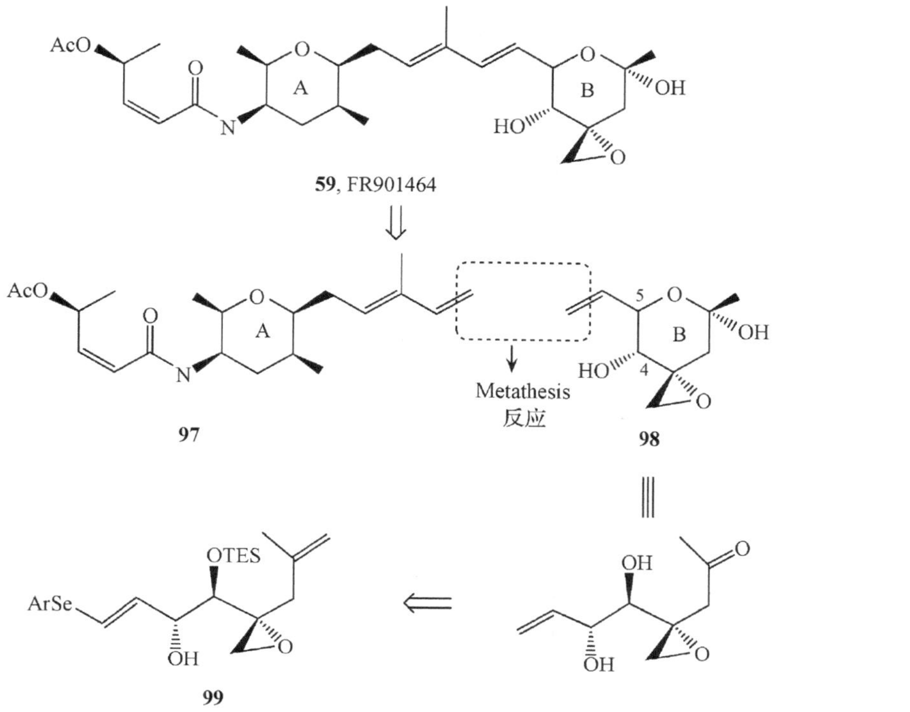

图 5-16　FR901464 新的逆向分解路线和碎片分子

显然，碎片分子 **98** 或 **99** 成为这个新的设计路线的关键。从前面的讨论中，我们可以设计得到这个碎片分子的合成路线（图 5-17）。

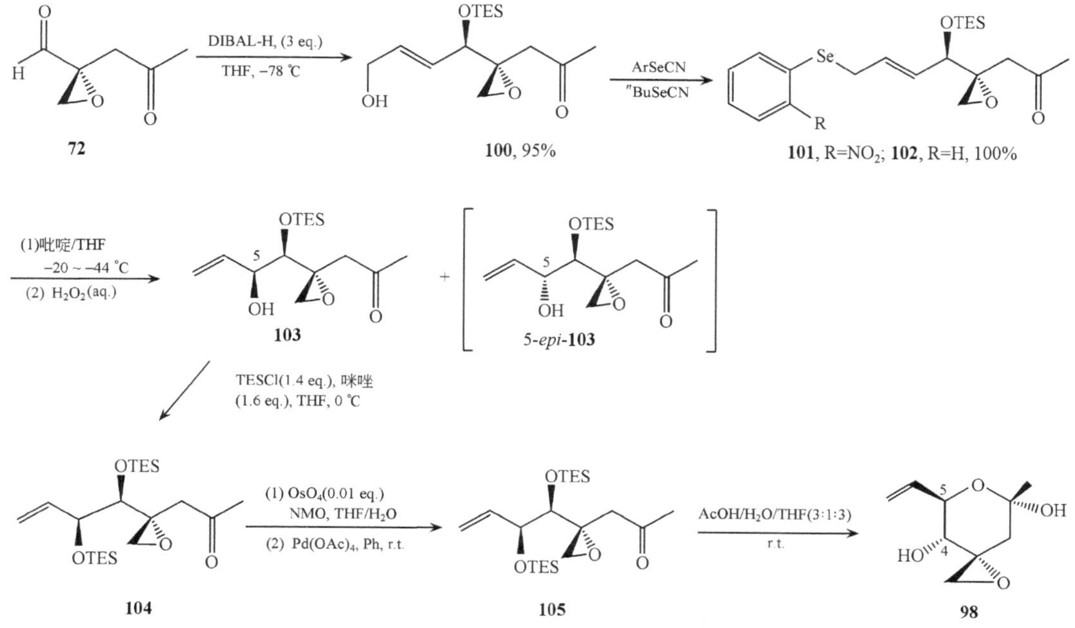

图 5-17　碎片分子 **98** 的合成路线

至此,我们已经得到了相关的碎片分子 **97** 和 **98**。因此,可以利用 Metathesis 反应进行双分子反应。实验表明,低温有利于反应产物的生成(图 5-18)。

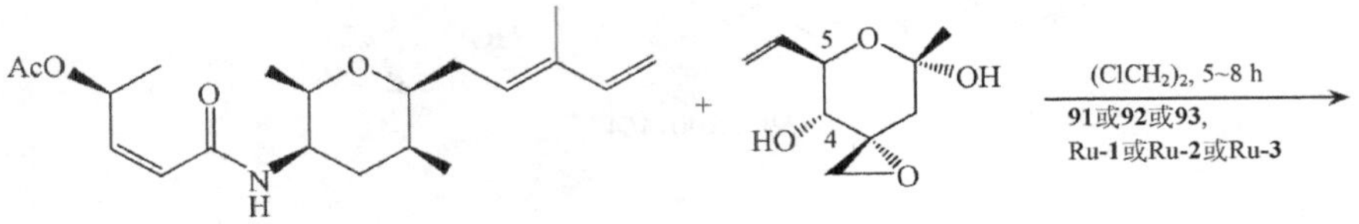

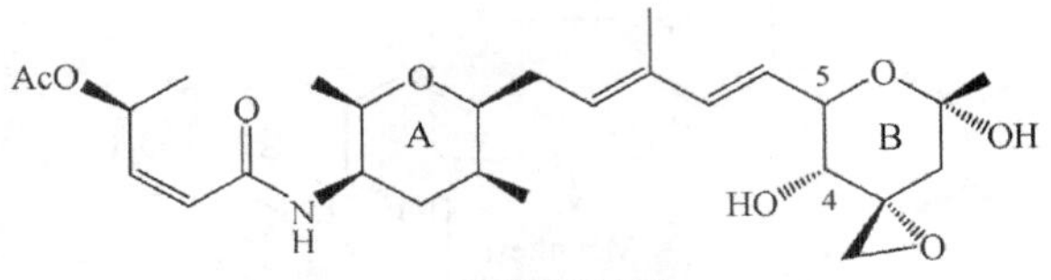

催化剂 (10~12 mol%)	温度 /℃	产率 /%
91	43	12
92	42	13
93	23	28*

59, FR901464

图 5-18　目标分子 FR901464 的合成路线
* 在回收 40% 的 **97** 和 **98** 后,新计算得到的产物产率应为 54%

5.2.2　(+)-aigialospirol 的全合成

(+)-aigialospirol(**106**)是从海洋真菌(*Aigialus parvus* BCC5311)中分离得到的化合物[13]。其结构中独特的一点是由缩酮联系的手性螺环双环结构。尽管其生理活性目前尚不清楚,但不少研究人员都认为海洋真菌的化学结构代表了药物分子结构的重要类型[14]。与此同时,化合物 **106** 与天然产物 **108** 之间被认为具有一定的生源关系(图 5-19)。

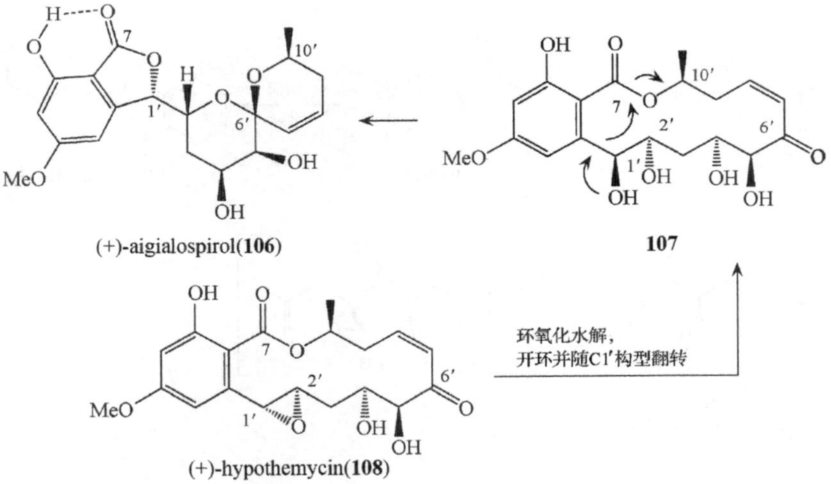

(+)-aigialospirol(**106**)

107

环氧化水解,
开环并随 C1′ 构型翻转

(+)-hypothemycin(**108**)

图 5-19　(+)-aigialospirol 与(+)-hypothemycin 之间的可能生源关系

虽然该化合物的结构相对比较简单,但是开展其全合成研究有其意义。在常规分解分析中,最容易想到的是双羟基对酮的缩合生成缩酮结构,从而分解得到分子碎片 **109**。

从另外一个角度来看,利用分子结构中的双烯进行 Metathesis 反应来构建分子环,也是一个非常有吸引力的分解结果。考虑到常规分解碎片分子合成的意义不大,而相比较而言,利用双烯进行 Metathesis 反应来构建分子环更有意义。因此,在合成 **106** 时,只考虑从分子碎片 **110** 出发的合成策略[15]。图 5-20 列出了这些分解结果。

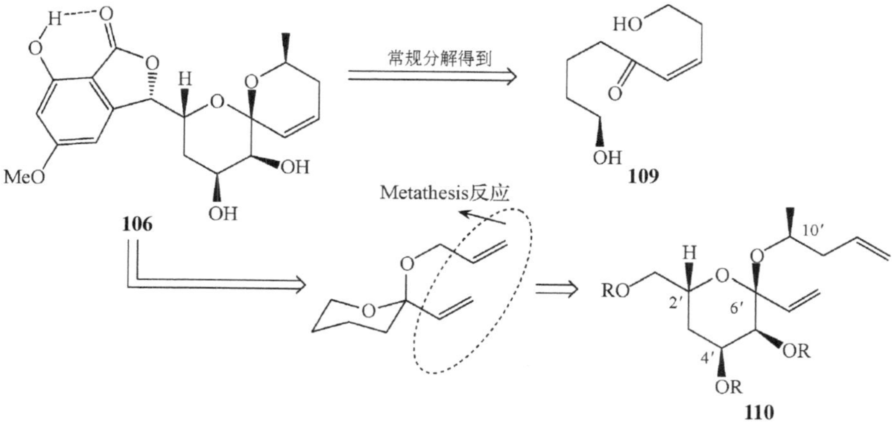

图 5-20　分子(＋)-aigialospirol(**106**)的逆向分解策略

为此,利用原料脱水甘油(S)-**111**,经过四步反应得到 **112**。在利用 OsO₄ 氧化双键并保护后,利用格氏试剂对羰基加成得到 **114**。该中间体能在溶液中异构化为半缩酮 **115**,其立体异构体的比例为 3.8:1。利用半缩酮的羟基与(S)-4-戊烯-2-醇反应生成缩酮,再通过 Metathesis 反应成环得到 **117**。在将 **117** 转化为 **118** 并进行相关的波谱学研究空间的相互关系以后(主要是通过空间的 NOE 关系来确认其空间的相互联系),证明了其立体结构的正确性。进一步的 X 射线衍射实验也证明了其结构的可靠性(图 5-21)。

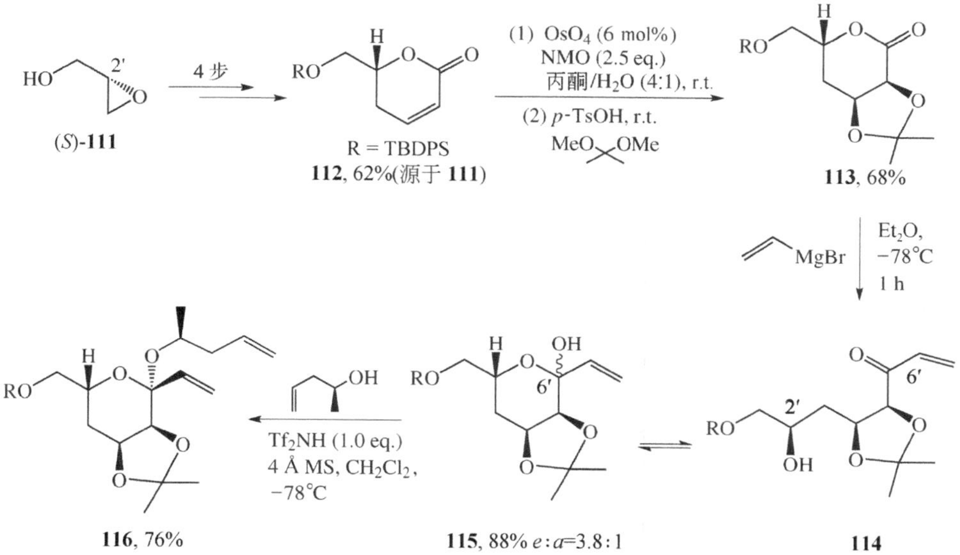

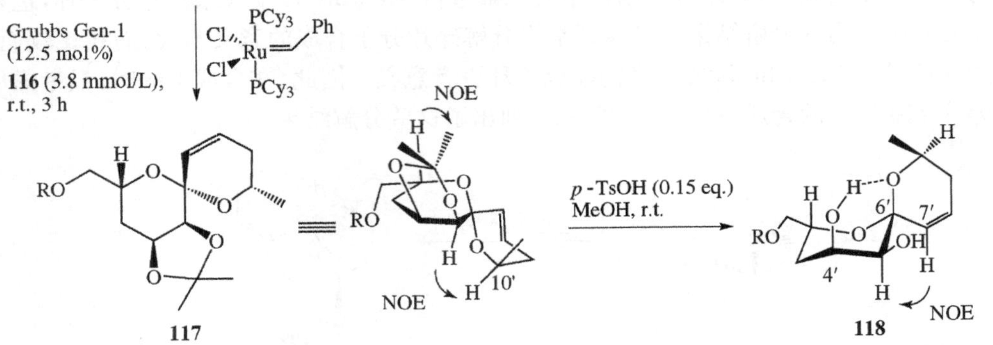

图 5-21　通过合成中间体 **118** 来验证合成策略中立体构型构建的正确性

因此,继续以 **117** 为反应原料,通过五步较常规的化学反应得到天然产物 **106**,见图 5-22。

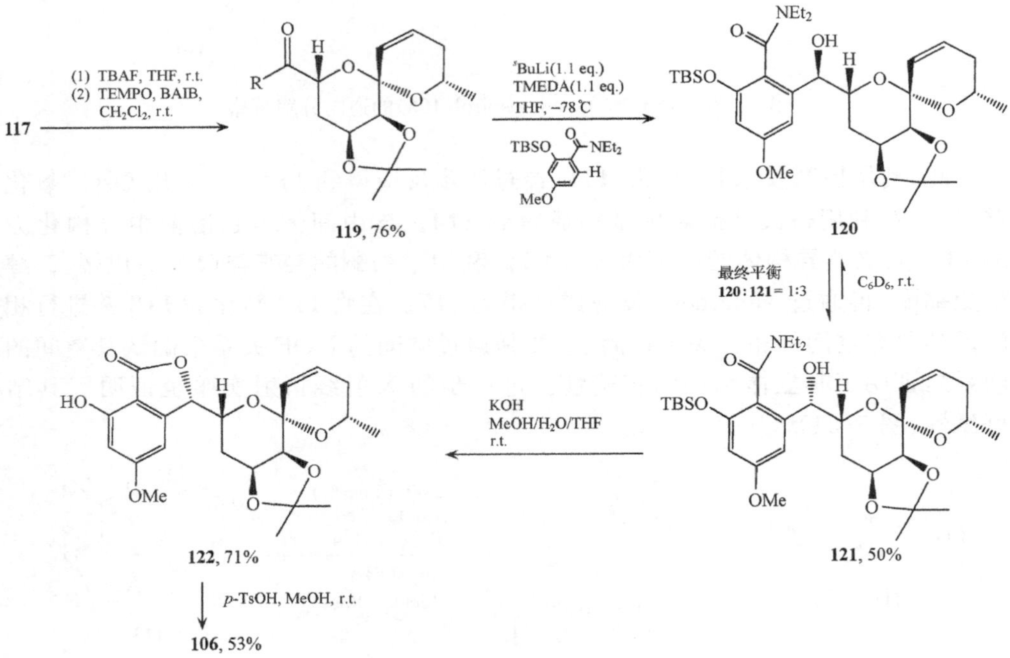

图 5-22　最终产物 **106** 的合成路线

在反应的最初阶段,**120** 与 **121** 的比例为 1.4∶1。但是这种平衡很快被打破,在 C_6D_6 中或者在硅胶作用下,二者的比例翻转为 1∶3。将酰胺化合物 **121** 水解后再酸化得到内酯 **122**,脱去保护基后得到天然产物 **106**。

5.2.3　(＋)-machaeriol D 的全合成

天然产物 machaeriol A～D(**123a**、**b**,**124a**、**b**)是从豆科植物(*Machaerium multiflorum*)的树干中分离得到的[16]。由于其中的立体构型的合成控制具有很大的挑战性,不少研究人员都进行了相关结构的合成研究。相关化合物的结构列在下面。

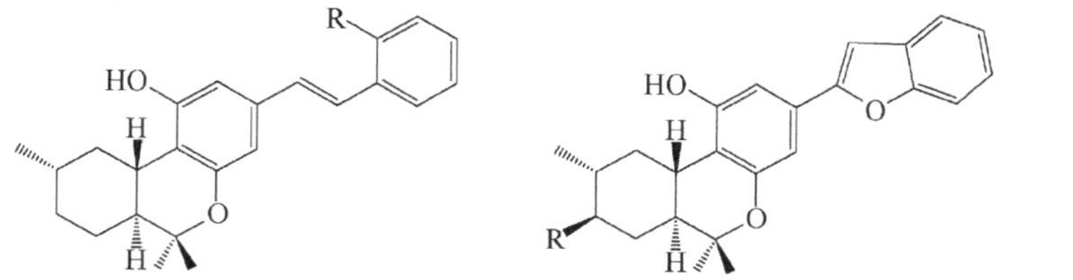

123a: R = OH, machaeriol A
123b: R = H, machaeriol B

124a: R = H, machaeriol C
124b: R = OH, machaeriol D

　　研究人员已经通过高选择性合成手段,成功得到了天然产物(＋)- machaeriol D (**124b**)[17]。其逆向合成分析列在图 5-23 中。

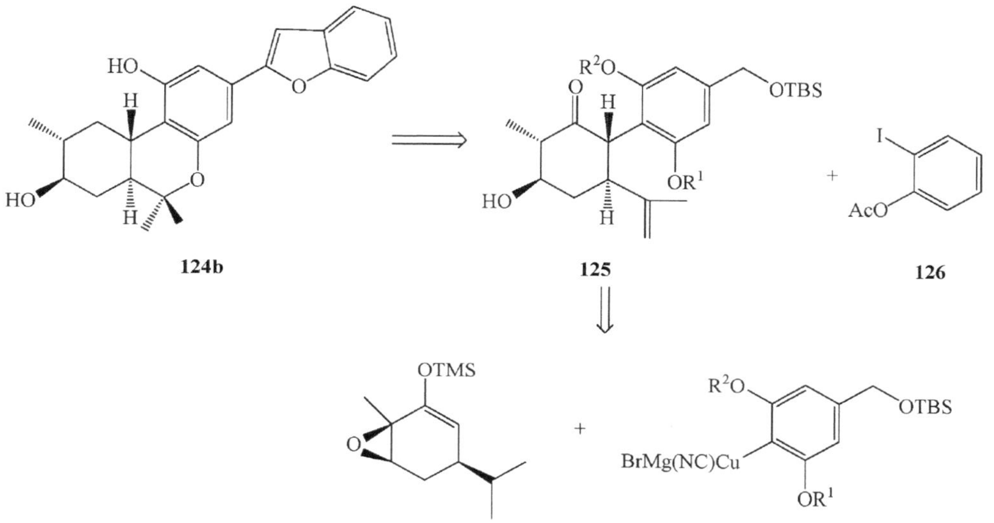

图 5-23　(＋)- machaeriol D(**124b**)的逆向分解策略

　　在分解目标分子的过程中,一个考虑是 B 环的酸催化缩合。在呋喃环的构建研究中,考虑到利用卤素的偶联反应等。在仔细分解后,最终的碎片分子为 **127** 和 **128**。

　　为此,从起始原料 **129** 出发,通过氧化和双键异构化得到碎片分子 **127**,这个过程中,合成得到碎片分子 **127** 的产率非常高。在碎片分子 **128** 的合成中,则利用起始原料 **131**。该原料经过四步常规基团保护得到中间体 **132**,在将溴从分子中用金属镁来反应后,再用 NaCN 与其反应得到高产率的 **128**,见图 5-24(下图为其中一部分)。

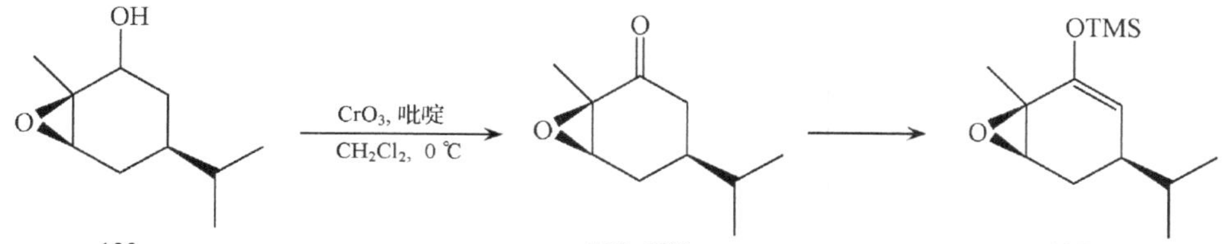

129　　　　　　　　**130**, 89%　　　　　　　　**127**

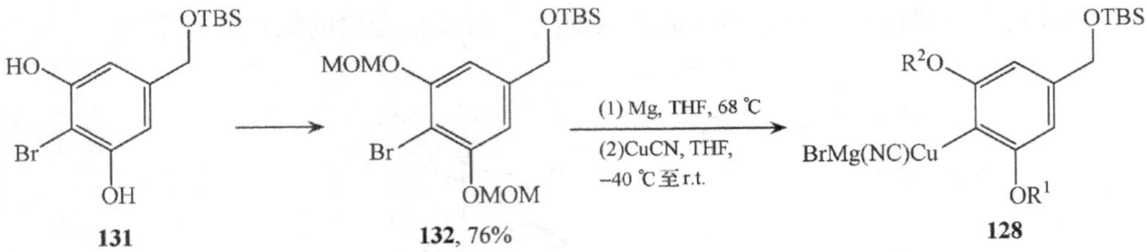

图 5-24　碎片分子 **127** 和 **128** 的合成路线

　　因此,将 **127** 和 **128** 在一起反应,经过加成、异构化等三步反应得到另外一个中间体 **125**。**134** 经还原等反应,将位于 A 环上的酮羰基还原为亚甲基。脱去一级醇上的 TMBS 保护基后,利用 PDC 等氧化得到相应的醛 **136**,这个中间体再发生 Wittig 反应,再在 "BuLi 作用下脱氢生成炔类衍生物 **137**。利用分子 **127** 与 **128** 的偶联反应,生成关键的前体化合物 **138**。到目前为止,分子中的呋喃环(B 环)还没有构建。在 K$_2$CO$_3$ 作用下,前体化合物 **138** 高产率地完成了呋喃环(B 环)的构建。图 5-25 列出了全合成路线。

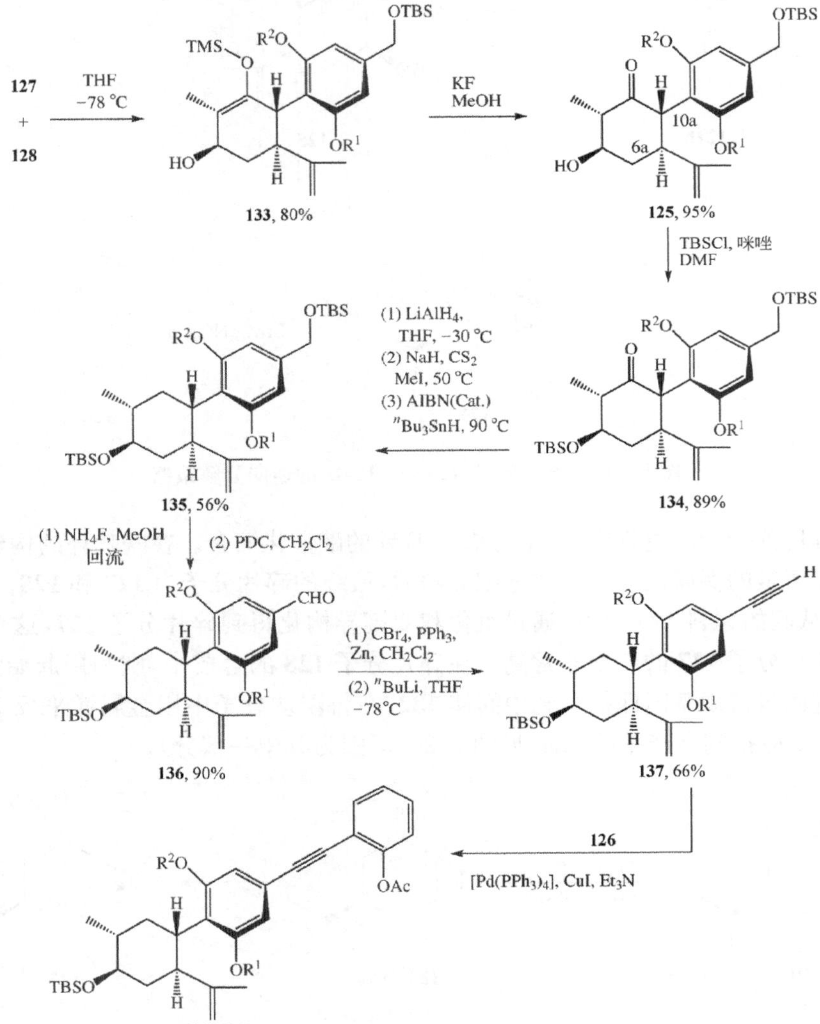

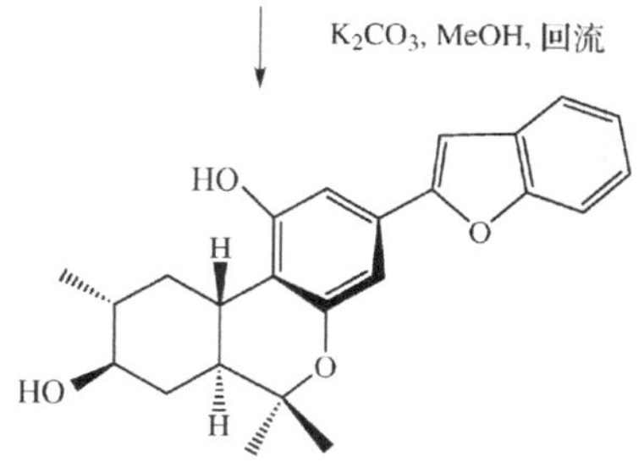

124b (+)-machaeriol D, 90%

图 5-25　(+)-machaeriol D(**124b**)的全合成路线

5.2.4　isochrysotricine 与 isocyclocapitelline 的全合成

isochrysotricine(**139**)与 isocyclocapitelline(**140**)均是从中国传统中药茜草科里的绒毛头状花耳草(Rubiaceae plant *Hedyotis capitellata*)中分离得到的[18]。从生源途径上来看，**139** 可能来源于 **140**。这个反应体系的特点是用三价金离子来催化环化反应得到关键的中间体结构。

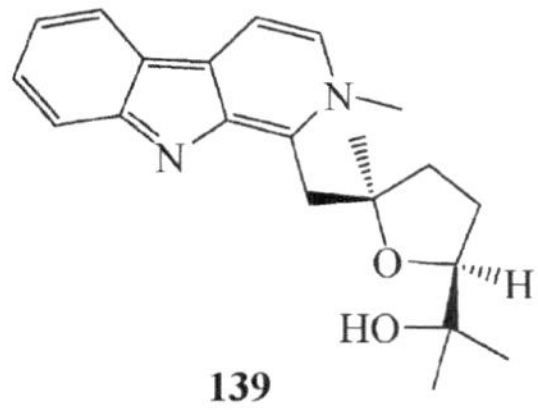

139

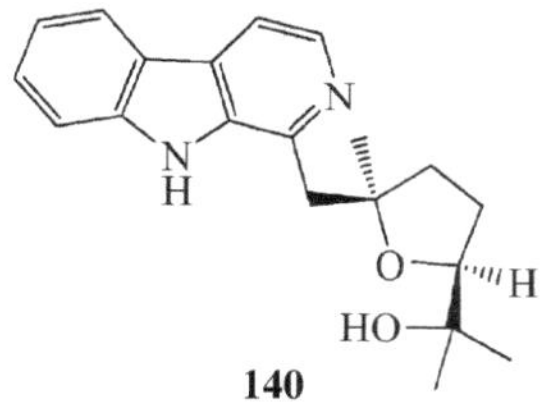

140

两个化合物的逆向合成分析列在图 5-26 中[19]。在这个逆向合成分解研究中，**140** 的合成可以明确考虑通过醛类化合物(**141**)与胺的 Pictet-Spengler 反应来构建其环结构(在脱氢后得到芳环)。在进一步分解到丙二烯 **142** 结构时，一个可能的想法是构建烯炔类结构 **143**，并从 **143** 出发，进一步分解其为碎片分子 **144**。

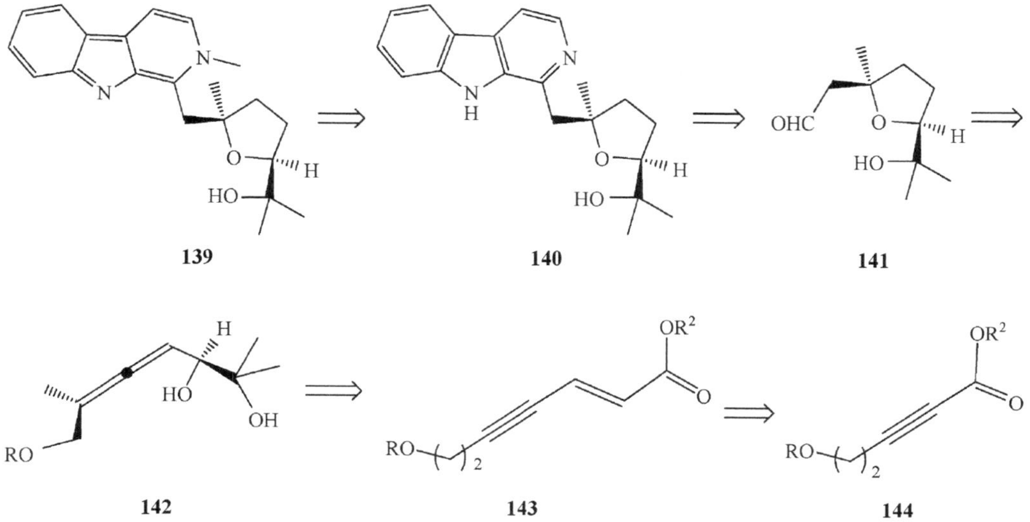

图 5-26　isochrysotricine(**139**)与 isocyclocapitelline(**140**)的逆向合成分析

　　以 **144** 为起始原料，在低温(－100℃)下用 DIABL-H 还原甲酯为醛，再与相关的磷酸酯反应得到缩合产物 **143**。该中间体经过 LiAlH₄ 还原、MnO₂ 氧化和 MeMgCl 加成后得到消旋化合物 **145**。(*R*)-**145** 的拆分通过 L-(＋)-酒石酸二乙酯(DET)等来实现。在成功实现 Sharpless 环氧化(**147**)后，再利用 Dess-Martin 氧化并与甲基格氏试剂反应，得到关键中间体 **142**。其具体的合成路线列在图 5-27 中。

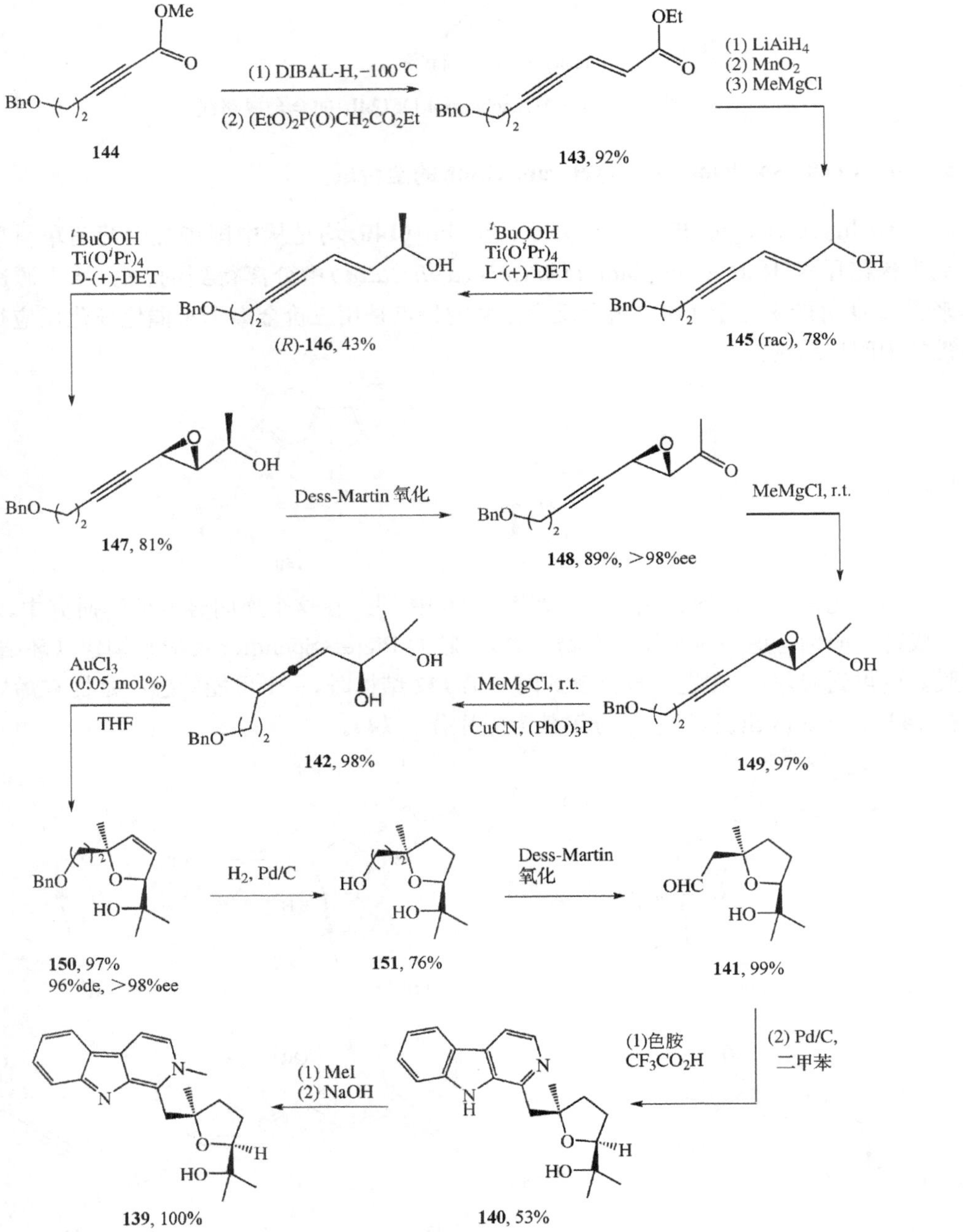

图 5-27　isochrysotricine(**139**)与 isocyclocapitelline(**140**)的合成路线

中间体 **142** 的环化反应用 Au(Ⅲ) 来催化实现。至此,关键的中间体全部得到,在经过后面一些常规反应后,成功得到天然产物 **139** 和 **140**。

5.2.5　(＋)-brefeldin A 的全合成

(＋)-brefeldin A(**152**)很早就被分离出来[20],有关其合成路线的报道超过 30 个。但是,利用新的合成手段来合成这个化合物依然引起不少研究人员的兴趣。在利用羟醛缩合反应的研究中,有研究人员报道了另一个合成路线[21]。

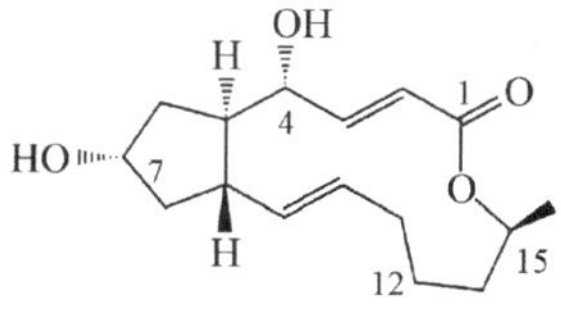

(+)-brefeldin A, **152**

其逆向合成分析列在图 5-28 中。在逆向分析中,关键是分解得到碎片分子 **155**,再将其分解为更小的 **156** 和 **157**。**154** 碎片分子的分解最终可以得到 **159** 和 **160**。

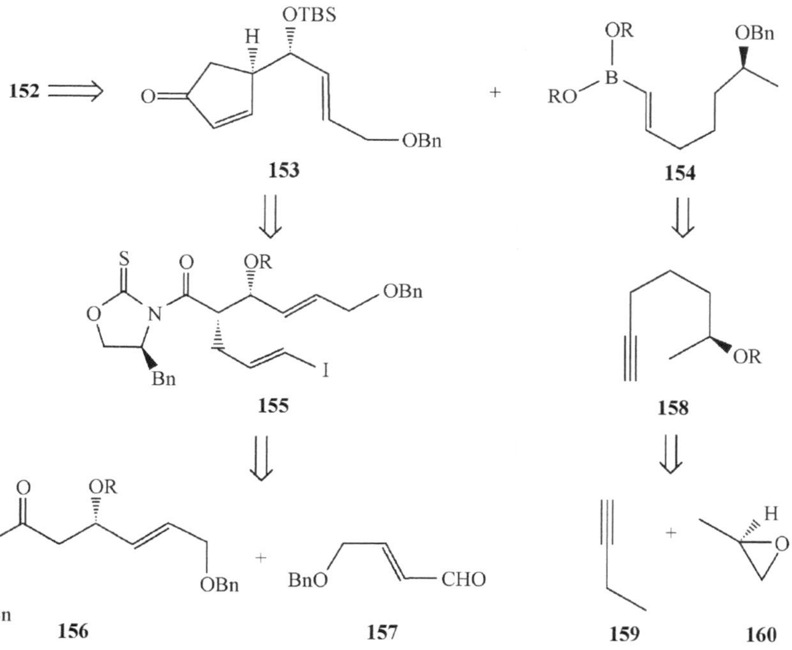

图 5-28　(＋)-brefeldin A(**152**)的逆向合成分析

首先以炔醇分子 **161** 为原料,合成大的碎片分子 **153**,在这个合成过程中,从 **165** 到 **166** 的交换成环反应很关键。一个有效的方法是利用 'BuLi 而不是 "BuLi 来完成交换反应。其次是将 **166** 转化为 **153**,在这个过程中,如果将氧化体系换成 IBX/DMSO 体系,则反应不能进行。只有在 PCC/*p*-TsOH、PCC/SiO₂ 或 PCC/4 Å MS 体系才能完成这个过程(图 5-29)。

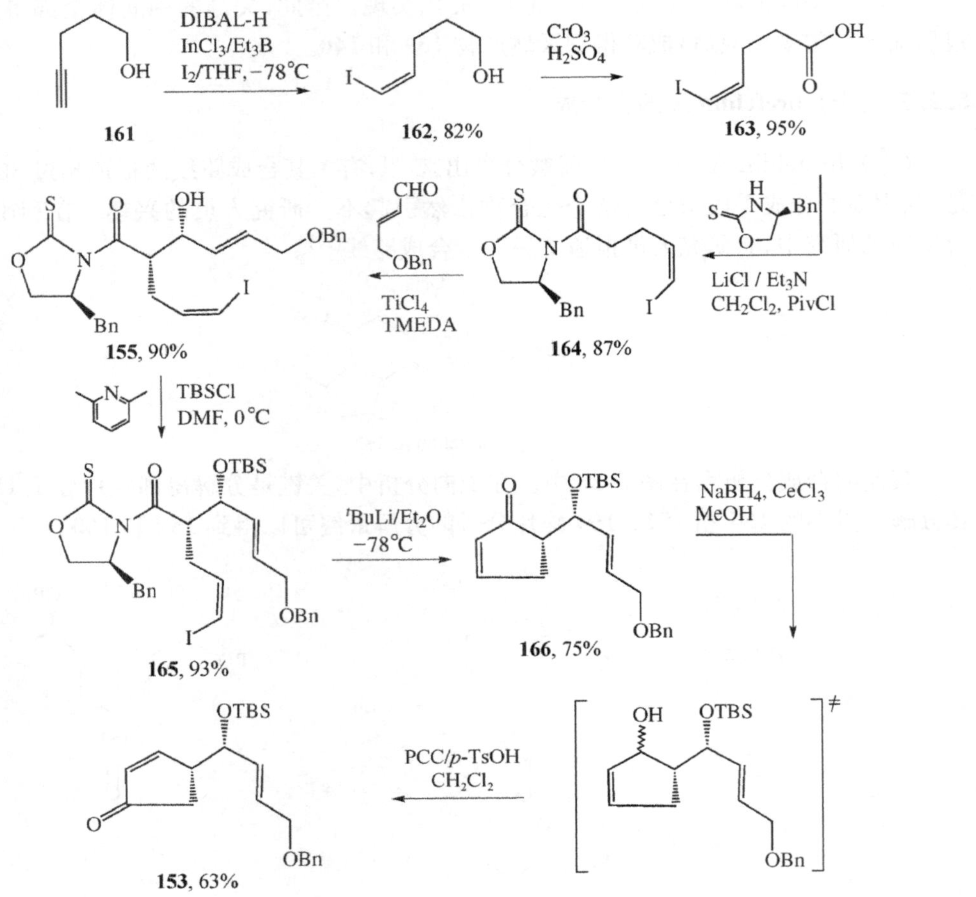

图 5-29　碎片分子 **153** 的合成路线

接下来利用原料 **159** 和 **160** 来合成碎片分子 **154**。这个过程相对简单一些。图 5-30 列出了这些反应的结果。

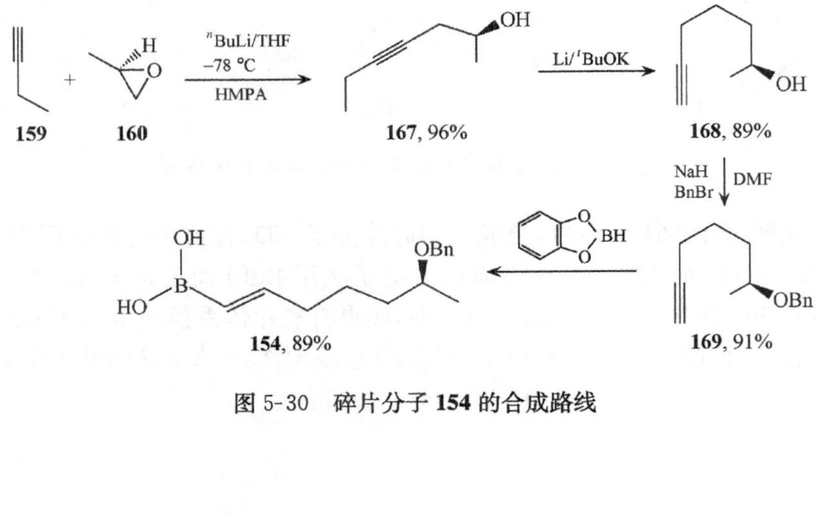

图 5-30　碎片分子 **154** 的合成路线

　　至此,在获得两个中间体 **153** 和 **154** 后,可以构建天然分子(＋)- brefeldin A(**152**)。在完成 **153** 与 **154** 的连接后,得到的酮在还原反应中生成两个异构体,即含 α-OH 或 β-OH。在早期的很多研究中,二者的比例比较接近。但在该实验中,二者的选择性可达 5∶1。在进一步以 α-OH-**171** 为中间体的后续反应中,经过氧化(从 **174** 到 **175**),成环(到 **176**),最后水解得到目标分子 **152**。图 5-31 列出了合成路线。

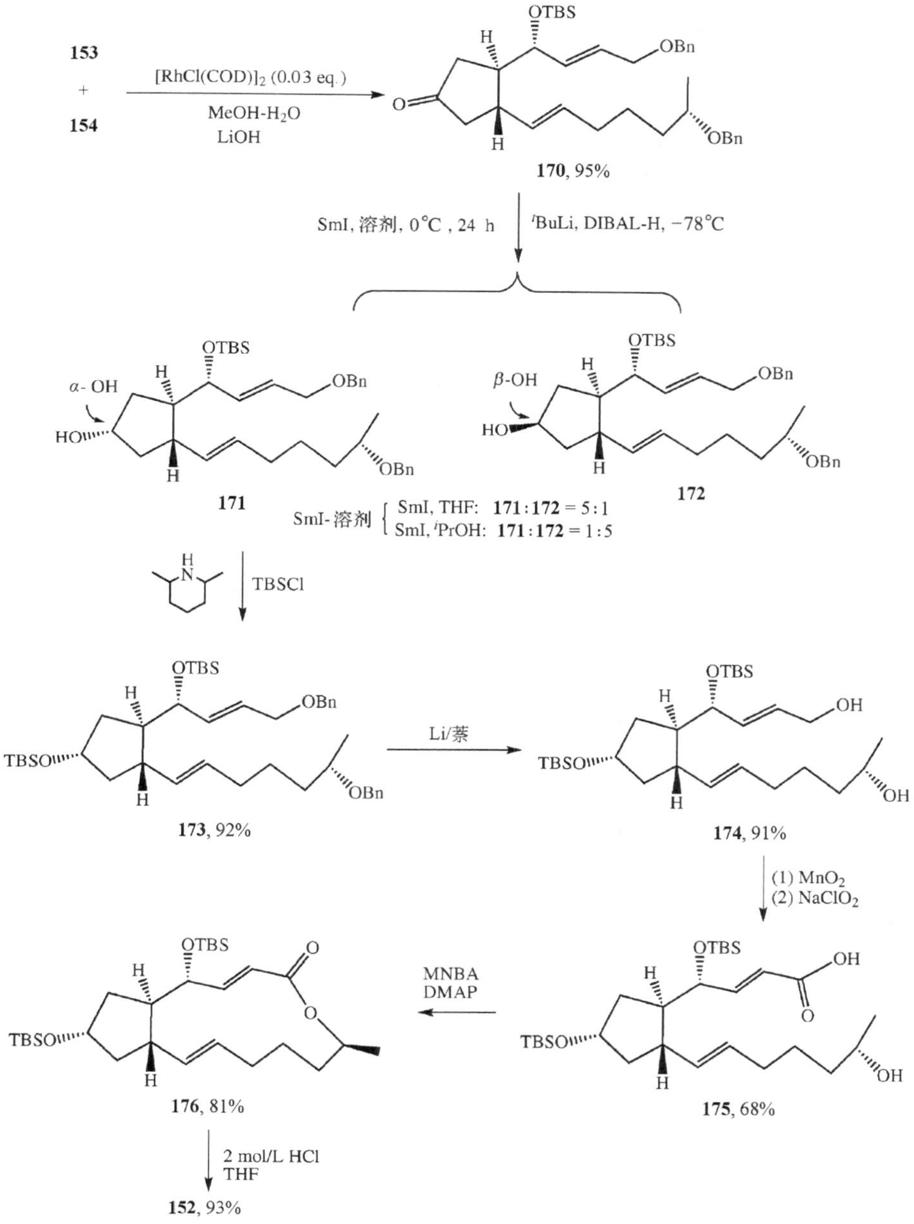

图 5-31　目标分子 **152** 的合成路线

5.2.6　malyngamide U 的全合成与立体构型的纠正

　　malyngamide 类化合物具有比较广的生理活性,如抗癌和抗 HIV 活性[22]。malyngamide U(177)被报道后[23],引起了研究人员的兴趣。在随后的合成研究中,发现早期的立体构型的报道不对[24]。因此,对其做了纠正,纠正后的结构一并列在下面。

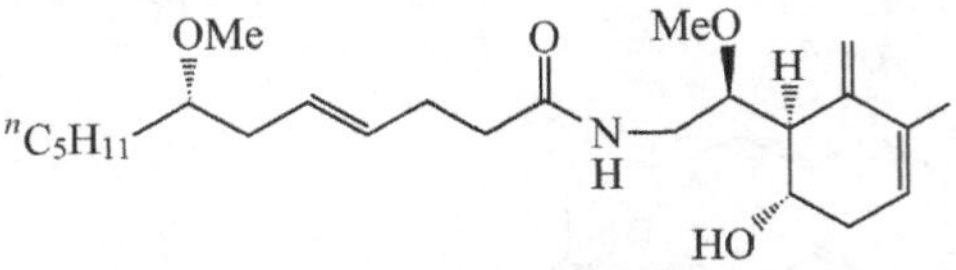

早期报道的177 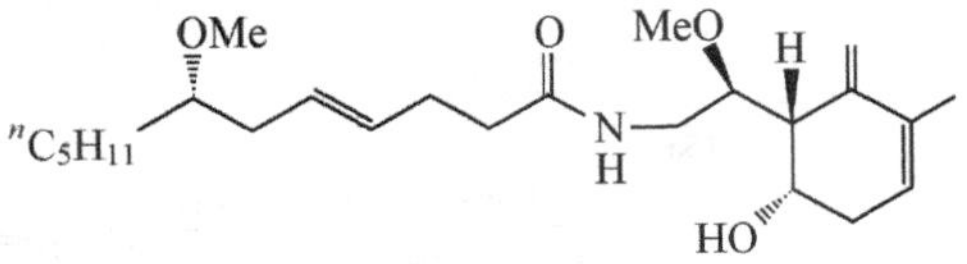　　　　　　　　　　　纠正后的177

　　对这个目标分子进行逆向合成分析,得到的碎片分子是 178 和 180。而分别以(+)-180 或(-)-180 为起始原料可以得到不同立体构型的天然产物。图 5-32 给出了其逆向合成分析结果。

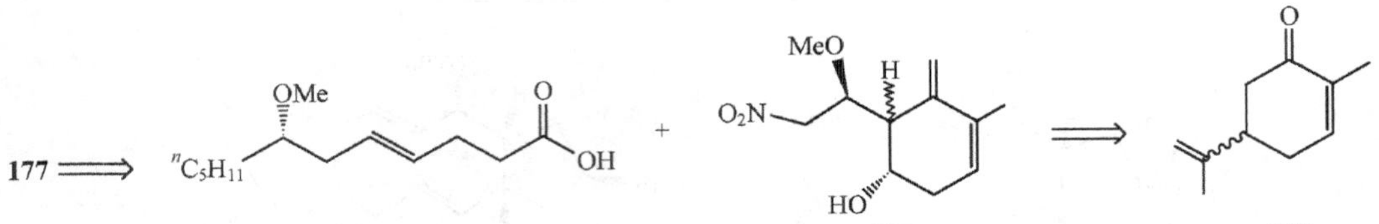

图 5-32　　malyngamide U(177)逆向合成分析

　　因此,合成一开始就以(S)-(+)-180 为起始原料。在利用 LDA 与 CH$_2$O 成功在环上引入—CHOH 后,将中间体 182 上的 C=O 还原为—OH 化合物(183)。完成不对称环氧化和 OsO$_4$ 氧化反应后,得到中间体 185。在经历消除反应后,得到环上含双键的产物 186。在脱去相关的保护基(188)后,经过 Swern 氧化反应得到中间体 189。图 5-33 给出了详细的合成路线。

　　从(+)-189 出发,利用手性催化剂 193 的两个不同的立体结构,可以得到两个 189 的异构体,见图 5-34。

　　这样,可以分别以不同的中间体 190 或 191 与碎片分子 178 反应,得到两种不同立体构型的化合物。其中,以 190 为原料合成得到早期报道的分子结构 177,相关的合成路线列在图 5-35 中。

　　实际上,由于合成得到的 177 结构的波谱学等方面的证据与原始报道的结构不符合,因此,这里表明在原始的结构研究中,可能存在一些立体结构鉴定上的问题。在紧接着以(R)-(-)-180 为原料的合成研究中,得到另外一个异构体,该异构体的波谱学证据等与原始报道的基本一致。由此可以证明,原来报道的立体结构是错误的。新的结构才是真正的天然产物 malyngamide U。部分合成路线见图 5-36。

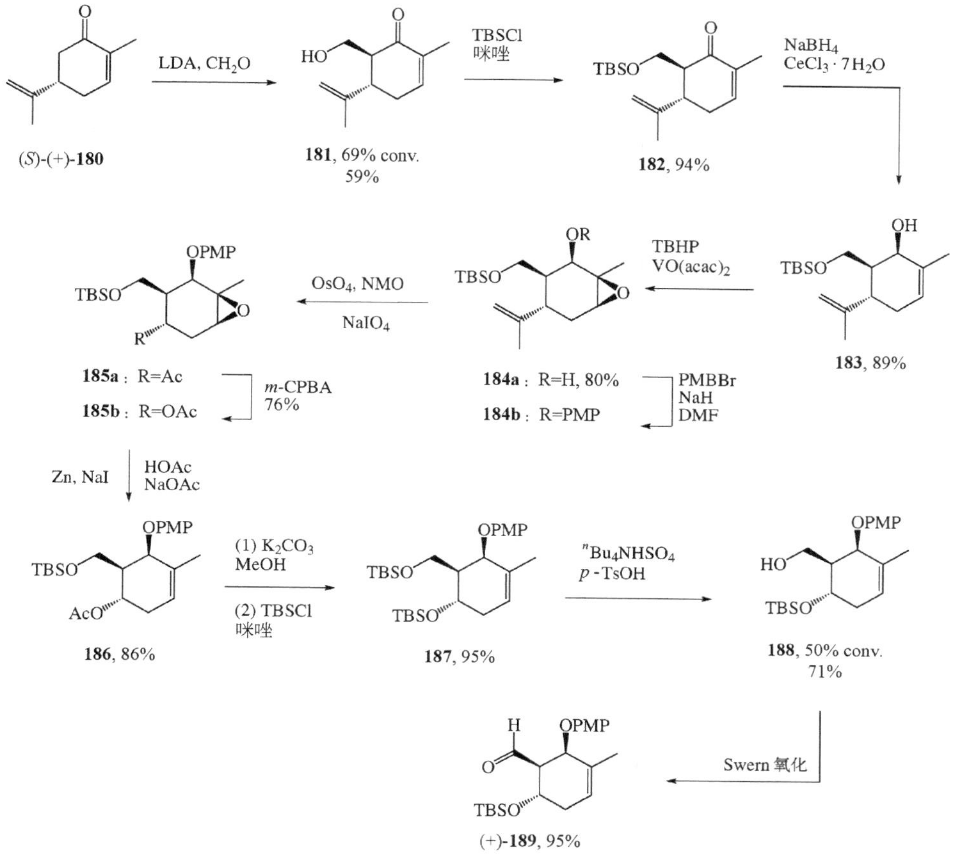

图 5-33　中间体(＋)-**189** 的合成路线

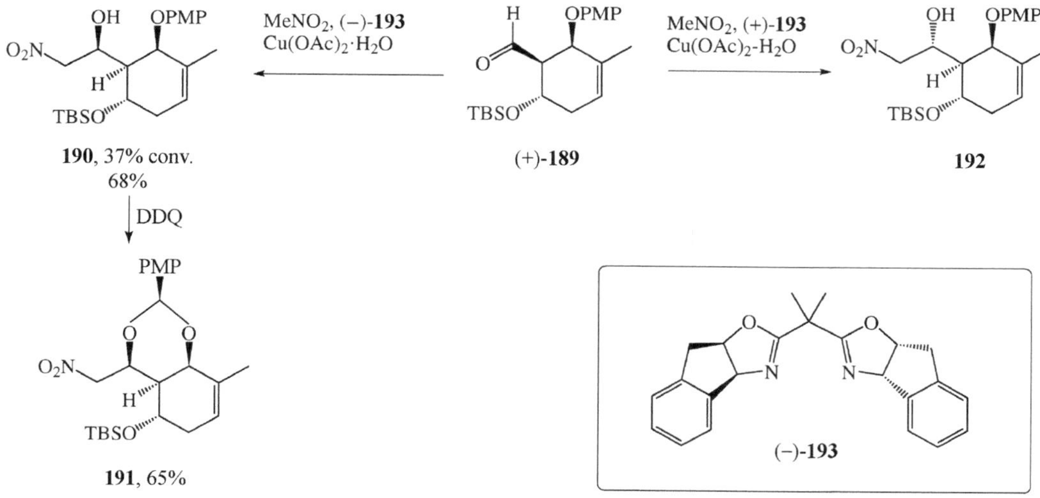

图 5-34　利用手性催化剂 **193** 得到两个不同结构的加成产物

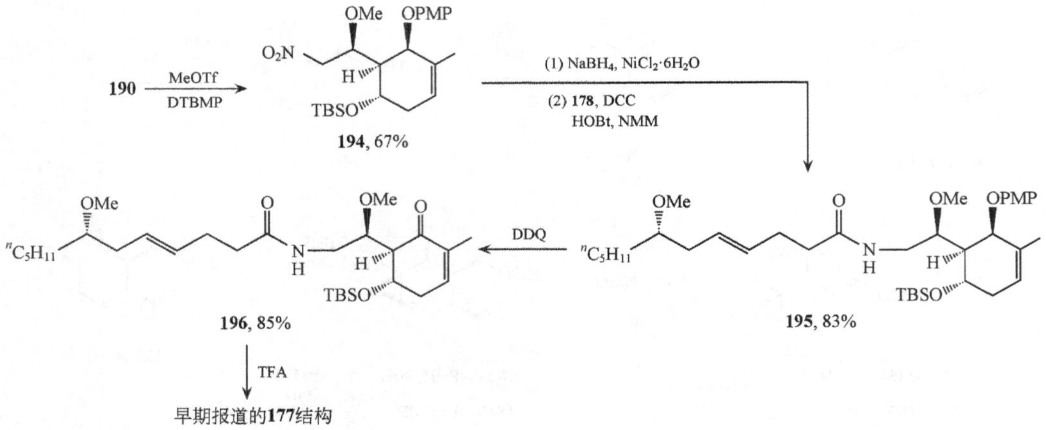

图 5-35　早期报道的 **177** 的合成路线

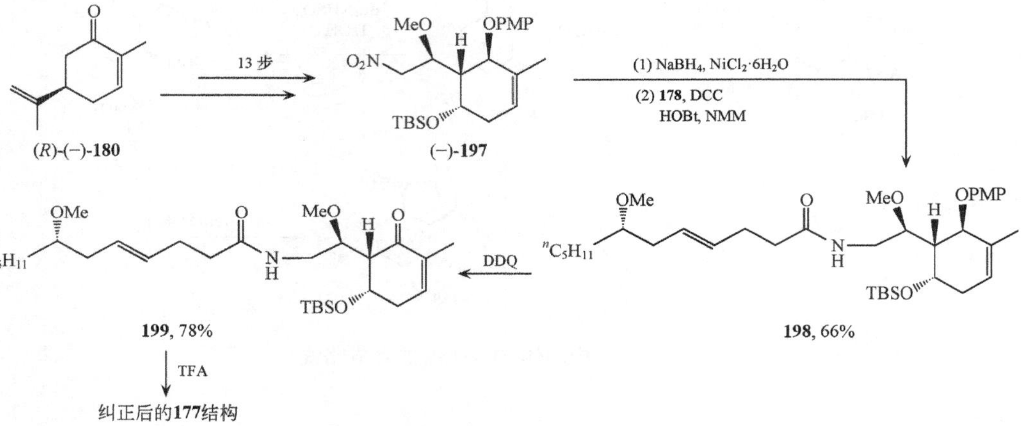

图 5-36　纠正后的 malyngamide U(**177**)的合成路线

5.2.7　salimabromide 的合成

在下面的这个例子里,我们将不再进行目标分子的逆向分析,而是直接进行相关目标分子的合成。salimabromide(**200**)是在海洋黏细菌 *Enhygromyxa salina* 的发酵液中发现的,具有独特的苯并稠环[4.3.1]结构以及四个手性中心[25]。在最近的合成研究中,利用一种新颖的分子内自由基环化方法,同时构建了独特的苯并稠环[4.3.1]碳骨架结构和邻近的手性中心[26]。其间通过包括 Michael/Mukaiyama 醛醇串联反应引入了分子的大部分结构元素。

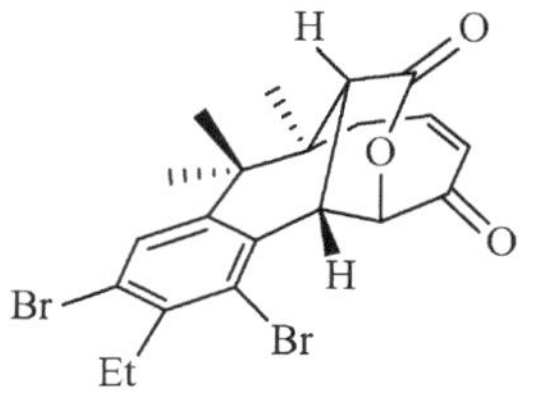

salimabromide (**200**)

首先通过对 **201** 进行串联 Michael/Mukaiyama 醛醇反应(图 5-37)。由格氏试剂 **202**
与其共轭加成产生硅烯醇醚中间体,以 63％的产率得到所需的加合物 **205**,同时得到部分
水解产物 **204**(15％),它也可以在溴化锌作为路易斯酸和 2-乙氧基-1,2-环氧二烷(**203**)存
在下,很容易地转化为 **205**。接下来,将甲基锂加入 **205** 中所产生的叔烯丙醇进行氧化重
排,以快速获得 β-甲基取代环庚烯酮 **206**。

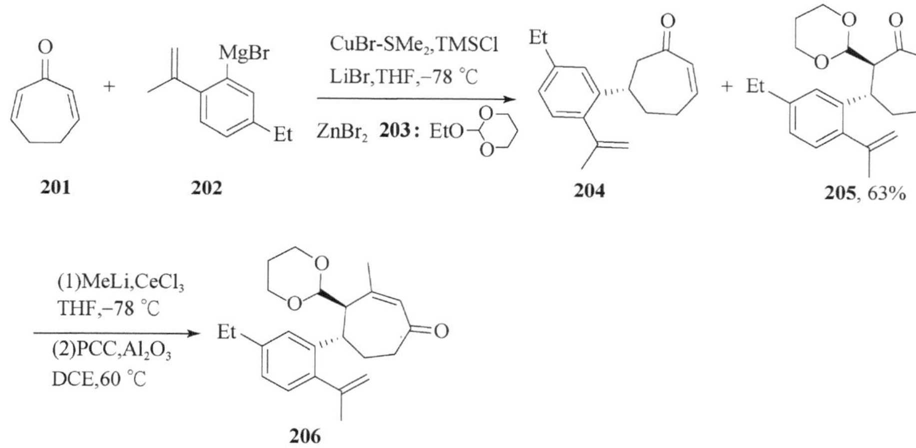

图 5-37　中间体 **206** 的合成路线

从 **206** 出发得到的 **207** 发生脱氢反应迅速产生烯酮 **208**,该中间体在高温下,用
NaBH₄ 可以还原其酮羰基后脱水得到 **209**。最后,利用氧化和溴代反应,得到了产物 sal-
imabromide(**200**)(图 5-38)。

(＋)-salimabromide 的对映选择性合成:在使用(R,S)-ZhaoPhos 作为配体(**211**)时,
还原产物(－)-**213** 的收率为 86％,ee 值为 97％。随后的 Suzuki 偶联和脱氢得到了手性
烯酮(－)-**214**。因此,可以使用相同的反应路线合成得到对映体(－)-salimabromide(图
5-39)。

5.2.8　daphenylline 的全合成

daphenylline(**214**)是三萜类天然生物碱中结构独特的一员,具有独特的生物活性。
已经报道了六种全合成方法。最近一种简洁的无保护基的全合成,采用分子内氧化脱芳
反应,同时生成关键的七元环和含季铵盐的手性中心。尤其是采用聚合笼状结构的连续
还原胺化/酰胺化双环化反应,以及通过高对映选择性铑催化的二烯中间体氢化反应

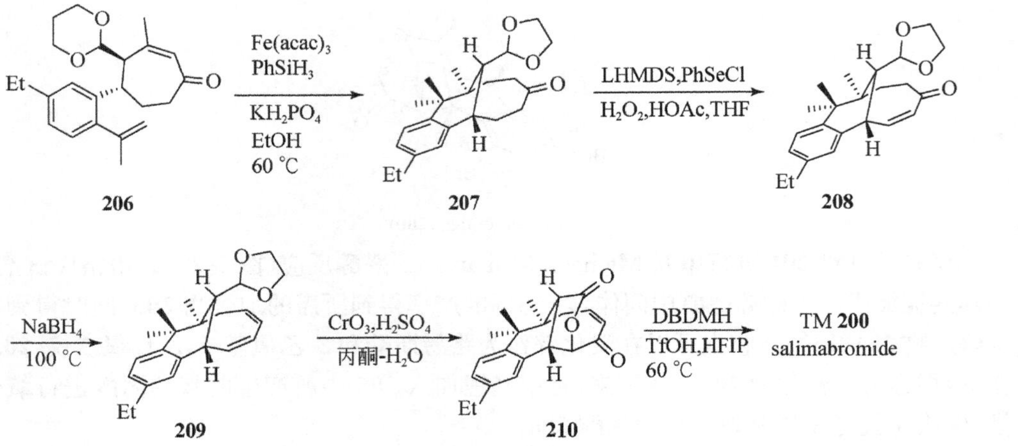

图 5-38　salimabromide 的合成路线

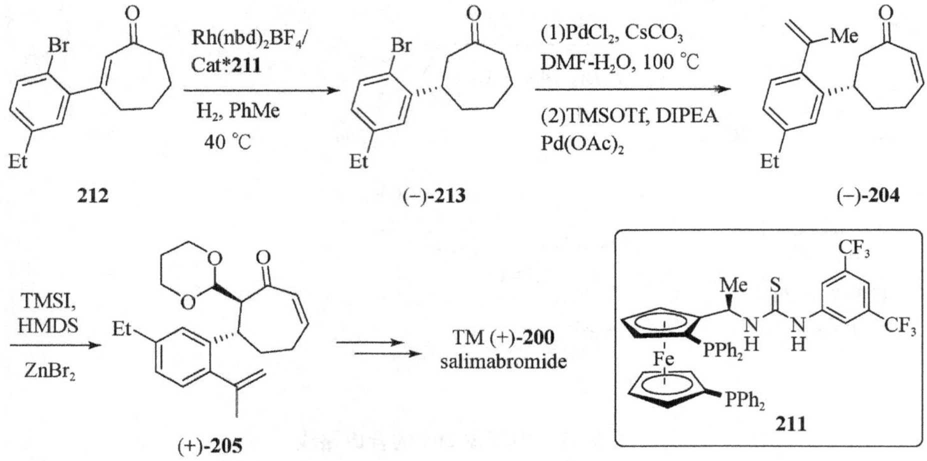

图 5-39　（＋）- salimabromide 的对映选择性合成

（90％ee）和苯并环己酮 Mukaiyama-Michael 反应（dr＝13：1）构建其他的手性立体中心。

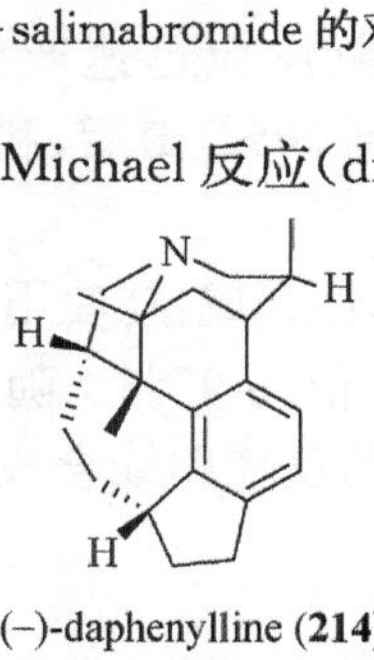

(−)-daphenylline (214)

　　在这个过程中，原料 **215** 可通过两三步合成得到。其于烯丙基溴化镁反应脱水后得到 **216**。采用 Metathesis 反应得到 **217**，在以（S）-Tol-BINAP 为配体的手性铑催化剂催化下，有效生成了 **218**（90％ee）（图 5-40）。在用 BBr₃ 脱去—OMe 的甲基后，可高效得到苯并化环己酮 **220**，并得到 12％的非对映异构体 *epi*-**220**，后者也可以很好地转化为 **220**（总产率为 45％）。

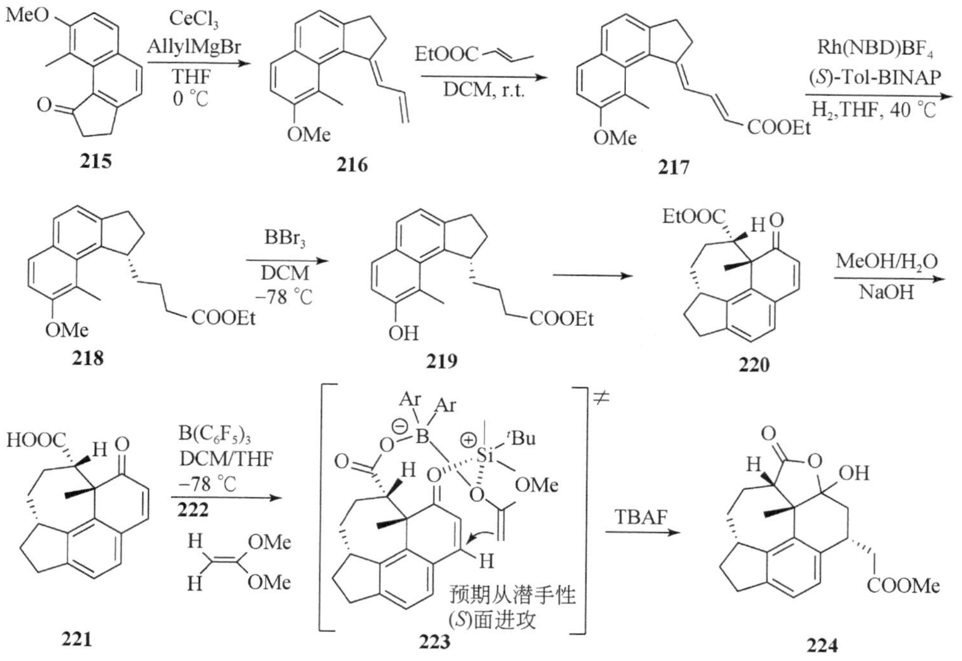

图 5-40　中间体 224 的合成路线

　　将 220 的酯水解为相应的酸 221，它可能作为一个远程控制基团，可能有利于加成后续反应的非对映体化合物的合成（图 5-41）。三（五氟苯基）硼烷促进 221 和 222 的反应得到粗加合物 224，该加合物 224 可直接生成 225。

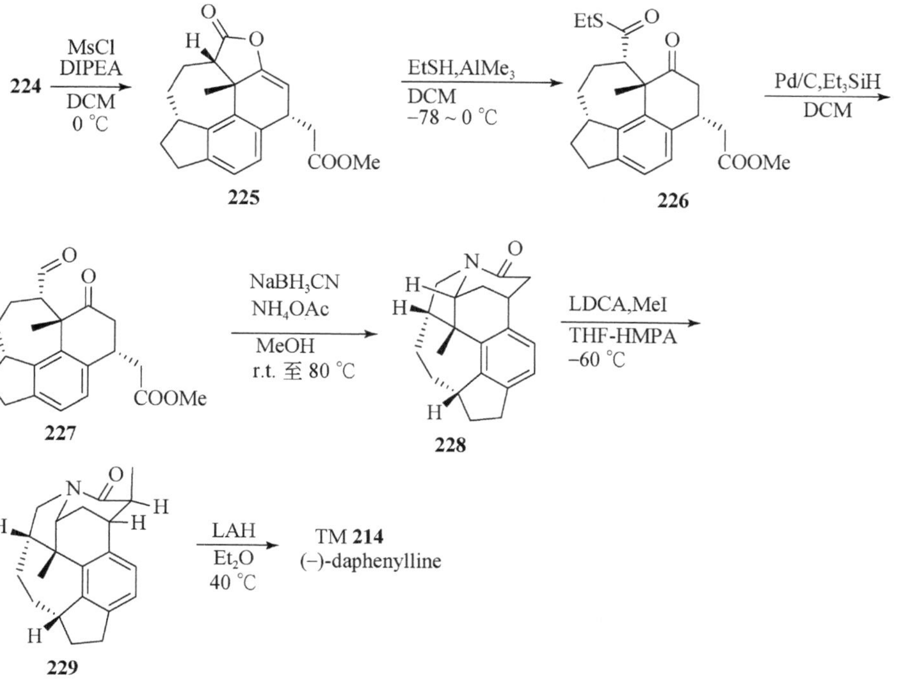

图 5-41　目标分子 daphenylline（214）的合成路线

　　随后,通过一个较简单的两步反应,包括硫酯 **226** 的 Fukuyama 还原,生成 **228**。总体收率很好。最后在 C18 上引入甲基并进行简单还原,完成了(－)-daphenylline(**214**)的合成。

　　近年来,不少天然产物结构被合成出来,部分化合物的立体结构也得到了鉴定。如 laingolide B(**230**)在全合成后[27],其立体化学通过相关的化学计算等得到了鉴定[28]。此外,(－)-白环素[(－)-albocycline,**231**]的全合成是以商业的甲基(R)-3-羟基丁酸酯为原料,通过 14 步合成[29]。外消旋和对映体(＋)-goniomitine(**232**)的全合成也在近期完成,其 ee 值达到了 84%[30]。天然产物倍半萜类内酯(jiadifenolide,**233**)可能作为一种神经营养剂,在神经退行性疾病的治疗研究中,提供了潜在有价值的小分子先导物的结构用于合成研究[31]。

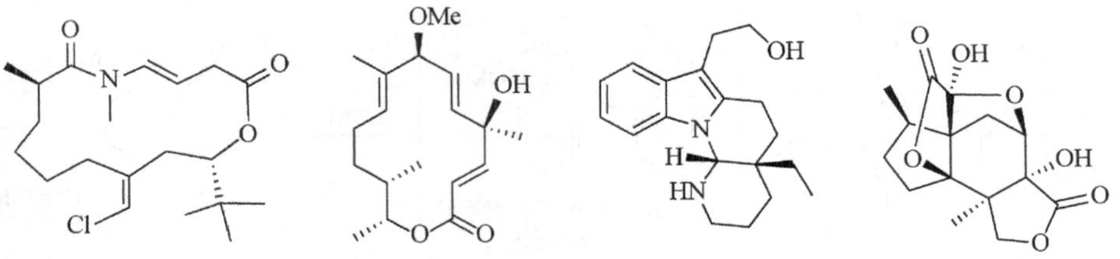

230　　　　　**231**　　　　　**232**　　　　　**233**

5.3　从天然产物到活性天然产物(衍生物)

　　在天然产物的合成研究中,另一个重要的研究工作是利用一种天然产物为原料来合成另外一种天然产物,通常是利用量大而便宜的天然产物来合成价值高的或学术价值大的另一化合物。例如,前面提到的利用香茅醛来合成分子 FR901464(**90**)就是其中一个例子。天然产物福建霉素 A(**234**)和 B(**235**)具有抗枯草芽孢杆菌的活性[32]。其化合物 **234** 的衍生物(**236**)的合成利用(2R,5R)-(＋)-二氢香芹酮(**237**)为原料(图 5-42)[33]。

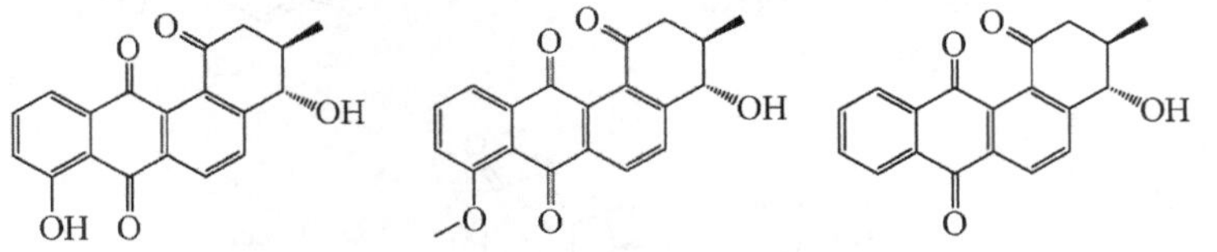

福建霉素 A, **234**　　　　福建霉素 B, **235**　　　　(2R,3S)-**236**

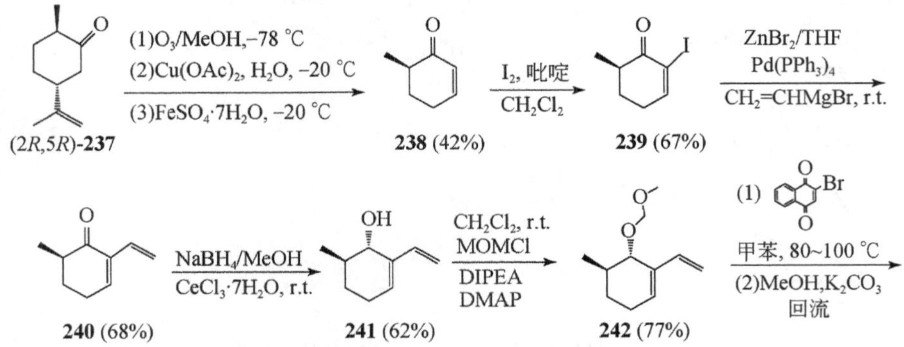

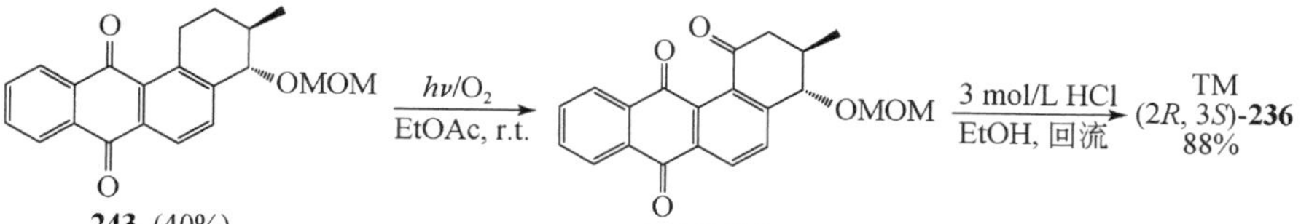

243 (40%)　　244 (85%)

图 5-42　利用(2*R*,5*R*)-(+)-二氢香芹酮合成福建霉素 A 的衍生物(2*R*,3*S*)-**236**

印度的楝树(*Azadirachta indica*)用于防治庄稼的病虫害等[34]。目前从中已分离得到超过 100 个化合物，结构上可以分为三大类：azadirachtin 类、azadirachtol 类和 meliacarpin 类。

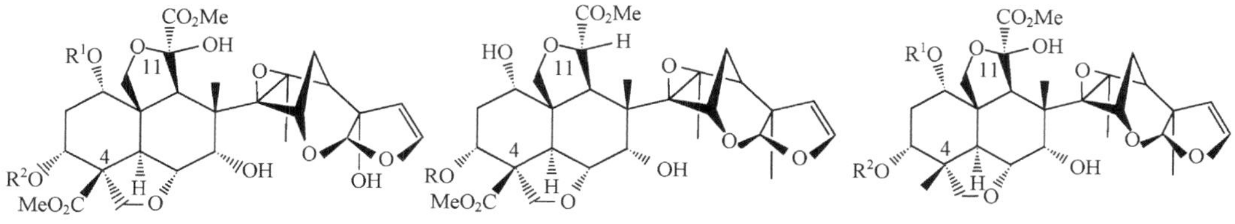

azadirachtin 类　**245**　　azadirachtol 类　**246**　　meliacarpin 类　**247**

分子 **248** 经过若干反应步骤得到 vepaol(**250**)[35]。图 5-43 列出了简单的合成路线。

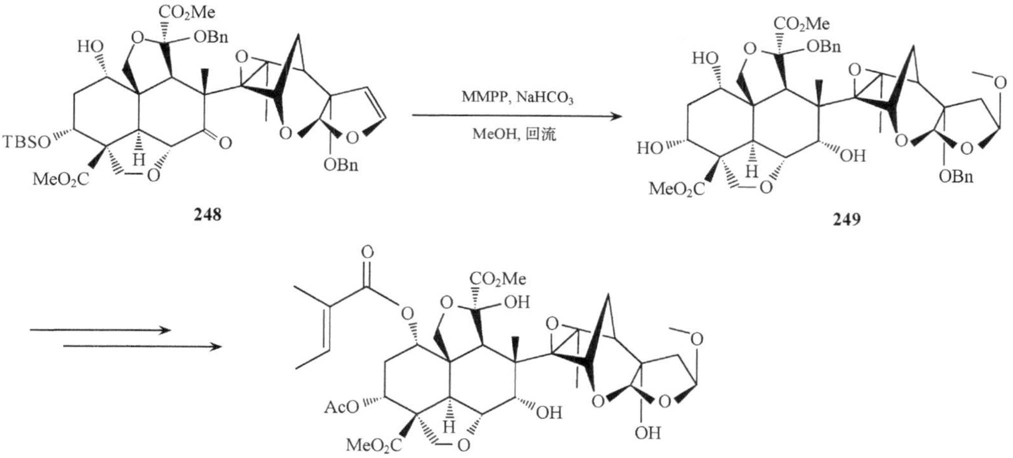

248　　**249**　　**250**

图 5-43　从 **248** 到 vepaol(**250**)的转化

而从天然产物出发，合成得到活性化合物的例子则更多。2008 年的一篇综述文章详细介绍了 2005～2007 年这方面的进展。为方便读者了解该综述的梗概，这里摘述部分结果[36]。表 5-1 列出了详细的结果(表中 NP＝natural product，天然产物)。结构列在表后。

表 5-1　2005～2007 年被批准的天然产物衍生物及其治疗范围的 13 个药物[a]

年份	化学名(商品名)	先导化合物	分类	疾病范围
2005	dronabinol **251**/cannabidol **252**(Sativex®)	dronabinol **251**/cannabidol **252**	NPs	疼痛
2005	fumagillin**253**(Flisint®)	fumagillin **253**	NP	抗寄生虫
2005	doripenem **254**(Finibax®/Doribax™)	thienamycin **255**	NP-derived[b]	抗菌
2005	tigecycline **256**(Tygacil®)	tetracycline **257**	semi-synthetic NP	抗菌
2005	ziconotide **264**(Prialt®)	ziconotide **263**	NP[b]	疼痛
2005	zotarolimus **258a**(Endeavor™ stent)	sirolimus **258b**	semi-synthetic NP	心脏血管手术
2006	anidulafungin **259a**(Eraxis™/Ecalta™)	echinocandin B **259b**	semi-synthetic NP	抗真菌
2006	exenatide **260**(Byetta™)	exenatide-4 **260**	NP[b]	糖尿病
2007	lisdexamfetamine **261**(Vyvanse™)	amphetamine **262**	NP-derived[b]	ADHD[d]
2007	retapamulin **262a**(Altabax™/Altargo™)	pleuromutilin **264b**	semi-synthetic NP	抗菌(topical)
2007	temsirolimus **258c**(Torisel™)	sirolimus **258b**	semi-synthetic NP	肿瘤
2007	trabectedin **265**(Yondelis™)	trabectedin **265**	NP[c]	肿瘤
2007	ixabepilone **266b**(Ixempra™)	epothilone B **266b**	semi-synthetic NP	肿瘤

a. 2006 年 10 月,Merck 公司获得 FDA 批准使用 Vorinostat(Zolinza™,**267**),该化合物依然与天然产物有一定渊源。

b. 目前这些药物通过全合成的方式获得。

c. 该化合物从 cyanosafracin B 经过半合成得到。

d. ADHD=attention-deficit hyperactivity disorder。

251　　**252**　　**253**

254　　**255**

256　　**257**

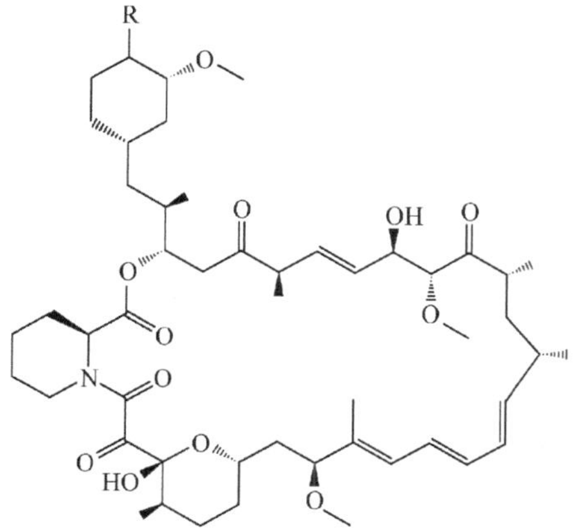

258a: R=

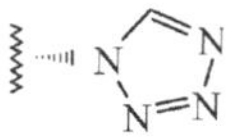

258b: R=

258c: R=

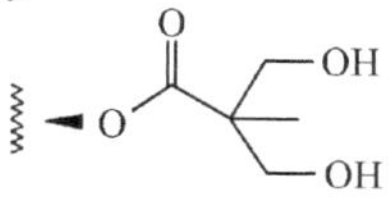

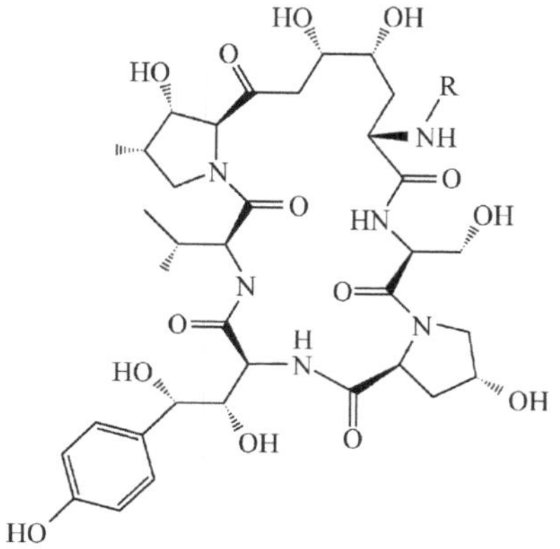

259a: R=

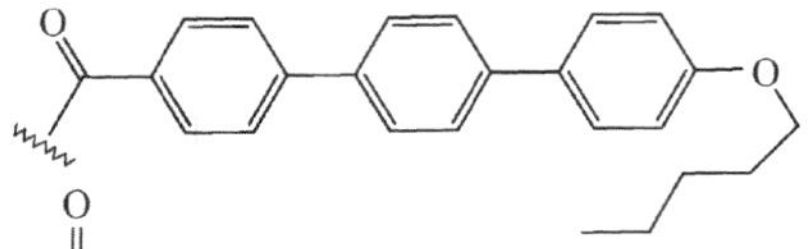

259b: R=

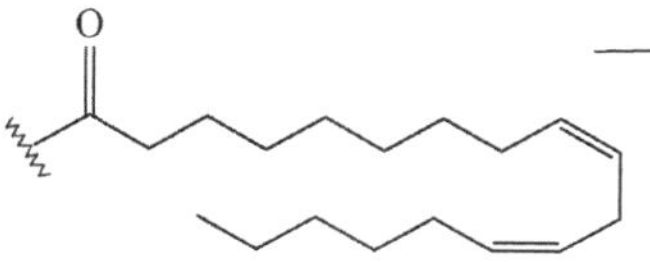

260: HGEGTFTSDLSKQMEEEAVRLFIEWLKNGGPSSGAPPS

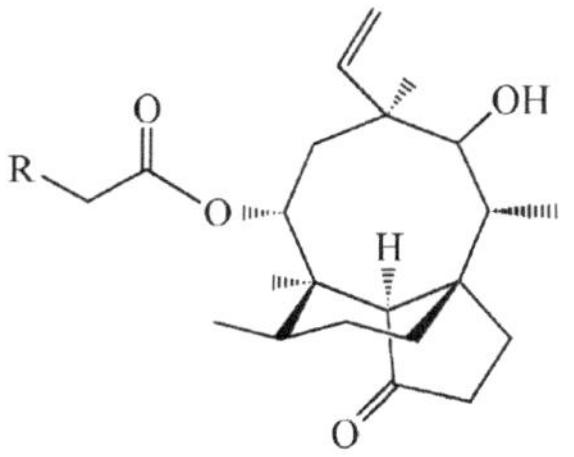

263a: R=

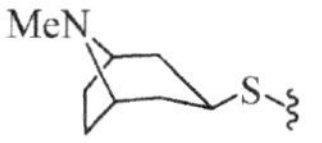

263b: R=OH

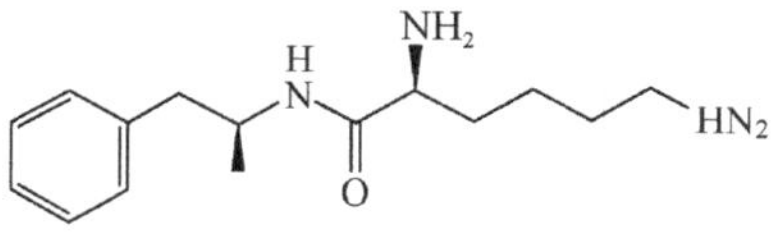

261

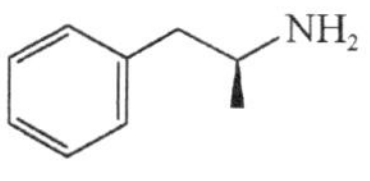

262

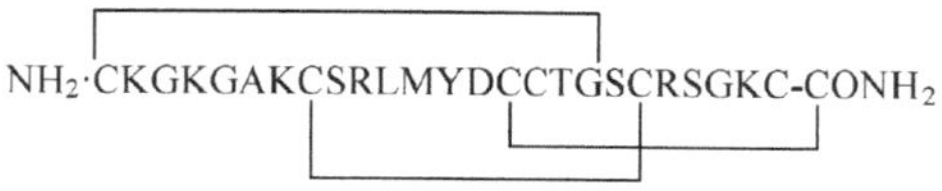

NH₂-CKGKGAKCSRLMYDCCTGSCRSGKC-CONH₂

264

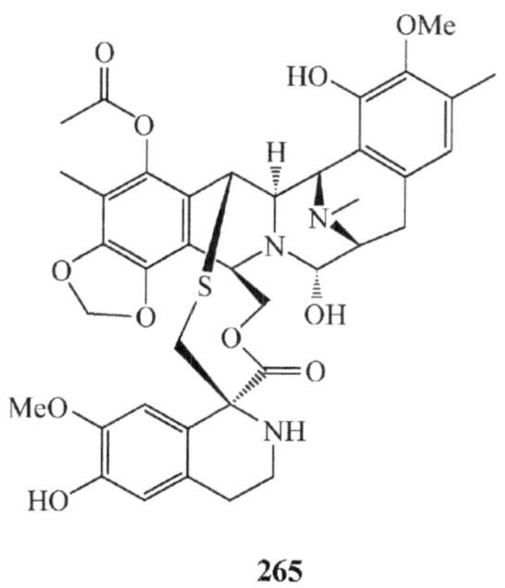

265

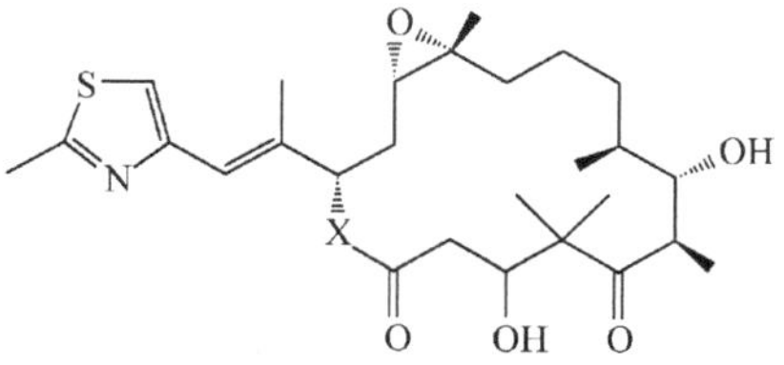

266a: X=NH
266b: X=O

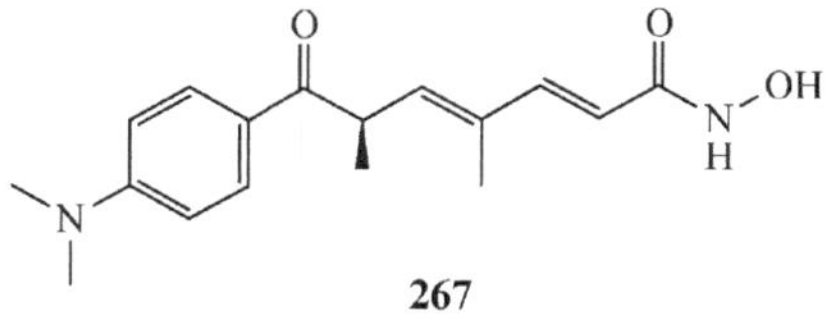

267

从 2005 年初到 2007 年底,总共有 13 个天然产物或其衍生物被批准为治疗药物。其中五个为天然产物,六个为半合成的天然产物,两个是天然产物衍生物。**260**、**262**、**263a** 和 **265** 以及 **266** 是新类型的药物。在所有被批准的药物中,2005 年的 27 个小分子中,有 6 个天然产物及其衍生物(占 22%),2006 年为 9%(2/21),2007 年为 24%(5/21)。可见天然产物在新药研究中发挥了重要作用。

2016 年,有学者统计了自 1930 年以来的天然产物及其衍生物成药数量的详细统计与分析[37]。到了 2019 年,有学者分析了自 1981 年以来的成药数量中天然产物的贡献[38]。近年来,我国的海洋药物方面的发展也很迅速。有学者对此做了详细的统计分析与介绍[39]。从 1970 年到 2020 年,已经上市的药物、保健营养品以及被迫中止的海洋来源的研究统计结果列在图 5-44 中。所有这些分析表明,来自天然产物对新药的贡献非常大。

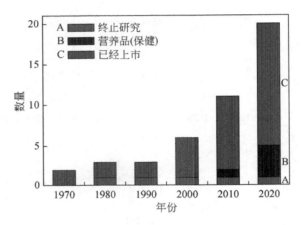

图 5-44　1970 年到 2020 年间已上市药物(C)、保健品(B)以及中止研究(A)的化合物统计

5.4　天然产物的结构鉴定中的计算研究

5.4.1　¹³C NMR 波谱计算

正如上面我们提到的那样,天然产物及其衍生物在新药的研制中发挥了不可替代的作用[40]。因此,结构的正确解析就是非常重要的第一步。NMR 等波谱学是研究立体结构非常有效的工具[41]。我们在所列举的天然产物全合成的例子中,也涉及对天然产物结构进行更正的例子。这一切都表明:如果在结构解析的一开始就能正确地进行鉴定,那么后期的研究就可以避免许多不必要的浪费。

我们在第 1 章中曾描述,通过化学计算可以解决一些化合物的立体结构问题。但在第 1 章中,我们强调的是一种理论体系的介绍。在这一部分,我们将以更多的例子介绍实际应用。很多时候是利用多种计算方法来完成结构鉴定。

计算 ¹³C NMR 是一个发展较快的方法。在常用的一些计算方法(如 CSGT、QIAO

等)中,计算较为可靠的方法是 GIAO。由于这本书所介绍的重点是其应用,因此,相关的理论知识部分,有兴趣的读者可以参考相关文献。

在第 1 章中我们提到了计算的方法,为方便起见,这里再列出这些公式。通过理论计算,首先得到 NMR 的屏蔽常数,利用玻尔兹曼平均来求出相关的化学位移。公式见式(1-32)。

$$\overline{\sigma_j} = \frac{\sum\limits_{\mathrm{confS_i}} \sigma_i g_i \exp(-\Delta E_i/RT)}{\sum\limits_{\mathrm{confS_i}} g_i \exp(-\Delta E_i/RT)} \tag{1-32}$$

式中,σ_i 为第 i 个构象的第 j 个碳原子的屏蔽常数,上面的一横表示所有构象在 Cj 原子的平均值;g_i 为第 i 个构象的简并性;ΔE_i 为第 i 个构象的相对能量;R 为摩尔气体常量 $[8.314\ \mathrm{J/(K \cdot mol)}]$;$T$ 为热力学温度(298 K)。

由于得到的屏蔽常数(shielding constant,单位:ppm)与我们常用的化学位移概念不一样,而且大多数人习惯于使用化学位移概念。因此,我们使用式(1-33)来计算相关的化学位移值。

$$\delta_j = \frac{\sigma_{\mathrm{ref}} - \overline{\sigma_j}}{1 - 10^{-6}\sigma_{\mathrm{ref}}} \tag{1-33}$$

式中,δ_j 为计算得到的第 j 个碳原子的化学位移值;σ_{ref} 为参考物质的屏蔽常数,通常为 TMS。σ_{ref} 值在同样计算的条件下得到。

在得到实验值后,可以对计算值进行校正,计算公式为

$$\delta_{j\mathrm{cor.}} = \frac{\delta_j - 截距}{斜率} \tag{1-34}$$

式中,截距和斜率是计算得到的 δ_j 对 δ_{exp} 作图得到的直线的截距和斜率。

在使用线性校正获得所有 ^{13}C NMR 数据之后,有两种方法来判断结构是否正确。第一种是最多使用差值的极大值。如果极大值超过 8.0 ppm,则计算的结构不可靠。如果它小于 8.0 ppm,则该结构位于可靠的结构范围内。然而,可能需要更多的证据来进一步确认其配置。另一种是比较两种结构的线性相关系数。系数越大,结构的可靠性就越高。

在早期的研究中,由于受到多方面条件的限制,大多数计算的体系比较小,而且涉及的分子结构并不复杂。能够计算倍半萜类化合物的结构已经非常难得。例如,对于倍半萜 vulgarin(268a)和 epivulgarin(268b)在 C4 位上的立体构型不同。但由于二者 C4 的 ^{13}C NMR非常接近,只是 C14 的位移值差别比较大,但后来又发现这种差值是早期报道上的失误造成的。紧接着,二者的相对构型通过 NOE 得到确定。那么实际计算得到的结果如何呢[42]?

268a: R¹=Me; R²=OH
268b: R¹=OH; R²=Me

269

　　计算表明计算与实际情况吻合得很好,例如,只有 C15 的误差达到 7.9 ppm(**268a**)和 C5 达到 3.7 ppm (**268b**)。对于另外一个验证分子 **269** 的研究也表明这个计算有价值。但相对于现在的计算层次而言,早期在 B3LYP/3-21G(X,6-31G(d))/MM3 基组下的计算显得不够。但作为早期有价值的探索,这种研究对于后来的发展还是相当有推动作用。

　　化合物 **270** 是早期分离得到的一个天然产物[43]。但是,随后的合成实验表明该化合物的平面结构应为 **271**[44]。二者差别如此之大,的确让人吃惊。但该化合物有 6 个手性中心,理论上共有 32 个异构体,因此其立体构型的确立十分困难。在该例中,计算中利用 MCMM 进行构象搜索,由于得到的构象太多,因此得到的构象能量在 0~10 kJ/mol 内的所有构象在 B3LYP/6-31G(d,p)条件下再次优化。其后,再次利用 B3LYP/6-31G(d,p) 方法计算 ^{13}C NMR 波谱。在得到这些基本数据后,再根据式(1-33)和式(1-34),得到这些不同立体异构体的碳化学位移值。

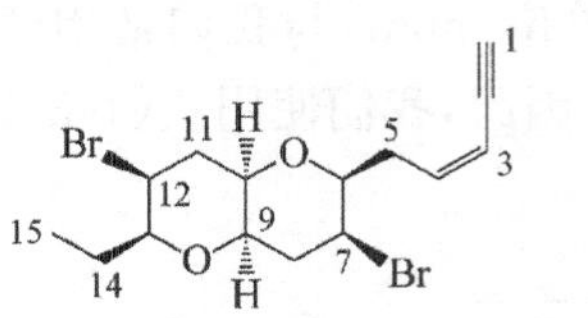

270 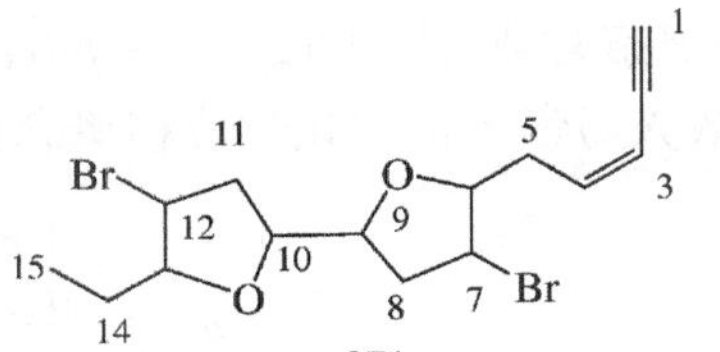　　**271**

　　在五味子中分离得到两个异构体 **272** 与 **273**,结构如下[45]:

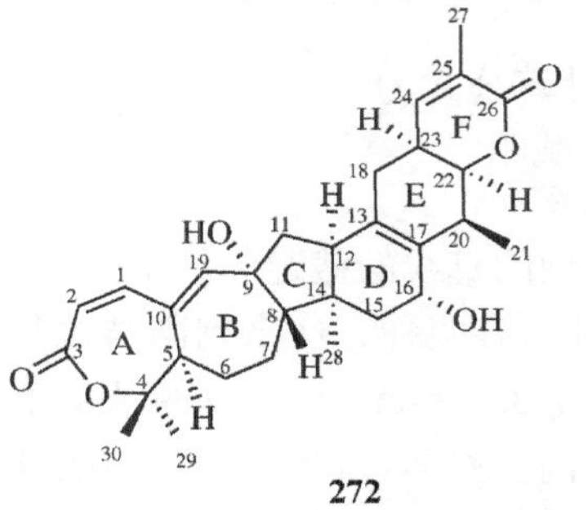

272 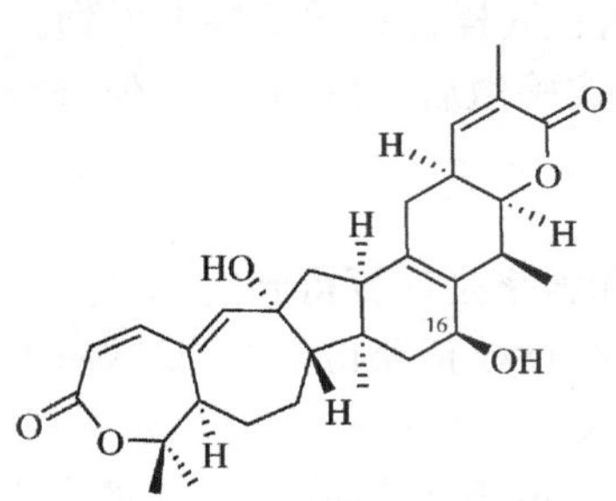　　**273**

　　二者的差异在于 C16 位上的—OH 构型不同。但二者的 ^{13}C NMR 的化学位移有非常大的差异。在这两个异构体的 ^{13}C NMR 中,由一个手性中心导致其他相关的 ^{13}CNMR 的化学位移有如此大的差异还很少见。而在这个例子中,位移差值在 2.0 ppm 以上的就有 5 个(见表 5-2 中黑体)。

表 5-2　实验得到的化合物 272 与 273 的碳谱数据　　　　（单位:ppm）

C序号	实验值			C序号	实验值		
	272	**273**	Δδ		**272**	**273**	Δδ
C1	144.2	144.3	−0.1	C6	28.4	28.5	−0.1
C2	119.2	119.0	+0.2	C7	27.8	27.4	+0.4
C3	166.5	166.6	−0.1	C8	56.0	54.5	+1.5
C4	80.3	80.2	0.1	C9	79.1	79.7	−0.6
C5	48.5	48.7	−0.2	C10	145.6	145.3	+0.3

续表

C序号	实验值			C序号	实验值		
	272	**273**	$\triangle\delta$		**272**	**273**	$\triangle\delta$
C11	49.2	51.9	**−2.7**	C21	14.7	14.6	+0.1
C12	51.0	51.1	−0.1	C22	80.1	79.8	+0.3
C13	133.2	136.4	**−3.2**	C23	33.3	33.3	0
C14	40.9	42.5	−1.6	C24	146.1	146.0	+0.1
C15	45.7	44.0	1.7	C25	127.9	127.8	+0.1
C16	64.1	67.0	**−2.9**	C26	166.7	166.6	+0.1
C17	131.3	130.2	1.1	C27	17.2	17.2	0
C18	32.1	32.9	−0.8	C28	27.4	30.0	**−2.6**
C19	148.2	148.4	−0.2	C29	25.8	25.7	+0.1
C20	34.4	37.3	**−2.9**	C30	29.4	29.3	+0.1

　　通过进一步的研究分析，我们发现化合物 **272** 存在两个能量十分接近的两个构象异构体 **272a** 与 **272b**，而化合物 **273** 在溶液中仅存在一个稳定的构象。进一步的量子化学计算表明，化合物 **272** 的两个稳定的构象异构体 **272a** 与 **272b** 之间的转化能量仅有 6.2 kcal/mol（图 5-45）。

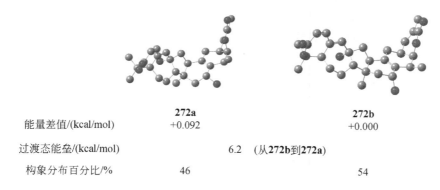

	272a	**272b**
能量差值/(kcal/mol)	+0.092	+0.000
过渡态能垒/(kcal/mol)	6.2　（从**272b**到**272a**）	
构象分布百分比/%	46	54

图 5-45　两个异构体的比例以及相互转化时的过渡态能量

　　显然，在溶液状态下，化合物 **272** 的两个异构体以几乎 1∶1 的比例存在。这样，宏观记录下来的 ^{13}C NRMR 将是这两个异构体的混合谱。由于这种构象之间的转化能量非常低（6.2 kcal/mol），这种转化在室温下非常快，因此不可能观察到两组峰，而是一组混合峰。而化合物 **273** 由于在溶液中的比例高达 98%，因此，实际记录下来的化学位移值将主要由该化合物的构象贡献。

　　通过三种不同的计算方法得到三组不同的 ^{13}C NMR 值。方法 A：B3LYP/6-311+G(2d,p)//B3LYP/6-31G*；方法 B：B3LYP/6-311+G(2d,p)//HF/6-31G*；方法 C：HF/6-31G*//HF/6-31G*。所得到的化学位移的差值与实际情况非常一致（表 5-3）。

表 5-3　三种计算得到的化学位移的差值与实际记录得到的差值的比较

（单位：ppm）

C 序号	$\Delta\delta_{(272,273)}$ 实验值	$\Delta\delta_{(272a,273)}/\Delta\delta_{(272b,273)}$			$\Delta\delta_{[(272a+272b)/2-273]}$
		方法 A	方法 B	方法 C	
C7	+0.4	+0.4/+0.6	+0.3/+0.8	0/−0.2	+0.3
C8	+1.5	−2.7/+4.7	−1.7/+4.5	−0.7/+5.1	+1.5
C9	−0.6	−0.3/−0.4	−0.4/−0.4	−0.5/−0.4	−0.4
C11	−2.7	+1.3/−6.6	+1.2/−6.0	+1.4/−5.3	−2.3
C13	−3.2	−4.5/−7.1	−4.1/−7.2	−5.0/−8.0	−6.0
C14	−1.6	−0.8/−3.4	−0.9/−3.3	−0.9/−1.7	−1.9
C15	1.7	+5.0/+2.9	+5.6/+2.6	+4.2/+1.8	+3.7
C16	−2.9	−3.6/−4.5	−3.7/−4.7	−3.0/−2.8	−3.7
C17	1.1	−2.7/+0.4	−2.0/−0.1	+3.5/+0.5	−0.1
C18	−0.8	−0.8/−0.4	−0.5/−0.4	−0.6/−0.3	−0.5
C20	−2.9	−0.2/−1.2	−2.4/−1.4	−2.6/−2.1	−1.7
C28	−2.6	−0.5/−3.3	+0.1/−3.8	−0.4/−3.9	−2.0

注：数据在 C_5D_5N 中测定[Bruker DRX(^{13}C,125 MHz)]，δ 149.9 ppm 为参考位移。

至此，通过 ^{13}CNMR 的计算，解释了这两个化合物的波谱学差异，并确定了其构型。

在这个研究领域，很多研究工作的重点并没有放在天然产物这个领域，而是在一些小的有机分子上[46]。然而随着这些研究的深入和成熟，直接为复杂天然产物的结构鉴定建立了坚实的基础[47]。

上面详细分析了相关的计算方法，这里介绍几个化合物的解析结果，包括一个结构纠正的例子。

一个吲哚二萜类化合物 **274** 通过 NOESY 和计算 ^{13}C NMR 并与实验值进行了对比，从而得到了其相对构型（图 5-46）[48]。在通过线性相关系数校正后得到其相关系数是0.9968，从而从两个方面验证了其相对构型的可靠性，但是不能鉴定出其绝对构型。在这种情况下，只能使用 ECD 或者其他如 OR、VCD 等方法。

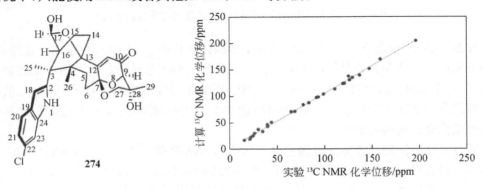

图 5-46　化合物 **274** 的实验 ^{13}C NMR 与计算 ^{13}C NMR 的线性关系

最后，举一个通过 DP4 来计算[13]C NMR 并用于结构纠正的例子。化合物（＋）-melonine(**275**)[49]在被发现近 40 年后，其绝对构型纠正为(2*R*,3*S*,7*S*,20*R*)-**276**（图 5-47)[50]。这也与在 1983 年的 1D NMR 仪器的质量和分析方法不足有关，与那时候没有足够的计算能力也有关。

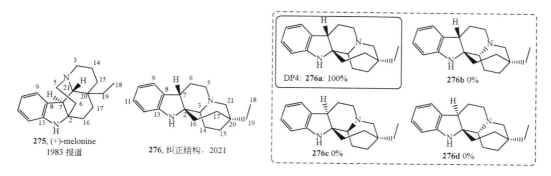

图 5-47　报道的化合物 **275** 及其纠正的化合物 **276** 的结构

5.4.2　旋光及旋光色散计算

在第 1 章里详细介绍了计算旋光（OR）的不同方法。对于量子化学的计算方法而言，主要是利用式(1-19)。而在手性柔性化合物的旋光计算中，可以使用 Matrix 方法[式(1-13)]。这些不同的方法，均为复杂化合物的结构鉴定做出了很大贡献[51]。这里简单列出这两个公式。

量子力学处理后得到的旋光的计算公式为

$$[\alpha]_\nu = \frac{28\ 800\pi^2 N_A \nu^2}{c^2 M} \gamma_{s,\nu} [\beta(\nu)]_0 \tag{1-19}$$

式中，N_A 是阿伏伽德罗（Avogadro）常量；M 是相对分子质量；c 是真空中的光速；γ 是溶剂校正系数，多数情况下认为是 1；$\beta(\nu)$ 是分子中与频率有关的电子偶极磁性-偶极极化（electricdipole-magnetic dipole polarizability）参数，$[\beta(\nu)]_0$ 是气相条件下的 $\beta(\nu)$ 值。

通常，旋光是在 598nm 条件下测试得到的。上述计算 OR 的公式，只需要更改计算的波长即可得到不同波长下的 OR 值，从而最终得到该化合物在不同波长下的 ORD 谱。

Matrix 方法的计算公式是：

$$[\alpha] = k \times a_1 \times a_2 \times a_3 \times a_4 \times \det(D) = k_0 \times \det(D) \tag{1-13}$$

式中，k_0 是常数；$\det(D)$ 是上述分子本身固有的特征矩阵演化而来的四阶行列式。

$$\det(D) = \begin{vmatrix} m_1 & r_1 & \chi_1 & s_1 \\ m_2 & r_2 & \chi_2 & s_2 \\ m_3 & r_3 & \chi_3 & s_3 \\ m_4 & r_4 & \chi_4 & s_4 \end{vmatrix}$$

目前利用到的绝大多数是量子化学计算。在天然产物的结构计算中,目前的研究还不是非常多。原因在于这种研究的普及性还不高。一个例子是研究(+)- schizozygine (**277**)的立体构型[52]。

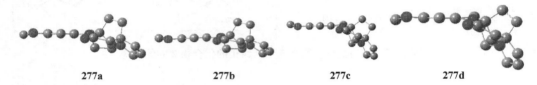

(2*R*, 7*S*, 20*S*, 21*S*)-**277** 或 (2*S*, 7*S*, 20*S*, 21*S*)-**277**

对于 **277**,发现有 4 个稳定的构型。旋光计算在 B3LYP/aug- cc- pVDZ//B3PW91/TZ2P 条件下得到。分别计算了不同波长下的旋光值。这些数值与实验值进行了比较,见表 5-4 所示。

277a   **277b**   **277c**   **277d**

表 5-4　计算得到的(2*R*,7*S*,20*S*,21*S*)-277 的多波长下的旋光值与实验(十)-277 的比较[a]

构象	$[\alpha]_D$	$[\alpha]_{578}$	$[\alpha]_{546}$	$[\alpha]_{436}$
277a	34.01	36.40	44.79	118.53
277b	51.36	54.50	65.28	150.66
277c	46.13	49.22	59.92	147.47
277d	38.92	41.79	51.88	140.09
平均值[b]	+42.75	+45.58	+55.41	+137.33
实验值	+21.63	+23.95	+28.33	+73.40

a. 旋光值单位 [deg/cm³]。

b. 重均值。

通过其他的计算结果,如计算(2*S*,7*S*,20*S*,21*S*)-**277** 的旋光数据,该计算得到的旋光数据为负值。其结论基本是该化合物的结构为(2*R*,7*S*,20*S*,21*S*)-**277**。但是在该计算方法中,所有的理论旋光值均比实验值大将近一倍。这个现象在另外的分子(*P*)-(+)-[4] triangulane 中也得到验证[53]。在这个例子中计算精度最好的是用 CCSD 理论,其次是 CC 理论方法,B3LYP 方法的精度在这三个中最低。然而,如果使用 CCSD 用于天然产物的旋光计算,则计算成本太高。CC 方法的计算成本也比较高。而 B3LYP 方法在目前阶段比较实用。

然而,在另一个需要鉴定的立体(对映)异构体[plumericin(**278a**)与 isoplumericin (**278b**)]研究中,B3LYP 方法却给出了很好的结果[54]。

(1R, 5S, 8S, 9S, 10S)
278a: R¹=H, R²=Me
278b: R¹=Me, R²=H

(1S, 5R, 8R, 9R, 10R)
en-278a: R¹=H, R²=Me
en-278b: R¹=Me, R²=H

实际计算的方法是 B3LYP/aug-cc-pVDZ//B3LYP/6-31G*，计算结果列在表5-5中。

表 5-5　不同波长下(十)-278 旋光度的计算值和实验值比较　　　　　［单位:(°)］

项目	化合物	$[\alpha]_D$	$[\alpha]_{578}$	$[\alpha]_{546}$	$[\alpha]_{436}$	$[\alpha]_{365}$
平均值	**278a**	+194.9	+204.0	+233.8	+414.5	—
实验值	**278a**	+178.2	+186.8	+215.3	+389.1	—
平均值	**278b**	+213.4	+223.4	+255.8	+451.8	+747.2
实验值	**278b**	+214.6	+224.6	+258.5	+473.9	+822.4

在通过其他的一些数据的比较之后，最后确定的构型分别是(1R,5S,8S,9S,10S)-**278a** 和(1R,5S,8S,9S,10S)-**278b**。

另外，在对一些具有较大柔性的环状手性天然产物而言，如 oruwacin (**279**)[55] 和 plumericin(**280**)[56]，这个方法也表现出了较好的精度。计算得到的旋光数据列在其分子的结构下面。

(1R,5S,8S,9S,10S)-**279**
实验值: $[\alpha]_D$ 193°
计算值: $[\alpha]_D$-193°

(1R,5S,8S,9S,10S)-**280**
实验值: $[\alpha]_D$ 198°
计算值: $[\alpha]_D$ 195°

计算得到的(1R,5S,8S,9S,10S)-**279** 的旋光数值为-193°。而实验值为+193°。同时发现如果 **279** 的构型为(1S,5R,8R,9R,10R)，其旋光值则为+193°。因此，该化合物的绝对构型得到一个很好的确认。相对比而言，(1R,5S,8S,9S,10S)-**280** 与(1S,5R,8R,9R,10R)-**280** 具有形同的旋光值(+198°)，但构型完全相反[57]。二者的区别仅仅是C11 位上连接的取代基不同。这是一个很有意思的结论。这表明:在分子平面结构一致而取代基有较大差别，如果仅仅认为两个手性分子的旋光非常一致(如本例中+193°对+198°)就下结论认为二者的立体结构一致，这是一个危险的做法。

下面这两个例子，结构上非常相似。其旋光符号也几乎一致的情况下，其绝对构型会相同吗? 化合物 **281** 是天然产物[58]。但是其报道的立体构型是通过与已知结构化合物

282 的 OR 值进行对比来确定的[59]。

281, bezopyrenomycin
$[\alpha]_D$ +38° (CHCl₃)

282, rubiginone A₂
$[\alpha]_D$ +50° (CHCl₃)

利用 OR 的符号来比较两个结构类似化合物的绝对构型，很多时候都是正确的。在这个例子中，由于二者结构看起来比较类似，通过比较二者的 OR 值（化合物 **281** 为 +38°，化合物 **282** 为 +50°），认为化合物 **281** 的 C2 和 C3 位的绝对构型也应该为（2R，3S）。但是，当将计算得到的 OR 值与实验值进行对比时（表 5-6）[60] 发现，当化合物 **281** 的绝对构型为（2R，3S）时，其旋光值为 −12°~−86°〔其中只有一个为 +9.5°，该计算的基组较低，为 B3LYP/6-311++G(2d,p)//B3LYP/6-31G(d)〕。因此，（+）-**281** 的绝对构型应该是（2S，3R），而不是（2R，3S）。作为一个经典的例子，在第 6 章里也将讲到。

表 5-6　8 种理论计算方法得到的（2R,3S）-281 与（2R,3S）-282 的 OR 值以及实验值

[单位：(°)]

	（2R,3S）-**281**	（2R,3S）-**282**
$[\alpha]_{D\,exp}$	+38	+50
$[\alpha]_{D\,cal}$		
方法 1[a]	−50.4/−16.2[g]/+9.5[h]	+48.7/+47.7[g]/+87.2[h]
方法 2[b]	−44.1	+18.7
方法 3[c]	−27.8/−26.8[g]/−28.4[h]	+33.4/+72.6[g]/+104.7[h]
方法 4[b]	−40.5	+34.1
方法 5[d]	−28.9	+32.4
方法 6[e]	−86.1	+2.12
方法 7[f]	−49.2/−28.6[g]/−14.0[h]	+38.4/+61.4[g]/+87.8[h]
方法 8[b]	−12.2	+13.5

a. B3LYP/6-311++G(2d,p)//B3LYP/6-31G(d)，全电子能用于 OR 计算。

b. 在 B3LYP/aug-cc-pVDZ l 基组上计算单点能，计算 OR 时使用 PCM 溶剂化模型。

c. B3LYP/6-311++G(2d,p)//B3LYP/6-31+G(d,p)。

d. B3LYP/6-311++G(2d,p)//PCM(CHCl₃)/B3LYP/6-311+G(d)。

e. PCM(CHCl₃)/B3LYP/6-311++G(2d,p)//PCM(CHCl₃)/B3LYP/6-311+G(d)。

f. B3LYP/6-311++G(2d,p)//B3LYP/6-311++G(2d,p)。

g. OR 计算中进行频率校正。

h. 自由能数据用于 OR 计算。

　　分析其中的原因非常有价值。为什么这样类似的化合物的旋光符号会相反呢？这是由于两个化合物都能形成螺旋结构。如图 5-48 所示，在螺旋结构相同的时候，二者的旋光值恰恰相反。例如，次要构象 P-**282a** 的 OR 值为 $-240.8°$，而主要构象 M-**282b** 的 OR 值为 $211.6°$。经过玻尔兹曼加和后，其 OR 值的符号取决于 M-**282b** 的符号。相反，主要构象 P-**281a** 的 OR 值为 $-605.9°$，次要构象 M-**281b** 为 $622.8°$。最后，其 OR 符号取决于 P-**281a** 的符号。

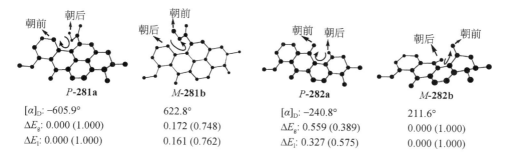

P-**281a**　　　　　　M-**281b**　　　　　　P-**282a**　　　　　　M-**282b**

$[\alpha]_D$: $-605.9°$　　　$622.8°$　　　　　　$[\alpha]_D$: $-240.8°$　　　$211.6°$

ΔE_g: 0.000 (1.000)　0.172 (0.748)　　0.559 (0.389)　　0.000 (1.000)

ΔE_l: 0.000 (1.000)　0.161 (0.762)　　0.327 (0.575)　　0.000 (1.000)

图 5-48　两个分子的螺旋结构及其相对能量和 OR 值（能量单位：kcal/mol）

282 的构型为 $(2R,3S)$，H 原子被省略

　　有关 Matrix 计算方法的应用，在第 6 章里有相关的例子说明。

5.4.3　ECD 光谱计算

　　早在 1960 年前后，研究人员已经开始研究圆二色谱，即 CD。现在，人们为了区别使用 IR 为光源的 CD 研究（即 VCD），已经使用电子圆二色谱（ECD）来表征。到目前为止，已经有很多的绝对构型的报道[61]。同样，这个过程的构象搜索依然是最关键的一步[62]。

　　通过 ECD 鉴定手性分子绝对构型目前是绝对构型研究中的重要手段，成功鉴定的例子非常多，有许多经典的例子。生物碱 psychotripine（**283**）[63] 的相对构型可以使用 ROESY 等 NMR 方法确定，计算构型为 $(3aR,8aR,3a'R,8a'R,3a''S,8a''R)$ 的 ECD，可以发现实验结果与理论分析吻合很好（见图 5-49，$\sigma=0.2$ eV），计算方法为 B3LYP/6-311+ +G(2d,p)//B3LYP/6-31+G(d)。

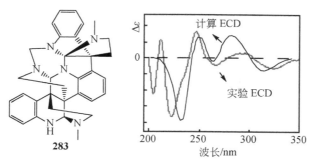

图 5-49　计算得到手性化合物 **283** 的结构及其 ECD 光谱

当生色团在环上而手性中心在链状结构中时,如果手性中心紧邻该生色团,则也可以通过 ECD 的方法来确定分子的绝对构型。例如化合物 **284**,侧链的 C8 上有一个手性中心(图 5-50)[64]。通过计算,鉴定 C2 的绝对构型为(S)。此外还有其他类似的例子[36]。

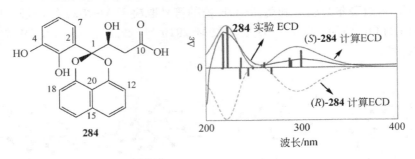

图 5-50　计算得到的化合物 **284** 的结构及其 ECD 光谱和实验结果的比较

上述例子中的手性中心在 C8 上,由于单键的旋转,以及 C8 远离 C═C 生色团,这些不利因素使得其绝对构型的鉴定较为困难。但是,C8 上的—OH 可形成分子内氢键,从而导致其构象相对稳定,因此可以使用 ECD 的方法来鉴定其绝对构型。

5.4.4　VCD 光谱计算

由于 VCD 使用的是偏振 IR 光,而分子的振动光谱(即 IR)取决于分子各种键的伸缩振动、摆动、扭动等,因此 VCD 光谱能比 ECD 光谱提供更多的结构信息,这使得 VCD 光谱的应用范围比 ECD 要广。但是,由于 IR 光强比 UV 光弱,因此,VCD 的测试时间要比 ECD 长很多,而且需要样品量较大,不同厂家的设备也不一样,通常在 8～10 mg 或以上。

尽管关于 VCD 仪器很早就有报道,但是商业用 VCD 仪器在 20 世纪 90 年代左右才上市[65]。这些光谱设备为绝对构型的简单做出了很大的贡献[66]。目前,VCD 光谱的应用普及程度还是没有 ECD 高。原因可能在于上面提到的一个关键科学问题:同系列手性化合的 VCD 光谱有很大差异,不能通过比对同系列的 VCD 光谱来确定同系列其他化合物的立体结构。也就是说,每一个手性化合物立体结构的鉴定,都需要借助量子化学计算。同时,VCD 信号比较丰富,这一方面是好事,但是另一方面也带来分析 VCD 光谱的困难。可能是这两方面的因素,导致目前 VCD 的应用普及程度不如 ECD。

同系列手性分子中,只要其构型相同,这些同系列化合物的 ECD 光谱会基本一致,这使得利用 ECD 光谱来鉴定同系物时很方便。但是在 VCD 光谱中,即便是结构几乎一样,仅仅只是取代基有变化,例如从甲基变为乙基,这两个结构相似产物的 VCD 光谱都有很大的区别。这一点与 ECD 完全不同。例如,化合物 **285** 和 **286** 是两个十分相似的化合物[67]。它们的 ECD 肯定十分相似。但是它们的 VCD 完全不同(图 5-51)。

第 1 章讲到,对于长链,可以在计算中将其简化为较短的链。例如化合物 **287**,可以将其简化为 **288** 用于 VCD 计算(图 5-52)[68]。但是在实际研究中,由于种种原因,计算的过程中也会出现错误[69]。

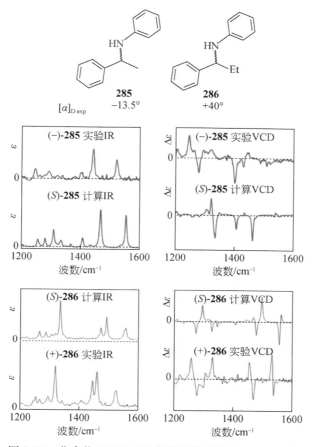

图 5-51　化合物 **285** 和 **286** 的结构及其 IR 和 VCD 比较

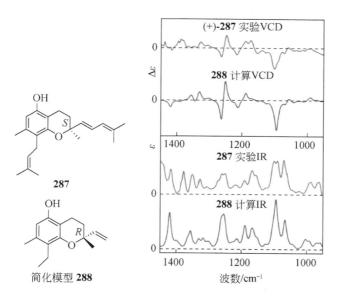

图 5-52　化合物 **287** 和简化模型 **288** 的结构及其实验和计算 IR 和 VCD 的比较

　　另外一个知名的药物分子是千金藤素(**289**,图 5-53)[70]。该化合物最早由日本学者发现,日本已在临床上使用千金藤素用作升高白细胞药物,无明显毒副作用,它对许多疾病都有很好的治疗效果。在当时新型冠状病毒流行的形势下,中国学者发现了其具有抗新冠病毒的作用。该结果一经报道,立即引起了广泛关注。然而,这个化合物的立体结构是错误的。也就是说,原来所鉴定的(1R,1′S)的绝对构型不对,正确的绝对构型是(1R,1′R)[71]。该结论已通过 VCD 等技术得到了非常好的论证。计算得到(1R,1′R)-**289** 的VCD 光谱与实验的(＋)-**289** 的 VCD 光谱一致(图 5-53)。

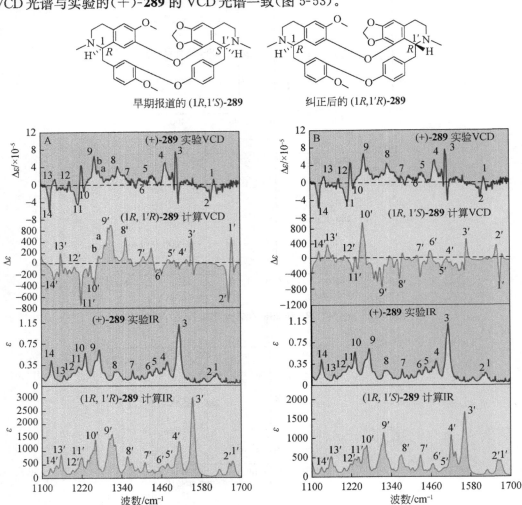

早期报道的 (1R,1′S)-**289**　　　　　　纠正后的 (1R,1′R)-**289**

图 5-53　千金藤素原始立体构型(1R,1′S)与正确的立体结构(1R,1′R)及其计算的 VCD 和 IR 光谱与实验结果的比较

　　实际上,目前计算过程中存在一个较大的问题是,很多研究人员对于计算的理解不到位,觉得会用软件就能计算。这是一个很大的误区。这需要认真对待计算中的各项科学问题。笔者在最近的一篇综述中,较为详细地探讨了容易出错的一些科学问题。计算化

学有它的理论体系和关键的注意事项,每一个理论方法都有其优缺点和使用范围。同时,在完成相关的计算后所面临的数据处理也是一个关键的科学问题。任何细节上的疏忽,都可能带来计算结果的误判。

参 考 文 献

[1] Sheu J H, Chao C H, Wang G H, Hung K C, Duh C Y, Chiang M Y, Wu Y C, Wu C C. Tetrahedron Lett, 2004, 45: 6413-6416.

[2] Torihata M, Nakahata T, Kuwahara S. Org Lett, 2007, 9: 2557-2559.

[3] (a) McWilliams J C, Clardy J. J Am Chem Soc, 1994, 116: 8378-8379.

　(b) Weinmann H, Winterfeldt E. Synthesis, 1995, (9): 1097-1101.

[4] (a) Oka M, Iimura S, Tenmyo O, Yosuke S, Sugawara M, Ohkusa N, Yamamoto H, Kawano K, Hu S L, Fukagawa Y, Oki T. J Antibiot, 1993, 46: 367.

　(b) Iimura S, Osa M, Narita Y, Konishi M, Kakisawa H, Gao H, Oki T. Tetrahedron Lett, 1993, 34: 493.

　(c) Oka M, Iimura S, Narita Y, Furumai T, Konishi M, Oki T, Gao Q, Kakisawa H. J Org Chem, 1993, 58: 1875.

[5] Tatsuta K, Masuda N. J Antibiot, 1998, 51: 602.

[6] Myers A G, Siu M, Ren F. J Am Chem Soc, 2002, 124: 4230-4232.

[7] (a) Takahashi H, Osada H, Koshino H, Kudo T, Amano S, Shimizu S, Yoshihama M, Isono K. J Antibiot, 1992, 45: 1409-1413.

　(b) Koshino H, Takahashi H, Osada H, Isono K. J Antibiot, 1992, 45: 1420-1427.

[8] Takahashi H, Osada H, Koshino H, Sasaki M, Onose R, Nakakoshi M, Yoshihama M, Isono K. J Antibiot, 1992, 45: 1414-1419.

[9] Cuzzupe A N, Hutton C A, Lilly M J, Mann R K, Rizzacasa M A, Zammit S C. Org Lett, 2000, 2: 191-194.

[10] Dess D B, Martin J C. J Am Chem Soc, 1991, 113: 7277-7287.

[11] (a) Nakajima H, Sato B, Fujita T, Takase S, Terano H, Okuhara M. J Antibiot, 1996, 49: 1196-1203.

　(b) Nakajima H, Takase S, Terano H, Tanaka H. J Antibiot, 1997, 50: 96-99.

　(c) Nakajima H, Hori Y, Terano H, Okuhara M, Manda T, Matsumoto S, Shimomura K. J Antibiot, 1996, 49: 1204-1211.

[12] Albert B J, Sivaramakrishnan A, Naka T, Czaicki N L, Koide K. J Am Chem Soc, 2007, 129: 2648-2659.

[13] Vongvilai P, Isaka M, Kittakoop P, Prasert Srikitikulchai P, Kongsaeree P, Thebtaranonth Y. J Nat Prod, 2004, 67: 457.

[14] Faulkner D J. Nat Prod Rep, 2001, 18: 1.

[15] (a) Figueroa R, Hsung R P, Guevarra C C. Org Lett, 2007, 9: 4857-4859.

　(b) Figueroa R, Feltenberger J B, Guevarra C C, Hsung R P. Sci Chin Chem, 2011, 54: 31-42.

[16] Muhammad I, Li X C, Jacob M R, Tekwani, B L, Dunbar D C, Ferreira D. J Nat Prod, 2003, 66: 804.

[17] Wang Q L, Huang Q G, Chen B, Lu J P, Wang H, She X G, Pan X F. Angew Chem Int Ed, 2006, 45: 3651-3653.

[18] Phuong N M, Sung T V, Porzel A, Schmidt J, Merzweiler K, Adam G. Phytochemistry, 1999, 52: 1725.

[19] Frank V, Norbert K. Org Biomol Chem, 2007, 5: 1519-1521.

[20] Singleton V L, Bohonos N, Ullstrup A J. Nature (London), 1958, 181: 1072-1073.

[21] Wu Y K, Gao J. Org Lett, 2008, 10: 1533-1536.

[22] (a) Wan F, Erickson K L. J Nat Prod, 1999, 62: 1696.

　(b) Appleton D R, Sewell M A, Berridge M V, Copp B R. J Nat Prod, 2002, 65: 630.

[23] McPhail K L, Gerwick W H. J Nat Prod, 2003, 66: 132.

[24] Li Y, Feng J P, Wang W H, Chen J, Cao X P. J Org Chem, 2007, 72：2344-2350.

[25] Felder S, Dreisigacker S, Kehraus S, Neu E, Bierbaum G, Wright P R, Menche D, Schäberle, T F, König G M. Chem Eur J, 2013, 19：9319-9324.

[26] Lu H H, Gan K J, Ni F Q, Zhang Z, Zhu Y. J Am Chem Soc,2022, 144：18778-18783.

[27] Matthew S, Salvador L A, Schupp P J, Paul V J, Luesch H. J Nat Prod, 2010, 73：1544-1552.

[28] Cui C S, Dai W M. Org Lett, 2018, 20：3358-3361.

[29] Chatare V K, Andrade R B. Angew Chem Int Ed, 2017,56：5909-5911.

[30] Park E,Cheon C H. Adv Synth Catal, 2019,21：4888-4892.

[31] Paterson I, Xuan M, Dalby S M. Angew Chem Int Ed, 2014,(53)：7286-7289.

[32] Rickards R W, Wu J P. J Antibiotics, 1985, 27(4)：513.

[33] Zhou B D, Ren J, Liu X C, Zhu H J. Tetrahedron. 2013, 69：1189-1194.

[34] (a)Mordue A J, Blackwell A. J Insect Physiol, 1993, 39：903-924.

　　　(b) Schmutterer H. The Neem Tree. Weinheim：Wiley-VCH, 1995.

[35] Veitch G E, Pinto A, Boyer A, Beckmann E, Anderson J C, Ley S V. Org Lett, 2008, 10：569-572.

[36] Butler M S. Nat Prod Rep, 2008, 25：475-516.

[37] Patridge E, Gareiss P, Kinch M S, Hoyer D. Drug Discov Today, 2016,21(2)：204-207.

[38] Newman D J, Cragg G M. J Nat Prod, 2020,83：770-803.

[39] Haque N, Parveen S, Tang T T, Wei J E, Huang Z N. Mar Drugs, 2022, 20：528.

[40] (a)姚新生. 天然药物化学. 3 版. 北京：人民卫生出版社,2000.

　　　(b)吴立军. 天然药物化学. 4 版. 北京：人民卫生出版社,2006.

[41] 于德泉,杨峻山.分析化学手册(第七分册). 北京：化学工业出版社,1999.

[42] Forsyth D A, Sebag A B. J Am Chem Soc, 1997, 119：9483-9494.

[43] Hall J G, Reiss J A. Aust J Chem, 1986, 39：1401-1409.

[44] Sheldrake H M, Jamieson C, Burton J W. Angew Chem Int Ed, 2006, 45：7199-7202.

[45] Pu J X, Huang S X, Ren J, Xiao W L, Li L M, Li R T, Li L B, Liao T G, Lou L G, Zhu H J, Sun H D. J Nat Prod, 2007, 70：1706-1711.

[46] (a) Glaser S J. Angew Chem Int Ed, 2001, 40：147-149.

　　　(b)Bifulco G, Dambruoso P, Gomez-Paloma L, Riccio R. Chem Rev, 2007, 107：3744-3779.

[47] (a)Cimino P, Gomez-Paloma L, Duca D, Riccio R, Bifulco G. Mag Reson Chem, 2004, 42：26-33.

　　　(b)Chen L X, Zhu H J, Wang R, Zhou K L, Jing Y K, Qiu F. J Nat Prod, 2008, 71：852-855.

　　　(c) Liang H X, Bao F K, Dong X P, Zhu H J, Lu X J, Shi M, Lu Q, Cheng Y X. Chem Biodiv, 2007, 4：2810-2816.

[48] Zhou G, Sun C, Hou X, Che Q, Zhang G, Gu Q, Liu C, Zhu T, Li D. J Org Chem, 2021, 86：2431-2436.

[49] Baassou S, Mehri H M, Rabaron A, Plat M. Tetrahedron Lett, 1983, 24 (8)：761-762.

[50] Kouamé T, Bernadat G, Turpin V, Litaudon M, Okpekon A T, Gallard J F, Leblanc K, Rharrabti S, Champy P, Poupon E, Beniddir M A, Pogam P L. Org Lett, 2021, 23：5964-5968.

[51] (a) Allenmake S G. Nat Prod Rep, 2000, 17：145-155.

　　　(b) Polavarapu P L. Chirality, 2003, 15：284-285.

　　　(c) Polavarapu P L. Chirality,2006, 18：348-356.

[52] Stephens P J, Pan J J, Devlin F J. J Org Chem, 2007, 72：2508-2524.

[53] Crawford T D, Owens L S, Tam M C, Schreiner P R, Koch H. J Am Chem Soc, 2005, 127：1368-1369.

[54] Stephens P J, Pan J J, Devlin F J. J Org Chem, 2007, 72：3521-3536.

[55] Adesogan E K. Phytochemistry, 1979, 18：175-176.

[56] (a) Albers-Schönberg G, Schmid H. Chimia, 1960, 14：127-128.

　　　(b) Albers-Schönberg G, Schmid H. Helv Chim Acta, 1961, 44：1447-1473.

[57] Stephens P J, Pan J J, Devlin F J, Krohn K, Kurtan T. J Org Chem, 2007, 72: 3521-3536.

[58] Pezzuto J M, Lea M A, Yang C S. Cancer Res, 1976, 36: 3647-3653.

[59] (a) Huang X, He J, Niu X, Menzel K, Dahse H, Grabley S, Fiedle H, Sattler I. Angew Chem Int Ed, 2008, 47: 3995-3998.

(b) Oka M, Kamei H, Hamagishi Y, Tomita K, Miyaki T, Konishi M, Oki T. Antibiot, 1990, 43: 967-976.

[60] Li Q M, Ren J, Shen L, Bai B, Liu X C, Wen M L, Zhu H J. Tetrahedron, 2013, 69: 3067-3074.

[61] (a) Zhang Y, Yu Y Y, Peng F, Duan W T, Wu C H, Li HT, Zhang X F, Shi Y S. J Agric Food Chem, 2021, 69(32): 9229-9237.

(b) Nhoek P, Chae H S, Kim Y M, Pel P, Huh J, Kim H W, Choi Y H, Lee K, Chin Y W. J Nat Prod, 2021, 84: 220-229.

[62] Mazzeo G, Cimmino A, Andolfi A, Evidente A, Superchi S. Chirality, 2014, 26: 502-508.

[63] Li X N, Zhang Y, Cai X H, Feng T, Liu Y P, Li Y, Ren J. Org Lett, 2011, 13(21): 5896-5899.

[64] Garcia K Y M, Phukhamsakda C, Quimque M, Hyde K, Stadler M, Macabeo A. J Nat Prod, 2021, 84: 2053-2058.

[65] (a) Stephens P J, Devlin F J, Chabalowski C F, Frisch M J. J Phys Chem, 1994, 98: 11623-11627.

(b) Stephens P J. J Phys Chem, 1985, 89: 748-752.

[66] Keiderling T A, Lakhani A. Chirality, 2018, 30(3): 238-253.

[67] (a) 朱华结, 赵丹. 国际药学研究杂志, 2015, 42: 669-685.

(b) 曹飞, 高彤, 许兰兰, 朱华结. 中国科学: 化学, 2017, 47: 801-815.

[68] (a) Mota J S, Leite A C, Batista J M Jr, López S N, Ambrósio D L, Passerini G D, Kato M J, Bolzani V S, Cicarelli R M B, Furlan M. Planta Med, 2009, 75: 620-623.

(b) Batista J M Jr, López S N, Mota J S, Vanzolini K L, Cass Q B, Rinaldo D, Vilegas W, Bolzani V S, Kato, M J, Furlan M. Chirality, 2009, 21: 799-801.

(c) Batista J M, Batista A N L, Rinaldo D, Vilegas W, Cass Q B, Bolzani V S, Kato M J, López S N, Furlan M, Nafie L A. Tetrahedron: Asymmetry, 2010, 21: 2402.

[69] Zhao D, Li Z, Cao F, Liang M, Pittman C U Jr, Zhu H J, Li L, Yu S. Chirality, 2016, 28: 612-617.

[70] (a) Rogosnitzky M, Danks R. Pharmacolog Rep, 2011, 73: 337-347.

(b) Furusawa S, Wu J H. Life Sci, 2007, 80: 1073-1079.

[71] Ren J, Zhao D, Wu S J, Wang J, Jia Y, Li W X, Zhu H J, Cao F, Li W, Pittman C U, He X J. Tetrahedron, 2019, 75: 1194-1202.

第6章 计算化学在手性有机化合物研究中的应用

有机化学发展到今天已变得十分成熟。各种不同的化学反应得到了广泛的研究。目前有机化学研究的主要内容就是发展不同反应,包括各类反应的应用,如立体选择性合成研究。随着计算机技术的发展,以及相关化学软件的完善和研究范围的拓宽,计算化学在有机化学中的应用有了更广泛的内容。正因为如此,越来越多的研究人员都开始涉足计算化学这个领域。但对不少想进入这个领域的研究人员而言,摸索不同软件的用法也许不难,但要想用好这个软件就显得有些力不从心。

这里,以比较广泛应用的 Gaussian 软件为例,针对所涉及的过渡态计算,手性分子的旋光(OR)、电子圆二色谱(ECD)以及振动圆二色谱(VCD)的计算等进行相关的介绍。与本书 2009 年第一版相比,我国在手性光谱的计算以及应用,尤其是在天然产物立体结构鉴定中的应用,已经取得了非常大的进展,但是也出现了很多的问题。因此,有必要把在手性光谱计算中应该注意的计算因素在这一章里加以介绍。相关的软件操作技巧可参见相关的参考资料。为便于大量初学者能准确寻找到软件上的功能键的位置,大部分功能键也用具体的图像来表示。

另外,为简化起见,本章主要以 B3LYP 密度泛涵理论为例,以若干不同基组用于计算。原因在于该理论具有较好的精度,以及在不同内容计算中的可靠性。

6.1 软件应用介绍

6.1.1 Gaussian 软件

Gaussian 软件包含两个独立的操作软件。其一是 GaussView,专门用于研究人员输入各种不同的分子模型的结构用于计算;其二是用于计算的 Gaussian 计算软件包。Gaussian 软件发展得很快,但是其 GaussView 的界面依然变化不大。图 6-1 显示的是

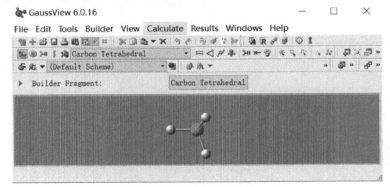

图 6-1　GaussView 的工作界面

GaussView 版本 6.0.16 的界面结构。其中最常用的命令图标的功能列在表 6-1 中。它与 3.0 版本有一定差异,但是差异并不大。

表 6-1　GaussView 的部分主要功能键介绍

图标结构	功能
	用于构建分子结构中的不同原子。默认打开时出现的原子是碳。改变原子时,点击界面上的 Carbon Tetrahedral ,就会弹出相应的元素周期表。
	用于构建分子结构中的不同的环结构。默认打开时出现的是苯环。点击界面上的 benzene ,就会弹出相应的其他环结构。
	用于构建分子结构中的不同的基团。默认打开时出现的是 CH_2O。点击界面上的 formyl ,就会弹出相应的其他基团。
	用于构建分子结构中的不同的氨基酸结构。默认打开时出现的是甘氨酸残基。点击界面上的 Alanine - Central Residue ,就会弹出相应的其他氨基酸结构。
	用于在所选择的原子上再添加一个 H 原子。点击一次添加一个 H 原子。
	用于删除模型分子中的原子。选择不要的原子直接点击就可以删除。
	撤销上一步的操作。与之相对应的是恢复上一步操作键  。
	当分子模型构建出来以后,点击该键,可以快速将模型进行简单的计算得到一个相对合理的模型结构。但对复杂结构而言,需要注意:这个功能常会使整个分子陷入一个相对"看不清"的状态。但对简单分子体系而言,这是一个很好的清理功能键。
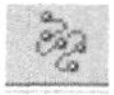	这是一个察看分子中不同原子之间是否成键的功能键。点击它可以马上显示不同原子之间的成键情况。
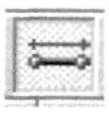	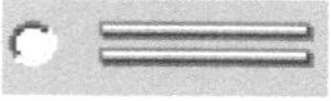  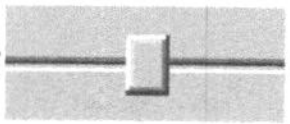   用于测量所构建的分子中两个原子之间的距离。选择点中的两个原子(原子的颜色变绿),就会弹出对话框,显示距离。如图 6-2 显示的乙烷结构中的两个碳原子的距离。同时显示该键是单键。

通过复选选择单键,或双键图标 ,或三键 等,再点击 OK 键后,可以改变所选择的键的属性。或通过移动 中的方块,可以改变两个原子间的距离,达到所设计的分子结构的目的(图 6-2)。

同样,在这中间还有 和 图标键。这两个图标的功能也是用于测量或改变分子结构中的三个原子之间的夹角,或四个原子之间的二面角。在选中这些图标时,如同选择测量原子之间的距离一样,只需要选中所选的三个待测原子就可以测量三个原子之间的夹角,或四个原子之间的二面角。操作方法同选择测量原子之间的距离一样。

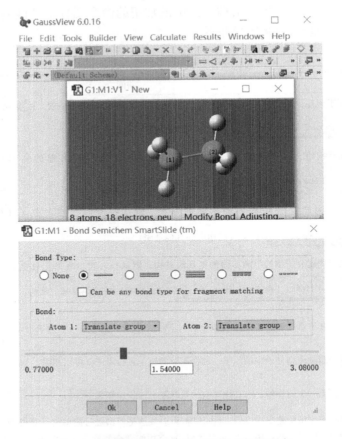

图 6-2　使用单键测量分子中原子之间的距离

在完成一个分子的构建之后，就需要针对研究内容进行计算方面的设置。该视窗的计算功能主要集中在 Calculate 中。下面利用 GaussView 视窗为例，说明苯丙氨酸的优化计算（optimization）。先构建出苯丙氨醇的基本结构，点击 Calculate 后，出现如图 6-3 的界面。

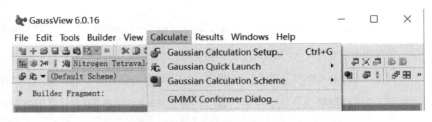

图 6-3　功能键 Calculate 的功能显示

选择 Gaussian Calculation Setup... Ctrl+G 功能键，出现如图 6-4 所示的对话框。

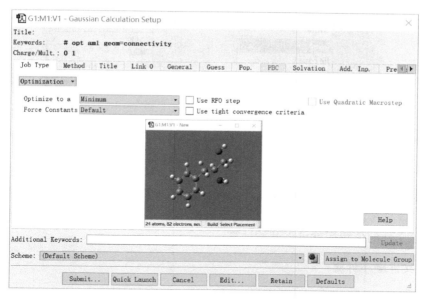

图 6-4　构建的苯丙氨醇结构(后期复制到对话框中)

在 Job Type 中选 Optimization,并选中 Minimum 选项[图 6-5(a)]。在 Method 中选 DFT 方法,默认自旋,利用 B3LYP 函数,在基组 6-31＋G(d)上进行计算。显示的相关情况如图 6-5(b)～(d)所示。

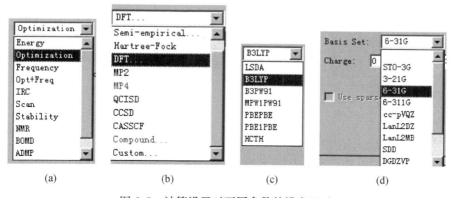

(a)　　　　　　　(b)　　　　　　　(c)　　　　　　　(d)

图 6-5　计算设置时不同参数的设定显示

该优化计算表示计算在 B3LYP/6-31＋G(d)层次上进行。由于没有设置在溶液中的参数,按默认情况,该计算是在气相条件下进行的。如果需要在溶液中进行,可进一步在 Solvation 的功能键上选择如 IEFPCM 模型来计算。若选默认(Default),则是利用 PCM 模型。在选完该选项后,进一步选择溶剂。我们选择默认 PCM 模型,在乙腈中进行,如图 6-6 所示。在保存文件以后,就可以开始计算。

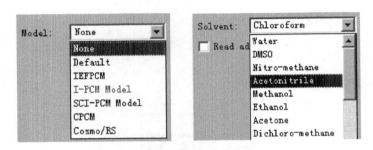

图 6-6　在溶液条件下的计算设置

点击 Guassian03 后,出现相关的界面,在 Open 选项下打开相应的文件,点击 RUN 就开始运行该计算任务。在计算前,计算机会询问输出文件名和存放的位置。输入编好的文件名和保存文件的位置后就可以开始计算。

6.1.2　多文件顺序计算

在开展多个计算文件时,为了提高计算效率,我们希望计算机在完成一个计算任务后,按顺序计算其他计算任务。Gaussian 设计了一个简单的连续计算的操作方式。

首先,在 GaussView 界面打开文件夹,将需要计算的文件全部选定,见图 6-7。

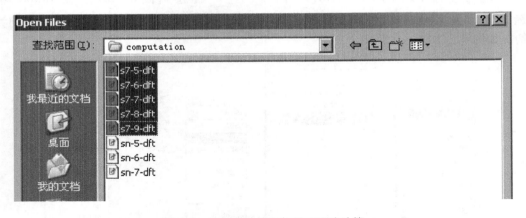

图 6-7　选择相关的文件用于连续计算

将这些选定的文件拖入 Gaussian 视窗内。随后,在 Gaussian 的执行任务栏出现如下字样:Creating drop list batch control file…,见图 6-8。

如果以前该计算机里出现过类似计算任务,则还有如图 6-9 所示的提醒:

点击"是(Y)"就开始全部任务的连续计算。

现在,对利用 GaussView 来构筑分子模型结构已有了初步的认识,并对利用多任务计算有了一些基本技巧。下面就开始了解相关的计算介绍。

图 6-8　将系列文件拖入 Gaussian03 计算时的显示

图 6-9　提醒原有的序列计算文件将被覆盖

6.2　计算化学在有机反应过渡态的应用

有机化学反应的重要研究内容之一就是化学反应过渡态的研究。通过研究反应中不同过渡态的结构特征与过渡态能量的大小,我们就可以设计一些有价值的分子结构。

过渡态初始结构的构建非常重要。一个合理的初始过渡态结构可以为下一步的成功计算带来非常大的便利。在 GaussView 视窗下,我们以几个代表性反应的过渡态结构为例子来说明这个问题。

6.2.1　还原反应过程中的若干过渡态结构问题

下面的反应是一个化学选择性转化反应。它没有生成预期的乙胺,取而代之的是乙腈。我们在第 2 章中曾介绍过这方面的内容。在这个反应中有几个关键的过渡态结构。

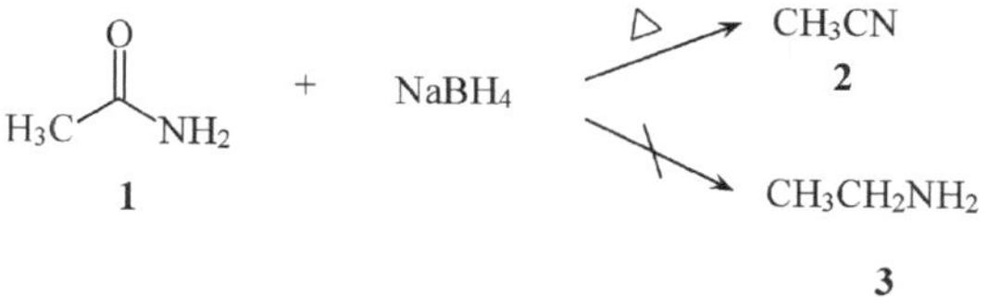

$$H_3C-C(=O)-NH_2 \ \mathbf{1} \ + \ NaBH_4 \ \xrightarrow{\triangle} \ CH_3CN \ \mathbf{2}$$
$$\nrightarrow CH_3CH_2NH_2$$

3

第一个反应是 NaBH$_4$ 与 CH$_3$CONH$_2$ 生成一分子氢气。这在平面上可以简单地看成如下结构：

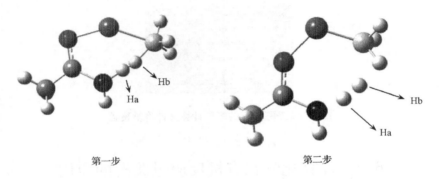

TS-1

将这个平面结构转化为立体的过渡态的初始结构，主要的困难是如何确定各个原子的相对位置。由于 Na$^+$ 的介入，计算的复杂程度比单纯的简化模型要大一些，并且计算得到的分子结构也会有比较大的差异。

第一步，在 GaussView 视窗中，我们利用前面介绍的方法先将平面结构中所有的原子全部连接起来，见图 6-10。其中红色的表示 O 原子，粉红的表示 B 原子，蓝色表示 N 原子，小的灰色球是 H 原子，深灰色球表示 C 原子。

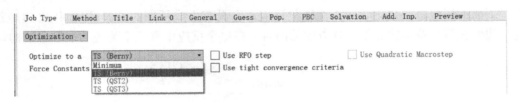

第一步　　　　　　　　　　　　　　　　　　第二步

图 6-10　TS-1 的初步结构与两步 TS 结构的构建

第二步，根据反应时可能的原子位置来确定大致的过渡态模型结构。考虑到要生成 H$_2$，N 原子上的 H 需要离 N 原子远一点。而一个在 B 原子上的负 H 原子也会离 B 原子远一些。同时，要生成的 H$_2$ 分子中的两个 H 原子的距离相对要近一些，见上面的结构（图 6-10）。

第三步，在 Calculate 的选项中选择计算的方式。如图 6-11 所示，在 Optimization 的选项中，点开 optimize 栏的计算目标是过渡态［TS(Berny)］。

图 6-11　选择过渡态计算

考虑到初始结构与实际情况相差比较大,因此,计算的层次可以比较低,如 HF/3-21G* 就可以了。如图 6-12 所示,同时,在过渡态计算时,需要在 Additional Keywords 中键入 opt＝noeigen 来告诉计算机,这是计算过渡态,在计算时不需要考虑 noeigen 值的大小。否则,在计算过程中会出错误。在没有力常数(force constant)时进行计算,有时计算不能开始。这时候需要在 Force Constants 选项下,选择计算第一个点的力常数 Calculate at First Point ▾ 。为了计算结束后检验所得到的过渡态结构是不是所需要的结构,我们还需要在过渡态计算结束后,再计算过渡态的频率。完整的计算方案显示如图 6-12 所示。

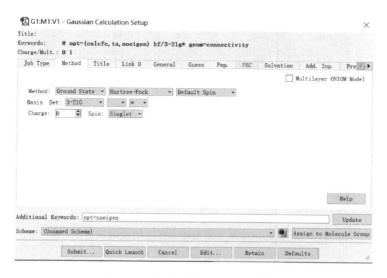

图 6-12　计算过渡态时的参数设置

在得到准确的过渡态结构后,可以看到频率值。如果得到的频率有一个虚频(即有一个负值频率),而且点中这个虚频时,图像显示的正好是生成氢气,那么这个过渡态结构就是对的。反之,则是错误的。需要结合计算过程中的分子结构的参数,调整过渡态结构,再进行计算,一直找到真实过渡态结构。

在得到这个过渡态结构后,需要以此为新的起始结构,开展高层次的计算,如在 B3LYP/6-31G(d,p) 上。此时有两个方法。

方法一:直接把这个结构另存为新文件,再利用上述方法把新的计算设定为 B3LYP/6-31＋G(d,p),再把这个新文件直接送入 Gaussian 的计算包中进行新的计算。

方法二:在 HF/3-21G* 计算结束后,会产生一个 checkpoint 文件,后缀为 .chk,如在本例中,该文件名在 Link 0 里为 optima,见图 6-13。

这个文件可以用于进一步的计算中。在新生成的文件中,可以在 Additional Keywords 栏中键入如下指令:

Opt＝(noeigen,readfc) 或 Opt＝(noeigen,refc)

或在 Calculate 里做如下选择,在 Force Constants 的下拉框中选择 Read Internal。这表明在计算过程中,计算过程中的力常数的大小从保存在相关的文件夹中的 checkpoint 文

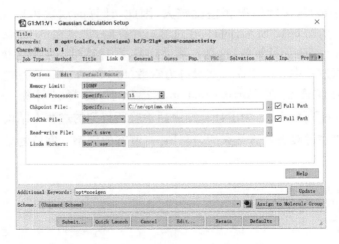

图 6-13 检查 checkpoint 文件的设置情况

件，即后缀为 .chk 的文件中读取，见图 6-14。

图 6-14 计算过渡态时力常数的读取设置

这样，一个完整的输入显示如图 6-15 所示。

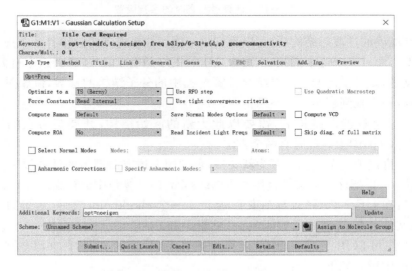

图 6-15 完整的过渡态输入文件格式显示

第二个反应是在 $NaBH_4$ 与 CH_3CONH_2 生成一分子氢气后，该结构通过异构化反应生成烯胺结构[1]。平面结构如图 6-16 左侧所示。

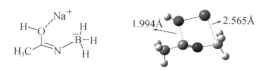

图 6-16　分子中脱去 NaOH 的过渡态结构

这个反应的关键是脱 NaOH，生成的过渡态结构如图 6-16 右侧所示。前面讲到需要检测过渡态的虚频，如图 6-17 所示。

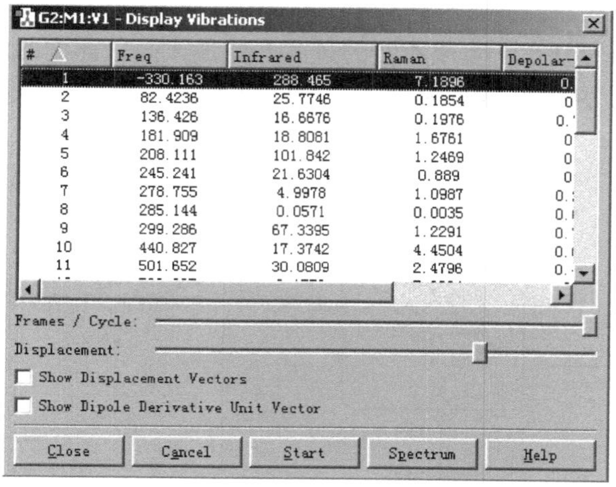

图 6-17　计算得到的过渡态频率数值

让我们来看一看生成的过渡态结构在虚频 -330.163 cm^{-1} 时的分子运动状态。三个随时间变化的过渡态结构如图 6-18 所示。该图中显示出 NaOH 中的 O 原子正离 C 原子而去。这正是我们所需要的过渡态结构。

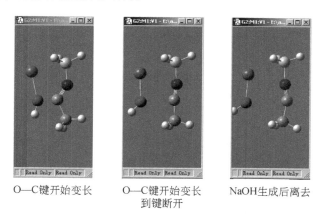

O—C键开始变长　　　O—C键开始变长　　　NaOH生成后离去
　　　　　　　　　　到键断开

图 6-18　NaOH 分子脱离原来的分子体系示意图

一旦该 NaOH 脱掉后，该分子将通过生成如下过渡态，生成乙腈。在 HF/6-31G(d,p) 条件下得到的过渡态结构也一并列在图 6-19 中。同样，这个过渡态结构中的唯一虚频显示出该过渡态结构的可靠性。

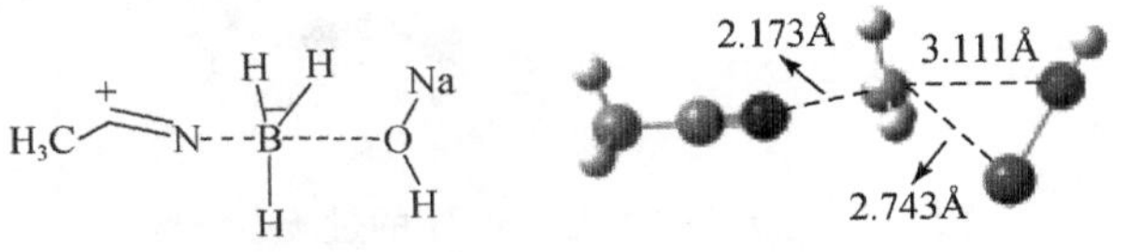

图 6-19　乙腈分子生成的过渡态结构

同样，在构建其他不同过渡态结构模型时，也都只需要充分考虑上述几个关键的因素。通过计算不同过渡态能量，就可以判断可能的反应方向。如上面的例子中，为什么生成的不是乙胺呢？原因就在于生成乙胺的过渡态能量太高。详细的反应路线以及过渡态能量列在图 6-20 中。从这些能量大小来看，只有 CH₃CN 生成，而无 CH₃CH₂NH₂。

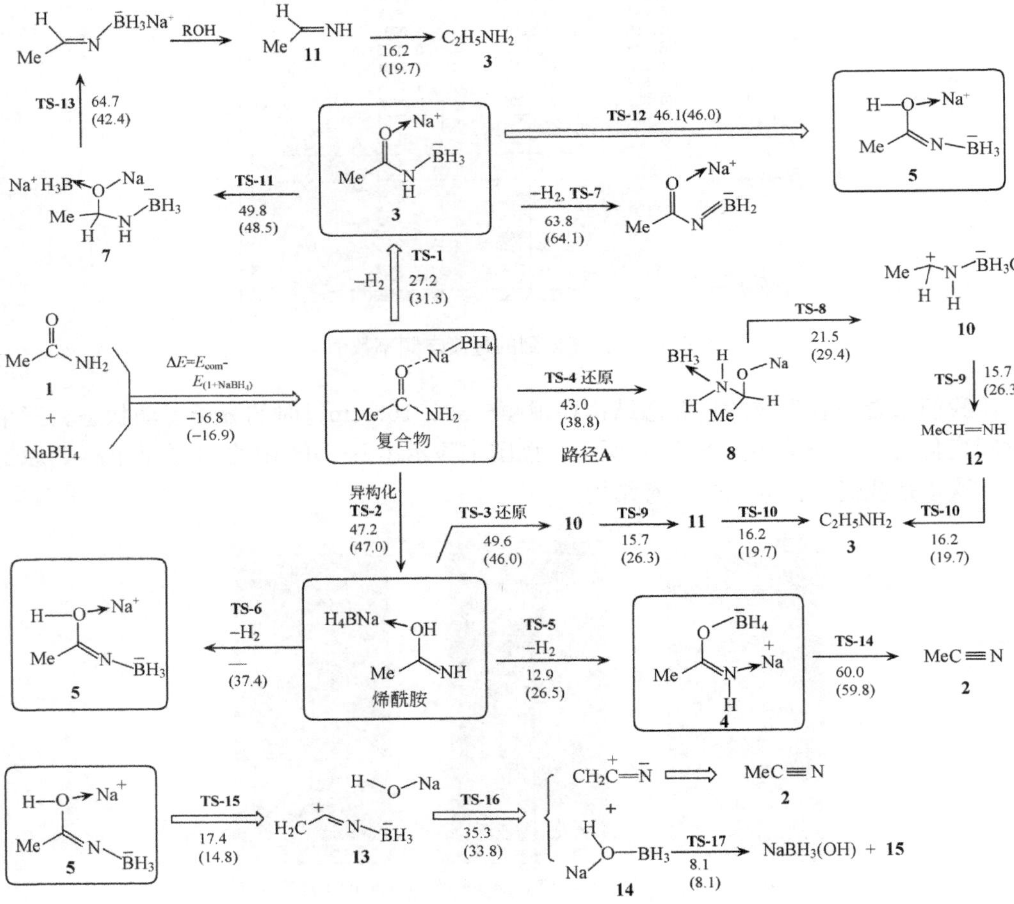

图 6-20　CH₃CONH₂ 与 NaBH₄ 反应后的不同生成物的过渡态能量

括号外的数据是在 B3LYP/6-31G(d,p)基组上得到，括号内的数据是在 HF/6-31G(d,p)基组上得到

6.2.2　溶液状态时的能量校正

上面介绍计算得到的能量都是在气相条件下得到的。实际情况下,所有的反应都是在溶液中进行的。而得到溶液中的能量对一些反应而言十分重要。实现溶液条件下的能量计算有三种方法。

第一种方法就是将在气相条件下得到的分子结构放在溶液条件下再次计算单点能。在这种情况下,计算的层次通常比较高。对小分子体系而言,利用 MP2/6-311+G(d,p) 就是一个比较好的计算方法。这是一个比较通用的方法。

这里举一个例子,我们利用上面得到的过渡态结构编写它在溶液条件下的单点能计算。在单点能的计算中,需要用到指令"tight"来使计算更精确。图 6-21 显示的是一个在溶液四氢呋喃中的单点能校正。使用的是 PCM 模型(软件设置中默认模型),计算的层次在 MP2/6-311+G(d)的基组上。

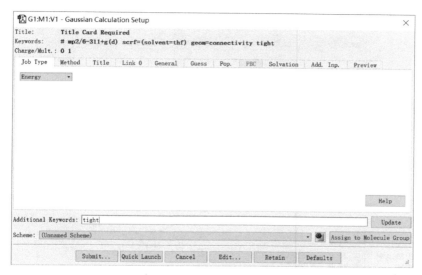

图 6-21　在四氢呋喃溶液中使用 PCM 模型进行计算的设置显示

第二种方法就是直接把分子结构放在溶液条件下进行计算。例如,在利用 GaussView 进行分子模型的计算设置时,直接将溶液状态下的计算条件放入计算的过程中。这是一个非常费时的工作。不但如此,很多时候得不到计算结果。图 6-22 显示的是一个在 THF 溶液中的过渡态计算。使用的模型是 IEFPCM。

该任务采用 15 个核来计算,checkpoint 文件名为 TS. chk,所采用的计算方法为 B3LYP/6-311+G(d)。

第三种方法为直接把溶剂分子放入计算的体系中。对研究小分子体系而言,会带来比较高的计算精度。但对大分子计算体系而言,这种计算方法并不可行。我们将在下面仔细讨论这些不同方法对计算结果的影响。

例如,在下列 $NaBH_4$ 还原反应中,不同底物与还原剂 $NaBH_4$ 的反应所生成的过渡态

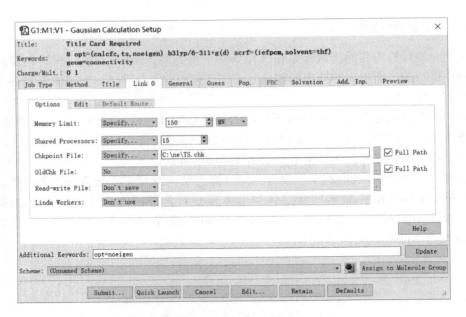

图 6-22　分子在 THF 溶液中的过渡态计算模式

结构也不尽相同[2]。该还原反应在二乙二醇二甲醚（diglyme）中进行。五个过渡态结构列在图 6-23 的右侧。

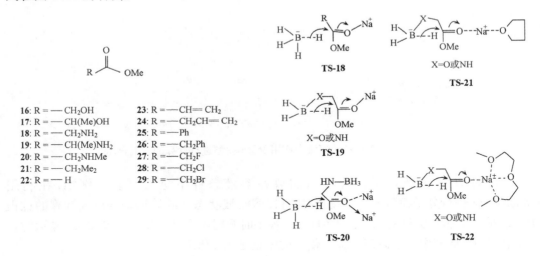

16: R = ——CH₂OH
17: R = ——CH(Me)OH
18: R = ——CH₂NH₂
19: R = ——CH(Me)NH₂
20: R = ——CH₂NHMe
21: R = ——CH₂Me₂
22: R = ——H

23: R = ——CH = CH₂
24: R = ——CH₂CH = CH₂
25: R = ——Ph
26: R = ——CH₂Ph
27: R = ——CH₂F
28: R = ——CH₂Cl
29: R = ——CH₂Br

图 6-23　14 个模型分子结构和 5 个反应过渡态结构模型

计算在 HF/6-31G(d,p)条件下进行,得到的结构首先在气相条件下进行高层次的单点能量计算[B3LYP/6-31++G(d,p)]。然后,将在气相条件下计算得到的过渡态能量的大小与反应温度进行比较,我们得到一组近似的线性关系。如图 6-24 所示,可以看到,这种线性关系并不很好(相关系数－0.946,图 6-24)。

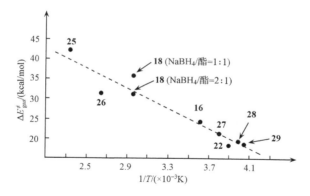

图 6-24　气相条件下反应过渡态能量与实验反应起始温度的关系

　　为此,我们将所有计算得到的结构重新计算它们在溶液状态下的能量[B3LYP/6-31＋＋G(d,p)]。首先我们使用第一种方法,也就是直接将气相条件下得到的结构用于单点能校正。由于在标准计算的软件包中没有二乙二醇二甲醚溶剂,因此,我们选择与其结构非常接近的四氢呋喃来进行溶剂化校正。将校正后的单点能数据结果与实验得到的反应温度再次进行归纳,我们发现经过校正后的能量更接近实际情况(相关系数－0.975),见图 6-25。

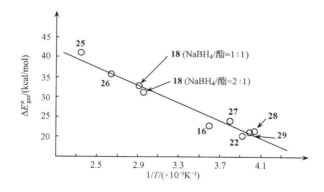

图 6-25　液相(THF)条件下反应过渡态能量与实验反应起始温度的关系

　　上面讲到我们还可以将溶剂分子放入计算体系中,如上述的过渡态结构 **TS-21** 和 **TS-22**。在 **TS-21** 中,用一个 THF 放入其中。在 **TS-22** 中,把一个二乙二醇二甲醚放入其中。对于底物分子 **16** 和 **18** 而言,我们把几种不同的计算结果列在表 6-2 中。在方法 A 中,①$\Delta E^{\neq}$在气相条件下计算优化[HF/6-31G(d,p)]。气相时的单点能数据(SP)在 B3LYP/6-31＋＋G(d,p)条件下计算得到($\Delta E^{\neq}_{gas}$);②单点能数据在 THF 中的校正条件为 B3LYP/6-31＋＋G(d,p),使用 PCM 模型,即 $\Delta E^{\neq}_{THF}$。

　　在方法 B 中,①$\Delta E^{\neq}$在 B3LYP/6-31＋＋G(d,p)条件下得到($\Delta E^{\neq}_{gas}$);②单点能数据在 THF 中的校正条件为 B3LYP/6-31＋＋G(d,p),使用 PCM 模型。

　　方法 C:$\Delta E^{\neq}$在溶液 THF 中进行直接优化计算[HF/6-31G(d,p)],即上面提到的第二个方法。使用 PCM 模型。单点能数据在 B3LYP/6-31＋＋G(d,p)条件下得到。

方法 D:把一个溶剂分子放入过渡态结构中。见过渡态结构 **TS-21** 和 **TS-22**,计算方法为 HF/6-31G(d,p)。单点能数据在 B3LYP/6-31＋＋G(d,p)条件计算得到。详见表 6-2 与表 6-3 中数据。

表 6-2　方法 A 与方法 B 计算得到的过渡态能量

化合物	方法 A				方法 B			
	气相		THF		气相		THF	
	$\Delta E^{\neq a}$	$\Delta(\Delta E^{\neq})$	$\Delta E^{\neq a}$	$\Delta(\Delta E^{\neq})$	$\Delta E^{\neq a}$	$\Delta(\Delta E^{\neq})$	THF	$\Delta(\Delta E^{\neq})$
18[b]	31.7	6.8	33.0	9.8	37.8	12.6	48.6	25.2
18[c]	32.3	7.4	32.1	8.9	31.8	7.2	40.4	17.0
18[d]	37.7	12.8	30.7	7.5	—	—	—	—
16[c]	24.9	0.0	23.2	0.0	25.2	0.0	23.4	0.0

a. 能量单位:kcal/mol。

b. **TS-18** 结构用于计算。

c. **TS-19** 结构用于计算。

d. **TS-20** 结构用于计算。

表 6-3　方法 C 与方法 D 计算得到的过渡态能量

化合物	方法 C(THF)		方法 D,THF/二乙二醇二甲醚	
	$\Delta E^{\neq a}$	$\Delta(\Delta E^{\neq})$	$\Delta E^{\neq a}$	$\Delta(\Delta E^{\neq})$
18[b]	32.9	7.3	—[e]	
18[c]	32.1	6.5	29.8/23.1	6.3/3.4
18[d]	—	—	—	
16[c]	25.6	0.0	23.7/19.7	0.0/0.0

a. 能量单位:kcal/mol。

b. **TS-18** 结构用于计算。

c. **TS-19** 结构用于计算。

d. **TS-08** 结构用于计算。

e. 用 **TS-21** 计算失败。

可见,计算模型的变化,对过渡态的能量大小影响很大。例如,所有的过渡态能量在溶剂校正后都变低了。而在将真实的二乙二醇二甲醚放入过渡态结构时,得到的能量比用 THF 分子的低 3.4 kcal/mol。实际上,即使将二乙二醇二甲醚放入该还原的过渡态结构并得到一个比较低的能量,而这个能量依然比实际情况要高出 3~5 kcal/mol[3]。

6.2.3　其他反应类型的过渡态结构设计

化学反应以其复杂性而著称。因此,对过渡态的分析与计算始终是理论有机工作者的重要研究内容。例如,在 Diels-Alder 反应中,它是通过两个单体反应而形成一个新的环。这是一个十分重要的研究内容。

下面通过简化模型,研究在 Diels-Alder 反应中的过渡态结构的构建。例如,对所用的模型而言,有八个不同的反应方式,生成不同构型的产物(图 6-26)。

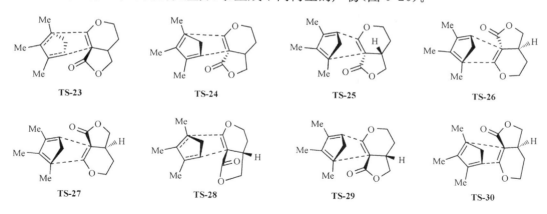

图 6-26　全部八个过渡态结构

　　首先,我们来构建过渡态结构 **TS-23**。按照前面的做法,我们首先把相关的原子连成一体。为方便起见,过渡态结构中的虚线位置在图 6-27 中转化为红线,反应的位点是 C1 对 C2,C3 对 C4。同时,为清晰起见,所有的 H 原子均被略去。

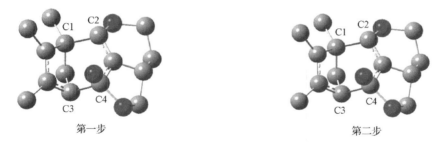

图 6-27　过渡态 **TS-23** 的设计步骤

　　其次,我们调整红线上两个原子的距离以适合过渡态计算。例如,我们先使用 键功能,将 C1—C2 改变为非键合状态,即它们之间没有设为键。再利用该功能键,调整 C3—C4 之间的距离为 2.0 Å 左右。再适当调整 C1,C2,C3,C4 以及周边原子之间的距离与位置。利用 来看调整的距离是否符合成键原则。只有在 C1—C2、C3—C4 之间出现非键才是合理的。同时,其他位置的双键的键长应该介于双键与单键之间。如果出现过多的非键结构或不合理的键结构等,要调整相关的原子位置。调整后的过渡态结构如图 6-27 右所示。

　　在 B3LYP/6-31G(d) 上的计算后,得到如图 6-28 所示结构。通过计算得到的频率证明该结构为过渡态的结构,并且原子运动的方式证明该结构为我们所需要的结构(图 6-28 左侧),以及显示在虚频 -355.647 cm^{-1} 时原子的连续运动情况(右侧三个)。

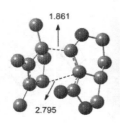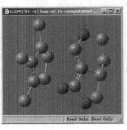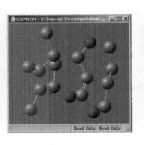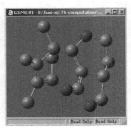

图 6-28　计算得到的 **TS-23** 的结构(左一)及反应位点之间的距离(单位:Å),以及虚频频率在
$-355.647\ \mathrm{cm}^{-1}$ 时原子的连续运动(右侧三个)

6.3　手性光谱计算

手性分子对偏振光具有天然的作用:一是让偏振光的偏振面发生偏转,形成分子的旋光(OR);二是对偏振光不同的吸收,形成圆二色谱(CD)。对于使用 UV 为光源的 CD,我们称之为电子圆二色谱(ECD);对于使用 IR 为光源的 CD,我们称之为振动圆二色谱(VCD)。

计算手性分子的 OR、ECD 和 VCD 谱,有一个通用的过程。对于一个手性分子,首先是需要使用相关的软件进行构象搜索。这个计算过程通常使用半经验或经验算法。目前使用较多的有 MMFF94 或者改进的 MMFF94S,也有其他的算法。目前使用的软件也比较多,而新版 Gaussian16 本身已经嵌入了构象搜索软件包(下面将详细介绍)。

在获得初步的稳定构象后,即可将相关构象保存为 Gaussian 可计算的文件格式,在完成相关的优化计算后,即可进行手性分子的 OR、ECD 和 VCD 谱的计算。对于所得到的每一个构象的 OR、ECD 和 VCD 数据,根据其相对能量,利用玻尔兹曼加和,就得到该分子的 OR、ECD 和 VCD 数据,从而做出 ECD 和 VCD 谱,并可与实验值比较,最后得到相关的结论。在 2015 年的《国际药学研究杂志》第 42 卷第 6 期上有一期特刊,详细介绍了该过程与相关光谱的算法与实例。读者可自己查找相关的资料。下面结合一个实例来介绍相关过程。

6.3.1　Gaussian 软件中的构象搜索

图 6-29 所示的手性分子是一个有意思的模型分子[4]。该化合物含一个轴对称的苯基,其他基团均无此对称性。同时由于苯基比较大,该手性中心的碳原子会发生比较大的变化,从而偏离标准 sp^3 杂化的标准四面体结构。因此,该手性分子的旋光贡献包含两个大的部分,一部分是基团大小的差异造成的,另一部分是手性中心的碳原子结构偏离标准的 sp^3 杂化导致的。

点击 Calculate 后,选中下拉菜单中的“GMMX Conformer Dialog...”选项。出现如图 6-29 右侧界面的对话框。

由于苯环是刚性结构,因此,在下面的“Ring”选择中,不勾选该复选框。而对于相关

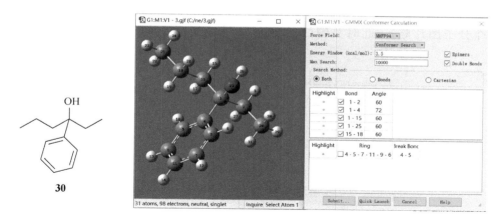

图 6-29　手性分子 **30** 结构及其 3D 结构与构象搜索功能界面

的单键,如 C1—C2 等,全部选中。分子计算中的能量控制范围在 0~3.5 kcal/mol,使用的计算力场是 MMFF94。然后点击 Submit... ,出现图 6-30 左侧对话框。点击"Save"保存文件后,出现图 6-30 右侧对话框。点击"Yes"进入计算界面。

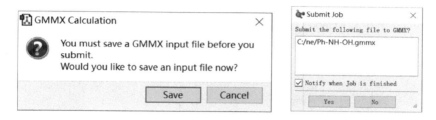

图 6-30　构象搜索任务计算界面

　　计算结束后,出现图 6-31 左侧对话框。该文件为 sdf 格式文件。可以点击"Open"选择打开(图 6-31 右侧)。将下拉菜单拉到底,可以发现有 19 个稳定构象。

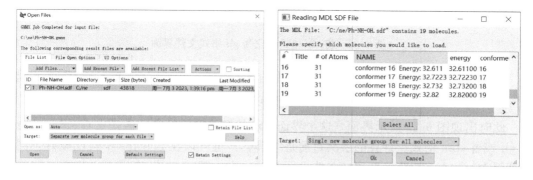

图 6-31　构象搜索计算结束后的界面

可以选择"Select All"打开所有文件,并且在打开文件形式上选择"Separate new

molecule group for each molecule"（图 6-32）。这样就可以看到这 19 个不同的构象（相关的 19 个分子图片略）。此时关键的是将这 19 个文件转化为 Gaussian16 计算的文件格式。

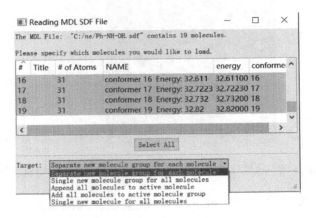

图 6-32　19 个文件分别显示在电脑界面上

在 GaussView 的柱界面上，点击"File"，在其下拉菜单上选择 Convert Files... 选项，出现图 6-33 所示对话框。

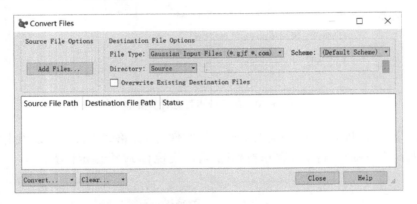

图 6-33　将 sdf 格式转化为 gjf 格式文件界面

点击"Add Files…"后，在打开的视窗中右下角的文件类型中选择含 sdf 格式的选项 MDL Files (*.mol *.rxn *.sdf *.）。点击 Ph-NH-OH. sdf 文件，将其打开（图 6-34）。

此时出现图 6-35 所示界面。这个界面显示的最终转化的文件格式是 Gaussian Input 的 gjf 或者 com 格式。计算的层次目前是"默认"。也可以在 Scheme 中自己设好不同的计算层次。注意：在图 6-35 中，文件显示为"Read to Convert"，表示下一步可以转换格式了。

点击左下角的 Convert... 键，出现 Convert Selected / Convert All，选择 Convert All 后，出现图 6-

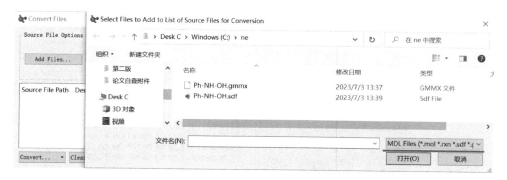

图 6-34　选择需要转换的文件界面

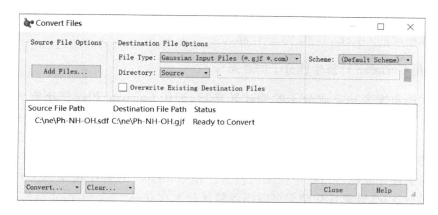

图 6-35　选择计算的文件和要转换的文件格式及计算基组(缺省时为默认基组和方法)

36 左侧界面。点击 Select All 后,在 Target 一栏中选择"Separate new molecule group for each molecule"(图 6-36 右侧)。如果 Convert All 是灰色(没有激活),可以在图中的选项"Overwrite Existing Destination File"中选中即可。

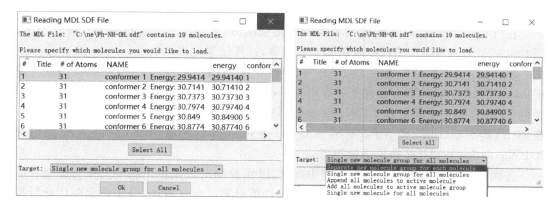

图 6-36　转化 sdf 格式文件为相应的 gjf 格式文件的选择界面

　　点击该选项后,新的界面显示"Conversion Done"(图 6-37)。在关闭该对话框后,打开存有该文件的文件夹,可以看到保存好的 19 个 gjf 文件。

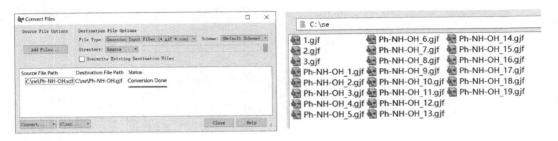

图 6-37　构象搜索得到的 sdf 格式文件已经转化为相应的 gjf 文件界面

　　至此,一个完整的构象搜索过程和相关的文件转换任务完成。可以进入下一部分的优化计算和相应的 OR、ECD 和 VCD 计算。

6.3.2　利用 Gaussian 计算手性分子的旋光

　　在完成构象搜索并完成分子的格式转换后,利用 Gaussian 程序把所有的构象在如 B3LYP/3-21G* 的基础上计算,以便得到更合理的结构。如我们选择能量在 0~3 kcal/mol 的构象,进一步在 B3LYP/6-31＋G＋(d)基组上重新计算。这样,我们得到一批数量更少但更合理的构象。利用这一批的构象来做旋光计算。

　　首先对上述化合物进行稳定构象的搜索。在 Gaussian 软件中使用 B3LYP/3-21G* 计算层次进行优化,计算优化结果可以得到能量分布在 0~2.5 kcal/mol 范围内的构象,再在更高的 B3LYP/6-311＋G(d)基组上计算得到能量为 0~2.0 kcal/mol 的构象。理论上,这些构象就是对化合物的旋光值贡献最大的构象。这些构象,可在 B3LYP/6-311＋G (2d,p)或者任何一个较高的基组上,如在 B3LYP/aug-cc-pVDZ 进行目标分子的 OR、ECD 或 VCD 计算。分别用零点能(zero point energy,ZPE)校正后的能量、自由能和总电子能来计算分子旋光值。对于 VCD 而言,由于计算的不是电子激发态能量,因此,计算 VCD 的基组可以在 B3LYP/6-311＋G(d)或者类似的基组上进行。

　　在气相模型的计算中,我们用不同的优化层次、计算层次上的能量值来计算比旋光。同时也对采用适当模型来进行氯仿溶剂校正等,计算结果见表 6-4。

　　在方法 A 中,构象分子在 B3LYP/6-31G(d)基组上得到(气相)。这些构象的旋光值在 B3LYP/aug-cc-pVDZ/条件下计算得到。在方法 B 中,构象分子在 MP2/6-31＋G(d) 条件下得到,旋光值也在 B3LYP/aug-cc-pVDZ 条件下得到。在方法 C 和方法 D 中,我们在 B3LYP/6-31G(d)和 MP2/6-31＋G(d)条件下得到构象分子,它们的旋光值在 B3PW91/aug-cc-pVDZ 条件下计算得到。

　　在极化连续介质模型(PCM)计算中,我们以实验测定旋光所用的溶剂作为连续介质计算,同样利用不同计算方法用于 **30** 的比旋光值计算。在计算中,分子构象的优化计算是放在氯仿中进行的。

表 6-4　四种计算方法得到的手性分子 30 的旋光值　　　［单位：(°)］

	$[\alpha]_E$ [a]	$[\alpha]_{E_0}$ [b]	$[\alpha]_G$ [c]	$[\alpha]_{CHCl_3}$
方法 A	+2.8	+3.2	+4.4	+2.9
方法 B	+1.2	−13.0	−12.2	−1.0
方法 C	+2.7	+3.1	+1.6	+2.8
方法 D	−1.3	−12.9	−12.2	−1.2

　　a. 在 B3LYP/aug-cc-pVDZ 基组上的电子能用于方法 A 与方法 B 的旋光值计算。在方法 C 和方法 D 中，在 B3PW91/aug-cc-pVDZ 基组上得到的电子能用于方法旋光值计算。

　　b. 在 B3LYP/6-31G(d)基组上经过零点能校正的能量用于方法 A 与方法 C 中的旋光值计算，而在方法 B 与方法 D 中，在 MP2/6-31+G(d)基组上经过零点能校正的能量用于旋光值计算。

　　c. 在 B3LYP/6-31G(d)基组上得到的自由能用于方法 A 与方法 C 中的旋光值计算中，在 MP2/6-31+G(d)基组上得到的自由能用在方法 B 与方法 D 中的旋光值计算中。

　　这四种方法分别是方法 E~H。方法 E，在 B3LYP/6-31G(d)基组上，在 CHCl₃ 中以 PCM 为模型计算得到构象，得到的构象用于旋光计算，计算的基组是 B3LYP/aug-cc-pVDZ。在方法 F 中，构象在 MP2/6-31+G(d)的基组上计算，在 CHCl₃ 中进行。方法 G 则是利用在 B3LYP/6-31G(d)基组上得到的构象在 B3PW91/aug-cc-pVDZ 的基组上进行旋光计算。在方法 H 中，在 MP2/6-31+G(d)基组上得到的构象再在 B3PW91/aug-cc-pVDZ/条件下进行旋光计算。这些计算的结果总结在表 6-5 中。

表 6-5　另外四种计算方法得到的手性分子 30 的旋光值　　　［单位：(°)］

	$[\alpha]_E$	$[\alpha]_{E_0}$	$[\alpha]_G$
方法 E	+2.8	+3.2	+4.4
方法 F	+1.2	−13.0	−12.2
方法 G	+2.7	+3.1	+1.6
方法 H	−1.3	−12.9	−12.2

　　a. 在 B3LYP/aug-cc-pVDZ 基组上的电子能用于方法 E 与方法 F 的旋光值计算。在方法 G 和方法 H 中，在 B3PW91/aug-cc-pVDZ 基组上得到的电子能用于方法旋光值计算。

　　b. 在 B3LYP/6-31G(d)基组上经过零点能校正的能量用于方法 E 与方法 G 中的旋光值计算，而在方法 F 与方法 H 中，在 MP2/6-31+G(d)基组上经过零点能校正的能量用于旋光值计算。

　　c. 在 B3LYP/6-31G(d)基组上得到的自由能用在方法 E 与方法 G 中的旋光值计算中，在 MP2/6-31+G(d)基组上得到的自由能用于方法 F 与方法 G 中的旋光值计算。

　　这 8 种计算方法得出的结论均不同。那么究竟哪一个计算结果可靠呢？我们需要通过化学方法将该化合物转化为其他可以用 X 射线衍射方法直接探测的分子。为此合成得到了如下两个化合物 **31** 和 **32**(图 6-38)。

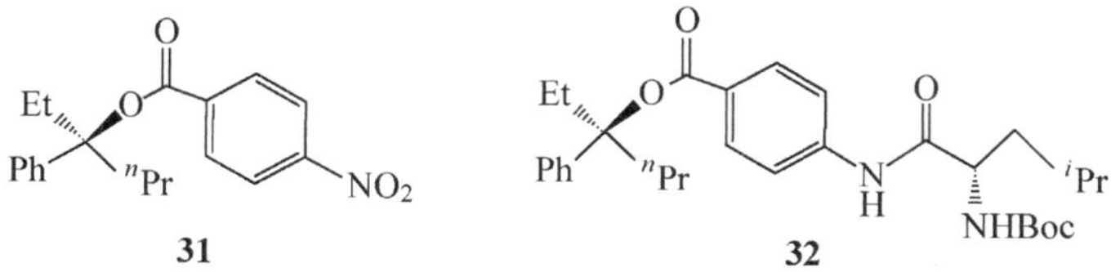

图 6-38　化合物 **31** 和 **32** 的结构

　　在合适的溶剂中,上述右侧的化合物形成了单晶。通过 X 射线衍射方法可直接证明手性分子 **30** 的手性中心为 S 时,其旋光值为 $+11.6°$,见图 6-39 晶体结构所示。通过实验与计算结果的比较,我们发现 DFT 方法在旋光的符号预测与实际结果一致。但大小有比较大的差异。我们同时发现,MP2 方法在预测柔性手性分子的旋光时,符号发生了变化,因此这种计算方法可能不适合在柔性手性分子旋光中应用。实际上,由于 DFT 方法所需要的计算时间比 MP2 方法要少很多,这对广大的实验科学家而言,这种 DFT 方法更具实用性。

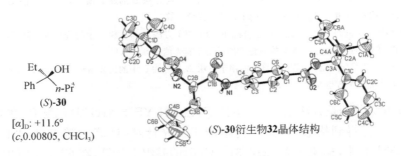

图 6-39　化合物 **32** 的晶体结构和手性醇 **30** 的立体结构与旋光值

6.4　利用矩阵模型计算旋光及 ECD 和 VCD 计算的基本设置

　　在我们开展手性醇 **30** 的旋光计算中,如果碳链更长,那么利用量子化学计算方法会遇到构象较多的计算问题,如计算时间长,部分构象对出现残缺等造成较大的误差。将来如果能全自动完成上面提到的操作,也许就方便多了。

　　利用矩阵的行列式的数值和计算得到 k_0 值,可以计算柔性手性分子的旋光值。在同系列的手性分子中,k_0 值将比较接近。因此我们可以利用这一方法来计算手性分子 **31** 和 **32** 的旋光值。通过计算,我们得到手性分子 **30** 的 $\det(D)$ 是 -0.42,因此,它的 k_0 值是 $-27.6[k_{0,30}=11.6/(-0.42)]$。我们再来计算手性分子 **31** 的 $\det(D)$ 值。计算得到的为 -0.07,这个数值很小,如果按照矩阵方法中的式(1-21),该化合物在氯仿中的旋光值将只有 $+1.93°$(我们假设 $k_{0,31}$ 值与 $k_{0,30}$ 相等,即为 -27.6)。实际上,在氯仿中的旋光值的确很小,实验中观察到的旋光值为 $+1.60°(c\ 0.026,\text{CHCl}_3)$。这个数值与预测的 $+1.93°$ 很接近。通过这个实验,我们得到的 k_0 值为 $-22.9(k_{0,31})$。

　　对于化合物 **30** 而言,由于它的结构与 **31** 近而与 **32** 远。因此,我们可以借 $k_{0,31}$ 和计算得到的 **32** 的 $\det(D)$ 值来预测。化合物 **32** 有两个手性中心,因此,需要计算两个 $\det(D)$ 值。计算得到的第一个 $\det(D)$ 值为 $+0.05$,另一个 $\det(D)$ 是 $+2.16$,二者之和为 $+2.21$。因此,计算得到的旋光值在氯仿中将是 $-50.6[2.21×(-22.9)=-50.6(°)]$。实际测量得到的是 $-33.3°(c\ 0.01485,\text{CHCl}_3)$。它的 $k_{0,32}$ 实验值是 -15.1。

　　手性分子的 ECD 和 VCD 计算的过程与计算 OR 的几乎一样。只是计算的内容从 OR 计算改为 ECD 或者 VCD 计算。例如,计算 ECD 时,在"Optimization"选项中选择"Energy"。在"Method"选项中选择"TD-SCF",计算方法根据需要来选择。一个关键是选择计算激发态的数量"Solve more states"的 N 数字,需要根据分子的不饱和度来选择。例如,一个苯环体系可选 8～15;两个可能在 15～20,这样保证计算的激发态能够到 200 nm 附近(图 6-40)。如果太少,激发态数量不够,如才到 260 nm 处。这样计算的 ECD 曲线会和实际情况差别较大。芳环越多,N 数值就越大。例如,四个苯环体系可能就要超过 80。

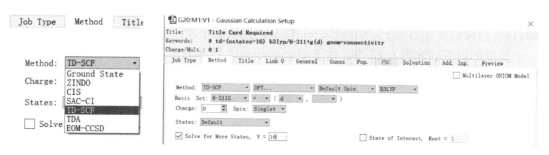

图 6-40 手性分子的 ECD 计算的选项界面

VCD 的计算选项如下。在 Job Type 栏选频率"Frequency";勾选"Compute VCD"复选框(图 6-41 左侧)。然后在"Method"中选择"Ground State",然后选择合适的计算基组用于计算(图 6-41 右侧)。

图 6-41 手性分子的 VCD 计算的选项界面

这个过程的第一步比较容易实现。因此,读者可以根据需要自行查阅相关资料。

6.5 手性分子的 ^{13}C NMR 计算

一个具体原子在核磁共振中的化学位移值完全取决于该原子的外层电子的结构特点和它所处的分子中的空间位置。这一点是我们开展计算化学研究其 ^{13}C NMR 的基础。在一些复杂结构的化合物中,尤其是天然产物化合物,计算 ^{13}C NMR 是解决其立体结构的重要手段之一。

如同计算手性分子的旋光一样,计算 ^{13}C NMR 前也要对相关的手性分子进行构象搜索。但与旋光不同,不同的构象结构对 ^{13}C NMR 有影响,但不像对旋光值的影响那么大。因此,在完成构象搜索后,只需要对能量低的若干个构象分子进行计算。通常能量差在

2.0 kcal/mol 以上的构象的结构可以不予考虑。更多的时候是计算最低能量的那几个构象的^{13}C NMR。对于柔性分子结构而言,计算^{13}C NMR 也很麻烦。通常面对的手性分子基本上都是半刚性结构。这样做的好处是减少计算的工作量。

6.5.1　^{13}C NMR 的计算设置

　　通常,构象的结构基本上也是在 B3LYP/6-31G(d)的基组上计算的。在得到构象结构以后,通常需要在 B3LYP/6-311＋＋G(2d,p)的基组上使用 GIAO 方法计算^{13}C NMR。一个典型的设置列在图 6-42 中。由于 GaussView16 版本的界面与其 3.0 版本很接近,因此,这里沿用 3.0 版本的图片。

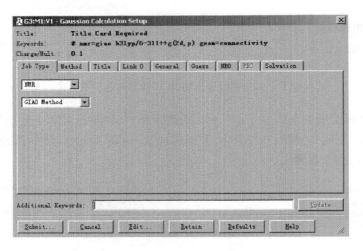

图 6-42　计算^{13}C NMR 时的典型设置界面

　　在完成计算以后,需要将相关的数据提取出来。为此,需要在 GaussView 中打开保存的^{13}C NMR 输出文件。如图 6-43 所示,对一个已打开的输出文件,点击 Results 功能键,出现 NMR... 选项。

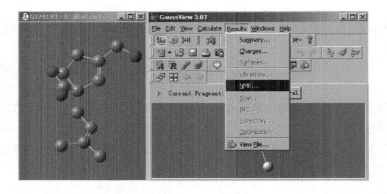

图 6-43　在 GaussView 中选择已计算好的^{13}C NMR 波谱

选中后出现相关的 C、H、O 的化学位移图，如图 6-44 所示。

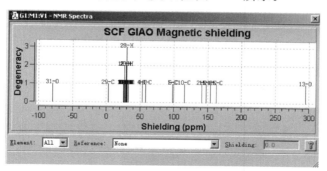

图 6-44　包含全部化学位移的显示图

点击左下角 Element: All ▾ 中的下拉箭头，选择 C 谱。再在功能键 Reference: TMS B3LYP/6-311+G(2d,p) GIAO ▾ 的下拉箭头中选择 B3LYP/6-311＋＋G(2d,p) GIAO。至此，只显示[13]C NMR 波谱，并且所显示的是相对的化学位移值，如图 6-45 所示。

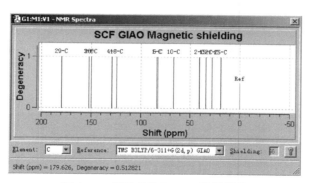

图 6-45　选取的[13]C NMR 波谱结构

最后是读取这些化学位移值。一个比较保险的方法是逐个地读。例如，我们先将要读取的部分位移值的范围放大，这样读取的时候比较精确。例如，按下左键并拖动右键选取一块待放大的区域后松开，该区域就被放大，如图 6-46 所示。

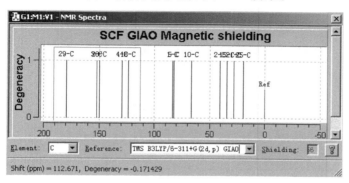

图 6-46　选取需要放大的局部[13]C NMR 波谱

图 6-46 中的绿色区域被放大后如图 6-47 所示。

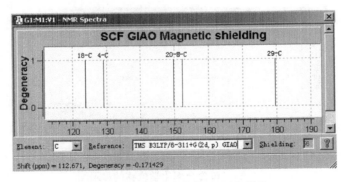

图 6-47　局部放大的 ^{13}C NMR 结构

鼠标移动到谱图中时会自动转换为十字线。用鼠标十字线的竖线对准谱图中的任意一个谱线后点击,此时在谱图的左下角出现该原子的化学位移值。我们选取的是图 6-48 中的 29-C,对应的位移值约是 179.6 ppm。

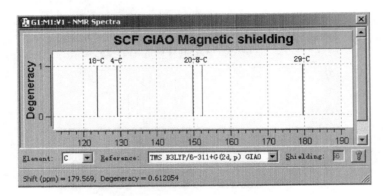

图 6-48　在左下角读取 29-C 的化学位移值 179.6 ppm

与此同时,被选中的原子在 GaussView 图中显示的是绿色,所示的是该原子的化学位移值。上面所选的是羰基碳原子。在 GaussView 图中显示的正是该原子,如图 6-49 所示。

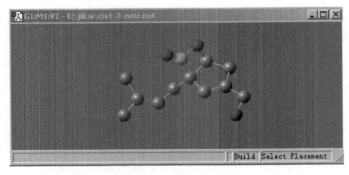

图 6-49　选中的原子在 GaussView 中显示绿色

同样的道理,可以把所有原子的化学位移全部记录下来。

实际上,由于在构象计算时的基组不同,得到的化学位移值也不同。在我们的研究中,如果强调计算出的化学位移值最接近实验值,那么用 HF/6-31G(d) 计算得到的构象再在 B3LYP/6-311＋＋G(2d,p) 的基组上计算 ^{13}C NMR[3a]。这个方法简单,计算量小。但随着计算机技术的发展,目前研究人员更喜欢在比较高的基组上来优化构象分子的结构。如此一来,计算得到的化学位移必须通过必要的校正才能利用。

6.5.2 ^{13}C NMR 数据的校正

前面在第 1 章和第 5 章中均介绍了有关数据的处理方法,这里用一组实验与计算的相关谱进行具体的一些介绍(表 6-6)[5]。

表 6-6 计算与实验的碳谱数据 （单位:ppm）

序号	$\delta_{calcd.}$	$\delta_{exp.}$	序号	$\delta_{calcd.}$	$\delta_{exp.}$
1	41.8	37.3	14	76.3	70.8
2	31.5	27	15	32.4	27.6
3	75.6	70.8	16	31.7	26.9
4	80.8	76.3	17	61.8	54.7
5	55.8	47.8	18	15.9	15.8
6	27.4	24.1	19	16.3	15.3
7	36.9	32.3	20	44.9	38
8	69.2	64.2	21	75.2	72.4
9	56.5	51.2	22	37.8	34.2
10	43.9	37.5	23	180.8	176.7
11	20.1	16.2	24	178.2	171
12	41.6	37.3	25	21.7	21.1
13	48.4	40.9			

以这两组数据作图,得到一组围绕对角线分布的图。那么其中以实验数据为 Y 轴,计算数据列在 X 轴(横坐标),这样得到一条直线。对上述结果而言,这条直线的斜率为 0.9826,截距为 -3.62。

因此,对这个理论值进行校正的公式就是:

$$\delta_{corr.} = 0.9826 \times \delta_{calcd.} - 3.62$$

通过校正,新的数据就生成了。结果见表 6-7。相关的误差也一并列在表中。

表 6-7　通过校正后新的^{13}C NMR 数据　　　　　　（单位：ppm）

序号	$\delta_{exp.}$	$\delta_{corr.}$	$\Delta\delta_{corr.}$
1	37.3	37.5	−0.2
2	27	27.3	−0.3
3	70.8	70.7	0.1
4	76.3	75.8	0.5
5	47.8	51.2	−3.4
6	24.1	23.3	0.8
7	32.3	32.6	−0.3
8	64.2	64.4	−0.2
9	51.2	51.9	−0.7
10	37.5	39.5	−2.0
11	16.2	16.1	0.1
12	37.3	37.3	0.0
13	40.9	43.9	−3.0
14	70.8	71.4	−0.6
15	27.6	28.2	−0.6
16	26.9	27.5	−0.6
17	54.7	57.1	−2.4
18	15.8	12.0	3.8
19	15.3	12.4	2.9
20	38	40.5	−2.5
21	72.4	70.3	2.1
22	34.2	33.5	0.7
23	176.7	174.0	2.7
24	171	171.5	−0.5
25	21.1	17.7	3.4

这个计算结果表明该化合物的构型结构的^{13}C NMR 是可靠的。但是，正如前面第 1 章提到的，仅凭单一的^{13}C NMR 可能还不足以解决问题。在实际的研究工作中，需要根据实际情况来决定用哪一种方法，甚至综合运用几种不同的方法来解决构型问题。

6.6　手性光（波）谱计算中的注意事项

手性光谱计算的可靠性取决于构象搜索得到的稳定低能量构象数目是否完全。如果关键的低能量构象缺少，必然造成相关“构象对”的缺失，导致理论计算误差加大，乃至计算错误。近期我们将其关键点总结并发表在 *Frontier in Natural Products* 上[6]，也可以参考第 5 章的计算部分内容。这里摘录部分内容。

6.6.1　构象搜索的重要性

毫无疑问,构象搜索是第一步,也是最重要的一步。有文献报道,化合物 **33** 的两个对映体的能量相差 0.02 kcal/mol(图 6-50 左侧)[7]。但是实际上是作者完全忽视了 ^{t}Bu 的构象造成的。实际上,它应该有 4 个稳定的构象(图 6-50 右侧)[8]。虽然该数值在手性光谱计算中完全可以忽略,但是作者提到作为对映体的螺旋化合物存在能量有极小的差异,但显然是错误的。如果这类化合物存在小的能量差,那么在生命起源的研究中具有划时代的意义,因为这个能量差可以导致约 0.49% 的对映体过剩率,这完全可以作为手性源在原始生命的产生中起到决定性的作用。但是,这显然是错误的结论。这二者的能量完全相等。

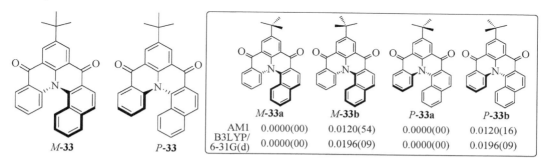

图 6-50　化合物 **33** 的结构及其构象分析

能量单位:kcal/mol

其次,在化合物 **34** 和 **35** 的构型研究中,由于认为二者是类似物,故将 **35** 的构型认为与 **34** 一样(图 6-51 左侧),因为二者 OR 值的符号相同。原因在于二者能形成螺环的最稳定构象的 OR 值符号相反(图 6-51 右侧)[9]。这两个例子在第 5 章中也讲到。这里强

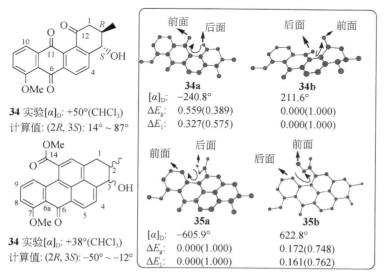

图 6-51　化合物 **34** 和 **35** 的结构,以及二者的螺旋构象分析等

能量单位:kcal/mol

调一点的是它的构象搜索分析的重要性。

而化合物 **35** 在合成中使用的中间体 **36**，其绝对构型采用 Mosher 酯来鉴定。实际上，该中间体不能用 Mosher 酯的方法来鉴定其绝对构型，原因在于其生成的稳定构象的分布与 Mosher 酯要求的稳定构象的结构相反，这导致结论错误（图 6-52）。

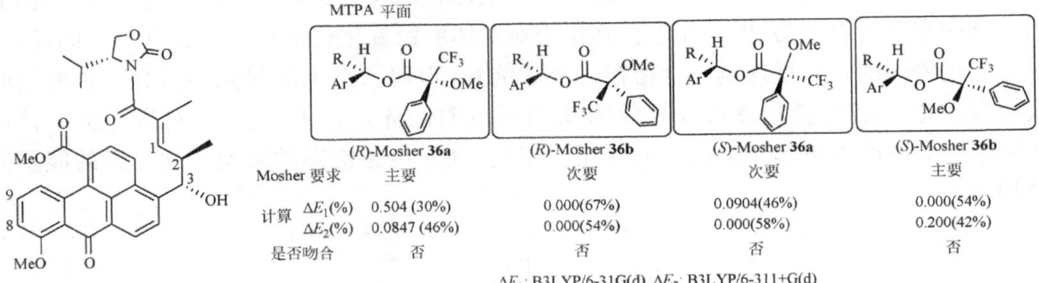

	(R)-Mosher **36a**	(R)-Mosher **36b**	(S)-Mosher **36a**	(S)-Mosher **36b**
Mosher 要求	主要	次要	次要	主要
计算 ΔE_1(%)	0.504 (30%)	0.000(67%)	0.0904(46%)	0.000(54%)
ΔE_2(%)	0.0847 (46%)	0.000(54%)	0.000(58%)	0.200(42%)
是否吻合	否	否	否	否

ΔE_1: B3LYP/6-31G(d), ΔE_2: B3LYP/6-311+G(d)
Ar=**35**的大芳香环残基，R= 含手性碳C2*的残基

图 6-52　化合物 **36** 的结构与其 Mosher 酯的构象分析与计算

经常看到文献中有作者写"the most stable conformations"。这是错误的表达法。理论上来讲，最稳定的构象只有一个。但是由于计算的精度限制等，可能出现两个构象的能量十分接近，且是属于最稳定的那种。但是理论上仍然不能说 the most stable conformations。但是稳定的能量构象很多。因此，作为一个例子，这里简单表达为：⋯ there are 38 conformations were found with low energy from 0-2.5 kcal/mol using MMFF94 force field. These geometries were then used in further optimizations at the B3LYP/6-31+G(d)level, and one most stable conformer was obtained⋯。

由于构象分析的重要性，建议使用两种或以上的方法来进行构象搜索计算。这样，对所有可能的稳定构象的分析才更完全。

6.6.2　OR 计算

OR 对构象的结构依赖很大。如前面提到的化合物 **34** 和 **35** 的例子。实际上这类例子还很多。通常由于计算的 OR 值可能比实验值要大，有时候会大 2～10 倍，因此，在计算这些分子的 OR 时，不能仅仅看哪一个异构体的 OR 值与实验值接近就选择该结构。这时候，结合 ^{13}C NMR 数据可能更能可靠地进行结构鉴定。

6.6.3　ECD 光谱计算

在进行 ECD 计算时，一定要注意生色团距离手性中心的位置。如果生色团的位置距离手性中心超过三个碳原子，且该手性中心还在侧链上，使用 ECD 来进行绝对构型时就有很大风险。

另一个注意事项是选择标准偏差（σ）值。通常，在 Gaussian 软件中，其默认值是 0.4 eV。这个数值可以在 0.2～0.5 eV 范围内来选择。如果选择错误，即使计算过程正确，也可能得出错误的结论。这方面的例子不少。因篇幅限制，在此不一一举例。

在 ECD 光谱研究中,同系列化合物 ECD 光谱结构十分类似。因此,可以计算同系列化合物的那个最简单化合物的 ECD 光谱,即可解决该系列化合物的绝对构型。这是使用 ECD 方法的便利之处。

6.6.4　VCD 光谱计算

与 ECD 不同,没有可能通过比较同系列化合物的 VCD 光谱来解决同系列化合物的手性绝对构型。因此,对于同系列化合物的绝对构型的鉴定,都需要通过理论计算来解决。例如两个简单结构的化合物 **37** 和 **38**[8,10],即使是结构非常相近的类似物,其 VCD 光谱的结构(形状)差别还是非常大(图 6-53)。

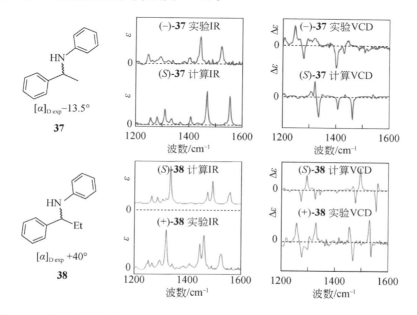

图 6-53　同系列化合物 **37** 和 **38** 的结构及其实验 VCD/IR 和计算的 VCD/IR 差异

6.6.5　¹³C NMR 计算

通过计算¹³C NMR 来解析相对构型是一个很好的办法。在知道手性分子中某一个绝对构型的情况下,还可以在相对构型鉴定后,得出整个分子的绝对构型结构。而且计算的时间比较短,通常的计算方法(如 B3LYP 理论)在比较低的基组[如 6-31G(d)]上也有比较好的精度(做好校正工作)。

但是,如果手性中心在一个(碳)链上面,则使用该方法可能会带来比较大的风险。建议不要采用该方法进行相对构型鉴定。

虽然 DP4 等方法得到了发展,但是采用经典的比较化学位移的差值(ppm)来判断依然具有直观和好的效果。例如,对于脂肪族碳原子而言,如果其差值<8.0 ppm,芳香碳差值<4.0 ppm 可以判断出该结构属于可靠结构之一。在通过其他方法排除掉一些可能的结构后,可以得出一个可靠的结论。但是如果发现脂肪族差值>8.0 ppm 或芳香碳位移

>4.0 ppm,这个结构可以大概率被排除掉。当然,使用相关系数也可以判断。相关系数大的可靠性可能会高一些。但是在两个相关系数差别很小时,使用相关系数作为依据来判断结构的可靠性则十分危险。此时应该使用其他的理论分析数据来加以协助。

参 考 文 献

[1] Ren J, Li L C, Liu J K, Zhu H J, Pittman C U Jr. Eur J Org Chem, 2006:1991-1999.

[2] Li L C, Jiang J X, Ren J, Ren Y, Pittman C U Jr, Zhu H J. Eur J Org Chem, 2006:1981-1990.

[3] 吕晓洁,蒋举兴,任洁,朱华结. 高等学校化学学报, 2008, 29:537-541.

[4] Liao T G, Ren J, Fan H F, Xie M J, Zhu H J. Tetrahedron:Asymmetry, 2008, 19: 808-815.

[5] (a) Hua Y, Ren J, Chen C X, Zhu H. J Chem Res, 2007, 23: 592-596.

    (b) Forsyth D A, Sebag A B. J Am Chem Soc, 1997, 119: 9483-9494.

    (c) Barone G, Gomez-Paloma L, Duca D, Silvestri A, Riccio R, Bifulco G. Chem A Eur J, 2002, 8: 3233-3239.

[6] Zhu H J, Wang Y F, Nafie L A. Front Nat Prod. doi. org/10. 3389/fntpr. 2022. 1086897.

[7] Pandith A, Islam N, Syed Z F, Suhailul R, Bandaru S, Anoop A. Chem Phy Lett, 2011, 516: 199-203.

[8] Zhu H J. Organic Stereochemistry—Experimental and Computational Methods. Weinheim: Verlag GmbH & Co. KGaA, 2015.

[9] Li Q M, Ren J, Shen L, Bai B, Li Q M, Liu X C, Wen M L, Zhu H J. Tetrahedron, 2013, 69: 3067-3074.

[10] (a) 朱华结,赵丹. 国际药学研究杂志, 2015, 42: 669-685.

    (b) 曹飞,高彤,许兰兰,朱华结. 中国科学:化学, 2017, 47: 801-815.